ŒUVRES D'E. VERDET

PUBLIÉES PAR LES SOINS DE SES ÉLÈVES

TOME VIII

THÉORIE MÉCANIQUE

DE

LA CHALEUR

PAR

É. VERDET

PUBLIÉE

PAR M. PRUDHON ET M. VIOLLE

ANCIENS ÉLÈVES DE L'ÉCOLE NORMALE

TOME SECOND

PARIS

G. MASSON, ÉDITEUR

LIBRAIRE DE L'ACADÉMIE DE MÉDECINE

PLACE DE L'ÉCOLE-DE-MÉDECINE

1872

Les souscripteurs aux Œuvres complètes recevront avant la rentrée, ... la fin du tome IV (*Conférences de Physique*) une Table générale analytique des 8 volumes, rédigée par M. ... pourra être reliée à la fin du tome VIII.

P. Belgodère
Elève de l'Ecole Normale Supérieure.

ŒUVRES

DE

É. VERDET

PUBLIÉES

PAR LES SOINS DE SES ÉLÈVES

TOME VIII

PARIS,

G. MASSON, ÉDITEUR,

PLACE DE L'ÉCOLE-DE-MÉDECINE.

THÉORIE MÉCANIQUE
DE LA CHALEUR

PAR

É. VERDET

PUBLIÉE

PAR MM. PRUDHON ET VIOLLE

ANCIENS ÉLÈVES DE L'ÉCOLE NORMALE

TOME II

PARIS

IMPRIMÉ PAR AUTORISATION DE M. LE GARDE DES SCEAUX

A L'IMPRIMERIE NATIONALE

M DCCC LXXII

THÉORIE MÉCANIQUE

DE LA CHALEUR.

THÉORIE DE LA CONSTITUTION DES GAZ.

246. **Tentatives pour appliquer les idées nouvelles sur la nature de la chaleur à la théorie de la constitution des corps.** — L'identité du travail et de la chaleur étant établie, on a nécessairement cherché à se représenter les détails du mécanisme de la transformation de l'énergie calorifique en énergie sensible, et réciproquement. Les nombreux efforts tentés dans cette voie n'ont eu de résultats que dans le cas des gaz; dans ce cas seulement, on a réussi à ramener les bases de la théorie nouvelle aux principes fondamentaux de la mécanique. L'intérêt que présentent les hypothèses par lesquelles on a essayé de résoudre cet important problème m'engage à les exposer avec quelque détail.

247. **Théorie de Daniel Bernoulli.** — Je reprendrai cette question à une époque très-ancienne; car, chose singulière et bien remarquable, en même temps que Daniel Bernoulli posait les principes de l'hydrodynamique (1738), il créait aussi les principes de la théorie mécanique de la chaleur, principes qui devaient rester complétement incompris de ses contemporains et dont il ne devait pas lui-même saisir toute la portée.

C'est au chapitre x de son *Hydrodynamique*(1) que Bernoulli établit la constitution que l'on peut supposer à un corps ayant les propriétés

(1) Daniel Bernoulli, *Hydrodynamique*, Strasbourg, 1738, p. 200.

alors connues des gaz, et ces propriétés se réduisaient à deux : la faculté de se comprimer sous l'action d'une pression extérieure, en obéissant à la loi de Mariotte, et celle de se dilater par la chaleur, sans qu'on sût d'ailleurs quelle était la loi de cette dilatation. Il conçoit un gaz comme formé de molécules agitées de mouvements variés et dirigés de toutes les manières possibles, mais variant d'une molécule à l'autre dans un espace très-petit, de sorte que l'on puisse considérer un état moyen toujours le même.

Cette hypothèse faite, il détermine de la manière suivante la loi de variation des pressions. Soit un cylindre vertical fermé par un piston mobile et contenant un gaz ainsi constitué; les molécules sont agitées de mouvements tels que, si l'on considère celles qui sont comprises dans une sphère de très-petit rayon, leur état moyen est le même en quelque point de la masse gazeuse que l'on trace cette sphère. Si l'on place un poids P sur le piston, il s'établit un état d'équilibre : le piston est sollicité par l'action de la pesanteur sur le poids P, mais en même temps il reçoit des molécules placées au-dessous une série d'impulsions venant à chaque instant compenser la force accélératrice qui tend à l'enfoncer davantage; ces chocs constamment répétés soutiennent le piston et le maintiennent dans une immobilité apparente.

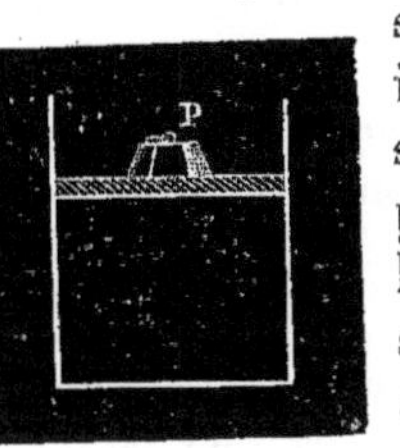

Fig. 1.

Comment doit varier le poids P quand on fait varier le volume du gaz? Tel est le problème à résoudre. Prenons pour unité le volume du gaz lorsque le poids a la valeur P; considérons maintenant une deuxième position du piston et représentons par s le nouveau volume du gaz : cette fraction s exprime aussi le rapport dans lequel a été réduite la hauteur de la colonne gazeuse. Soit P′ le poids nécessaire pour maintenir le piston dans cette nouvelle position. On suppose que les vitesses des molécules n'ont été en rien modifiées, et qu'elles sont restées les mêmes que dans le cas où le piston supportait le poids P. L'impulsion totale que communiquent au piston les chocs répétés des molécules est changée pour deux raisons :

Le volume du gaz ayant été réduit dans le rapport de 1 à s, il existe maintenant dans un espace donné un nombre de molécules

$\frac{1}{s}$ fois plus grand que dans le premier cas. La valeur moyenne de la distance des molécules dans cet espace doit donc avoir varié dans le rapport de 1 à $\sqrt[3]{s}$. Cela posé, considérons les molécules qui, à un instant donné, choquent le piston; le nombre des molécules contenues dans une surface déterminée est en raison inverse du carré de leur distance moyenne, comme il est facile de s'en convaincre en considérant un réseau de molécules couvrant un cercle ou un carré. Le nombre des molécules qui, à un instant donné, choquent la base du piston peut donc être représenté par $\frac{1}{(\sqrt[3]{s})^2}$ ou $\frac{1}{s^{\frac{2}{3}}}$, si l'on prend pour unité le nombre des molécules qui choquaient la base à un instant donné dans le premier cas.

Ces molécules qui choquent la surface du piston se réfléchissent ensuite et sont remplacées un instant après par d'autres molécules qui se réfléchissent à leur tour. Or, l'impulsion totale communiquée au piston est proportionnelle non-seulement au nombre des molécules qui en choquent la surface à un instant donné, mais encore au nombre de ces chocs dans l'unité de temps. Ce dernier nombre est en raison inverse de la distance moyenne des molécules, soit que l'on suppose que toutes les molécules d'une couche, après s'être réfléchies sur la surface du piston, s'éloignent pour être remplacées par les molécules de la couche suivante, dans lequel cas l'intervalle entre deux chocs est évidemment proportionnel à la distance de deux couches successives; soit que l'on admette que certaines molécules, après avoir choqué la surface du piston, viennent rencontrer une molécule de la couche suivante pour rebondir contre le piston; car, dans ce cas encore, les deux molécules ne se rencontrant qu'après avoir parcouru chacune moitié de l'intervalle des deux couches, la première molécule ne rencontrera de nouveau le piston qu'après un temps précisément égal à celui que la deuxième molécule eût employé à y arriver directement. Le nombre des chocs en un point donné pendant l'unité de temps a donc varié en raison inverse de la distance moyenne des molécules, c'est-à-dire proportionnellement à $\frac{1}{\sqrt[3]{s}}$. Donc, en définitive, l'impulsion totale a varié proportionnellement à $\frac{1}{s^{\frac{2}{3}}} \frac{1}{s^{\frac{1}{3}}} = \frac{1}{s}$.

On a donc

$$P' : P :: \frac{1}{s} : 1,$$

d'où

$$P's = P$$

ou

$$P' = \frac{P}{s},$$

ce qui est la loi de Mariotte.

Telle est à peu près la théorie de Daniel Bernoulli. Il fait remarquer en outre que ce raisonnement suppose les dimensions des molécules très-petites par rapport à l'intervalle moyen qui les sépare; car c'est alors seulement que l'on peut négliger leurs actions réciproques et raisonner comme si elles étaient de simples points géométriques. D'où cette conséquence, qui devança de près d'un siècle toute expérience, que la loi de Mariotte n'est probablement vraie que pour les gaz très-dilatés.

248. L'auteur cherche ensuite ce qui arriverait si, le volume demeurant constant, la vitesse moyenne des molécules augmentait. Il regarde encore l'action de la pesanteur sur le piston comme compensée par la somme des impulsions des molécules dans l'unité de temps, et il cherche le poids nouveau qu'il faudrait employer pour maintenir l'équilibre. Or, chaque impulsion a un effet proportionnel au produit de la masse choquante par sa vitesse; en outre, le nombre des chocs en un temps donné est proportionnel à la vitesse des molécules; car, si le nombre des molécules reste le même, si leur distance moyenne reste la même, le temps employé à parcourir le même chemin sera évidemment proportionnel à la vitesse. L'impulsion totale est donc proportionnelle au carré de la vitesse moyenne des molécules. Mais l'expérience indique que, si le volume demeure constant, la pression du gaz augmente à mesure que sa « chaleur » augmente. Le carré de la vitesse moyenne de ses molécules peut donc être pris pour définir la « chaleur » d'un gaz. La distinction entre les mots *chaleur* et *température* n'était pas encore faite à l'époque où écrivait D. Bernoulli; les expériences calorimétriques

de Black et Wilcke (1760) n'étaient pas encore soupçonnées. Il y avait donc dans ces quelques pages un progrès énorme; ces idées étaient même extrêmement en avance sur tout ce que l'on a dit relativement à la théorie des ondulations appliquée à la chaleur, jusqu'au jour où l'on formula le principe de l'équivalence du travail et de la chaleur.

249. Bien qu'il ne faille pas en général attacher trop d'importance à ce que l'on nomme les vues de génie, surtout quand on entend par là des notions si vagues qu'on arrive à les rencontrer jusque chez les philosophes anciens, on doit être frappé de l'analogie évidente qui existe entre plusieurs conclusions de ce chapitre et les conséquences de la théorie mécanique de la chaleur. Daniel Bernoulli regarde la force vive inhérente à l'air, *vis viva aeri insita*, comme l'origine de tous les effets mécaniques que l'air peut produire. Toutes les fois que l'équilibre de la masse gazeuse est détruit, une certaine quantité de force vive est rendue disponible et peut servir à produire un effet mécanique[1]. A l'énoncé de ce principe il ajoute de nombreux exemples qui montrent bien qu'il en comprenait l'importance. Ce principe, en effet, n'est pas autre chose que celui que nous avons établi sous une forme un peu différente en disant : Toutes les fois qu'un système n'est pas en équilibre, il contient, outre l'énergie actuelle, la possibilité de déterminer une certaine quantité d'énergie que nous avons appelée l'énergie potentielle. Pour montrer ce que Daniel Bernoulli entendait par la force vive inhérente à un corps, je citerai seulement cette phrase sur la combustion de la poudre : « Mihi persuadeo si omnis vis « viva, quæ in carbonum pede cubico latet, ex eodemque combus- « tione elicitur, utiliter ad machinam movendam impendatur, quod « plus indè profici possit quam labore diurno octo aut decem homi- « num[2]. » Ce point de vue a certainement dépassé de beaucoup la portée des esprits contemporains, et cependant Bernoulli ne con-

(1) Ubicunque enim æquilibrium sublatum est, *vis viva* adest, quæ impendi potest, si debita machina excogitetur, ad onera elevanda machinamentaque circumagenda. (DANIEL BERNOULLI, *Hydrodynamique*, 1738, p. 233.)

(2) DANIEL BERNOULLI, *loc. cit.*, p. 231.

naissait pas la théorie de Lavoisier sur la combustion; il savait seulement que, dans l'inflammation de la poudre, il se dégage un gaz qu'il considérait comme préexistant avec la force vive qu'il possède.

Les idées si neuves et si exactes de Daniel Bernoulli, n'étant comprises de personne, furent par là même stériles et n'exercèrent aucune influence sur la marche de la science. Ce ne fut que bien plus tard qu'elles furent reprises par les physiciens.

250. **La théorie mécanique de la chaleur ramène aux idées de Bernoulli.** — C'est à Herapath, chimiste anglais, que l'on doit d'avoir remis au jour en 1821 des idées analogues, mais exprimées sous une forme un peu confuse[1].

M. Joule les présenta à son tour dans les Mémoires de la Société de Manchester[2]. Enfin M. Krœnig, de Berlin, développa, sous une forme mathématique plus facile à suivre, des idées identiques dans le fond à celles que M. Joule avait établies avec la seule aide du raisonnement[3].

251. **Théorie de M. Krœnig.** — M. Krœnig reprend l'hypothèse fondamentale de D. Bernoulli, c'est-à-dire qu'il suppose les molécules des gaz séparées par des intervalles très-grands et animées de mouvements dirigés en tous sens. Il se propose encore de chercher le poids P nécessaire pour maintenir en équilibre le piston d'un cylindre plein de gaz; mais il va tout de suite plus loin et il cherche l'expression numérique de cette pression au moyen des données hypothétiques sur la constitution des gaz.

M. Krœnig remarque d'abord que si l'on considère les molécules

(1) Herapath, Mémoire sur les causes, les lois et les phénomènes de la chaleur, etc., publié dans les *Annals of philosophy*, 2e série, t. Ier.

(2) Joule, Mémoire sur l'électrolyse de l'eau, appendice (1846) inséré dans les *Mémoires de la Société littéraire et philosophique de Manchester*, 2e série, t. VII; et Remarques sur la nature de la chaleur et la constitution des fluides élastiques (1848), dans les mêmes *Mémoires*, t. IX. Un extrait du deuxième mémoire a été publié par Verdet dans les *Annales de chimie et de physique* (1857), 3e série, t. L, p. 381.

(3) Krœnig, Principes d'une nouvelle théorie des gaz (1856), *Poggendorff's Annalen*, t. XCIX, p. 315. Verdet a donné dans les *Annales de chimie et de physique* (1857), 3e série, t. L, p. 491, une traduction textuelle, sauf quelques suppressions, de ce mémoire de M. Krœnig.

d'un gaz enfermé dans un cylindre comme animées de vitesses très-irrégulières, mais se compensant dans un très-petit espace, il est permis, en vertu des principes du calcul des probabilités, de remplacer ces mouvements irréguliers par une disposition régulière n'impliquant la prédominance dans aucun sens.

Soit, par exemple, une masse gazeuse contenue dans un vase cubique : on peut considérer les molécules de cette masse comme partagées en trois groupes dont chacun serait animé d'une vitesse parallèle à une arête du cube. Appelons v le volume total et n le nombre des molécules. L'effet produit sur les parois est le même que si le vase contenait trois groupes chacun de $\frac{n}{3}$ molécules, les molécules étant animées de vitesses parallèles aux arêtes et parcourant en ligne droite des chemins tels qu'elles ne se rencontrent jamais.

On admet que le mouvement de chaque molécule est un mouvement de va-et-vient suivant une droite égale et parallèle à une arête du cube. Cet état idéal est évidemment différent de l'état réel, mais il peut lui être substitué. L'expérience apprend en effet que les propriétés mécaniques des gaz sont indépendantes de leur nature. Les expériences de M. Joule montrent d'ailleurs que l'énergie intérieure d'un gaz ne varie pas quand le volume varie, mais alors les intervalles qui séparent les molécules varient eux-mêmes. L'énergie potentielle des gaz ne dépend donc pas de la grandeur de ces intervalles : les forces intérieures semblent indépendantes des distances réciproques des molécules; il faut donc supposer ces distances très-grandes relativement aux dimensions des molécules. Mais, pour que cet amas incohérent de molécules éparses soit capable d'agir sur lui-même et sur les corps extérieurs, il faut nécessairement attribuer aux molécules des vitesses rendant les différentes parties du système solidaires les unes des autres par les chocs ou par les diminutions de distance rapprochant les molécules, de sorte que leurs actions réciproques deviennent temporairement sensibles. Ces molécules forment alors un système dont les diverses parties sont solidaires et qui peut aussi agir sur les corps extérieurs, sur les parois qui le renferment. On est ainsi amené à attribuer aux molécules d'un gaz une vitesse que l'on doit regarder comme ayant une valeur moyenne constante dans une masse uniforme. Cette masse présente dès lors un état moyen général dont les traits principaux sont faciles à apercevoir. A cause de la grandeur des intervalles moléculaires, presque toutes les molécules doivent se mouvoir à un instant donné comme si elles n'étaient soumises à l'action d'aucune force, c'est-à-dire en ligne droite et d'une vitesse uniforme. Les molécules qui, se mouvant suivant une même droite, viennent à se rencontrer, ne font en ce moment qu'échanger leurs vitesses dans le choc, puisque les masses des molécules sont égales par hypothèse; et l'effet du choc est le même que si l'une des molécules avait passé à travers l'autre : cet effet, en définitive, est donc nul; pour les molécules qui se choquent latéralement, les vitesses, qui sont égales ainsi que les masses, ne font que changer de direction sans changer de grandeur. Enfin celles des molécules qui au même instant se trouvent assez rapprochées pour agir l'une sur l'autre, sans venir se rencontrer, éprouvent dans leur mouvement une modification passagère qui ne dure qu'un temps très-court, de sorte que les conditions moyennes du système restent encore les mêmes. On voit par là que, pour trouver quelle est l'action exercée par le système sur les parois qui le limitent, on peut substituer à son état réel un état fictif, dans lequel toutes les molécules chemineraient sans cesse en ligne droite sans jamais se rencontrer, et suivant des directions que l'on peut, à cause de leur irrégularité absolue, remplacer par les trois directions des arêtes d'un cube, en ne supposant aucune prédominance dans un sens quelconque.

Supposons l'une des parois du cube mobile et cherchons la grandeur de la force motrice qu'il faut faire agir sur cette paroi pour la maintenir en équilibre.

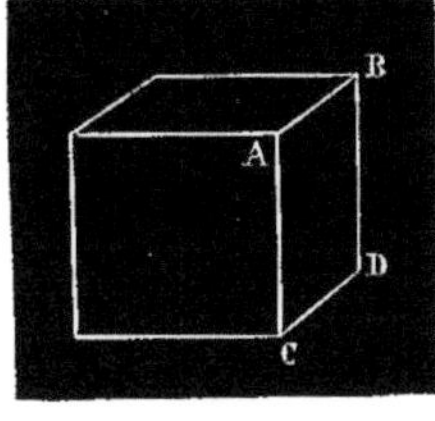

Fig. 2.

Chacune des molécules dont la vitesse est perpendiculaire à cette paroi ABCD vient la choquer à un instant déterminé, et se réfléchit avec une vitesse égale et de signe contraire à celle qu'elle avait primitivement et que je désignerai par u. La force qui maintient la paroi immobile doit donc être capable de changer le signe de la vitesse de chacune des molécules qui viennent dans l'unité de temps choquer la paroi, ou, ce qui revient au même, elle doit être capable de lui communiquer une vitesse $-2u$ de signe contraire à cette vitesse primitive et de grandeur double, c'est-à-dire de lui communiquer une quantité de mouvement $-2mu$, m étant la masse de la molécule. Après s'être réfléchie sur la paroi ABCD, la molécule traverse le cube tout entier, se réfléchit sur le côté opposé et revient choquer la face ABCD après un temps $\theta = \frac{2l}{u}$, l désignant la longueur de l'arête du cube. Pendant l'unité de temps, la réflexion de cette molécule sur la face ABCD s'opère donc $\frac{u}{2l}$ fois. Par suite, la pression qui assure l'immobilité de la paroi doit être capable de communiquer dans l'unité de temps $\frac{u}{2l}$ fois la quantité de mouvement $-2mu$ à un nombre de molécules égal à $\frac{n}{3}$. La pression exercée devra donc être mesurée par le produit

$$\frac{u}{2l} \cdot 2mu \cdot \frac{n}{3}$$

ou

$$\frac{n}{3} \frac{mu^2}{l}.$$

Telle est la valeur de la pression totale exercée sur la paroi ABCD. Cette pression, rapportée à l'unité de surface, est par conséquent

$$\frac{n}{3} \frac{mu^2}{v},$$

si l'on désigne par v le volume du cube.

Ainsi la pression qu'il faut exercer sur le gaz est donnée par la formule

$$p = \frac{n}{3} \frac{mu^2}{v}$$

ou

$$pv = \frac{n}{3} mu^2.$$

Le raisonnement se généralise facilement et la formule s'applique par conséquent à un gaz enfermé dans une enveloppe quelconque,

Le produit pv est donc constant pour une masse gazeuse déterminée, tant que la vitesse moyenne reste constante. Si donc on admet que la constance de la température implique la constance de cette vitesse, la formule reproduit la loi de Mariotte.

252. Prenons maintenant dans un cylindre quelconque deux gaz différents A, B, séparés par un piston P mobile sans frottement à l'intérieur du cylindre, et supposons ce piston en équilibre sous l'action des deux pressions contraires qu'il supporte; ces pressions sont égales, et, en appelant n, m, u, v les données relatives au premier gaz, et n', m', u', v' celles qui sont relatives au second, on a

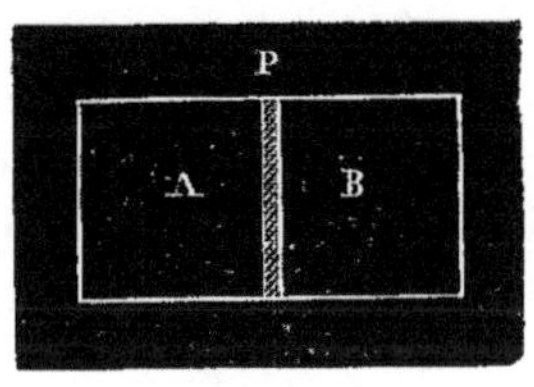

Fig. 3.

$$\frac{nmu^2}{v} = \frac{n'm'u'^2}{v'}.$$

Concevons alors le piston supprimé et admettons que l'expérience n'accuse aucun changement autre qu'une diffusion graduelle, mais que ni thermomètres ni manomètres n'indiquent rien; on devra dire alors que les deux gaz ont même température, car on définit deux gaz à la même température deux gaz qui, s'ils sont à la même pression, peuvent se mélanger sans modifier leur état. Or, quelle condition doivent remplir les deux gaz pour qu'ils se mêlent ainsi sans manifester aucun changement? Il faut évidemment que la force vive moyenne d'une molécule soit la même dans les deux systèmes.

On voit en même temps comment se produira le mélange des deux gaz, et même cette théorie est la seule qui explique nettement la diffusion : les molécules limites de chacun des gaz, étant animées d'une certaine vitesse, pénètrent dans l'autre au moment où l'on supprime le piston et s'avancent jusqu'à ce qu'elles choquent d'autres molécules.

Si l'élasticité des molécules est parfaite, pour que dans le choc réciproque les vitesses ne changent pas, c'est-à-dire pour que l'état des deux gaz soit le même avant et après le mélange, il suffira que la force vive moyenne de chaque molécule soit la même pour les deux gaz; la condition est donc

$$mu^2 = m'u'^2;$$

deux masses gazeuses ont donc même température quand la force vive individuelle de leurs molécules est la même.

Toute fonction de la force vive moléculaire peut donc servir de définition de la température des gaz, et cette fonction est indépendante de la nature du gaz considéré. Ce qu'il y a de plus naturel, c'est de prendre la force vive elle-même pour définition de la température. Le point de départ de l'échelle thermométrique sera alors cet état idéal où la force vive moléculaire deviendrait nulle et pour lequel on devrait dire par conséquent que le gaz ne contient plus de chaleur. Soit T la température ainsi définie, la formule précédemment établie devient

$$pv = \frac{n}{3}T,$$

n représentant toujours le nombre des molécules contenues dans le volume v.

De cette formule il résulte immédiatement que, si le volume reste constant, la pression varie proportionnellement à la température T; et inversement, si la pression reste constante, le volume varie proportionnellement à la température T. Le coefficient de dilatation sous volume constant et le coefficient de dilatation sous pression constante sont donc égaux pour un même gaz.

Je dis de plus qu'ils se confondent en un même nombre pour tous les gaz; car, T étant le même pour tous les gaz, le nombre des atomes contenus dans des volumes égaux des divers gaz est le même, comme il est facile de le démontrer. Revenons en effet à la relation principale entre deux masses gazeuses à la même pression,

$$\frac{nmu^2}{v} = \frac{n'm'u'^2}{v'},$$

et supposons les deux gaz différents, mais ayant même volume $v = v'$ et même température $mu^2 = m'u'^2$. L'équation se réduit à

$$n = n'.$$

Sous la même pression et à la même température, tous les gaz simples contiennent donc à volume égal le même nombre de molécules. Nous avons ainsi la justification d'une hypothèse dont on ne donne ordinairement que des raisons plus ou moins vagues et qui est cependant le fondement de la théorie des poids atomiques.

Je remarquerai enfin que l'énergie totale d'un gaz n'est en définitive que de l'énergie actuelle puisque, par suite de la grandeur des intervalles moléculaires, l'énergie potentielle est nulle. Or la force vive propre à chaque molécule définit la température T. Si donc nous prenons un poids constant d'un gaz quelconque, l'énergie actuelle de ce gaz n'est fonction que de la température et varie proportionnellement à la température définie par la dilatation d'un gaz parfait. Mais alors les quantités de chaleur nécessaires pour élever de la même température des volumes égaux de divers gaz, c'est-à-dire les chaleurs spécifiques rapportées à un même volume, sont égales; car les volumes égaux des divers gaz pris à la même température et à la même pression renferment le même nombre d'atomes, et, la force vive individuelle de chaque molécule étant la même, les expressions $\frac{nmu^2}{2}$, $\frac{n'm'u'^2}{2}$ se confondent en une seule $\frac{nT}{2}$, qui est, pour chacun des gaz, proportionnelle à l'énergie totale contenue dans un volume donné. Les variations de cette énergie totale, que nous savons déjà être pour tous les gaz proportionnelles aux variations de T, seront donc les mêmes pour les divers gaz, si elles sont rapportées à des masses ayant même volume sous la même pression. On voit donc que, pour élever d'un même nombre de degrés la température de volumes égaux de ces divers gaz, il faudra la même quantité de chaleur.

Ainsi, toutes les lois élémentaires caractéristiques des gaz parfaits s'expliquent d'une manière simple et naturelle comme conséquences de cette constitution hypothétique des gaz. On voit en même temps que ces lois théoriques ne s'appliquent exactement à aucun gaz. Il est possible, en effet, que la durée des périodes de trouble produit par l'action réciproque des molécules ne soit pas négligeable par rapport à la durée des époques de mouvement uniforme; que le rapport de ces deux durées, tout en demeurant très-petit, devienne sensible : les raisonnements que l'on vient de faire ne pourront plus être répétés en toute rigueur et leurs conséquences ne représenteront plus exactement les propriétés du système, mais donneront seulement l'expression plus ou moins approchée de ses propriétés réelles. Il est clair d'ailleurs que cette théorie s'appliquera d'autant plus exactement aux gaz réels qu'ils seront plus raréfiés; et l'état parfait n'est à vrai dire qu'un état idéal dont on peut se rapprocher indéfiniment par une raréfaction croissante du gaz, mais sans jamais l'atteindre.

253. **Mécanisme de la transformation du travail en chaleur, et vice versa, dans un gaz parfait.** — Il est facile maintenant de rendre compte de la manière dont la chaleur se transforme en travail lorsqu'un gaz se dilate en soulevant un poids, ou, inversement, de la manière dont le travail se transforme en chaleur lorsqu'on comprime un gaz. On peut aussi concevoir comment il n'y a ni absorption ni dégagement de chaleur dans la simple dilatation d'un gaz non accompagnée de travail extérieur.

Soit, par exemple, un gaz enfermé dans un cylindre sous un piston mobile. Si la force qui agit sur le piston est capable de communiquer à chaque molécule qui vient en choquer la base une vitesse égale au double de la vitesse primitive changée de signe, le piston est en équilibre. Si la force est plus grande, la paroi mobile marche dans le sens où la pousse cette force; le piston comprime donc le gaz en chassant les molécules devant lui ; les molécules qui viennent choquer sa surface rejaillissent avec une vitesse de signe contraire à la vitesse primitive, mais plus grande en valeur absolue. Le gaz s'échauffe donc, puisque la vitesse moyenne de ses molécules est augmentée, et le travail de la pression a pour équivalent l'accroissement de la somme des forces vives moléculaires, c'est-à-dire la chaleur produite. L'inverse a lieu dans la dilatation. Si nous supposons que l'on applique au piston mobile une force inférieure à celle qui est nécessaire pour changer de signe la vitesse normale de toutes les molécules qui choquent sa surface, le gaz se dilate, chaque molécule rejaillit sur la surface du piston avec une vitesse moindre en valeur absolue que sa vitesse primitive; les molécules du gaz communiquent donc au piston une partie de leur force vive suivant les lois ordinaires du choc; il y a par suite diminution de la force vive individuelle des molécules, c'est-à-dire abaissement de température; et la quantité de force vive disparue se trouve exactement dans le travail exécuté pour soulever le piston.

254. **Interprétation théorique des expériences de Joule.** — Il en est de même du résultat fondamental des expériences de Joule; je veux parler de cette expérience bien connue où, réunissant deux récipients métalliques, l'un vide, l'autre plein d'air comprimé à vingt-deux atmosphères, il ne constata aucune variation de température, au moment où il ouvrit le robinet intermédiaire (92). Parmi les molécules gazeuses situées en avant de l'orifice, celles dont la vitesse sera dirigée du côté du récipient vide passeront dans ce récipient; elles seront alors remplacées par d'autres qui passeront à leur tour en conservant leur vitesse propre comme les premières, et l'on arrivera ainsi à un équilibre de pression entre les deux cylindres sans que la force vive individuelle des molécules ait été en rien altérée, puisqu'il n'y a aucune raison pour qu'elle ait varié. Le résultat fondamental de l'expérience de M. Joule est ainsi expliqué sans difficulté. Il n'en est pas tout à fait de même du deuxième résultat (93), absorption de chaleur dans le récipient qui se vide, dégagement équivalent de chaleur dans l'autre récipient. C'est un point un peu plus délicat; mais on comprend immédiatement que les molécules dont la vitesse individuelle est la plus considérable sont celles qui passent de préférence dans le cylindre primitivement vide; de sorte qu'à un instant donné ce récipient contient des molécules dont la vitesse moyenne est supérieure à la vitesse moyenne de celles qui sont restées dans le premier récipient : celui-ci a donc dû se refroidir tandis que l'autre a dû s'échauffer.

255. **Explication de la pression atmosphérique.** — Pour compléter l'exposé des développements de la théorie de Krœnig, j'examinerai encore deux points, la pression de l'atmosphère sur la cuvette d'un baromètre et le poids d'un gaz contenu dans un vase clos.

Il peut sembler étrange, en effet, que la pression de l'atmosphère sur la cuvette d'un baromètre soit égale au poids de la colonne d'air qui a pour base la surface de la cuvette, si cette pression résulte des chocs des molécules sur la surface du mercure; et l'on peut se demander si dès lors cette pression ne dépend pas de la température. Une remarque simple fait voir qu'il n'en est rien. Considérons une molécule m venant frapper la surface de la cuvette avec une vitesse dont la composante normale est w: cette molécule se réfléchit d'après les lois ordinaires du choc; la composante de la vitesse parallèle à la paroi garde sa valeur et son signe, la composante verticale conserve sa valeur absolue, mais change de signe. La molécule reçoit donc dans ce choc une accélération normale égale au double de la composante normale w de la vitesse initiale, et de signe contraire. Il en résulte, pour maintenir la surface libre du mercure en équilibre, la nécessité d'une force capable de communiquer l'accélération $2w$ à toutes les masses m qui viennent choquer cette surface dans l'unité de temps. La force, c'est-à-dire le poids de la colonne de mercure soulevée dans le baromètre, devra donc être égale à $2mw$ multiplié par le nombre des chocs qui se produisent dans l'unité de temps. Or, il est d'abord facile de voir quel est le nombre des chocs d'une molécule pendant l'unité de temps. La molécule, après avoir rencontré la surface, rejaillit avec la vitesse w et s'élève à une hauteur h définie par la formule $w^2 = 2gh$; et elle parvient à cette hauteur au bout d'un temps que l'on obtient immédiatement en remarquant que la molécule cesse de s'élever au moment où sa vitesse verticale devient nulle; or cette vitesse a pour expression $w - gt$. C'est donc à l'époque $t = \frac{w}{g}$ que la molécule est au point le plus haut de sa course. Elle retombe alors, repasse par toutes les vitesses qu'elle a eues dans sa période ascensionnelle et revient choquer la surface avec la vitesse w, au bout d'un temps $2\frac{w}{g}$. Le nombre des chocs de cette molécule, pendant l'unité de temps, est donc $\frac{g}{2w}$. Une seule molécule devra donc recevoir $\frac{g}{2w}$ fois l'accélération $2w$ pendant l'unité de temps. Mais la force qui lui communiquera cette accélération serait capable de communiquer une fois l'accélération $2w\frac{g}{2w}=g$ à la même molécule m pendant le même temps. Par conséquent, pour chaque molécule, il est nécessaire d'exercer une force exprimée par le nombre même qui représente le poids de la molécule. La hauteur de la colonne barométrique représente donc bien le poids de la colonne d'air qui s'élève au-dessus de la cuvette du mercure.

256. **Pressions sur les deux bases d'un vase cylindrique vertical.** — On peut voir de même, ce qui est évident *a priori*, que si l'on suspend au plateau d'une balance une enveloppe solide contenant un gaz, le poids qu'elle accuse est bien égal au poids du gaz augmenté du poids de l'enveloppe. On doit en effet regarder comme évident que le poids d'un système n'est pas altéré par les mouvements que l'on peut attribuer à ses diverses parties. Il n'est pas inutile, toutefois, de se rendre compte du mécanisme par lequel se fait la conservation du poids. Je supposerai, pour simplifier, le gaz contenu dans un cylindre vertical terminé par deux bases horizontales, et je chercherai la résultante des pressions du gaz sur ces deux bases : ces pressions sont dues aux chocs des molécules. J'admettrai que les mouvements des molécules sont tous parallèles à l'axe du cylindre, c'est-à-dire verticaux. Prenons en particulier une molécule M et supposons son mouvement vertical et s'exécutant sans être influencé par les autres molécules. Cette molécule M est animée, au moment où elle choque la base inférieure, d'une vitesse verticale w. Elle rejaillit avec une vitesse égale et de signe contraire; en d'autres termes, elle reçoit une accélération égale à $-2w$. Il résulte donc de ce choc l'existence d'une pression $2mw$ sur la base inférieure AB. La molécule rejaillit après le choc avec une vitesse verticale w. Il arrive alors de deux choses l'une : ou cette vitesse w est insuffisante pour faire

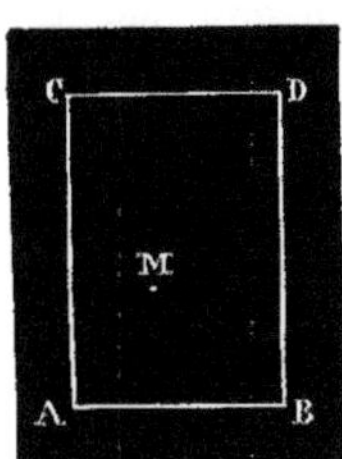

Fig. 4.

remonter la molécule jusqu'à la base supérieure CD, et alors on doit répéter le raisonnement que nous avons fait dans le cas précédent et qui établit que la pression due aux chocs de cette molécule est précisément égale à son poids; ou bien la vitesse w est suffisante pour que la molécule vienne choquer la base supérieure après un temps facile à déterminer et produise une pression de bas en haut. La molécule vient alors choquer alternativement les deux bases du cylindre, donnant ainsi naissance à deux pressions contraires dont la différence seule est sensible dans l'augmentation de poids résultant de la présence du gaz dans le cylindre. On établit par un calcul très-simple que l'intervalle entre deux chocs successifs de la molécule contre la même base est

$$\frac{2\left(w-\sqrt{w^2-2gh}\right)}{g}$$

et que la vitesse avec laquelle elle rencontre la base supérieure est $\sqrt{w^2-2gh}$. De là les conséquences suivantes :

Nous avons sur la base inférieure, pendant l'unité de temps, une série d'impulsions telles, qu'il en résulte pour la molécule m l'accélération $2w$ répétée $\frac{g}{2\left(w-\sqrt{w^2-2gh}\right)}$ fois pendant l'unité de temps, c'est-à-dire une pression égale à

$$\frac{2mwg}{2\left(w-\sqrt{w^2-2gh}\right)}.$$

Sur la base supérieure, nous avons le même nombre de chocs de cette molécule, mais alors sa vitesse est seulement $\sqrt{w^2-2gh}$, et il en résulte une pression

$$\frac{2mg\sqrt{w^2-2gh}}{2\left(w-\sqrt{w^2-2gh}\right)}.$$

La différence des deux pressions est bien égale au poids de la molécule m. Par conséquent le poids du système n'est pas altéré par le mouvement relatif de ses diverses parties et ne change pas avec la température.

257. **Perturbations des lois simples déduites de la théorie.** — Nous avons vu comment s'expliquent les dérogations aux lois simples de l'ancienne physique, si l'on suppose que les périodes de perturbation ne soient pas complétement négligeables devant les périodes de mouvement uniforme. Mais de ces perturbations peuvent résulter deux effets différents : il peut arriver que le mouvement de la molécule, à l'époque de trouble, soit plus lent que le mouvement uniforme, ou, au contraire, qu'il soit plus rapide. Prenons d'abord la première hypothèse, et supposons que pendant la période de perturbation la molécule se meuve un peu plus lentement que nous ne l'avons supposé : l'intervalle de deux chocs successifs est un peu augmenté, la pression exercée par le gaz correspond donc à une valeur un peu moindre que celle que nous avons trouvée. Le produit pv, au lieu de varier proportionnellement à la force vive moléculaire, varie un peu moins rapidement. La pression croît moins rapidement avec la température que ne l'indique l'échelle thermométrique construite avec un gaz parfait. Si nous admettons l'hypothèse inverse, le nombre des chocs contre une paroi déterminée augmente pendant l'unité de temps et la pression est augmentée. Sous un volume déterminé, la pression augmente plus vite avec la température qu'il ne résulte de l'hypothèse d'un gaz où les intervalles des molécules seraient assez grands pour qu'on pût négliger leurs actions réciproques. Mais ces résultats seront plus clairs en considérant les pressions totales. Nous sommes arrivés (251) à la relation

$$pv = \frac{n}{3} mu^2,$$

en partant de l'hypothèse que le nombre des chocs contre la paroi d'un cube d'arête δ était $\frac{u}{2\delta}$; et la formule dont nous avons déduit cette relation est en réalité

$$\mathrm{P} = \frac{n}{3}\, 2\, mu \frac{u}{2\delta},$$

P étant la pression totale sur la face du cube, de sorte que $\frac{\mathrm{P}}{\delta^2} = p$; et c'est en divisant les deux membres de cette équation par

δ^2 pour avoir la pression sur l'unité de surface que nous sommes arrivés à la loi de Mariotte, en supposant la vitesse des molécules constante à une même température. Supposons que l'effet des perturbations soit de ralentir la vitesse, le nombre des chocs contre la paroi du cube dans l'unité de temps sera moindre que $\frac{u}{2\delta}$. Si le volume du gaz augmente, c'est-à-dire si δ augmente, le facteur que nous devrons introduire dans l'expression de P sera moindre que $\frac{u}{2\delta}$; la pression diminue donc plus rapidement que ne l'indique la loi de Mariotte quand le volume augmente. Si au contraire nous supposons le mouvement de la molécule accéléré pendant les périodes de perturbation, le nombre des chocs contre la paroi pendant l'unité de temps sera un peu supérieur à $\frac{u}{2\delta}$; le gaz se comprimera un peu moins vite que ne l'exigerait la loi de Mariotte. C'est le résultat qui convient à l'hydrogène, tandis que le premier résultat s'applique à la généralité des gaz.

258. **Insuffisance de la théorie de M. Kroenig.** — Ainsi, avec cette première théorie, dans laquelle on considère l'espace occupé par un gaz comme un vide sillonné par des molécules solides animées de mouvements de translation en tous sens et possédant la propriété des corps élastiques de ne conserver après le choc aucune quantité de force vive vibratoire, on retrouve bien les résultats principaux de l'expérience.

Mais il est impossible de concevoir que, contrairement à ce que nous présentent tous les corps solides, les molécules des gaz ne gardent, après le choc, aucune fraction de la force vive initiale sous forme de vibrations intérieures ; il est également impossible que ces molécules ne soient pas animées d'un mouvement de rotation en même temps que d'un mouvement de translation, le choc des molécules les unes contre les autres ne pouvant être toujours central et direct; enfin il est encore impossible que l'agent qui sert à la propagation de la lumière, que cet agent lumineux, quel qu'il soit, ne prenne aucune part au mouvement des molécules du gaz. On doit donc avoir égard à des conditions beaucoup plus complexes que celles dans lesquelles nous nous sommes placés.

C'est à M. Clausius que l'on doit les développements nouveaux que réclamait la théorie des gaz(1). Telle en effet qu'elle avait été établie par M. Krœnig, elle conduisait à des lois que je dirais volontiers trop simples. Ainsi, en admettant les idées de M. Krœnig, il est difficile de concevoir comment les gaz composés n'ont pas tous, à volume égal, la même chaleur spécifique sous pression constante.

259. **Théorie plus complète de M. Clausius.** — Nous admettrons donc avec M. Clausius que les choses se passent d'une manière plus compliquée que nous ne l'avions d'abord supposé. Nous conserverons toujours le trait principal de l'hypothèse fondamentale : nous regarderons encore un gaz comme formé de molécules si éloignées les unes des autres que l'on puisse négliger à un instant donné leurs actions réciproques, excepté pour un nombre très-petit d'entre elles qui se trouveront fortuitement assez rapprochées pour agir les unes sur les autres. Nous admettrons encore que le mouvement des molécules est pendant la plus grande partie du temps rectiligne et uniforme ; mais nous remarquerons que ce mouvement de translation n'est pas le seul qui doive exister. Les perturbations, sur lesquelles nous ne nous expliquons pas, peuvent aussi bien amener un choc latéral qu'un choc central ; il y a donc nécessairement des mouvements de rotation des molécules sur elles-mêmes. Si d'ailleurs nous ne nous représentons pas les molécules d'un gaz comme les atomes des métaphysiciens de l'antiquité, mais bien comme des corps dont les dimensions sont extrêmement petites et qui possèdent d'ailleurs les propriétés des corps de dimensions finies, lorsque deux molécules se choquent, elles doivent se comporter comme deux billes élastiques dont le choc, en même temps qu'il modifie leur mouvement général, développe à leur intérieur des vibrations plus ou moins rapides ; ces vibrations intérieures peuvent même se développer sans qu'il y ait choc par l'action de molécules s'approchant suffisamment de la molécule considérée.

(1) *Poggendorff's Annalen* (1857), t. C, p. 353, ou CLAUSIUS, *Abhandlungen über die mecanische Wärmetheorie*, 2e partie, p. 230. Un extrait du mémoire de M. Clausius a été publié par Verdet dans les *Annales de chimie et de physique* (1857), 3e série, t. L, p. 497.

Outre le mouvement apparent des molécules, nous devrons donc considérer encore ce mouvement intérieur dû aux vibrations de leurs atomes. Enfin, comme les molécules des gaz condensent ou dilatent l'agent lumineux, sur la nature duquel je ne préjuge rien d'ailleurs, la matière pondérable ne peut pas être animée d'un mouvement sensible sans que l'éther y participe. Nous aurons donc à considérer dans ce mouvement complexe quatre espèces de forces vives pour chaque molécule :

1° La force vive du mouvement de translation ;
2° La force vive du mouvement de rotation ;
3° La force vive du mouvement vibratoire ;
4° La force vive du mouvement de l'éther.

Ces quatre systèmes de mouvements existent toujours; si l'un d'eux est déterminé, les autres le sont par là même. Si l'on a un espace renfermant un nombre immense de molécules gazeuses d'une nature donnée, et si l'on connaît la somme des forces vives des mouvements de translation, on doit regarder les trois autres sommes de forces vives comme entièrement déterminées. Puisqu'en effet il suffit de considérer le mouvement de translation pour reconnaître que les trois autres espèces de mouvement en résultent nécessairement, lorsque le système est arrivé à un état stable, on doit admettre que les trois autres sommes de forces vives sont déterminées, je ne dis pas connues. L'énergie actuelle se compose donc de quatre parties telles, que, si l'une de ces énergies est déterminée ainsi que la nature du gaz, les autres le sont aussi. D'ailleurs ces mouvements satisfont aux conditions que j'ai développées au commencement de cet ouvrage (25 et 26), c'est-à-dire que les forces vives des divers mouvements s'ajoutent pour donner la force vive du mouvement résultant. Les trois premiers mouvements rentrent immédiatement dans ceux que nous avons alors considérés; quant au quatrième, c'est-à-dire au mouvement de l'éther, il provient des mouvements de translation et de rotation des molécules pondérables qui satisfont à ces conditions, et il consiste lui-même en rotations ou translations très-petites ; il est donc permis d'ajouter la force vive relative à ce mouvement aux trois autres forces vives.

Pour arriver aux lois qui se déduisent de cette hypothèse, nous allons nous placer dans les conditions mêmes où se sont placés Bernoulli, M. Joule et M. Krœnig.

La première, c'est que les distances respectives des molécules soient très-grandes par rapport aux distances où les forces moléculaires sont sensibles, en d'autres termes que la densité du gaz soit extrêmement petite par rapport à la densité du solide qui occuperait le même volume, ou plus exactement que le volume réellement occupé par la matière pondérable du gaz soit extrêmement petit par rapport au volume total du gaz.

La deuxième condition, c'est qu'à un moment donné il n'y ait qu'un très-petit nombre de molécules qui soient soumises à leurs actions réciproques, et, de même, que le nombre des molécules agissant sur la paroi à un instant donné soit extrêmement petit par rapport à celui des molécules non agissantes.

Si ces deux hypothèses sont satisfaites, il est évident que chaque molécule ne se trouve au voisinage d'une autre ou au voisinage de la paroi que pendant un temps très-petit par rapport au temps pendant lequel elle est trop éloignée d'une autre molécule ou de la paroi pour en éprouver une action sensible.

Dans l'application du calcul à cette hypothèse nous admettrons quelques simplifications analogues à celles de M. Krœnig, mais sans les pousser tout à fait aussi loin. Nous devons regarder le mouvement de translation comme variable d'une molécule à une autre de la manière la plus irrégulière, de telle sorte que, si nous prenons à l'intérieur de la masse gazeuse un volume très-grand par rapport à la distance des molécules, mais très-petit par rapport à nos sens, il y ait compensation exacte. Nous pourrons donc supposer une vitesse commune à toutes les molécules de ce petit espace sans altérer la somme de leurs forces vives. Cette vitesse aura une valeur constante, mais sera d'ailleurs dirigée dans tous les sens possibles. Nous ne ferons pas la simplification de M. Krœnig, qui réduit ces directions à trois directions rectangulaires entre elles; mais nous adopterons la simplification qui consiste à négliger complétement les périodes de transformations. Nous raisonnerons comme si les modifications dans les mouvements de rotation et de vibration n'avaient pas lieu, car, si elles se produisent d'une certaine manière pour une molécule donnée, elles se produisent autrement pour une autre, et nous pouvons en toute rigueur admettre que dans un temps très-court et un espace très-petit elles se compensent exactement. Il en est de même pour le mouvement de translation, que nous pouvons supposer rectiligne et uniforme pendant tout le temps qui s'écoule entre deux chocs contre les parois opposées : nous supposerons donc que deux molécules qui se rencontrent se traversent réciproquement sans altérer la nature de leur mouvement. Nous admettrons encore que la pression du gaz sur l'enveloppe solide qui le renferme résulte uniquement du choc des molécules contre la paroi, ce choc s'effectuant suivant les lois ordinaires du choc des corps élastiques contre les parois planes, de sorte que le mouvement de chaque molécule reste après le choc rectiligne et uniforme. En réalité, les choses ne se passent pas ainsi : par rapport aux molécules d'un gaz, la paroi la plus unie doit être considérée comme extrêmement raboteuse; la réflexion d'une molécule sur cette paroi s'effectue donc d'une manière très-irrégulière; mais, sur une très-petite étendue de la paroi autour du point considéré, un nombre immense de molécules viennent se réfléchir en tous sens, et il y en a toujours une qui se réfléchit dans la direction qu'aurait suivie la première molécule si elle s'était réfléchie d'une manière régulière. Il importe peu évidemment que la molécule qui se réfléchit dans une direction donnée soit précisément celle que la loi de la réflexion sur une surface mathématiquement plane nous indique comme étant venue choquer la paroi en tel point déterminé. Et en effet dans ce choc des molécules contre la paroi il y a ou il n'y a pas compensation. S'il y a compensation, il est tout à fait indifférent que cette compensation ait lieu en modifiant le mouvement individuel de chaque molécule. Si la compensation ne s'établit pas, une partie de l'énergie actuelle des molécules se communique à la paroi et la persistance de la température du gaz n'a pas lieu; or nous supposons que les molécules de la paroi sont dans un état de mouvement tel, qu'il y a compensation exacte entre la force vive que cette paroi peut recevoir des molécules du gaz et celle qu'elle peut leur communiquer.

Cela posé, calculons la grandeur de la force nécessaire pour maintenir la paroi en équilibre sous la pression du gaz. Considérons en particulier un gaz renfermé dans un vase cylindrique dont la hauteur soit très-petite par rapport au diamètre des bases, de manière que les chocs contre les parois latérales soient relativement très-peu nombreux et par conséquent négligeables. J'appellerai u la vitesse correspondant à la force vive moyenne du mouvement de translation des molécules, c'est-à-dire une vitesse telle, que mu^2 soit la force vive moyenne de chaque molécule; l'homogénéité exige que cette moyenne soit constante pour une petite masse prise n'importe où dans l'intérieur du gaz. Mais il ne serait pas exact d'appeler u vitesse moyenne, car la vitesse moyenne doit être la moyenne de toutes les vitesses considérées, et en direction et en intensité, moyenne évidemment nulle d'après la condition même d'homogénéité.

La molécule, après avoir choqué la paroi, doit rejaillir avec une vitesse dont la composante parallèle à la paroi n'ait pas changé, mais dont la composante normale soit égale et de signe contraire à sa valeur primitive; il faudra donc lui communiquer une vitesse normale égale à $2u\cos\theta$, θ désignant l'angle que la direction de la vitesse de la molécule M fait avec la normale à la paroi. Cette molécule, qui rejaillit avec une vitesse normale $u\cos\theta$, rencontrera la seconde base du cylindre après un temps égal à $\frac{h}{u\cos\theta}$, h étant la distance normale des deux bases. Elle rejaillit de nouveau et vient choquer la première paroi après un temps $\frac{2h}{u\cos\theta}$. Le nombre des chocs contre cette paroi pendant l'unité de temps est donc $\frac{u\cos\theta}{2h}$.

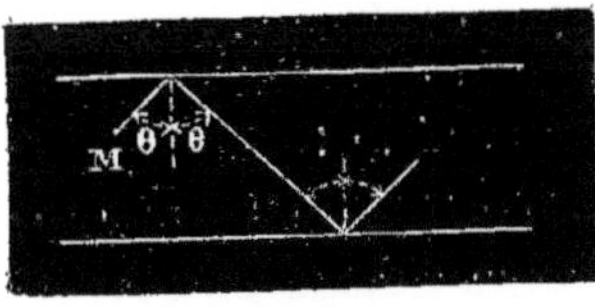

Fig. 5.

La pression sur la paroi entière sera équilibrée par une force capable de communiquer à toutes les molécules une accélération égale à $2u\cos\theta$, cette opération se répétant pour chacune un nombre de fois égal à $\frac{u\cos\theta}{2h}$, dans l'unité de temps, ce qui est la même chose que communiquer à chaque molécule m une seule fois l'accélération $\frac{u^2\cos^2\theta}{h}$.

Considérons le nombre total des molécules comprises entre les deux plans, nombre que j'appellerai n. Les vitesses de ces molécules sont dirigées de toutes les manières possibles sans aucune règle. Nous pouvons donc supposer ces vitesses également distribuées dans toutes les directions; et par suite, si nous traçons une sphère dont le rayon soit égal à l'unité, chaque point de cette sphère correspond à une direction de vitesse. Le nombre des molécules dont les vitesses font avec la normale à la base des angles compris entre θ et $\theta + d\theta$ sera donc au nombre total des molécules comme la zone, ayant pour base les intersections de la sphère par les deux cônes infiniment voisins d'angles au sommet 2θ et $2(\theta + d\theta)$, est à la surface totale de la demi-sphère. La surface de cette zone étant $2\pi \sin\theta \, d\theta$, le rapport du nombre des molécules dont la vitesse est dirigée entre ces deux cônes au nombre total des molécules est donc

$$\frac{2\pi \sin\theta \, d\theta}{2\pi},$$

et par conséquent le nombre de ces molécules est

$$n \sin\theta \, d\theta;$$

par suite, la force nécessaire pour leur communiquer l'accélération $\frac{u^2 \cos^2\theta}{h}$ pendant l'unité de temps sera

$$n \sin\theta \, d\theta . \, m \frac{u^2 \cos^2\theta}{h}.$$

La quantité de mouvement communiquée à la totalité des molécules qui rencontrent la paroi pendant l'unité de temps est l'intégrale de l'expression précédente prise entre les limites o et $\frac{\pi}{2}$:

$$P = nm \frac{u^2}{h} \int_0^{\frac{\pi}{2}} \cos^2\theta \sin\theta \, d\theta,$$

c'est-à-dire

$$P = nm \frac{u^2}{h} \left(-\frac{\cos^3\theta}{3} + C \right)_0^{\frac{\pi}{2}}$$

ou

$$P = \frac{nmu^2}{3h}.$$

Telle est la pression totale sur la base du cylindre.

On en déduit facilement la pression p rapportée à l'unité de surface. Si s est la surface de la base, $p = \frac{P}{s}$,

$$p = \frac{nmu^2}{3v},$$

v étant le volume du cylindre.

On retrouve ainsi la formule

$$pv = \frac{nmu^2}{3}$$

déjà démontrée par M. Krœnig.

260. Les principes qui nous ont conduit à cette formule

$$pv = \frac{n}{3} mu^2$$

ne permettent pas d'en déduire les mêmes conséquences qu'en avait tirées M. Krœnig. Il est nécessaire en effet d'avoir égard aux quatre genres de mouvements que nous avons considérés, ce qui ne permet plus de faire en toute rigueur le raisonnement par lequel M. Krœnig avait établi que, si la force vive individuelle des molécules de deux gaz est la même, ces deux gaz sont à la même température. Mais nous pouvons du moins tirer de cette formule certaines conséquences importantes.

Il en résulte d'abord la loi de Mariotte : les gaz ainsi constitués suivent la loi de Mariotte à toutes les températures. Cette propriété équivaut à une autre, à savoir que le coefficient de dilatation à volume constant et le coefficient de dilatation à pression constante sont deux quantités numériquement égales. On sait d'ailleurs que cela n'est vrai pour aucun gaz si ce n'est pour l'hydrogène; l'hydrogène est donc de tous les gaz celui qui se rapproche le plus de l'état parfait.

Considérons maintenant deux masses de gaz différents enfermées dans un même cylindre mais séparées par un piston, et supposons que ces deux masses occupent le même volume et exercent la même pression sur l'une et l'autre face du piston, de telle sorte que l'on ait

$$\frac{n}{3} mu^2 = \frac{n'}{3} m'u'^2.$$

Supprimons le piston : les deux gaz se mélangent; et nous dirons encore que les deux masses sont à la même température si dans ce mélange il ne se manifeste aucun changement. Mais, dans le choc des molécules de ces deux gaz, la force vive moyenne de leur mouvement de translation n'est pas altérée. Comme d'ailleurs il est nécessaire d'admettre qu'il existe un rapport déterminé entre la force vive du mouvement de translation d'une molécule et les autres éléments d'où dépend sa force vive totale, il est permis de présumer que cette force vive totale ne change pas. Si l'on admet donc que la force vive totale de chaque molécule ne change pas dans le choc, il faut que la force vive moyenne totale d'une molécule soit primitivement la même dans les deux systèmes, pour qu'ils se mêlent sans manifester aucun changement.

On arrive donc encore, mais avec cette hypothèse, à admettre que deux masses gazeuses ont la même température quand la force vive individuelle de leurs molécules est la même, relativement au mouvement de translation. Seulement, lorsque la température varie, la portion de la force vive de chaque gaz qui correspond au mouvement de translation ne s'altère pas seule, les autres portions changent aussi. L'existence d'un rapport constant entre la force vive du mouvement de translation et les autres forces vives suppose que l'on considère un gaz déterminé. Si l'on admet que ce rapport est le même pour tous les gaz, il résulte immédiatement de cette hypothèse et de la relation $\frac{n}{3} mu^2 = \frac{n'}{3} m'u'^2$ que les deux coefficients de dilatation se confondent en un même nombre pour tous les gaz, c'est-à-dire que tous les thermomètres à gaz s'accordent; et il en résulte aussi que des volumes égaux de deux gaz différents contiennent le même nombre de molécules. Seulement ces conclusions ne sont plus ici que des conjectures. L'expérience vérifie l'une d'elles en nous montrant l'accord des thermomètres à gaz; il est donc permis de croire que la deuxième proposition est exacte. Cette théorie ne donne donc pas une preuve, mais une raison de plus à ajouter à celle des chimistes pour admettre que sous un même volume les différents gaz contiennent le même nombre de molécules.

Si donc on désigne par T un nombre égal à la température mesurée sur un thermomètre centigrade et augmentée de $\frac{1}{\alpha}$, on aura une expression proportionnelle à l'énergie actuelle du gaz, expression que nous avons déjà appelée température absolue du gaz; et, en désignant par k un coefficient particulier, on pourra écrire

$$pv = kT.$$

261. Il est facile de calculer la vitesse u qu'il faudrait supposer à chaque molécule pour que sa force vive moyenne fût ce qu'elle est réellement. Si nous reprenons en effet l'équation

$$pv = \frac{n}{3} mu^2,$$

nous pourrons en déduire la valeur de u, toutes les autres quantités pouvant être exprimées numériquement; nous ne connaissons, il est vrai, ni le nombre d'atomes contenu dans un volume donné d'un gaz, ni la masse de chacun de ces atomes; mais le produit nm, représentant la masse totale du gaz, peut être exprimé par un nombre. Toutefois, avant de substituer leurs valeurs numériques aux quantités qui entrent dans cette formule, il est nécessaire de faire quelques remarques sur la signification de ces quantités et sur l'homogénéité de la formule. p est le nombre de kilogrammes qui mesure la pression sur l'unité de surface; v est le volume exprimé en mètres cubes, mais, en vertu du choix particulier fait pour la pression, le nombre v ne doit être considéré que comme représentant une longueur. pv est en effet l'expression du travail tel que l'accroissement de volume correspondant du gaz serait v : ce travail ayant nécessairement pour mesure le produit d'un poids par une longueur, v représente la hauteur du cylindre ayant pour base l'unité de surface et dont le volume serait égal au volume du gaz. Dans le second membre de l'équation, nous avons nm, c'est-à-dire la masse du gaz, c'est-à-dire le quotient du poids par le nombre g, et ce quotient est multiplié par u^2, par le carré d'une longueur; nous avons donc encore le produit d'un poids par une longueur. L'équation est donc homogène, à la condition de faire le calcul comme si le nombre de mètres cubes qui représente le volume v était un nombre d'unités de longueur.

Cela posé, calculons u pour la température zéro. Prenons une masse de gaz pesant 1.

Le produit pv est égal au produit de la pression de 1 atmosphère sur 1 mètre carré, ou 10334 kilogrammes, par la hauteur d'un cylindre ayant pour base l'unité de surface et pour poids l'unité de poids, ou $0^{m},7733$, s'il s'agit de l'air; pour un autre gaz, ce sera $\frac{0,7733}{\rho_0}$, ρ_0 étant la densité du gaz rapportée à celle de l'air à zéro. Le produit nm est égal à $\frac{1^{kil}}{9,80896}$.

L'équation devient donc

$$10334 \cdot \frac{0,7733}{\rho_0} = \frac{1}{3} \frac{1}{9,80896} u^2,$$

et si la température, au lieu d'être zéro, est une température différente, la formule devient, en appelant T cette température comptée sur l'échelle des températures absolues,

$$10334 \cdot \frac{0,7733}{\rho_0} \frac{T}{273} = \frac{1}{3} \frac{1}{9,80896} u^2,$$

d'où

$$u = 485^{m} \sqrt{\frac{T}{273\rho_0}}.$$

Il est intéressant de connaître les résultats numériques pour les gaz simples suffisamment voisins de l'état gazeux parfait. Voici les valeurs de la vitesse moyenne d'une molécule dans ces gaz, à la température zéro :

Oxygène	461^{m}
Azote	492
Hydrogène	1844

Il est bon de se rappeler que ces nombres représentent les vitesses moyennes et que les vitesses réelles qui changent d'une molécule à l'autre peuvent en différer beaucoup, soit en plus, soit en moins. Ces vitesses moyennes sont considérables, mais elles sont de l'ordre des vitesses du son et bien inférieures à la vitesse de la lumière.

262. J'ai fait remarquer que la force vive totale, l'énergie actuelle des molécules du gaz, se composait de quatre parties différentes que l'on pouvait ajouter; que ces quatre parties étaient déterminées quand l'une d'elles était connue, et que l'irrégularité absolue des mouvements des molécules devait amener un état moyen, le même partout. D'après cela il est vraisemblable *a priori*, mais non pas évident, que non-seulement la force vive totale est déterminée quand la force vive du mouvement de translation est déterminée, mais encore qu'il existe un rapport constant entre la force vive totale et la force vive du mouvement de translation. C'est certainement l'hypothèse la plus plausible, si la relation entre la force vive totale et la force vive du mouvement de translation ne dépend que de la nature des molécules du gaz. Les deux chaleurs spécifiques des gaz devront alors être indépendantes de la température et de la pression. La chaleur spécifique sous volume constant est en effet égale à l'accroissement de la somme des forces vives totales qui correspond à l'accroissement des forces vives du mouvement de translation pour une élévation de température de 1 degré. Or, les températures définies par l'échelle des températures absolues sont proportionnelles à la force vive du mouvement de translation. La chaleur spécifique sous volume constant est donc en réalité un accroissement de force vive totale, dans lequel la partie correspondante à l'accroissement de la force vive du mouvement de translation est constante; si donc il y a un rapport constant entre la somme des forces vives du mouvement de translation et la somme des forces vives totales, les accroissements de l'une des sommes se faisant par degrés égaux, il en sera de même des accroissements de l'autre. La chaleur spécifique sous volume constant sera donc constante. Mais la chaleur spécifique sous pression constante ne diffère de la chaleur spécifique sous volume constant que par l'équivalent calorifique du travail extérieur effectué par le gaz qui se dilate librement sous pression cons-

tante, travail qui est toujours le même; donc la chaleur spécifique sous pression constante, rapportée bien entendu à l'unité de poids, est indépendante, elle aussi, de la température et de la pression. Ces résultats, ayant été établis avec une grande précision par les travaux de M. Regnault[1], constituent une confirmation et en quelque sorte une démonstration *a posteriori* de l'hypothèse précédente.

263. J'admettrai donc qu'il existe un rapport constant entre la somme totale des forces vives que contient un poids déterminé de gaz et la somme des forces vives du mouvement de translation. La même proposition pourrait s'énoncer en substituant à l'expression de force vive l'expression peut-être préférable d'énergie actuelle. Soit H l'énergie actuelle de l'unité de poids d'un gaz déterminé : cette énergie actuelle augmente, pour chaque degré d'élévation de température, d'une quantité invariable, qui n'est autre chose que le produit Ec de l'équivalent mécanique de la chaleur par la chaleur spécifique à volume constant. D'autre part, si nous supposons le gaz amené au zéro absolu, c'est-à-dire à cet état où toutes les molécules sont immobiles et à des distances telles que leurs actions réciproques ne puissent pas provoquer leur mouvement, l'énergie actuelle du gaz est alors nulle. L'énergie actuelle du gaz peut donc s'exprimer par la formule déjà trouvée précédemment (234)

$$H = EcT;$$

car de la première considération il résulte que H peut se représenter par une expression de la forme

$$EcT + a,$$

et de la deuxième il résulte que a est nul.

Nous avons d'ailleurs entre les deux chaleurs spécifiques, la chaleur latente de dilatation et la dérivée du volume par rapport à la température, la relation bien connue (52)

$$C = c + l\frac{dv}{dT}.$$

(1) *Mémoires de l'Académie des Sciences*, t. XXVI.

D'autre part, le principe de l'équivalence du travail mécanique et de la chaleur nous a conduit à l'équation

$$El = p,$$

d'où

$$l = \frac{p}{E}.$$

On a donc

$$C = c + \frac{p}{E}\frac{dv}{dT}.$$

D'autre part, on vient d'établir la formule

$$pv = kT;$$

différentiant cette équation par rapport à T, on a

$$p\frac{dv}{dT} = k,$$

et, divisant cette équation par l'équation entre quantités finies, il vient

$$\frac{1}{v}\frac{dv}{dT} = \frac{1}{T},$$

d'où

$$\frac{dv}{dT} = \frac{v}{T}.$$

Substituant dans la relation entre les deux chaleurs spécifiques, on a

$$C = c + \frac{pv}{ET}$$

ou

$$E(C - c)T = pv.$$

Enfin nous savons que

$$pv = \frac{n}{3}mu^2$$

ou que

$$pv = \frac{2}{3}\frac{nmu^2}{2};$$

mais $\frac{nmu^2}{2}$ est l'énergie actuelle du mouvement de translation des molécules : représentons-la par K et nous aurons

$$pv = \frac{2}{3}K,$$

d'où

$$K = \frac{3}{2}E(C-c)T,$$

et, en rapprochant cette valeur de celle de H, nous aurons

$$\frac{K}{H} = \frac{3}{2}\frac{C-c}{c}$$

ou

$$\frac{K}{H} = \frac{3}{2}\left(\frac{C}{c} - 1\right),$$

équation dont le deuxième membre est connu et qui donne par conséquent la valeur du rapport entre l'énergie du mouvement de translation et l'énergie totale. Il est donc possible d'arriver à déterminer numériquement ce deuxième élément. Les résultats de ce calcul dépendent du rapport $\frac{C}{c}$, sur la valeur duquel la théorie ne nous enseigne rien. Nous devons donc l'emprunter à l'expérience, qui nous apprend que ce rapport n'est le même que pour les gaz simples, et que sa valeur est alors de 1,4 environ. Dans ce cas, on a par conséquent

$$\frac{K}{H} = 0,62.$$

L'énergie du mouvement de translation est pour les gaz simples les 62 centièmes environ de l'énergie totale. Pour les gaz composés, c'est une autre fraction variable d'un gaz à l'autre qui exprime la relation entre ces deux sommes de forces vives.

264. **Objections faites à la théorie de M. Clausius.** — Cette théorie de M. Clausius a été l'objet de discussions dans le détail desquelles il n'est pas inutile d'entrer. Elle présente en effet quelques difficultés : les unes réelles, que l'on ne peut faire disparaître qu'au moyen d'hypothèses accessoires venant en quelque sorte

étayer l'hypothèse fondamentale; les autres apparentes, tenant seulement à un examen incomplet de l'hypothèse.

Peu de temps après la publication du travail de M. Clausius, un physicien hollandais, M. Buijs-Ballot, a fait à cette théorie les objections suivantes[1] :

1° Il paraît difficile de concevoir comment l'atmosphère terrestre, formée de molécules en mouvement, reste limitée.

2° Il est difficile de comprendre comment un gaz ainsi constitué peut rayonner de la chaleur, c'est-à-dire communiquer des vibrations à l'éther environnant.

3° Il semble que le mélange de deux gaz devrait s'opérer instantanément, car la valeur absolue du mouvement de translation des molécules de chaque gaz simple étant comprise entre 400 et 1900 mètres, si l'on ouvre à un gaz accès dans un espace déterminé, l'énorme vitesse des molécules semble devoir les y répandre en un instant. L'expérience, on le sait, apprend qu'il n'en est rien et montre que la diffusion des gaz s'effectue suivant les mêmes lois et à peu près avec la même lenteur que celle des liquides.

Presque à la même époque, un physicien de Berlin, M. Jochmann[2], a fait à la théorie de M. Clausius une nouvelle objection qui s'applique à tous les phénomènes hydrodynamiques que présentent les gaz. Dans l'établissement de tous les théorèmes d'hydrodynamique, on considère toujours un petit parallélipipède de fluide, et l'on admet qu'il se meut, comme le ferait un corps solide, sous l'influence des pressions inégales que supportent ses faces. Dans la nouvelle théorie, ces inégalités de pression ne sont que des inégalités de force vive moléculaire. On comprend bien que ces inégalités tendent à disparaître et que la température du gaz se modifie; mais on ne voit pas bien comment chaque petit parallélipipède doit se déplacer d'un mouvement de translation.

265. **Examen de ces objections.** — Examinons successivement chacune de ces attaques.

La première objection, relative à la limitation de l'atmosphère,

(1) *Poggendorff's Annalen*, 1858, t. CIII, p. 240.
(2) *Poggendorff's Annalen*, 1859, t. CVIII, p. 153.

n'aurait pas dû être faite. L'atmosphère se limite en vertu de ce seul principe qu'un projectile lancé de la surface de la terre retombe après s'être élevé à une certaine hauteur, si sa vitesse initiale n'est pas une de ces vitesses énormes que l'on n'a pas encore réussi à réaliser. Le mouvement du projectile est d'abord uniformément retardé, puis uniformément accéléré. Nous avons vu comment, par un calcul fort simple, M. Krœnig a rendu compte ainsi de la pression de l'atmosphère et du poids des gaz. Cette théorie est au contraire la seule qui permette de concevoir très-bien la limitation de l'atmosphère : les dernières molécules de l'atmosphère sont dans les mêmes conditions que des projectiles qui atteignent leur élévation maximum au-dessus de la terre, et retombent ensuite vers sa surface, jusqu'à ce que, rencontrant les molécules de la couche placée au-dessous, ils rebondissent dans le choc à une hauteur précisément égale à celle qu'ils avaient d'abord atteinte; ces molécules se rapprochent donc et s'éloignent sans cesse de celles de la deuxième couche qu'elles viennent choquer. Avec les anciennes idées sur les gaz, il semblait au contraire impossible d'admettre qu'un gaz expansible pût se limiter sans la présence d'une sorte de paroi; de là l'hypothèse fameuse de Poisson sur l'existence d'une couche liquide infiniment mince pour limiter l'atmosphère.

La deuxième objection n'a pas plus de valeur. Elle serait sérieuse si la théorie était restée au point où l'avaient amenée M. Joule et M. Krœnig. Il serait difficile, si les molécules possédaient seulement un mouvement de translation, qu'elles produisissent des vibrations. Mais, dans l'hypothèse de M. Clausius, elles ont tout ce qui est nécessaire pour communiquer des vibrations à l'éther. Les gaz ont donc une faculté de rayonner tout analogue à celle des autres corps.

La troisième objection réclame un examen plus sérieux et exige même un calcul un peu délicat. Une première réponse que l'on peut faire, c'est que la vitesse u est une vitesse moyenne, et que, parmi les molécules, il y en a certainement bon nombre dont la vitesse est moins grande. Mais, en outre, de la valeur considérable de cette vitesse et de l'hypothèse fondamentale il ne résulte pas que les périodes de mouvement rectiligne uniforme soient très-grandes, il ne résulte pas du tout que les molécules des gaz parcourent des espaces considérables avec cette vitesse moyenne. Sans cela, il est certain qu'un gaz, que l'hydrogène, par exemple, se débanderait instantanément dans tout un laboratoire si on mettait un vase plein de ce gaz en communication avec l'air du laboratoire. Nous devons considérer les distances des molécules gazeuses, quelque grandes que nous les supposions, comme très-petites par rapport à tout ce qui tombe sous nos sens. S'il en est ainsi, une molécule pénétrant dans un espace qui contient déjà un gaz a de grandes chances de rencontrer bientôt une molécule de ce gaz, et elle ne peut avancer sans éprouver à chaque instant des chocs la faisant revenir en arrière. De ces chocs sans cesse répétés résulte pour la molécule un chemin très-complexe avant qu'elle ait progressé sensiblement.

266. Pour donner d'ailleurs plus de précision à ces considérations, on peut emprunter à M. Clausius le raisonnement suivant[1]:

Soient x une longueur déterminée et P_x la probabilité qu'une molécule donnée d'un gaz parcoure la longueur x sans être dérangée soit par un choc direct, soit par le passage au voisinage d'une autre molécule. Cette quantité P_x signifie que, si l'on considère à un instant donné un nombre très-grand de molécules, le nombre de celles qui parcourront ensuite la longueur x sans obstacle sera au nombre total dans le rapport de P_x à l'unité; ou bien encore que, si l'on considère le mouvement d'une seule molécule pendant un temps suffisant pour qu'il éprouve un grand nombre de perturbations, le nombre de fois que la longueur parcourue entre deux perturbations aura été égale ou supérieure à x sera au nombre total de longueurs parcourues entre deux perturbations dans le rapport de P_x à l'unité.

Si donc nous considérons un nombre immense M de molécules, MP_x sera le nombre des molécules qui parcourront x sans perturbation. Le nombre de celles qui parcourront la longueur x augmentée d'une petite quantité dx sera

$$MP_{x+dx} = M\left(P_x + \frac{dP_x}{dx}\,dx\right).$$

[1] *Poggendorff's Annalen*, 1858, t. CV, p. 239, ou CLAUSIUS, *Abhandlungen über die mechanische Wärmetheorie*, 2e série, p. 260.

La différence de ces deux quantités MP_x et MP_{x+dx} sera le nombre des molécules parcourant sans perturbation la longueur x et éprouvant une perturbation avant d'avoir parcouru $x + dx$. Dans le nombre MP_x des molécules ayant parcouru la longueur x, un très-grand nombre parcourent un chemin plus grand ; le nombre de celles qui parcourent entre deux perturbations successives le chemin x et qui ne parcourent pas un chemin plus grand est

$$MP_x - M\left(P_x + \frac{dP_x}{dx}dx\right)$$

ou

$$-M\frac{dP_x}{dx}dx.$$

Je suppose que d'autre part on ait plusieurs groupes, l'un contenant N_0 molécules, un autre N_1, un troisième $N_2, \ldots$; chacun de ces groupes parcourant les longueurs $x_0, x_1, x_2, \ldots$, on devra appeler chemin moyen parcouru par une molécule de ce système l'expression

$$\frac{N_0x_0 + N_1x_1 + N_2x_2 + \ldots}{N_0 + N_1 + N_2 + \ldots}.$$

Dans le cas actuel, le chemin moyen sera donc

$$-\int\frac{M\frac{dP}{dx}dx \, . \, x}{M}$$

ou

$$-\int x\frac{dP}{dx}dx.$$

Les limites entre lesquelles on doit prendre cette intégrale sont évidentes : on doit donner à x toutes les valeurs possibles depuis une valeur infiniment petite, correspondant à un choc immédiat avec une molécule infiniment voisine, jusqu'à une valeur très-grande égale à la plus grande distance que puisse parcourir la molécule, distance qui est immense par rapport à la distance de deux molécules, c'est-à-dire par rapport à la quantité que nous prenons naturellement pour unité dans la question. Le résultat de l'intégration entre ces limites est donc sensiblement le même que le résultat obtenu en intégrant entre les limites zéro et $+\infty$. L'intégrale

$$-\int_0^\infty x\frac{dP}{dx}dx$$

représente donc le chemin moyen d'une molécule entre deux rencontres successives, et cela sans aucune hypothèse sur l'état des molécules du gaz, pourvu que, si l'on considère dans la masse des volumes très-petits, l'état des molécules qu'ils renferment soit partout le même, c'est-à-dire pourvu que le gaz soit homogène.

Il est donc possible d'évaluer numériquement la grandeur du chemin moyen que parcourt une molécule entre deux perturbations successives, si l'on peut déterminer P_x.

Pour cela, considérons dans un gaz une molécule déterminée ayant une vitesse parallèle à une certaine direction, et divisons la masse gazeuse en couches parallèles et équidistantes par des plans normaux à cette direction. Soit a la probabilité pour la molécule considérée de traverser la première couche dont je suppose l'épaisseur égale, ainsi que celle de toutes les couches suivantes, à l'unité de longueur. Arrivée à l'extrémité de la première couche, cette molécule aura une nouvelle probabilité a pour traverser la deuxième. La probabilité qu'elle traverse sans perturbation deux couches successives sera donc a^2. La probabilité qu'elle traverse sans perturbation trois couches successives sera a^3, etc. La probabilité décroît donc en progression géométrique, si l'espace croît en progression arithmétique. Cela est évident sans qu'on soit obligé d'avoir recours aux règles du calcul des probabilités. Si nous avons sur un plan un nombre M de molécules toutes animées d'une vitesse perpendiculaire à ce plan, le nombre des molécules qui traverseront une épaisseur égale à l'unité sera Ma; sur le plan qui sépare les deux couches nous aurons alors un nombre Ma de molécules qui se trouveront par rapport à la deuxième couche dans les mêmes conditions où se trouvaient tout à l'heure les M molécules par rapport à la première couche : $Ma.a$ est donc le nombre des molécules qui traverseront la deuxième couche. Nous pouvons donc regarder P_x comme une puissance x d'un nombre a plus petit que 1 et poser

$$P_x = a^x$$

ou

$$P_x = e^{-\alpha x},$$

en faisant

$$a = e^{-\alpha},$$

c'est-à-dire

$$-\alpha = La.$$

Donc, sans aucune hypothèse particulière autre que celle de l'homogénéité, nous arrivons à représenter par $e^{-\alpha x}$ la probabilité P_x qu'une molécule donnée d'un gaz parcoure la longueur x sans être dérangée de sa marche rectiligne et uniforme.

267. Il est maintenant facile d'évaluer en fonction de α le chemin moyen d'une molécule entre deux rencontres successives. Ce chemin moyen est égal à

$$-\int_0^\infty x \frac{dP}{dx} dx;$$

or

$$\frac{dP}{dx} = -\alpha e^{-\alpha x};$$

l'expression du chemin moyen est donc

$$\int_0^\infty \alpha x e^{-\alpha x} dx.$$

Intégrant par parties, on a

$$\begin{aligned}\int \alpha x e^{-\alpha x} dx &= \alpha x\left(-\frac{1}{\alpha} e^{-\alpha x}\right) - \alpha \int \left(-\frac{1}{\alpha} e^{-\alpha x}\right) dx \\ &= -x e^{-\alpha x} + \int e^{-\alpha x} dx \\ &= -x e^{-\alpha x} - \frac{1}{\alpha} e^{-\alpha x}.\end{aligned}$$

Faisant successivement $x = 0$ et $x = \infty$ et remarquant que $xe^{-\alpha x} = \frac{1}{\frac{e^{\alpha x}}{x}}$ est nul pour $x = \infty$, on a enfin pour expression du chemin moyen la quantité très-simple

$$\frac{1}{\alpha}.$$

Si donc on parvient à déterminer α, l'inverse de cette quantité sera le chemin moyen que l'on se propose de déterminer.

268. Pour le calcul de α nous allons introduire une hypothèse simplificatrice qui ne sera pas conforme à la réalité, mais qui ne pourra pas donner un résultat d'un autre ordre de grandeur que le résultat exact. Remarquons d'ailleurs que pour arriver au résultat exact il faudrait connaître les dimensions et les distances des molécules qui entreront comme inconnues dans l'expression de α. Il ne s'agit donc pas de déterminer la véritable grandeur de α, mais simplement l'ordre de grandeur de cette quantité. Nous pouvons donc substituer au problème réel un problème plus simple conduisant à un résultat du même ordre de grandeur.

Une molécule se meut dans un gaz dont toutes les molécules sont agitées; au lieu de ces conditions complexes, considérons la même molécule dans le même gaz où toutes les molécules se seront fixées. Évidemment la solution de la question sera rendue plus facile; mais évidemment aussi elle restera du même ordre de grandeur; car si les mouvements des molécules sont tels qu'il y ait compensation absolue entre les grandeurs et les directions des vitesses, il ne peut pas résulter de la fixation de ces molécules un changement d'ordre de grandeur pour la valeur du chemin moyen parcouru par une molécule entre deux perturbations successives. On peut comparer la molécule à un projectile lancé contre une ouverture dont une petite partie est fermée par un diaphragme; ce diaphragme est fixe dans l'un des cas et agité dans l'autre d'un mouvement d'une irrégularité absolue : la probabilité que le projectile traverse l'ouverture sera plus grande dans le second cas que dans le premier. Nous trouverons donc avec cette simplification un résultat plus grand que le nombre exact : le chemin moyen parcouru sans encombre par une molécule restera du même ordre de grandeur, mais sera plus grand.

Il paraît assez évident que la distance de deux molécules varie d'une manière absolument irrégulière, mais telle que, si l'on prend en une partie quelconque de la masse un très-petit espace, la distance moyenne des molécules renfermées dans cet espace soit constante. Une pareille distribution produit les mêmes effets que si la distance de toutes les molécules était égale à cette distance moyenne. Nous admettrons donc que les molécules sont régulièrement disposées comme les mailles d'un réseau cubique, le côté de chacun de ces cubes étant égal à une petite quantité δ.

Je me propose alors d'évaluer la probabilité P_δ qu'une molécule traverse une couche d'épaisseur δ sans perturbation.

J'aurai, d'après la forme générale de P,

$$P_\delta = e^{-\alpha_1 \delta};$$

mais δ étant très-petit, je puis me borner aux deux premiers termes du développement de la fonction et écrire

$$P_\delta = 1 - \alpha_1 \delta.$$

D'autre part, l'évaluation de P_δ peut se faire directement par les considérations suivantes :

Par la position actuelle de la molécule, je mène un plan perpendiculaire à la direction de son mouvement et je mène à ce plan une série de plans parallèles et distants entre eux de δ. La question est d'évaluer la probabilité que la molécule traverse la distance du premier plan au deuxième.

Pour résoudre cette question, je considère sur l'un des plans une surface très-considérable S que je ne définis pas autrement. La probabilité que je cherche est la probabilité que la molécule traverse la couche ayant pour base cette surface S et pour épaisseur la distance δ. Si nous représentons par ρ le rayon de la sphère d'activité sensible des forces moléculaires, c'est-à-dire la distance au-dessus de laquelle doivent se trouver les centres des molécules pour que leurs actions réciproques soient insensibles, la question est de savoir la probabilité que la molécule considérée passe à une distance supérieure à ρ des molécules contenues dans cette couche. Soit M le nombre des molécules de la couche de base S et de hauteur δ : chacune d'elles peut être considérée comme le centre d'une petite sphère de rayon ρ dans laquelle ne doit pas pénétrer la molécule dont nous suivons le passage à travers cette couche. Si la position initiale de la molécule O est en dehors du cylindre circonscrit à la sphère d'activité d'une molécule A et ayant ses arêtes perpendiculaires à la base S, la molécule O, dont la vitesse est, elle aussi, perpendiculaire à la base S, passera sans éprouver de perturbation de la part de la molécule A. Le rapport des chances de perturbation au nombre total des chances est donc égal au rapport de la somme des surfaces découpées par tous les cylindres tels que le précédent sur la base de la couche à la surface entière de cette base même. Or chacune des surfaces découpées par les cylindres circonscrits aux sphères d'activité des molécules de cette couche est $\pi\rho^2$, et la somme de ces surfaces est $M\pi\rho^2$. En conséquence, la probabilité que la molécule traverse cette couche en passant assez près d'une molécule pour en éprouver une perturbation est $\frac{M\pi\rho^2}{S}$. L'excès de cette fraction sur l'unité est donc la probabilité P_δ que la molécule n'éprouve pas de perturbation :

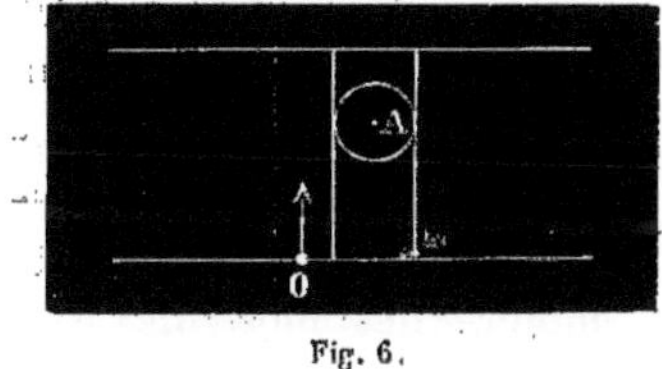

Fig. 6.

$$P_\delta = 1 - \frac{M\pi\rho^2}{S}.$$

Tout revient donc à déterminer le rapport $\frac{M}{S}$ du nombre des molécules contenues dans cette couche à la surface de la base.

Pour cela, je remarque que je puis considérer toutes les molécules placées aux sommets des mailles de notre réseau cubique comme distribuées ainsi : je puis concevoir à l'intérieur du réseau une série de droites parallèles et équidistantes, et sur ces diverses droites les molécules placées à des distances égales entre elles et égales à δ, et à des distances égales d'un plan quelconque normal à ces droites. Si l'on prend sur l'une de ces droites une longueur déterminée L, le nombre des molécules situées sur cette longueur sera $\frac{L}{\delta}$; à la vérité c'est le plus grand nombre entier contenu dans $\frac{L}{\delta}$ qui représente le nombre des molécules; mais, ce nombre étant très-grand, on peut négliger la fraction complémentaire et prendre $\frac{L}{\delta}$ comme représentant exactement le nombre des molécules situées sur la longueur L. Un très-grand nombre de ces droites parallèles rencontrent la surface S. La longueur de la portion de chacune de ces droites comprise entre les deux bases de la couche gazeuse est facile à évaluer. Si nous appelons φ l'angle que fait la direction commune de ces droites avec la normale aux bases de la couche, $\frac{\delta}{\cos\varphi}$ représente évidemment la longueur interceptée sur une droite; et si H est le nombre total des droites rencontrant l'un des plans dans l'intérieur de la base S, $H\frac{\delta}{\cos\varphi}$ est la somme des longueurs interceptées sur toutes ces droites. Le nombre des molécules qui se trouveraient sur la longueur $H\frac{\delta}{\cos\varphi}$ est égal à $\frac{H}{\cos\varphi}$. Or il est facile de voir que, si S est très-grand, le nombre total des molécules situées sur toutes les portions de droite qu'interceptent les deux bases de la couche est précisément le même que le nombre des molécules situées sur cette droite qui a pour longueur la somme des longueurs de toutes ces portions de droite. Pour le faire voir, je prends un cas plus simple que celui qu'offre la nature, afin de pouvoir faire la figure; mais le raisonnement se généraliserait facilement. Je suppose les molécules disposées sur un réseau à mailles quadrangulaires, et je coupe ce réseau par une droite déterminée telle, que la normale à cette droite fasse avec la direction des mailles l'angle φ; et je trace une seconde droite parallèle à la première et distante de celle-ci de la longueur δ. Le segment AB contient dans la figure

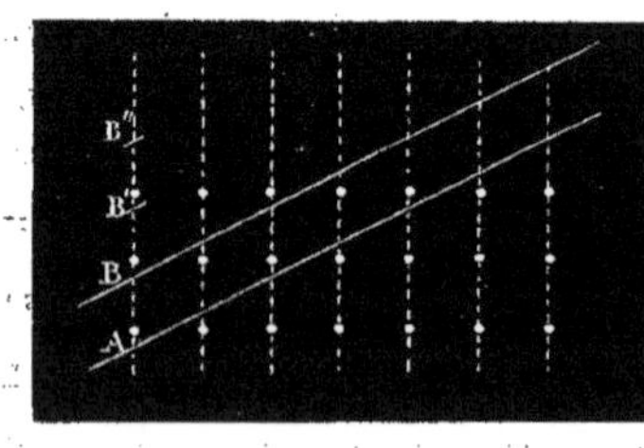

Fig. 7.

une molécule. Je prends un segment BB′ = AB (je marque le point B′ par une petite droite, les points indiquant sur la figure des molécules). Si le nombre des droites suivant lesquelles les molécules sont distribuées est assez grand, je trouverai toujours un segment intercepté par les deux obliques tel, que la première molécule de ce segment ait par rapport à la première oblique la même situation que la première molécule de BB′ par rapport au point B. Après BB′, je prends un nouveau segment B′B″ = AB, et je verrai par un raisonnement tout semblable qu'il y a toujours entre les deux obliques un segment tout comparable à ce segment B′B″. L'ensemble des segments découpés sur les diverses droites par les deux obliques peut donc être considéré comme ne différant pas sensiblement de la portion de droite obtenue en portant successivement sur une même ligne les longueurs des divers segments. On raisonnerait exactement de même dans le cas d'un système de droites parallèles coupées par deux plans parallèles. On peut donc admettre que $\frac{H}{\cos\varphi}$ est le nombre des molécules comprises dans l'intervalle δ des deux bases.

Il reste à évaluer H, c'est-à-dire le nombre des droites rencontrant l'un des plans dans l'intérieur de la base S. Je mène un plan perpendiculaire aux droites sur lesquelles sont distribuées les molécules. Sur ce plan, les molécules se projettent comme les sommets des mailles d'un réseau quadrangulaire. Mais je puis aussi les considérer comme les centres des mailles d'un autre réseau quadrangulaire et regarder par suite chacune des droites comme l'axe d'un prisme droit ayant pour base un carré de côté δ. Le rapport entre la surface totale Σ interceptée par le système des droites parallèles sur ce plan normal et la surface de l'un des petits carrés, $\frac{\Sigma}{\delta^2}$, représente par suite le nombre des droites qui rencontrent le plan normal. Pour avoir maintenant le nombre des droites qui rencontrent la surface S sur un plan dont la normale fait avec leur direction l'angle φ, remarquons de même que, ces droites détermi-

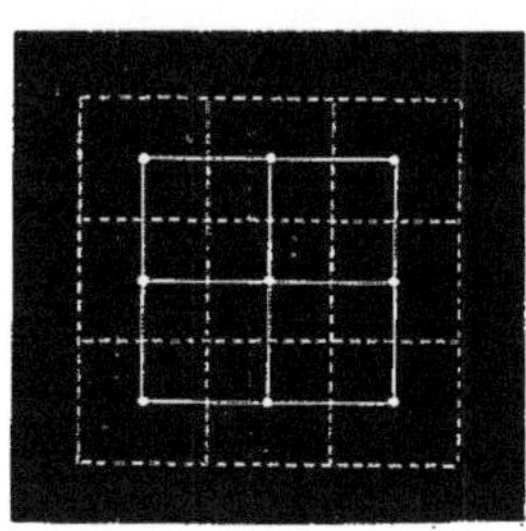

Fig. 8.

nant sur ce nouveau plan les sommets des mailles d'un réseau parallélogrammatique, chacune d'elles peut être regardée comme l'axe d'un prisme oblique à base de parallélogramme; d'ailleurs chacune de ces bases parallélogrammatiques de surface s est telle, que la section droite du prisme est δ^2; nous avons donc

$$H = \frac{S}{s}$$

et

$$s = \frac{\delta^2}{\cos\varphi},$$

c'est-à-dire

$$H = \frac{S}{\delta^2}\cos\varphi.$$

On a donc $\frac{H}{\cos\varphi}$, c'est-à-dire le nombre M des molécules de la couche,

$$M = \frac{S}{\delta^2},$$

d'où

$$\frac{M}{S} = \frac{1}{\delta^2}.$$

Si je substitue, dans l'expression de la probabilité P_δ que la molécule n'éprouve pas de perturbation en traversant la couche, cette expression devient

$$P_\delta = 1 - \frac{\pi\rho^2}{\delta^2},$$

et le problème sera entièrement résolu pour le cas particulier que nous avons considéré.

En effet, la comparaison de cette valeur de P_δ avec la formule précédemment établie,

$$P_\delta = 1 - \alpha_1\delta,$$

donne immédiatement

$$\alpha_1 = \frac{\pi\rho^2}{\delta^3}.$$

δ^3 est le volume d'un cube dont les sommets sont formés par huit molécules du système. Pour savoir le nombre des molécules contenues dans un espace quelconque très-grand, il suffit de diviser cet espace par δ^3; en particulier, si N est le nombre des molécules contenues dans l'unité de volume, on aura

$$N = \frac{1}{\delta^3}.$$

La valeur précédente de α_1 peut donc s'écrire

$$\alpha_1 = \pi\rho^2 N.$$

α_1, on se le rappelle, est un coefficient tel, que $e^{-\alpha_1\delta}$ représente la probabilité qu'une molécule traverse sans perturbation une couche d'épaisseur δ au milieu d'un réseau de molécules immobiles. En prenant, d'après la règle générale, l'inverse de la valeur que nous venons de trouver pour α_1, on aura la valeur du chemin moyen dans l'hypothèse d'une seule molécule en mouvement au milieu d'un réseau de molécules immobiles,

$$\frac{1}{\pi\rho^2 N}.$$

269. Bien qu'on puisse en rester là, puisque le résultat exact ne saurait être d'un autre ordre de grandeur que le résultat auquel nous venons d'arriver dans cette hypothèse simplificatrice, il est intéressant de chercher la vraie valeur du chemin moyen. Ce chemin moyen sera, dans toute hypothèse, égal à $\frac{1}{\alpha}$, la probabilité P_x qu'une molécule donnée parcoure sans perturbation la longueur x étant $e^{-\alpha x}$, ou, ce qui est la même chose, αdx étant la probabilité qu'une molécule en parcourant le chemin dx passe assez près d'une autre molécule pour en éprouver une perturbation. Soient dt le temps nécessaire pour que la molécule parcoure dx, et βdt la probabilité qu'elle éprouve une perturbation pendant ce temps. Ces deux expressions de la même probabilité étant évidemment égales,

$$\alpha dx = \beta dt,$$

d'où

$$\beta = \alpha \frac{dx}{dt} = \alpha v.$$

J'appelle β_1 la valeur particulière de β correspondant à la valeur particulière de α, α_1, c'est-à-dire à l'hypothèse d'une seule molécule mobile au milieu d'un système de molécules fixes; j'ai

$$\beta_1 = \alpha_1 v = \pi \rho^2 N v.$$

Maintenant je substitue à ce premier cas très-simple un cas plus compliqué en apparence mais s'y ramenant facilement.

Tandis que la molécule mobile conserve sa vitesse v, je suppose que l'on imprime à toutes les autres molécules un mouvement commun de translation rectiligne avec la vitesse V, dont la direction est inclinée d'un angle φ sur la direction de la vitesse v. On peut ramener immédiatement ce cas au précédent : on peut en effet supposer à *toutes* les molécules, y compris la molécule mobile, une vitesse égale mais de sens contraire à cette vitesse de translation; le système des molécules est alors ramené au repos, et la molécule dont nous étudions le mouvement parcourt un système immobile avec la vitesse résultante de la vitesse v et d'une vitesse égale à V et faisant l'angle $180 + \varphi$ avec la direction de la vitesse v. La probabilité que cette molécule en rencontre une autre pendant un temps dt sera donc donnée par la même expression; nous aurons

$$\beta = \pi \rho^2 N \sqrt{V^2 + v^2 + 2 V v \cos \varphi}.$$

Passons à une hypothèse plus complexe. Supposons qu'au lieu de donner à toutes les molécules une vitesse commune on donne à ces molécules des vitesses différentes et tellement choisies qu'elles présentent successivement toutes les valeurs et toutes les directions possibles oscillant autour d'une moyenne déterminée. Il est évident que la probabilité Bdt qu'une molécule éprouve une perturbation pendant le temps dt sera la moyenne des valeurs de la probabilité βdt que l'on obtiendra en mettant pour V et φ les diverses valeurs correspondant à ces vitesses différentes. Nous n'aurons donc qu'à chercher la valeur moyenne de β dans l'hypothèse où l'on donne à V et φ

un nombre très-grand de valeurs successives oscillant autour d'un nombre fixe. Mais nous allons admettre que l'on peut remplacer les valeurs successives de V par une valeur moyenne unique, et nous admettrons même que cette valeur moyenne n'est autre que v. Nous admettrons cette double hypothèse comme une simplification légitime résultant de la considération d'un état moyen constant, et nous ferons varier seulement l'angle φ. B sera alors la moyenne des valeurs de β pris ainsi,

$$\beta = \pi\rho^2 N\sqrt{2v^2(1+\cos\varphi)};$$

B sera donc

$$B = \pi\rho^2 NR,$$

R étant la moyenne des valeurs du radical quand on donne à φ un très-grand nombre de valeurs différentes distribuées dans toutes les directions sans loi régulière.

Le radical peut s'écrire

$$v\sqrt{2}\sqrt{1+\cos\varphi}.$$

Supposer les vitesses des molécules dirigées en tous sens, c'est admettre que, si l'on mène par un point des parallèles à ces vitesses et qu'on trace de ce point comme centre une sphère ayant pour rayon l'unité, un nombre égal de ces droites rencontre des éléments égaux pris en des régions quelconques de la sphère, ou, en d'autres termes, que, si K est le nombre total de droites, le nombre de ces directions qui rencontrent un élément $d\omega$ est $\frac{Kd\omega}{4\pi}$. Il suit de là que le nombre des droites pour chacune desquelles le radical aura une valeur infiniment peu différente de $\sqrt{1+\cos\varphi}$ sera $\frac{Kd\omega}{4\pi}$. La valeur moyenne du radical sera donc

$$\frac{1}{K}\int\frac{Kd\omega}{4\pi}\sqrt{1+\cos\varphi}$$

ou

$$\int\frac{d\omega}{4\pi}\sqrt{1+\cos\varphi}.$$

Il reste simplement à évaluer cette intégrale. On peut prendre pour

$d\omega$ un élément infiniment petit dans une seule direction, prendre la zone ABCD comprise entre les deux parallèles infiniment voisins AB, CD, qui sont sur la sphère les bases des cônes d'angle φ et $\varphi + d\varphi$; cette zone élémentaire est égale à

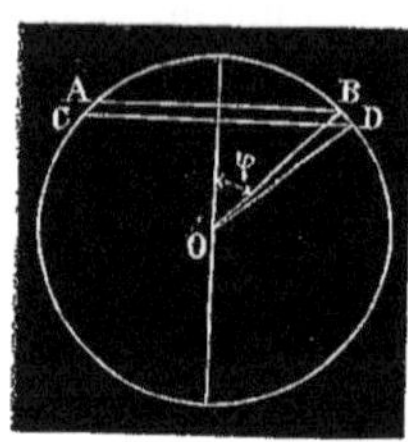

Fig. 9.

$$2\pi \sin\varphi\, d\varphi,$$

et l'intégrale devient

$$\int_0^\pi \frac{\sin\varphi\, d\varphi}{2}\sqrt{1+\cos\varphi}.$$

En introduisant l'angle $\frac{\varphi}{2}$ et intégrant par parties, on trouve immédiatement que la valeur de l'intégrale définie est $\frac{2\sqrt{2}}{3}$; et, en la multipliant par $v\sqrt{2}$, on a $\frac{4}{3}v$, de sorte que la valeur moyenne de B est

$$B = \pi\rho^2 N \frac{4}{3} v$$

ou

$$B = \frac{4}{3}\pi\rho^2 N v.$$

Ainsi, en définitive, dans l'état réel du gaz, la probabilité $B\,dt$ qu'une molécule donnée en rencontre une autre dans l'intervalle de temps infiniment petit dt s'obtient en multipliant dt par

$$\frac{4}{3}\pi\rho^2 N v,$$

ρ étant le rayon de la sphère d'activité des forces moléculaires, N le nombre des molécules contenues dans l'unité de volume et v la vitesse correspondant à la force vive moyenne.

Maintenant, quelle est la probabilité $A\,dx$ qu'une molécule en rencontre une autre en parcourant le chemin dx? Il existe entre B et A la relation

$$B = A v,$$

qui n'est qu'un cas particulier de l'équation

$$\beta = \alpha v.$$

On a donc

$$A = \frac{4}{3}\pi\rho^2 N,$$

et le problème est entièrement résolu.

Le chemin moyen qu'une molécule parcourt entre deux rencontres successives est en effet $\frac{1}{A}$; ce chemin moyen est donc

$$\frac{3}{4}\frac{1}{\pi\rho^2 N}.$$

270. Pour nous faire une idée de la valeur numérique de cette expression que nous ne pouvons calculer, remplaçons N par $\frac{1}{\delta^3}$; il vient alors

$$\frac{3}{4}\frac{\delta^3}{\pi\rho^2}.$$

Or, si nous remarquons que le volume de la sphère d'activité sensible d'une molécule déterminée est $\frac{4}{3}\pi\rho^3$, et que le volume du cube contenant une seule molécule est δ^3, l'expression

$$\frac{\delta^3}{\frac{4}{3}\pi\rho^3}$$

représentant le rapport entre le volume apparent du gaz et le volume occupé par les sphères d'activité moléculaire, nous devons regarder ce nombre comme considérable, mais non cependant comme immense; car dans aucun gaz la somme des volumes des sphères d'activité sensible n'est négligeable par rapport au volume extérieur.

Le chemin parcouru par une molécule entre deux perturbations successives est égal à ce nombre lui-même multiplié par ρ, quantité extrêmement petite; et, pour la plupart des gaz, tant qu'ils ne sont pas amenés à un état de raréfaction très-avancé, ce produit est un nombre peu considérable et qui peut même être insensible par rapport aux quantités tombant sous nos sens, bien que la vitesse moyenne des molécules soit de l'ordre de la vitesse du son.

Tel est le résultat important que M. Clausius a déduit de ce calcul. Il montre combien vaine est l'objection sur le mélange des gaz.

Il n'est pas possible de pousser plus loin la comparaison de la théorie et de l'expérience; il faudrait pour cela une évaluation numérique de quantités que nous ne pouvons connaître.

271. Mais j'indiquerai encore en peu de mots comment on peut concevoir la transformation d'énergie calorifique en énergie sensible, c'est-à-dire comment il peut résulter de l'inégalité de pression sur les faces d'une petite masse parallélipipédique de gaz un mouvement de translation de cette masse.

Considérons, par exemple, un gaz contenu dans un vase ABCD qui communique par un orifice étroit *mn* avec un espace environnant

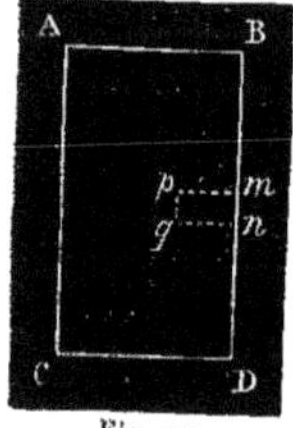

Fig. 10.

où la pression est moindre et dont la température est supposée la même pour plus de simplicité. La force vive des molécules de l'espace extérieur est la même, mais le nombre des molécules dans un volume donné est moindre à l'extérieur qu'à l'intérieur du vase. Considérons dans ce vase un prisme *mnpq* ayant pour base l'orifice et pour hauteur normale à la paroi la longueur du chemin moyen λ. Tandis que par la base de ce prisme, située à l'orifice du vase, il sort un certain nombre de molécules animées d'une certaine vitesse, dans le même temps il pénètre par cette base un moindre nombre de molécules venant de l'extérieur avec une vitesse qui est en moyenne égale et contraire à la précédente. Il n'y a donc pas compensation dans les deux flux opposés de molécules qui traversent l'orifice. Mais sur la base opposée du prisme il y a compensation complète : le gaz intérieur a fait passer à travers cette base, de l'intérieur vers l'extérieur, un nombre de molécules précisément égal à celui qui l'a traversée de l'extérieur vers l'intérieur. Si donc nous réunissons sous un même point de vue ce qui s'est passé aux deux bases de ce prisme, nous voyons que la compensation entre les vitesses de directions opposées dans l'intérieur du prisme n'a pas lieu, et que les vitesses que nous pouvons appeler positives deviennent prédominantes.

On peut donc considérer le prisme comme composé de molécules ayant un excès de vitesse qui constitue leur vitesse commune de translation. Cet excès de vitesse ne peut pas en effet être considéré comme étant de la chaleur, car la force vive calorifique ne dépend que des mouvements particulaires des molécules. La portion de la force vive contenue dans le vase et pouvant agir sur le thermomètre a diminué en même temps, et le thermomètre doit baisser.

272. **Propagation de la chaleur par voie de conductibilité dans les gaz.** — Je terminerai cet exposé de la théorie moléculaire des gaz par l'application des principes hypothétiques sur la constitution des gaz à la propagation de la chaleur par voie de conductibilité dans l'intérieur des gaz [1].

La théorie de Fourier sur la conductibilité [2] ne repose au fond que sur cette seule hypothèse : dans l'intérieur des corps solides ou liquides la température d'un point n'est modifiée que par celle des points infiniment voisins. Ordinairement on présente cette hypothèse comme résultant du *rayonnement particulaire*, dans lequel chaque molécule rayonne dans toutes les directions avec une intensité qui dépend de sa nature. Mais cette hypothèse du rayonnement particulaire n'est nullement nécessaire à l'établissement de la théorie, qui suppose seulement que la température d'un point du corps ne peut être modifiée que par l'action des points très-voisins.

On peut étendre ce principe aux gaz et raisonner sur ces corps comme sur les solides et les liquides, pourvu qu'ils soient placés dans des conditions telles, qu'il ne se produise pas de courant général dans la masse. Considérant, par exemple, un gaz enfermé dans un vase cylindrique dont la paroi latérale soit dénuée de toute conductibilité et dont les deux bases soient à des températures différentes, on pourra raisonner sur cette colonne gazeuse supposée sans pesanteur comme sur une colonne solide ou liquide dont les deux bases seraient à des températures différentes et dont la périphérie n'éprouverait aucun rayonnement. On peut alors définir le coefficient

(1) *Poggendorff's Annalen*, 1862, t. CXV, p. 1, ou Clausius, *Abhandlungen über die mechanische Wärmetheorie*, 2e partie, p. 277.

(2) Fourier, *Théorie analytique de la chaleur*, 1822.

de conductibilité des gaz comme celui des autres corps et établir des équations que l'on devra joindre à celles de l'hydrodynamique pour avoir toutes les conditions relatives à la dynamique des gaz.

Mais ces considérations sont indépendantes de toute hypothèse sur la constitution des gaz. Le développement nouveau de la théorie des gaz consiste à rendre compte du mécanisme par lequel une partie de la masse influe sur les parties voisines; et l'avantage est de rattacher la constante qui définit la conductibilité dans un gaz aux quantités qui nous ont servi jusqu'ici à définir un gaz. Cette constante peut être prise à part, comme l'a fait Fourier; mais, si l'on admet les hypothèses que nous avons faites sur la constitution des gaz, on arrive à établir une liaison entre cette nouvelle constante et celles qui rendent compte des propriétés caractéristiques des gaz.

273. **Expériences établissant la conductibilité des gaz.** — Avant toutefois d'entrer dans l'application de la théorie nouvelle au mécanisme de la propagation de la chaleur par voie de conductibilité, je rappellerai sommairement les expériences qui ont servi à établir l'existence de cette propriété dans les gaz.

Jusqu'à ces derniers temps, on avait regardé cette conductibilité comme insignifiante. M. Péclet montra le premier que la conductibilité pour la chaleur existe, quoique à un faible degré, dans les gaz [1], et ses expériences le conduisirent à admettre que l'air atmosphérique a la même conductibilité que les substances filamenteuses que l'on emploie ordinairement pour empêcher le rayonnement. L'expérience de M. Péclet est très-simple et parfaitement concluante, quoique sans aucune prétention à une rigueur qu'elle ne comporte pas. Une capacité cylindrique annulaire renfermait du coton ou toute autre substance filamenteuse; le cylindre intérieur était rempli d'eau froide, le cylindre extérieur plongeait dans de l'eau chaude. L'élévation de température de l'eau intérieure, au bout d'un certain temps, faisait connaître la quantité de chaleur qui avait traversé l'appareil, et on en déduisait, d'après la formule de Fourier, le coefficient de conductibilité du système complexe. C'est en opérant ainsi que

(1) Péclet, *Traité de la chaleur*, 3e édition, 1861, t. III, p. 418.

M. Péclet arriva à ce résultat très-curieux : quels que fussent les filaments en nombre quelconque que l'on plaçait dans le vase annulaire, la conductibilité du système n'était pas modifiée, de telle manière du moins qu'un procédé peu délicat pût l'accuser. Il en résultait par là même que l'air possède une conductibilité propre et qu'il peut s'échauffer par simple conductibilité indépendamment de tous courants intérieurs, car de tels courants ne pouvaient évidemment pas se produire dans les conditions de l'expérience de M. Péclet.

M. Magnus a fait récemment des expériences beaucoup plus précises [1], et il a constaté que l'hydrogène possède un coefficient de conductibilité bien supérieur à celui des autres gaz. C'est un résultat qui a été interprété souvent comme prouvant la nature métallique de l'hydrogène ; mais nous verrons que l'on ne peut rien en conclure relativement à la nature de l'hydrogène et que c'est un résultat nécessaire de la théorie mécanique de la chaleur. Le procédé de M. Magnus, que je rapporterai en peu de mots, n'exige qu'un appareil fort simple : deux cylindres de verre AB et C sont soudés l'un au-dessus de l'autre de manière que le fond du cylindre supérieur serve de couvercle au cylindre inférieur. Ce dernier cylindre est tubulé sur le côté ainsi qu'à la partie inférieure. La tubulure inférieure livre passage à deux tubes dont l'un sert à l'introduction, l'autre à l'évacuation du gaz. Dans la tubulure latérale est engagé

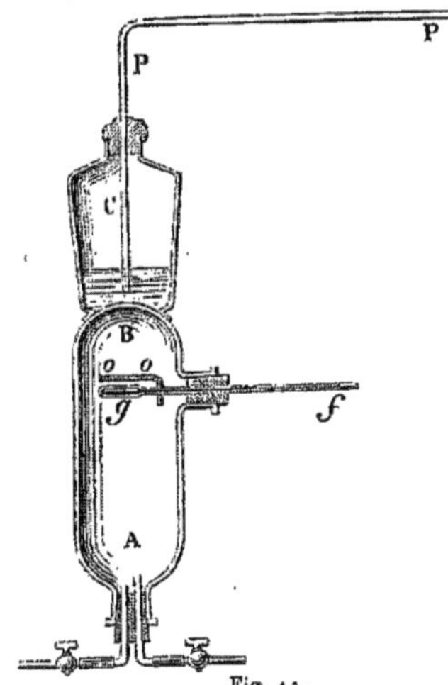

Fig. 11.

(1) *Poggendorff's Annalen*, 1861, t. CXII, p. 497. Verdet rendit d'abord compte des expériences de M. Magnus dans les *Annales de Chimie et de Physique*, 1861, 3e série, t. LXI, p. 380, d'après le résumé qui en parut dans les *Comptes rendus de l'Académie de Berlin* (30 juillet 1860 et 7 février 1861) ; il y revint ensuite dans les mêmes *Annales*, 1861, 3e série, t. LXII, p. 499, lorsque le Mémoire complet de M. Magnus eut paru dans les *Annales de Poggendorff*.

un thermomètre *fg* dont la boule est placée dans l'axe de l'appareil, au-dessous d'un écran de liége *oo* porté par la tige du thermomètre. Tout le système enfin est placé dans un grand vase environné d'eau maintenue à la température de 15 degrés (on n'a pas représenté ce vase sur la figure). Le cylindre supérieur est un vase ouvert dans lequel on verse de l'eau bouillante que l'on maintient en ébullition au moyen d'un courant de vapeur arrivant par le tube PP. De la chaleur est transmise à la boule du thermomètre d'une manière assez complexe : une certaine quantité de chaleur traverse par conductibilité le verre de l'appareil, et par le verre et le mercure de la tige du thermomètre arrive jusqu'au réservoir; une autre partie de la chaleur gagnée par ce réservoir est due au rayonnement du verre échauffé par conductibilité; enfin le gaz exerce aussi son action, qui est précisément ce que l'on veut étudier. Seulement l'influence du gaz n'est pas due à des courants qui transporteraient les gaz échauffés vers la boule du thermomètre, car, l'échauffement ayant lieu par la partie supérieure, la masse gazeuse se trouve, malgré l'inégalité de température de ces divers points, dans un état d'équilibre parfaitement stable. Le gaz ne peut donc influer que par son pouvoir absorbant, diminuant l'échauffement de l'écran et des parois, et par sa conductibilité propre, augmentant la quantité de chaleur transmise à la boule du thermomètre. Lorsque le gaz est raréfié et amené à une pression inférieure à 15 millimètres, la conductibilité propre du gaz n'a plus d'effet sensible : l'élévation de température est sensiblement indépendante de la nature du gaz et ne diffère évidemment que bien peu de celle qui s'observerait dans un espace absolument vide. Dans une série d'expériences où l'on faisait usage d'un écran de liége de 2 millimètres d'épaisseur, cette élévation a été en moyenne de 11°,7. Si on la représente par 100, les élévations de température observées dans les divers gaz sous la pression atmosphérique, l'écran *oo* demeurant le même[1], sont représentées par les nombres suivants :

[1] Avec un écran métallique poli qui supprimait plus complétement l'effet du rayonnement, les températures observées ont été moindres que les précédentes, mais elles se sont rangées dans le même ordre pour les différents gaz.

Acide sulfureux	66,6
Gaz ammoniac	69,2
Acide carbonique	70,0
Protoxyde d'azote	75,2
Cyanogène	75,2
Gaz oléfiant	76,9
Gaz des marais	80,3
Oxyde de carbone	81,2
Air atmosphérique	82,0
Oxygène	82,0
Hydrogène	111,0

On voit que la température stationnaire finale a été, dans tous les gaz autres que l'hydrogène, moindre que dans le vide. Il suffit, pour se rendre compte de ce résultat, d'admettre que ces gaz sont imparfaitement diathermanes pour la chaleur obscure, et il n'y a rien à en conclure quant à l'existence ou à l'absence d'une conductibilité indépendante des courants moléculaires. On peut néanmoins regarder comme certain que cette conductibilité est très-petite, car dans un gaz donné les températures finales sont d'autant plus élevées que le gaz est plus raréfié, c'est-à-dire à la fois plus diathermane et moins conducteur, comme le prouvent les nombres suivants[1] :

FORCE ÉLASTIQUE.	TEMPÉRATURE STATIONNAIRE.
AIR ATMOSPHÉRIQUE.	
mm	°
11,6	11,7
15,3	11,5
194,7	11,0
356,0	10,1
373,0	10,0
553,3	9,6
738,0	9,5
741,5	9,5
759,4	9,6
OXYGÈNE.	
10,0	11,6
771,2	9,6

[1] Dans ces expériences, l'écran *oo* était en liége.

ACIDE CARBONIQUE.

FORCE ÉLASTIQUE.	TEMPÉRATURE STATIONNAIRE.
mm	o
16,4	11,3
309,1	9,3
765,3	8,2

OXYDE DE CARBONE.

11,0	11,6
760,0	9,5

PROTOXYDE D'AZOTE.

12,0	11,5
760,0	8,8

GAZ DES MARAIS.

12,0	11,6
771,3	9,4

GAZ OLÉFIANT.

19,8	11,7
268,8	10,0
319,2	9,9
749,1	9,0

GAZ AMMONIAC.

15,4	11,0
18,7	10,9
63,3	10,8
267,7	9,4
746,5	8,3
770,3	8,1

CYANOGÈNE.

14,0	11,4
760,0	8,8

ACIDE SULFUREUX.

11,4	11,0
301,1	9,1
763,3	8,0

L'hydrogène, au contraire, donne lieu à une température finale plus élevée que celle qui s'observe dans le vide. Comme il est d'ailleurs impossible que la chaleur rayonnée à travers l'hydrogène soit plus grande que la chaleur rayonnée à travers le vide, il faut bien admettre que ce gaz possède une conductibilité propre analogue à celle des solides et des liquides. Cette conclusion est fortifiée par l'observation des effets de la raréfaction de l'hydrogène qui sont contraires à ceux de la raréfaction des autres gaz; dans l'hydrogène, la température finale est d'autant plus élevée que le gaz est plus dense, c'est-à-dire à la fois plus conducteur et moins diathermane. Voici une série de nombres qui établissent ce fait remarquable [1].

HYDROGÈNE.

FORCE ÉLASTIQUE.	TEMPÉRATURE STATIONNAIRE.
mm	o
9,6	11,6
11,7	11,8
195,4	12,1
517,7	12,5
760,0	13,0

Enfin, en remplissant le tube AB de coton ou d'édredon, de manière à rendre tout à fait impossibles les courants moléculaires, on a obtenu dans l'air très-raréfié une élévation de température de 7 degrés, dans l'air à la pression ordinaire une élévation d'environ 7°,5, et dans l'hydrogène une élévation de 11 degrés, ce qui confirme les résultats précédents.

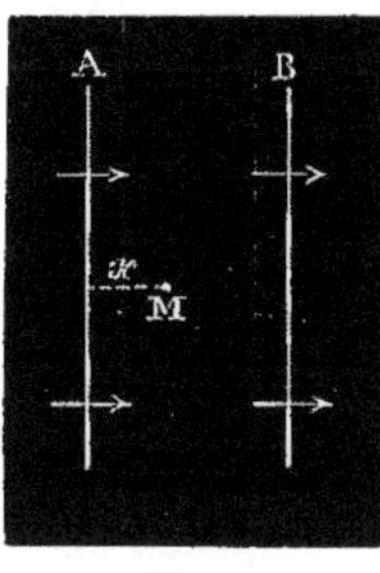

Fig. 12.

274. Examen théorique du cas d'un mur indéfini. — Après avoir rappelé ce que l'expérience a appris sur la conductibilité des gaz, j'entre maintenant dans le détail du mécanisme de ce mode de propagation de la chaleur.

Je me placerai dans le cas simple du problème par lequel on commence toujours l'étude de la conductibilité, et je considérerai une masse gazeuse comprise entre deux plans parallèles A et B, maintenus à des températures différentes.

[1] Dans ces expériences, l'écran *oo* était en liége.

Je supposerai que le gaz soit soustrait à l'action de la pesanteur, ou bien, si la tranche que je considère est horizontale, je supposerai que le plan supérieur soit celui dont la température est la plus élevée, et par là j'éviterai la production de tout courant. Le gaz compris dans cette tranche arrive au bout d'un certain temps à un état stationnaire; c'est dans cet état que je le considérerai, alors que la température d'un point quelconque de la masse est simplement fonction de la distance x de cette molécule à l'une des faces A, que je supposerai être celle dont la température est la plus élevée.

Je supposerai donc que la coordonnée x augmente en même temps que la température diminue. J'admettrai en outre que le rayonnement particulaire à l'intérieur du gaz est négligeable, et cette hypothèse semblera légitime si l'on se rappelle quelle est la faiblesse du pouvoir absorbant et du pouvoir rayonnant des gaz; de telle sorte que la propagation de la chaleur dans la couche considérée est en plus grande partie la conséquence des mouvements intérieurs que notre théorie suppose dans les gaz. Nous admettrons donc que l'échauffement de la couche gazeuse est dû seulement aux perturbations que chaque molécule exerce sur celles qui passent dans son voisinage, perturbations que nous appellerons du nom général de *rencontres* parce que, ainsi que nous l'avons vu, l'effet de toute perturbation est le même que celui d'un choc. Nous admettrons que c'est par ces rencontres sans cesse répétées que la chaleur se transmet. Les molécules de la paroi la plus chaude sont dans un état tel, que les molécules du gaz qui viennent la choquer rejaillissent ensuite avec une vitesse ayant en moyenne une valeur déterminée correspondant à la température de la paroi. Elles rencontrent ensuite des molécules dont la vitesse a en moyenne une valeur moindre et leur communiquent une certaine quantité de force vive que ces dernières transportent à leur tour sur les molécules qu'elles rencontrent bientôt; et ainsi de suite jusqu'aux dernières molécules, qui, se trouvant au contact de la paroi froide, sont maintenues à une température stationnaire par un mécanisme tout semblable à celui qui agit sur les premières molécules au contact de la paroi chaude.

275. **Conditions auxquelles satisfait l'état stationnaire.** — Supposons l'état stationnaire établi; il satisfait à certaines conditions évidentes :

Si sur un plan parallèle aux bases de la couche nous considérons une surface limitée par un contour quelconque et égale, je suppose, à l'unité, il est nécessaire qu'aucun courant gazeux ne se produise à travers cette surface, c'est-à-dire que le même nombre de molécules la traversent en allant des x positives vers les x négatives qu'en allant inversement des x négatives vers les x positives. Il est évident, en effet, que l'état du gaz n'est pas stationnaire si cette condition n'est pas remplie. Ainsi le flux de molécules à travers une surface égale à l'unité et parallèle aux bases de la couche, prise partout où l'on voudra, doit être nul.

Il est nécessaire en outre que la pression soit la même partout, c'est-à-dire que la pression exercée sur l'unité de surface prise sur un plan quelconque parallèle aux bases de la couche soit constante.

Enfin, par cette surface égale à l'unité passent des molécules qui la traversent dans deux sens différents : le nombre des molécules allant dans un sens est le même que le nombre des molécules allant en sens contraire, mais ces molécules ont des vitesses différentes, et, en somme, la force vive de celles qui vont dans le sens des x positives doit être plus grande. Nous devons nécessairement admettre que, dans l'état stationnaire, l'excès de la somme des forces vives des molécules qui traversent l'unité de surface dans le sens des x croissantes sur la somme des forces vives des molécules qui la traversent en sens contraire est un nombre constant; sinon, la quantité de force vive contenue dans un cylindre ayant ses deux bases parallèles aux plans A et B et égales à l'unité de surface ne serait pas constante, l'état du gaz ne serait pas invariable.

Nous reconnaissons donc trois conditions nécessaires à l'existence de l'état stationnaire :

1° Compensation entre les poids des molécules traversant en un temps donné une surface égale à l'unité et prise partout où l'on voudra sur un plan parallèle aux bases de la couche;

2° Égalité de pression sur toutes les surfaces analogues à celle que nous venons de considérer;

3° Égalité du flux de chaleur à travers toutes ces surfaces, ou égalité de l'excès de la somme des forces vives transmises dans un sens à travers ces surfaces sur la somme des forces vives transmises dans le sens opposé.

276. **Expression analytique de ces conditions.** — Il est facile de donner de ces trois conditions une expression analytique dans laquelle entreront certaines fonctions de la situation des molécules que nous déterminerons ensuite.

Prenons la première condition : « Le flux des molécules à travers une surface égale à l'unité et parallèle aux bases de la couche doit être nul, » et proposons-nous de déterminer la somme algébrique des masses des molécules traversant cette surface dans l'unité de temps.

Considérons à cet effet un cylindre ayant pour base cette surface et pour hauteur une longueur infiniment petite dx; le volume de ce cylindre est égal à dx. Appelons N le nombre de molécules que contiendrait l'unité de volume du gaz si la distribution des molécules dans toute la masse était la même que dans cette couche infiniment mince; $N dx$ sera le nombre des molécules contenues à un instant déterminé dans le volume infiniment petit que je considère; ces molécules doivent être regardées comme animées de vitesses différentes, mais non distribuées sans loi. Si nous prenons parmi les molécules comprises dans une masse déterminée du gaz toutes celles dont la vitesse a une direction donnée, le rapport du nombre de ces molécules au nombre total ne sera pas le même que dans le cas d'une distribution absolument irrégulière. Menons toujours par un même point O de l'espace des parallèles aux directions de toutes ces vitesses et considérons celles qui font avec la normale ON à la base un angle compris entre β et $\beta + d\beta$: nous savons que, dans le cas d'un nombre très-considérable de directions réparties sans aucune loi, suivant les rayons de la sphère de rayon égal à l'unité décrite autour du point considéré, le rapport du nombre des directions allant rencontrer la sphère dans la zone

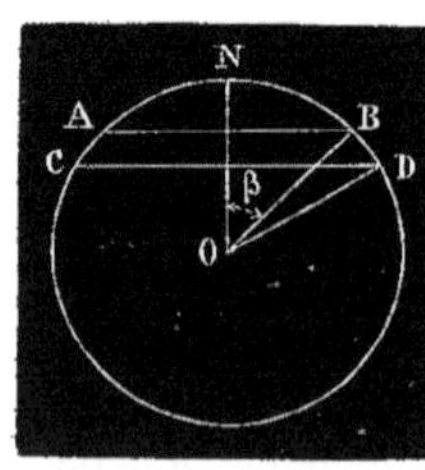

Fig. 13.

ABCD, dont les deux bases sont vues du centre sous les angles 2β et $2(\beta + d\beta)$, au nombre total, est

$$\frac{2\pi \sin\beta\, d\beta}{4\pi}$$

ou

$$\frac{1}{2}\sin\beta\, d\beta.$$

Convenons de définir l'angle β par le cosinus de cet angle, cosinus changé de signe ; posons

$$-\cos\beta = \mu,$$

nous aurons

$$\frac{1}{2}\sin\beta\, d\beta = \frac{1}{2}\, d\mu.$$

De telle sorte que si, au lieu de définir la direction de la vitesse d'une molécule par l'angle β qu'elle fait avec la normale, nous la définissons par le cosinus changé de signe de cet angle, nous pourrons, dans une distribution régulière des vitesses dans toutes les directions, représenter par

$$\frac{1}{2}\, d\mu$$

le rapport du nombre des molécules dont la vitesse a une direction définie par un cosinus compris entre $-\mu$ et $-(\mu + d\mu)$ au nombre total.

Le nombre des molécules de la tranche infiniment mince dx, dont la vitesse aurait la direction que, pour abréger, j'appellerai la direction μ, serait donc

$$\frac{1}{2}\, \mathrm{N}\, dx\, d\mu.$$

Mais dans le cas actuel nous ne supposons pas la distribution des molécules irrégulière, nous avons même des raisons de supposer le contraire. Le nombre des molécules dont la vitesse a la direction μ n'est donc pas $\frac{1}{2}\mathrm{N}\, dx\, d\mu$, mais nous pouvons toujours le représenter par cette quantité multipliée par une certaine fonction de μ qui changera avec la situation de la tranche infiniment mince que nous considérons, c'est-à-dire avec sa distance aux bases de la couche gazeuse; nous pouvons donc représenter ce nombre par

$$\frac{1}{2} \mathrm{J} N dx\, d\mu.$$

La détermination de la fonction J sera un point important de la solution du problème.

Supposons toutes ces molécules animées d'une vitesse commune V dirigée, pour ces diverses molécules, suivant une infinité de droites comprises dans l'intérieur des deux cônes. La longueur que parcourt une molécule dans l'intérieur de la tranche sera $\frac{dx}{\mu}$ en valeur absolue, et le temps nécessaire pour la parcourir $\frac{dx}{\mu V}$.

Considérons à une époque donnée t le nombre entier des molécules contenues dans la tranche; à l'époque $t + \frac{dx}{\mu V}$, chacune des molécules sera sortie de la tranche. Si l'état du système est stable, un pareil nombre de molécules ayant même vitesse doit y être rentré. De même, après le temps $t + 2\frac{dx}{\mu V}$, un pareil renouvellement des molécules doit s'être opéré une seconde fois. De même, en général, après le temps $t + n\frac{dx}{\mu V}$, le nombre total des molécules de la tranche doit s'être renouvelé n fois. Si donc nous prenons une durée θ,

$$\frac{\theta}{\frac{dx}{\mu V}}$$

représentera le nombre des renouvellements pendant le temps θ. Ce nombre des renouvellements, multiplié par le nombre des molécules que contient la tranche à un instant donné, exprime le nombre des molécules qui ont traversé la base de la tranche pendant ce temps θ.

Si nous faisons $\theta = 1$, le nombre des renouvellements des molécules de la couche pendant ce temps devient

$$\frac{1}{\frac{dx}{\mu V}};$$

par suite, le nombre des molécules qui pendant l'unité de temps traversent l'unité de surface de la base de la tranche dans une direction comprise entre μ et $\mu + d\mu$ est

$$\frac{1}{2}\mathrm{JNV}\mu\, d\mu,$$

dans l'hypothèse que toutes les molécules ont même vitesse V.

En réalité, les molécules n'ont pas toutes même vitesse; mais on peut regarder comme évident que l'on aura le résultat exact en substituant à V la moyenne des valeurs de la vitesse pour ces diverses molécules; je représenterai cette vitesse moyenne par $\overline{\mathrm{V}}$ (qui se lira en conséquence V moyen), et le nombre des molécules traversant l'unité de surface dans l'unité de temps sera

$$\frac{1}{2}\mathrm{JN}\overline{\mathrm{V}}\mu\, d\mu.$$

Si donc je multiplie ce nombre par m, masse commune de ces molécules, le produit

$$\frac{1}{2}m\,\mathrm{JN}\overline{\mathrm{V}}\mu\, d\mu$$

représente la masse du gaz qui, dans l'unité de temps, traverse parallèlement à une direction donnée μ une surface égale à l'unité et parallèle aux bases de la couche.

Si je fais la somme des expressions semblables pour toutes les directions telles que le mouvement des molécules corresponde aux x croissantes, et si je fais de même la somme de ces expressions pour toutes les directions telles que le mouvement s'effectue vers les x décroissantes, ces deux sommes devront être égales; c'est-à-dire que l'intégrale totale de cette expression doit être nulle :

$$\frac{1}{2}m\mathrm{N}\int_{-1}^{+1}\mathrm{J}\overline{\mathrm{V}}\mu\, d\mu = 0.$$

Les limites de l'intégration sont évidemment -1 et $+1$, puisqu'elle doit embrasser toutes les directions, et que chaque direction est définie par la quantité μ qui représente le cosinus, changé de signe, de l'angle qu'elle fait avec la normale à la couche. La quantité N peut s'écrire, comme je l'ai écrite, hors du signe d'intégration, puisqu'elle ne dépend pas de μ et qu'elle est seulement fonction de x. Quant à J et à $\overline{V}$, ce sont des fonctions de x et de μ.

Ainsi la condition que le flux des molécules à travers l'unité de surface sur un plan parallèle aux bases soit nul se traduit par l'équation

$$\frac{1}{2}mN\int_{-1}^{+1} J\overline{V}\mu\, d\mu = 0.$$

277. Passons maintenant à la deuxième condition de l'état stationnaire : « égalité de pression sur toute surface égale à l'unité et parallèle aux bases de la couche, quelle que soit d'ailleurs la valeur correspondante de x. » Nous avons déjà donné l'expression de la pression sur l'unité de surface. Si l'on considère les composantes des vitesses des molécules normales à la surface et que l'on double les quantités de mouvement correspondant à ces composantes normales, on a l'expression numérique de la pression. Nous allons effectuer ce calcul pour le cas actuel.

Le nombre des molécules rencontrant cette surface parallèlement à la direction μ est

$$\frac{1}{2}NJ\overline{V}\mu\, d\mu.$$

La quantité de mouvement de chaque molécule correspondant à la composante normale de sa vitesse s'obtient en multipliant sa masse m par sa vitesse actuelle normale $V\mu$. Le double de la quantité de mouvement est donc $2mV\mu$. Cette expression change de l'une à l'autre de ces molécules. Si on supposait qu'elles eussent toutes même vitesse, la pression résultante serait

$$\frac{1}{2}NJV\mu\, d\mu.\ 2m\, V\mu = mNJV^2\, \mu^2\, d\mu.$$

Tel serait l'élément de pression dû au choc des molécules dont la vitesse aurait la direction définie par la quantité μ.

On peut admettre que l'expression de cet élément de pression, dans le cas réel où la vitesse V varie d'une molécule à l'autre, est

$$m\mathrm{NJ}\overline{\mathrm{V}^2}\mu^2\,d\mu,$$

$\overline{\mathrm{V}^2}$ représentant la valeur moyenne de V^2 et non pas le carré de $\overline{\mathrm{V}}$.

La condition de la constance de la pression sur toute surface égale à l'unité et parallèle aux bases de la couche se traduira donc par l'équation

$$m\mathrm{N}\int_{-1}^{0}\mathrm{J}\overline{\mathrm{V}^2}\,\mu^2\,d\mu = \text{const.}$$

Les limites de l'intégrale sont — 1 et 0, car elle représente une pression résultant des chocs des molécules. On ne doit donc faire entrer dans la sommation que les doubles des quantités de mouvement des molécules qui traversent la surface dans un sens déterminé; et comme μ représente le cosinus, changé de signe, de l'angle que fait la direction de la vitesse d'une molécule avec la normale à la couche, on doit, pour avoir toutes les molécules dont la vitesse fait avec cette normale un angle compris entre 0 et 90 degrés, faire varier μ entre — 1 et 0.

278. Enfin, il nous reste à exprimer que « l'excès de la quantité de chaleur traversant cette même unité de surface dans un sens sur la quantité de chaleur la traversant en sens contraire est constant. » La quantité de chaleur qui traverse la surface dans un sens déterminé est égale à la demi-somme des forces vives des molécules qui la traversent dans ce sens. Je reprends encore le même raisonnement : j'admets d'abord que toutes les molécules aient même vitesse. Le nombre des molécules traversant l'unité de surface dans l'unité de temps est

$$\frac{1}{2}\mathrm{NJV}\mu\,d\mu.$$

La demi-force vive du mouvement de translation est

$$\frac{1}{2}m\,\mathrm{V}^2.$$

Par suite de la relation dont nous avons démontré l'existence entre la force vive du mouvement de translation, la force vive du mouvement de rotation, la force vive des mouvements moléculaires et la force vive des mouvements imprimés à l'éther, une quantité de force vive $\frac{1}{2}mV^2$, relative au mouvement de translation, ne peut pas traverser une surface sans qu'une quantité de force vive relative à chacun des autres mouvements et présentant un rapport constant avec la première ne la traverse aussi. Nous pourrons donc représenter par

$$k\frac{1}{2}mV^2$$

la quantité de chaleur correspondante qui traverse la surface. Au passage de toutes les molécules qui traversent la surface dans la direction μ pendant l'unité de temps, correspond donc le passage d'une quantité de chaleur

$$\frac{1}{4}kmNJV^3\mu\,d\mu.$$

Dans le gaz réel, où la vitesse V présente des valeurs différentes pour toutes les molécules, on obtiendra l'expression de cette quantité de chaleur en remplaçant V^3 par sa valeur moyenne $\overline{V^3}$. La somme de toutes ces quantités représentera l'excès de la chaleur transportée dans un sens sur la chaleur transportée en sens contraire, car, si pour la première direction on compte μ positivement, on le comptera négativement en sens contraire. On doit donc avoir

$$\frac{1}{4}kmN\int_{-1}^{+1}J\overline{V^3}\mu\,d\mu = \text{const.}$$

279. J'ai ainsi l'expression analytique des conditions nécessaires à la stabilité de l'état actuel de la couche gazeuse.

Si je pose

$$E = \frac{1}{2}mN\int_{-1}^{+1}J\overline{V}\mu\,d\mu,$$

$$F = \frac{1}{2}mN\int_{-1}^{0}J\overline{V^2}\mu^2\,d\mu,$$

$$G = \frac{1}{4}kmN\int_{-1}^{+1}J\overline{V^3}\mu\,d\mu,$$

ces conditions se traduisent par les trois équations

$$E = 0,$$
$$F = \text{const.},$$
$$G = \text{const.}$$

Le problème est maintenant de déterminer J et V.

Mais cette détermination ne doit plus être faite en partant de l'état stable.

280. **État des molécules renvoyées par une couche infiniment mince.** — Pour y arriver, nous considérerons encore une couche infiniment mince comprise entre deux plans parallèles x et $x + dx$, et nous admettrons simplement que de part et d'autre de la couche la température, qui décroît à mesure que la coordonnée x augmente, varie d'une manière continue. Nous envisagerons cette couche infiniment mince à deux points de vue différents : au point de vue de son état actuel, et au point de vue des modifications que le passage d'une molécule à travers la couche peut faire éprouver à la grandeur et à la direction de la vitesse de cette molécule.

Nous commencerons par étudier les modifications qui résultent uniquement de la rencontre réciproque de deux molécules. L'examen de ces modifications précédera naturellement la considération de l'état actuel, car l'état de chaque molécule de la couche à un instant donné dépend des effets de sa dernière rencontre avec une molécule venant du dehors. A un instant donné, toutes les molécules de la couche à beaucoup près ne se rencontrent pas. Celles qui se rencontrent, isolons-les : nous pouvons les appeler molécules *renvoyées par la couche*, car elles ont pénétré dans la couche et l'auraient traversée sans leur rencontre, par suite de laquelle elles sont renvoyées dans diverses directions avec des propriétés spéciales.

Plusieurs cas peuvent se présenter dans cette rencontre de deux molécules. Si les deux molécules ont des vitesses égales et opposées et si de plus le choc est central, les deux molécules ne font qu'échanger leurs vitesses respectives. Mais ce n'est là évidemment qu'un cas infiniment particulier, et, dans un système complexe comme l'est le système réel, les probabilités pour un choc excentrique sont infiniment nombreuses. On peut démontrer que dans ce cas les vitesses, égales et opposées avant le choc, sont encore égales après; mais elles ne conservent plus leurs directions initiales, et elles forment un angle qui dépend de la manière dont le choc s'est effectué. Si nous définissons le choc par la distance au centre de l'une des molécules de la parallèle à leur direction menée par le centre de la deuxième, l'angle des directions des vitesses après le choc sera fonction de cette distance. Ces principes ne sont vrais que dans le cas de sphères parfaitement élastiques; mais tous les faits connus jusqu'à ce jour nous autorisent à regarder les molécules des gaz comme sphériques. Nous admettrons donc que, dans la rencontre de deux molécules cheminant l'une vers l'autre avec des vitesses égales et opposées, mais dans des directions telles que la ligne des centres ne soit pas celle du mouvement, la vitesse reste la même en grandeur, mais non en direction; et l'angle que forme la direction nouvelle de la vitesse avec la direction primitive dépend des conditions du choc, de telle façon que l'on doit admettre que toutes les directions sont également probables. Les vitesses après le choc seront donc parallèles, sans loi régulière, à un très-grand nombre de directions que l'on peut regarder comme les rayons d'une sphère décrite autour d'un point quelconque de l'espace avec un rayon égal à l'unité. Dans le cas actuel, ce choc excentrique de deux molécules possédant des vitesses égales et contraires n'est encore qu'un cas très-particulier, mais on peut y ramener le cas général. Soient $x, y, z; x', y', z'$ les fonctions du temps qui représentent les coordonnées des centres des deux molécules. Nous pouvons remplacer l'abscisse du centre de la première molécule par

$$\frac{x+x'}{2}+\frac{x-x'}{2},$$

et l'abscisse du centre de la deuxième par

$$\frac{x+x'}{2}-\frac{x-x'}{2},$$

et de même pour les autres coordonnées; c'est-à-dire que nous pouvons remplacer ces coordonnées par les coordonnées du centre de gravité augmentées de coordonnées égales et contraires pour les deux molécules. En différentiant, on étend immédiatement aux vitesses ce que je viens de dire des coordonnées. Or, il résulte d'un théorème général de mécanique que la vitesse du centre de gravité de deux billes qui se choquent ne peut pas être altérée par le choc. On n'a donc, pour avoir l'effet du choc, qu'à combiner avec le mouvement du centre de gravité, lequel n'est pas altéré par la rencontre, l'effet d'un choc excentrique avec des vitesses égales et contraires; et, si un très-grand nombre de molécules animées de vitesses en tous sens se choquent ainsi, il en résulte un nouveau système de molécules dont les vitesses sont, comme celles des premières, dirigées suivant toutes les directions possibles. Appliquons ce principe au cas où nous nous sommes placés. En général, deux molécules qui se rencontrent animées de vitesses dirigées dans un sens quelconque proviennent de deux côtés différents de la couche, et les molécules qui viennent du côté de la partie la plus chaude possèdent une vitesse moyenne plus grande que celles qui viennent de la partie la plus froide. On a donc dans la couche infiniment mince un très-grand nombre de molécules telles, que celles qui viennent d'un côté possèdent une vitesse moyenne un peu plus grande que celles qui viennent du côté opposé. Le système des molécules renvoyées par la couche offrira donc des vitesses qu'on peut représenter en ajoutant à des vitesses égales, dirigées de toutes les manières sans loi aucune, la valeur moyenne de la vitesse du centre de gravité du système; cette dernière vitesse est normale à la couche et très-petite en valeur absolue. Ainsi, au lieu du système réel, on peut considérer un système dans lequel toutes les molécules seraient animées de vitesses égales réparties en tous sens, et ajouter à ce système une petite vitesse normale à la paroi et dirigée dans le sens des x croissantes. De là la représentation suivante :

Soit A la valeur absolue de la vitesse commune à toutes les molécules, et soit λ le cosinus changé de signe de l'angle que, pour une molécule donnée, la direction de cette vitesse fait avec l'axe des x : $\frac{1}{2}\,d\lambda$ représente le rapport du nombre des molécules dont la vitesse a la direction λ au nombre total. Appelons U la vitesse d'une molécule du système réel et désignons toujours par μ la quantité qui en définit la direction : cette vitesse U résulte de la composition de la vitesse A dirigée dans le sens de λ avec une petite vitesse parallèle à l'axe des x. Cette deuxième vitesse est peu considérable, mais il faut remarquer de quel ordre de grandeur elle est. Considérons deux molécules M et M′ qui se rencontrent à l'intérieur de la couche, en P. Ces deux molécules cheminent librement jusqu'au moment où elles se rencontrent, et elles parcourent ainsi des chemins du même ordre de grandeur que le chemin moyen d'une molécule entre deux chocs successifs, chemin que nous savons être très-petit. Ce sont donc deux molécules qui partent de deux couches très-peu éloignées de celle que nous considérons. La vitesse du centre de gravité est du même ordre de grandeur que la différence des vitesses de ces deux molécules, c'est-à-dire du même ordre de grandeur que le chemin moyen. Si donc nous désignons par $-p$ une quantité finie, fonction de la température, et par ε le chemin moyen d'une molécule entre deux rencontres successives dans un état défini du gaz, nous pourrons représenter par $-p\varepsilon$ la petite vitesse du centre de gravité parallèlement à l'axe des x. La détermination de p nous occupera ultérieurement; quant à ε, c'est le chemin moyen d'une molécule dans l'état actuel, mais on peut prendre sans inconvénient le chemin moyen dans les circonstances normales de température et de pression. La vitesse U, dont la direction est μ, étant la résultante de la vitesse A, dont la direction est λ, et de la petite vitesse $p\varepsilon$ parallèle à l'axe des x, on a les deux relations

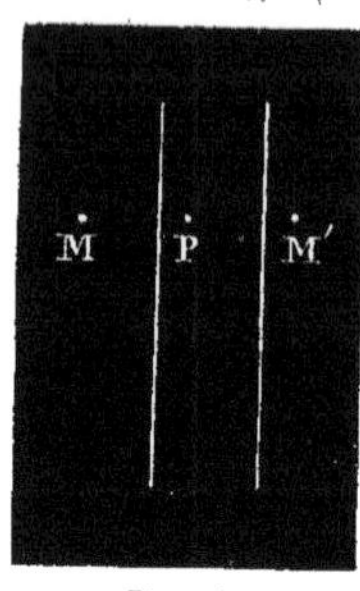

Fig. 14.

$$(1) \qquad U\mu = p\varepsilon + A\lambda,$$

$$(2) \qquad U^2 = A^2 + p^2\varepsilon^2 + 2Ap\varepsilon\lambda.$$

Ces équations déterminent les vitesses des molécules renvoyées, pour toute valeur arbitraire de μ. Si on suppose λ arbitrairement choisi et les quantités A et p connues, la deuxième équation donne la valeur absolue des vitesses des molécules renvoyées dans une direction μ que détermine la première équation.

Calculons d'abord la valeur absolue de la vitesse : je substitue dans la deuxième équation à $A\lambda$ sa valeur tirée de la première,

$$U^2 = A^2 - p^2\varepsilon^2 + 2p\varepsilon U\mu.$$

Je considère en particulier l'hypothèse $\mu = 0$, c'est-à-dire les molécules qui après le choc possèdent une vitesse perpendiculaire à l'axe des x ou parallèle aux limites de la couche; la valeur correspondante de U résulte de l'équation

$$u^2 = A^2 - p^2\varepsilon^2,$$

u désignant cette valeur particulière.

Cela posé, je puis écrire

$$U^2 = u^2 + 2p\varepsilon U\mu,$$

et, cette équation du deuxième degré en U étant résolue et développée, j'aurai la valeur de U exprimée par une série ascendante suivant les puissances de ε,

$$\text{(1)} \qquad U = u + p\mu\varepsilon + \frac{1}{2}\frac{p^2}{u}\mu^2\varepsilon^2 + \ldots .$$

Les termes suivants sont sans importance, parce que l'esprit de la méthode est de tout exprimer en séries ordonnées suivant les puissances croissantes de ε et de négliger les termes qui contiennent des puissances de ε supérieures à la deuxième.

Mais il ne suffit pas de connaître la grandeur de la vitesse μv d'une molécule renvoyée dans une direction μ; il faut encore connaître la manière dont les molécules renvoyées sont distribuées suivant les diverses directions telles que μ.

Dans le système actuel on ne peut pas représenter le nombre de ces molécules dont la direction est comprise entre μ et $\mu + d\mu$ par $\frac{1}{2}d\mu$, parce que la distribution des molécules du système n'est plus uniforme; mais je représenterai ce nombre par $\frac{1}{2}H\,d\mu$, H étant un facteur dépendant de μ, et la détermination de ce facteur sera la solution du problème. Mais puisque, par l'adjonction de la vitesse $p\varepsilon$, la direction λ devient la direction μ, et que de même la direction $\lambda + d\lambda$ devient $\mu + d\mu$, les molécules dont la direction dans le système réel est comprise entre μ et $\mu + d\mu$ sont précisément celles dont la direction dans le système fictif était comprise entre λ et $\lambda + d\lambda$; je puis donc poser

$$\frac{1}{2} d\lambda = \frac{1}{2} \mathrm{H} d\mu,$$

d'où

$$\mathrm{H} = \frac{d\lambda}{d\mu}.$$

Mais l'équation

$$(1) \qquad \mathrm{U}\mu = \mathrm{A}\lambda + p\varepsilon$$

donne, en la différentiant par rapport à μ,

$$\frac{d(\mathrm{U}\mu)}{d\mu} = \mathrm{A}\frac{d\lambda}{d\mu}.$$

On a donc

$$\mathrm{H} = \frac{1}{\mathrm{A}} \frac{d(\mathrm{U}\mu)}{d\mu}.$$

En mettant pour U sa valeur développée (I) et en faisant le calcul, on obtient la valeur suivante :

$$(\mathrm{II}) \qquad \mathrm{H} = \frac{u}{\mathrm{A}}\left(1 + \frac{2p}{u}\mu\varepsilon + \frac{3}{2}\frac{p^2}{u^2}\mu^2\varepsilon^2 + \dots\right),$$

de telle sorte que la valeur de H est développée suivant les puissances croissantes de $\mu\varepsilon$. Le facteur $\frac{u}{\mathrm{A}}$ ne diffère de l'unité que par une quantité de l'ordre de ε^2.

Cette équation (II) détermine le nombre des molécules renvoyées de la couche dans une direction comprise entre μ et $\mu + d\mu$. La première (I) donne la vitesse moyenne de ces molécules.

L'utilité de cette première étude ne paraît pas bien évidente : il ne semble pas qu'on soit fort avancé pour avoir exprimé en fonction de deux quantités inconnues u et ε le nombre et la vitesse des molécules renvoyées dans une direction donnée. Ce qui paraît utile à connaître, c'est l'état des molécules de la couche à un instant donné; car les quantités que contiennent les intégrales à calculer ne se rapportent pas à l'état des molécules renvoyées, mais à l'état des molécules de la couche. Mais cette étude doit être précédée de celle que nous venons de faire. Une molécule quelconque de la couche considérée est en effet une molécule renvoyée à un instant précédent par une autre couche voisine dont la distance moyenne peut se déterminer. De là l'utilité d'établir d'abord l'état d'une molécule renvoyée par la couche, ce qui constitue en quelque sorte un lemme préliminaire.

281. **État des molécules situées dans une couche infiniment mince.** — Soient V la vitesse d'une molécule contenue à un instant donné dans la couche et μ le cosinus changé de signe de sa direction. Considérons cette vitesse comme il résulte de ce que je viens de dire : elle appartient à la molécule depuis l'instant de sa dernière rencontre. Soit s le chemin parcouru par la molécule depuis sa dernière rencontre, la distance normale du point de rencontre à la couche sera $-\mu s$. La valeur de la vitesse V pour la molécule considérée sera donc simplement la valeur de U relative à une abscisse $x - \mu s$. On pourra donc poser

$$\overline{\mathrm{V}} = \overline{\mathrm{U}} - \frac{d\mathrm{U}}{dx}\mu s + \frac{1}{2}\frac{d^2\mathrm{U}}{dx^2}\mu^2 s^2 - \ldots.$$

Mais cette valeur est variable, dans la réalité, d'une molécule à une autre, parce que les molécules contenues dans la couche à un instant donné n'ont pas éprouvé leur dernière rencontre à la même distance de la couche. Par conséquent, bien que nous prenions pour U une valeur moyenne, la valeur que nous en concluons pour V est une expression variable d'une molécule à l'autre. Sa valeur moyenne s'obtiendra en introduisant au lieu de s et de s^2 les valeurs $\bar{s}$ et $\overline{s^2}$:

$$\overline{\mathrm{V}} = \overline{\mathrm{U}} - \frac{d\mathrm{U}}{dx}\mu\bar{s} + \frac{1}{2}\frac{d^2\mathrm{U}}{dx^2}\mu^2\overline{s^2} - \ldots,$$

d'après la définition même d'une moyenne.

Or la valeur moyenne de s et de même celle de s^2 peuvent se déterminer par la valeur du chemin moyen parcouru par une molécule entre deux rencontres successives. On sait que le chemin moyen que parcourrait une molécule depuis sa position actuelle jusqu'à sa première rencontre est $\frac{1}{\alpha}$; on peut donc prendre $\bar{s} = \frac{1}{\alpha}$, car il est indifférent de calculer le chemin moyen tel que nous venons de le définir ou le chemin moyen qu'a parcouru une molécule depuis sa dernière rencontre jusqu'à sa position actuelle. Par un calcul tout semblable on trouvera $\overline{s^2}$, $\overline{s^3}$:

$$\overline{s^2} = \int_0^\infty s^2 e^{-\alpha s} \alpha ds = \frac{2}{\alpha^2},$$

de même que

$$\bar{s} = \int_0^\infty s e^{-\alpha s} \alpha ds = \frac{1}{\alpha}.$$

Je ne pousse pas le calcul plus loin : nous n'aurons aucun besoin des termes d'un ordre supérieur au deuxième.

Mais j'ai raisonné dans l'hypothèse d'un gaz de densité et de température uniformes; actuellement cela n'est pas : ces valeurs $\bar{s}$ et $\overline{s^2}$ ne peuvent pas ici être regardées comme indépendantes de μ. Mais il est une direction particulière, celle qui est perpendiculaire à l'axe des x ou parallèle à la couche, dans laquelle une molécule mobile ne rencontre que des couches de densité partout la même. Nous pouvons donc dans cette direction prendre $\frac{1}{\alpha}$ et $\frac{2}{\alpha^2}$ pour valeurs de $\bar{s}$ et de $\overline{s^2}$. Je caractériserai ces valeurs particulières par l'indice zéro, pour rappeler qu'elles correspondent à $\mu = 0$; j'aurai par conséquent

$$\bar{s}_0 = \frac{1}{\alpha},$$

$$\overline{s_0^2} = \frac{2}{\alpha^2}.$$

Nous pouvons regarder $\bar{s}_0 = \frac{1}{\alpha}$ comme une quantité du même ordre de grandeur que ε; nous pouvons donc poser

$$\bar{s}_0 = c\varepsilon,$$

$$\overline{s_0^2} = 2c^2\varepsilon^2.$$

Ces valeurs ne sont pas celles qui doivent être substituées dans la série $\overline{\mathrm{V}}$, mais on peut en déduire la forme des expressions $\bar{s}$ et $\overline{s^2}$. $\bar{s}$ pourra s'exprimer en une série ordonnée suivant les puissances ascendantes de ε. $\bar{s}$ est évidemment, comme $\bar{s}_0$, de même ordre que ε; seulement le coefficient relatif à une direction μ n'est plus égal à c. La raison en est que les molécules se mouvant suivant la direction μ proviennent de couches où la température n'est pas la même que celle des couches où elles se trouvent actuellement, tandis que, pour celles qui se meuvent perpendiculairement à l'axe des x, la température et la densité sont constantes pendant tout le trajet. Or les chemins parcourus par les molécules avant d'arriver dans la couche considérée sont de même ordre de grandeur que ε, et la distance normale du point de départ à la couche de même ordre que $\mu\varepsilon$. Le coefficient de ε dans l'expression de $\bar{s}$ pourra donc se développer en série ordonnée suivant les puissances croissantes de ε, et l'on pourra écrire

$$\bar{s} = \varepsilon\left(c + \mathrm{C}\mu\varepsilon + \mathrm{C}'\mu^2\varepsilon^2 + \cdots\right).$$

De même, on pourra développer la valeur de $\overline{s^2}$:

$$\overline{s^2} = 2\varepsilon^2\left(c^2 + 2\mathrm{D}\mu\varepsilon + \cdots\right).$$

Enfin, en substituant dans l'expression de $\overline{\mathrm{V}}$, il vient

$$\overline{\mathrm{V}} = u + q\mu\varepsilon + r\mu^2\varepsilon^2 + \cdots,$$

en posant

$$q = p - c\frac{du}{dx}$$

et

$$r = \frac{1}{2}\frac{p^2}{u} - c\frac{dp}{dx} - \mathrm{C}\frac{du}{dx} + c^2\frac{d^2u}{dx^2}.$$

On aura de même

$$\overline{\mathrm{V}^2} = u^2 + 2uq\mu\varepsilon + \left(2ur + q_1^2\right)\mu^2\varepsilon^2 + \cdots.$$

q_1 est lié aux quantités précédentes par la relation

$$q_1^2 = q^2 + c^2 \left(\frac{du}{dx}\right)^2,$$

et enfin, si l'on prend $\overline{V^3}$, on trouve

$$\overline{V^3} = u^3 + 3u^2 q\mu\varepsilon + 3(u^2 r + uq_1^2)\mu^2\varepsilon^2 + \cdots,$$

r étant défini par l'équation

$$r = \frac{1}{2}\frac{p^2}{u} - c\frac{dp}{dx} - C\frac{du}{dx} + c^2\frac{d^2u}{dx^2}.$$

Ces valeurs de $\overline{V}$, $\overline{V^2}$, $\overline{V^3}$ seront portées dans les intégrales que nous avons désignées par les lettres E, F, G. Mais ces intégrales contiennent encore la quantité J, relative au mode de répartition des vitesses moyennes dans les diverses directions. Or, pour des raisons semblables à celles qui nous ont fait développer toutes les quantités précédentes en séries, on reconnaîtra que J peut s'écrire

$$J = i(1 + q'\mu\varepsilon + r'\mu^2\varepsilon^2 + \cdots),$$

expression dans laquelle i, q, r' sont des quantités indépendantes de μ.

i peut se déterminer par la remarque suivante : si l'on prend $\int_{-1}^{+1} \frac{1}{2} J d\mu$, on doit trouver 1 pour valeur de l'intégrale définie,

$$\frac{1}{2}\int_{-1}^{+1} J d\mu = 1,$$

ou, en mettant pour J sa valeur,

$$i\left(1 + \frac{1}{3}r'\varepsilon^2 + \cdots\right) = 1,$$

d'où, par approximation,

$$i = 1 - \frac{1}{3}r'\varepsilon^2 + \cdots,$$

et par conséquent

$$J = \left(1 - \frac{1}{3}r'\varepsilon^2\right)(1 + q'\mu\varepsilon + r'\mu^2\varepsilon^2 + \cdots).$$

282. **Retour aux équations relatives à l'état stationnaire.** — Il reste à effectuer les substitutions de ces diverses valeurs dans les intégrales. Ces substitutions et les calculs d'intégration n'offrent pas de difficulté. Voici les résultats auxquels ils conduisent :

$$E = \frac{1}{3} mN (q + uq') \varepsilon + X \varepsilon^3,$$

$$F = \frac{1}{3} mNu^2 + X_1 \varepsilon^2,$$

$$G = \frac{1}{6} KmNu^2 (3q + uq') \varepsilon + X_2 \varepsilon^3.$$

De telle sorte que les seuls coefficients des calculs précédents qui restent sont q et q'. Les coefficients r et r' disparaissent d'eux-mêmes.

Le terme en ε^3 de l'intégrale E étant négligeable devant le terme en ε, je n'ai qu'à égaler à zéro le coefficient du terme en ε pour exprimer que dans la masse gazeuse il n'y a aucun courant général :

$$q + uq' = 0.$$

d'où

$$q' = -\frac{q}{u}.$$

On peut en déduire si l'on veut

$$J = 1 - \frac{q}{u} \mu\varepsilon + r' \left(\mu^2 - \frac{1}{3}\right) \varepsilon^2 + \ldots.$$

La deuxième équation F = const. donne

$$Nu^2 = \text{const.}$$

Cette condition n'apprend rien relativement à la nature de la pression dans les gaz. u^2 ne diffère de $\overline{V^2}$ que de quantités de l'ordre de ε, u^2 est donc à très-peu près la moyenne des forces vives du mouvement de translation en un point du gaz ; N est le nombre des molécules que contiendrait l'unité de volume si l'état du gaz était partout le même qu'en ce point. Nu^2 = const. signifie donc simplement que la pression, qui est proportionnelle à ce produit, est sensiblement constante dans toute la masse.

La troisième équation $G = \text{const.}$ se réduit, en tenant compte de la précédente, à

$$3q + uq' = \text{const.};$$

or

$$q + uq' = 0,$$

donc

$$2q = \text{const.}$$

La condition de l'invariabilité du flux calorifique à travers toute surface égale à l'unité et parallèle aux bases de la couche, prise partout où l'on voudra dans cette couche, est donc

$$q = \text{const.}$$

La suite du problème consiste à trouver l'expression de q et à reconnaître les conclusions qui résultent de cette équation.

283. **Calcul du flux de chaleur traversant une surface parallèle aux plans limitant le mur.** — Le flux de chaleur qui dans l'unité de temps traverse une surface égale à l'unité et parallèle aux bases, prise en une région quelconque de la couche, est

$$G = \frac{1}{3} \mathrm{K} m \mathrm{N} u^2 q \varepsilon.$$

K est un coefficient numérique caractéristique de la nature du gaz, et qui exprime le rapport de la quantité totale de force vive contenue dans le gaz à la quantité de force vive due au mouvement de translation; m est la masse d'une molécule; N est le nombre de molécules que contiendrait l'unité de volume si l'état du gaz était partout le même que dans la tranche considérée définie par l'abscisse x; u^2 est le carré de la vitesse du mouvement de translation pour la même couche; ε représente le chemin moyen d'une molécule entre deux rencontres successives; q est un coefficient qui reste à déterminer.

Ce coefficient q a été introduit dans le calcul de telle façon que, quand on développait la valeur de $\overline{V}$ en série ordonnée suivant les puissances de ε, on avait

$$V = u + q\mu\varepsilon + \cdots$$

On avait en outre

$$q = p - c\frac{du}{dx},$$

p et c étant deux autres coefficients dont je vais rappeler dans un instant la signification physique.

Enfin ce coefficient q est lié par l'équation

$$q + uq' = 0$$

à un certain coefficient q' tel que, si l'on représente par $\frac{1}{2}J d\mu$ la fraction du nombre total des molécules contenues dans la couche dx dont le mouvement est parallèle à la direction μ, on a

$$J = i(1 + q'\mu\varepsilon + \cdots).$$

Ces relations étant rappelées, la détermination de q se fera en partant de l'équation

$$q = p - c\frac{du}{dx}.$$

p est une quantité telle, que $-p\varepsilon$ est la valeur moyenne de l'excès de vitesse parallèle à l'axe des x d'une molécule venant dans la couche considérée en choquer une autre, la première molécule arrivant du côté où la température est la plus élevée, la deuxième du côté où la température est la moins élevée. $-p\varepsilon$ est la vitesse positive, parallèle à l'axe des x, qu'il faut ajouter à un système de vitesses égales et dirigées en tous sens pour obtenir le système réel. La considération de cette vitesse a son origine en ceci, que le centre de gravité de chaque groupe de deux molécules a un mouvement dirigé généralement dans le sens des x positives et que ce mouvement se conserve dans la rencontre; de telle sorte que l'on peut regarder comme identique le mouvement du centre de gravité après et avant la rencontre. Soit $M dx$ le nombre des molécules renvoyées par la couche dans l'unité de temps. Ces molécules sont animées chacune : 1° d'une vitesse A dont la direction varie d'une molécule à l'autre sans loi aucune; 2° de la vitesse $-p\varepsilon$ parallèle à l'axe des x et commune à toutes les molécules. Par suite de la vitesse A, le centre de gravité du système reste invariable. La vitesse de déplacement du centre de gravité résulte uniquement de la vitesse $-p\varepsilon$ et elle est égale à cette vitesse elle-même, de sorte que, si l'on multiplie $-p\varepsilon$ par la masse d'une molécule et par le nombre des molécules renvoyées dans l'unité de temps, le produit

$$-M\,dx\,mp\varepsilon$$

représentera la quantité de mouvement du centre de gravité. Mais on peut obtenir une autre expression de cette quantité.

Prenons chaque groupe de molécules et multiplions la vitesse de son centre de gravité par sa masse, ou plutôt prenons chaque molécule isolément et considérons sa vitesse parallèlement à l'axe des x; la vitesse du centre de gravité du système sera la somme algébrique de toutes ces vitesses. Nous allons donc, pour toutes les molécules qui se rencontrent dans la couche pendant l'unité de temps, faire le produit de leur masse par leur vitesse comptée parallèlement à l'axe des x, et nous ferons ensuite la somme de tous ces produits. Considérons en particulier une molécule animée de la vitesse V parallèle à la direction μ. La projection de la vitesse de cette molécule sur l'axe des x est $-V\mu$.

$$-mV\mu$$

est donc la quantité de mouvement de cette molécule résultant de sa vitesse parallèle à l'axe des x.

$N\,dx$ représente le nombre des molécules contenues à un instant donné dans une couche parallèle aux limites de la masse gazeuse et ayant pour base l'unité de surface et pour hauteur dx, et $\frac{1}{2}\,JN\,dx\,d\mu$ représente la fraction de ces molécules dont la vitesse a une direction comprise entre μ et $d\mu$. Parmi ces dernières molécules il n'y en aura qu'une fraction $\frac{1}{2}\,JN\,dx\,d\mu\,a\,dt$ qui, pendant un temps infiniment petit dt, éprouveront une rencontre. Mais ce nombre a est tel que $a\,dt$ représente pour une molécule déterminée la probabilité d'une rencontre dans la couche pendant le temps dt; car cette probabilité n'est autre chose que la fraction d'un nombre très-grand de molécules qui éprouvent une rencontre dans les mêmes conditions. a est donc une quantité qui peut se calculer par une méthode que nous avons déjà suivie. En supprimant dt dans l'expression

$$\frac{1}{2}\mathrm{JN}\,dx\,d\mu\,a\,dt,$$

ou en intégrant de zéro à 1 par rapport à t, nous avons donc le nombre des molécules dont la vitesse est parallèle à la direction μ, et qui pendant l'unité de temps éprouvent une rencontre dans la couche considérée,

$$\frac{1}{2}\mathrm{JN}\,a\,dx\,d\mu.$$

Si nous supposons que ces molécules aient toutes même vitesse, ce qui n'est pas exact, la quantité de mouvement correspondant à la vitesse parallèle à l'axe des x de l'ensemble de ces molécules sera

$$-\frac{1}{2}\mathrm{JN}\,a\,dx\,d\mu\,.\,m\mathrm{V}\mu.$$

Mais si nous passons de ce cas idéal au cas réel, la seule différence consiste en ceci, que V varie d'une molécule à l'autre, ainsi que a, de telle sorte que pour cette double raison le produit $\mathrm{V}a$ varie d'une molécule à l'autre. Nous n'aurons donc qu'à remplacer le produit $\mathrm{V}a$ par sa valeur moyenne $\overline{\mathrm{V}a}$, et nous représenterons par

$$-\frac{1}{2}\,dx\,m\,\mathrm{NJ}\,\overline{\mathrm{V}a}\,\mu\,d\mu$$

la quantité de mouvement correspondant à la vitesse parallèle à l'axe des x pour toutes les vitesses du système réel dont le mouvement est parallèle à la direction μ.

En intégrant cette expression par rapport à μ de -1 à $+1$, nous obtiendrons la quantité de mouvement résultant des vitesses parallèles à l'axe des x pour le système entier des molécules qui se rencontrent dans la couche considérée pendant l'unité de temps,

$$\mathrm{M}\,dx\,mp\varepsilon = \frac{1}{2}\,m\mathrm{N}\,dx\int_{-1}^{+1}\mathrm{J}\,\overline{\mathrm{V}a}\,\mu\,d\mu.$$

Nous avons développé les valeurs de J et de $\overline{V}$. Par conséquent, si nous pouvons exprimer $\overline{Va}$, nous aurons entièrement déterminé la valeur de l'intégrale.

a se détermine par des considérations tout à fait analogues à celles auxquelles nous avons eu recours pour déterminer la même quantité quand la température était constante dans toute la masse. On substitue toujours au cas réel l'hypothèse d'une seule molécule mobile, puis on imprime à toutes les autres molécules un mouvement commun de translation, et enfin la considération d'une moyenne permet d'arriver au résultat exact. On trouve ainsi

$$a = \frac{4}{3}\pi\rho^2 N\left(u + \frac{v-u}{2} - 0,1\,q\mu\varepsilon\right).$$

Multipliant cette quantité par V et prenant la moyenne du produit, on aura la valeur de $\overline{Va}$ qui contiendra q, puisque V et a contiennent q. q' disparaît au moyen de

$$q + uq' = 0,$$

et l'on trouve pour la quantité placée sous le signe d'intégration une expression extrêmement simple.

Mais il est utile auparavant de modifier un peu l'expression de a pour en faire disparaître ρ et faire entrer ε, chemin moyen parcouru par une molécule entre deux rencontres successives, dans l'hypothèse de l'état normal.

Or, d'après les calculs faits sur la théorie des gaz, si αds est la probabilité d'une rencontre pour une molécule parcourant un chemin ds,

$$\varepsilon = \frac{1}{\alpha} = \frac{3}{4}\frac{1}{\pi\rho^2 N_0}.$$

Faisons cette hypothèse. En multipliant cette équation par la précédente, on a

$$a\varepsilon = \frac{N}{N_0}\left(u + \frac{v-u}{2} - 0,1\,q\mu\varepsilon\right),$$

d'où

$$a = \frac{N}{N_0\,\varepsilon}\left(u + \frac{v-u}{2} - 0,1\,q\mu\varepsilon\right).$$

On multiplie cette quantité par V et on cherche $\overline{Va}$. On multiplie ensuite par J et, après des calculs longs et pénibles, on trouve

$$Mp\varepsilon = \frac{1}{2}\frac{N^2}{N_0\varepsilon}\int_{-1}^{+1}\left(u^2 + \frac{3}{5}uq\mu\varepsilon\right)\mu\,d\mu.$$

L'intégration se fait sans difficulté : le premier terme de l'intégrale définie est nul, le deuxième terme est la différentielle exacte de $\frac{1}{5}uq\mu^3\varepsilon$. On a donc

$$Mp\varepsilon = \frac{N^2}{N_0}\frac{1}{5}uq.$$

Telle est l'équation à laquelle nous conduit cette considération.

Reste enfin à déterminer M pour avoir achevé la recherche que nous poursuivons.

$M\,dx$ représente le nombre total des molécules qui éprouvent une rencontre pendant l'unité de temps dans la couche considérée. Or

$$\frac{1}{2}\,JN\,dx\,a\,d\mu$$

représente le nombre des molécules ayant une vitesse parallèle à la direction μ qui, pendant l'unité de temps, éprouvent des rencontres dans la couche considérée. Il suffit donc d'intégrer cette quantité entre -1 et $+1$ pour avoir $M\,dx$:

$$M\,dx = \frac{1}{2}N\,dx\int_{-1}^{+1} Ja\,d\mu.$$

Tout calcul achevé, il vient

$$M = \frac{N^2 u}{N_0\,\varepsilon}.$$

Je fais la substitution dans l'équation précédemment obtenue et j'ai

$$\frac{N^2 up}{N_0} = \frac{1}{5}\frac{N^2}{N_0}uq$$

ou

$$p = \frac{1}{5}q.$$

$q-p$ est donc égal à $\frac{4}{5}q$, et par suite

$$q=-\frac{5}{4}c\frac{du}{dx}.$$

Il ne reste plus à déterminer que le coefficient c. Ce coefficient a une signification physique résultant de sa définition même : j'ai appelé $c\varepsilon$ le chemin moyen parcouru entre deux rencontres successives par les molécules dont la vitesse est perpendiculaire à l'axe des x et par conséquent égale à u. Soit $a_0\,dt$ la probabilité de rencontre relative au temps dt pour une de ces molécules : j'affecte a de l'indice zéro pour rappeler que la direction de la vitesse de ces molécules est $\mu=0$. $\alpha_0\,ds$ est la probabilité de rencontre pour la même molécule pendant qu'elle parcourt le chemin ds. En égalant ces deux expressions de la même probabilité, on a

$$a_0\,dt=\alpha_0\,ds,$$

d'où

$$a_0=\alpha_0\frac{ds}{dt}=\alpha_0 u.$$

En outre le chemin moyen entre deux rencontres est $\frac{1}{\alpha_0}$:

$$c\varepsilon=\frac{1}{\alpha_0};$$

par conséquent

$$c\varepsilon=\frac{u}{a_0}.$$

Cherchons maintenant l'expression de a_0. Prenons la valeur générale de a,

$$a=\frac{N}{N_0\varepsilon}\left(u+\frac{v-u}{2}-0,1\,q\mu\varepsilon\right),$$

et faisons-y $\mu=0$, il vient

$$a_0=\frac{N}{N_0\varepsilon}u.$$

Par suite,

$$c\varepsilon=\frac{N_0\varepsilon}{N},$$

d'où

$$c=\frac{N_0}{N},$$

et le calcul est terminé :

$$q = -\frac{5}{4}\frac{N_0}{N}\frac{du}{dx};$$

l'expression définitive du flux de chaleur est donc

$$G = -\frac{5}{12} km N_0 u^2 \frac{du}{dx}\varepsilon.$$

284. **Conclusions.** — Pour l'équilibre stable, il est nécessaire et suffisant que cette quantité soit constante, c'est-à-dire indépendante de x. Mais les facteurs u^2 et $\frac{du}{dx}$ dépendent seuls de x. Cette condition se traduit donc par l'équation

$$u^2\frac{du}{dx} = \text{const.},$$

dans laquelle u, on se le rappelle, représente la vitesse perpendiculaire à l'axe des x en un point déterminé ; et, ainsi que je l'ai déjà remarqué, u^2 est proportionnel à la température comptée sur l'échelle absolue, si le gaz ne diffère pas sensiblement d'un gaz parfait ; $\frac{du}{dx}$ est donc proportionnel à $\frac{\frac{dT}{dx}}{\sqrt{T}}$. Le produit $u^2\frac{du}{dx}$ est par conséquent proportionnel à $\sqrt{T}\,\frac{dT}{dx}$. L'équation précédente peut donc s'écrire

$$\sqrt{T}\,\frac{dT}{dx} = \text{const.}$$

On voit d'abord que, puisqu'on peut poser

$$u^2\frac{du}{dx} = h\sqrt{T}\,\frac{dT}{dx}$$

et qu'en général, d'après les principes de la théorie de Fourier, le flux calorifique dans un mur est égal à

$$-K\frac{dT}{dx},$$

le coefficient de conductibilité intérieure dans un gaz varie proportionnellement à $\sqrt{T}$.

Cette loi conduit à une conséquence importante, sur laquelle l'expérience n'a encore rien appris jusqu'ici, à savoir qu'il n'est pas permis d'admettre que dans une masse gazeuse l'état stationnaire soit tel, que la température varie proportionnellement à la distance x à l'une des faces du mur. La loi des variations de T s'obtient en intégrant l'équation précédente, ce qui donne

$$T\sqrt{T} = Cx + C_1.$$

Les deux constantes C et C_1 se déterminent en supposant $x = 0$ (T est alors égal à T_1), puis en supposant $x = e$, l'épaisseur du mur, (T est alors égal à T_2) :

$$T_1\sqrt{T_1} = C_1,$$

$$T_2\sqrt{T_2} = Ce + C_1,$$

et l'équation définitive qui donne la loi des températures est

$$T\sqrt{T} - T_1\sqrt{T_1} = -\frac{T_1\sqrt{T_1} - T_2\sqrt{T_2}}{e}x,$$

loi de variation moins simple que la progression arithmétique et qui dépend de la loi de variation du coefficient de conductibilité.

Voyons maintenant de quel ordre de grandeur doit être ce coefficient et comment il doit varier d'un gaz à l'autre avec la température.

Revenons à l'expression du flux calorifique,

$$G = -\frac{5}{12} km\,N_0 u^2 \frac{du}{dx}\varepsilon.$$

Si nous désignons par u_0 la vitesse du mouvement de translation des molécules pour la température $T = 0$, nous savons que l'on a

$$\frac{u^2}{u_0^2} = \frac{T}{T_0},$$

d'où

$$u^2 = u_0^2\frac{T}{T_0}$$

ou

$$u = u_0\frac{\sqrt{T}}{\sqrt{T_0}},$$

d'où

$$\frac{du}{dx} = u_0 \frac{\frac{dT}{dx}}{2\sqrt{TT_0}};$$

on a donc

$$G = -\frac{5}{24} km N_0 u_0^3 \varepsilon \frac{1}{T_0 \sqrt{T_0}} \sqrt{T} \frac{dT}{dx}.$$

Le coefficient de conductibilité de la théorie de Fourier, multiplié par E puisque nous n'avons ici que des unités mécaniques, est donc

$$K_0 E = -\frac{5}{24} \frac{km N_0 u_0^3 \varepsilon}{T_0}.$$

Le coefficient K_0 se rapporte à la température zéro degré centigrade que je désigne par T_0. Le coefficient de conductibilité K_T est égal à

$$K_0 \sqrt{\frac{T}{T_0}}.$$

Le calcul numérique de l'expression précédente est possible. En effet,

$$\frac{1}{2} km N_0 u_0^2$$

est l'expression de la force vive totale contenue dans l'unité de volume du gaz à zéro, d'après la définition même des quantités qui y entrent. Par conséquent cette quantité peut s'exprimer numériquement, si l'on admet que la chaleur spécifique des gaz est indépendante de la température. Soit γ la chaleur spécifique du gaz rapportée à l'unité du volume : γT_0 est la quantité de chaleur nécessaire pour élever l'unité de volume du gaz du zéro absolu au zéro de l'échelle thermométrique ordinaire. $E\gamma T_0$ exprime donc l'énergie actuelle du gaz à zéro, et l'on a par suite

$$K_0 = \frac{5}{12} \gamma u_0 \varepsilon.$$

Je supprime le signe —, puisqu'il ne s'agit évidemment que de calculer une valeur positive.

u_0 est la vitesse du mouvement de translation des molécules; c'est une quantité précédemment calculée et qui peut se représenter par

$$u_0 = \frac{485^m}{\sqrt{\sigma}},$$

σ étant le poids spécifique du gaz. On a donc

$$K_0 = \frac{5}{12}\gamma\varepsilon\frac{485^m}{\sqrt{\sigma}}.$$

D'un gaz à l'autre, la conductibilité calorifique varie donc comme $\frac{\gamma\varepsilon}{\sqrt{\sigma}}$; mais, pour les gaz simples, γ est le même :

$$\gamma = 0{,}1686 \,.\, 1{,}2932 = 0{,}21803.$$

Le coefficient de conductibilité pour un gaz simple est donc

$$K_0 = 44{,}06\frac{\varepsilon}{\sqrt{\sigma}}.$$

Cette formule donne :

Pour l'air atmosphérique..............	$44{,}06\,\varepsilon$
Pour l'oxygène..........................	$41{,}90\,\varepsilon$
Pour l'azote............................	$44{,}71\,\varepsilon$
Pour l'hydrogène........................	$167{,}49\,\varepsilon$

ε est toujours une quantité très-petite; la valeur numérique du coefficient est donc elle-même toujours très-petite.

La manière dont ε varie d'un gaz à l'autre est difficile à estimer; on sait seulement que cette quantité est d'autant plus grande que le gaz considéré est plus voisin de l'état gazeux parfait. Il est donc probable que dans l'hydrogène ε est plus grand que dans tout autre gaz; d'ailleurs le coefficient par lequel il faut multiplier ε a alors sa plus petite valeur. L'hydrogène doit donc présenter une conductibilité notablement supérieure à celle des autres gaz, quoique toujours très-faible en valeur absolue. Et cette grande conductibilité de l'hydrogène ne pourra nullement être invoquée comme preuve de sa nature métallique.

Tels sont, débarrassés de quelques calculs fondés sur des hypothèses gratuites, les traits les plus importants du mémoire de Clausius sur la conductibilité des gaz.

APPLICATION

DE LA THÉORIE MÉCANIQUE DE LA CHALEUR

AUX PHÉNOMÈNES ÉLECTRIQUES.

285. Les phénomènes électriques sont toujours accompagnés de manifestations calorifiques dont l'étude appartient évidemment à la théorie mécanique de la chaleur. Cette étude d'ailleurs n'aura pas seulement pour résultat de nous faire mieux connaître ces effets intéressants de l'électricité, elle ne sera pas sans jeter aussi quelque lumière sur les phénomènes électriques eux-mêmes.

CHALEUR DÉGAGÉE PAR LA DÉCHARGE D'UNE BATTERIE.

286. **Application du théorème des forces vives aux décharges électriques.** — Nous nous occuperons d'abord de la chaleur dégagée par la décharge d'une batterie électrique. Les expériences de M. Riess sur ce phénomène en ont fait connaître les lois avec toute la précision qu'on peut espérer dans ce genre de recherches [1]. La théorie mécanique de la chaleur a permis à M. Clausius de donner une explication de ces lois qu'il a développée dans un mémoire présenté à l'Académie de Berlin le 27 mai 1852 [2]. Rien de plus simple d'ailleurs que le principe de cette explication.

Le phénomène fondamental de l'électricité statique, c'est-à-dire les attractions et les répulsions électriques, conduit à l'hypothèse de fluides dont les molécules exercent les unes sur les autres des actions qui ne dépendent que de la distance et sont dirigées suivant les lignes droites qui réunissent ces molécules deux à deux. Ces fluides n'existent certainement pas, mais les forces qu'ils représentent existent bien réellement; on peut donc s'en servir comme d'un mode

(1) *Annales de Chimie et de Physique*, 1838, 2e série, t. LXIX, p. 113.

(2) *Poggendorff's Annalen*, 1852, t. LXXXVI, p. 337. — Verdet a publié un extrait de ce mémoire de M. Clausius dans les *Annales de Chimie et de Physique*, 1853, 3e série, t. XXXVIII, p. 200.

de représentation exact, bien que provisoire, des forces réelles. Toute décharge électrique sera dès lors considérée comme un mouvement de fluides dont les molécules sont soumises aux actions réciproques définies plus haut, actions qui rentrent dans la catégorie de celles que nous avons appelées forces centrales (10). Or, on sait que dans un pareil mouvement la variation de la somme des forces vives, égale comme toujours à la somme algébrique des travaux des forces, ne dépend que de l'état initial et de l'état final du système, ce qui permet d'en calculer la valeur sans connaître exactement la manière dont le mouvement s'effectue. En appliquant ce théorème à une décharge électrique, on trouve, comme on va le voir, que la variation de forces vives qui l'accompagne n'est pas nulle, et cependant l'état final et l'état initial sont deux états d'équilibre dans lesquels les fluides électriques sont en repos et ne possèdent en conséquence aucune force vive. La force vive développée doit donc se manifester sous une autre forme, principalement sous la forme de chaleur; de là la possibilité d'établir *a priori* les lois de l'échauffement produit par les décharges électriques, sans qu'il soit besoin de connaître le mécanisme exact de la décharge. Mais si l'on peut ainsi se passer de connaître ce mécanisme, on ne doit pas se faire illusion sur la portée d'une explication qui n'avance en rien la théorie même de l'électricité, quelque intéressante qu'elle soit d'ailleurs en elle-même.

287. **Fonction potentielle et potentiel.** — Soit une masse électrique m agissant sur une masse μ que je supposerai égale à l'unité; appelons a, b, c les coordonnées du point m; x, y, z, celles du point μ, et r la distance des deux points; l'action mutuelle des deux masses, action dirigée suivant μm, aura pour expression, dans le cas de l'attraction,

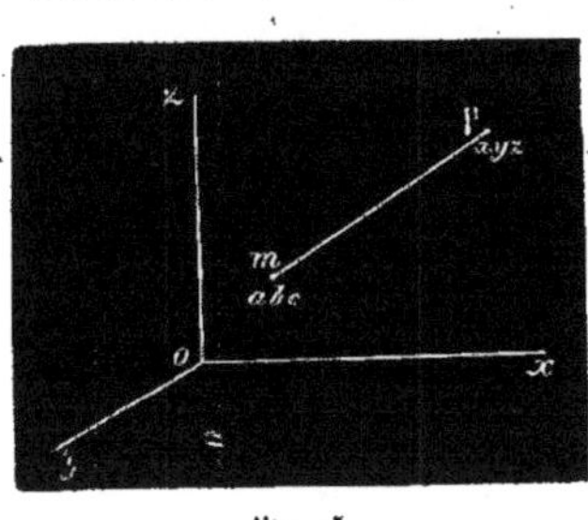

Fig. 15.

$$-\frac{m}{r^2},$$

en prenant pour unité de masse l'une des deux masses égales et telles qu'à la distance 1 l'attraction qui s'exerce entre elles soit 1. Les composantes de cette force sont

$$-m\frac{x-a}{r^3}, \qquad -m\frac{y-b}{r^3}, \qquad -m\frac{z-c}{r^3}.$$

Si la force était répulsive, ces expressions resteraient les mêmes, le signe seul serait changé.

Si, au lieu d'une seule masse m agissant sur la masse μ, on a un nombre quelconque de masses agissantes, les projections de la résultante, qui d'ailleurs correspondra à une attraction ou à une répulsion, seront

$$X=\Sigma\left[\mp\frac{m(x-a)}{r^3}\right],$$
$$Y=\Sigma\left[\mp\frac{m(y-b)}{r^3}\right],$$
$$Z=\Sigma\left[\mp\frac{m(z-c)}{r^3}\right],$$

les signes étant pris conformément à la remarque faite plus haut. Les trois sommes dépendent d'une seule. On a en effet

$$r^2=(x-a)^2+(y-b)^2+(z-c)^2,$$

et, si l'on prend la dérivée par rapport à x,

$$r\frac{dr}{dx}=x-a,$$

on voit que

$$\frac{d\left(\frac{1}{r}\right)}{dx}=-\frac{1}{r^2}\frac{dr}{dx}=-\frac{x-a}{r^3}.$$

On a donc

$$X=\Sigma\left[\pm m\frac{d\left(\frac{1}{r}\right)}{dx}\right],$$
$$Y=\Sigma\left[\pm m\frac{d\left(\frac{1}{r}\right)}{dy}\right],$$
$$Z=\Sigma\left[\pm m\frac{d\left(\frac{1}{r}\right)}{dz}\right],$$

et par conséquent on n'a à considérer que la quantité

$$V = \Sigma\left(\pm \frac{m}{r}\right),$$

le signe Σ s'étendant à toutes les masses agissantes; on a en effet

$$\frac{dV}{dx} = \Sigma\left[\pm m \frac{d\left(\frac{1}{r}\right)}{dx}\right],$$

$$\cdots\cdots\cdots\cdots,$$

et par suite

$$X = \frac{dV}{dx},$$
$$Y = \frac{dV}{dy},$$
$$Z = \frac{dV}{dz}.$$

Ainsi, si la fonction V était connue à une constante près, on pourrait calculer immédiatement les composantes X, Y, Z. Quant à la constante, on la déterminerait, s'il était nécessaire, en écrivant que la fonction a, en tel point, telle valeur déterminée, zéro par exemple. Introduite dans la science par Green, qui la nomma *fonction potentielle*[1], cette fonction V a servi à Gauss, dans ses calculs sur l'attraction universelle, sous le nom de *potentiel*. Nous réserverons ce dernier nom pour une fonction semblable, mais non identique, et comme Green nous appellerons V la fonction potentielle.

Considérons maintenant deux masses électriques m et m' susceptibles de se déplacer, et cherchons le travail élémentaire total correspondant à un déplacement infiniment petit des deux masses. Soient x, y, z et x', y', z' les coordonnées des points m et m' : l'action de m sur m', action supposée attractive, a pour composantes

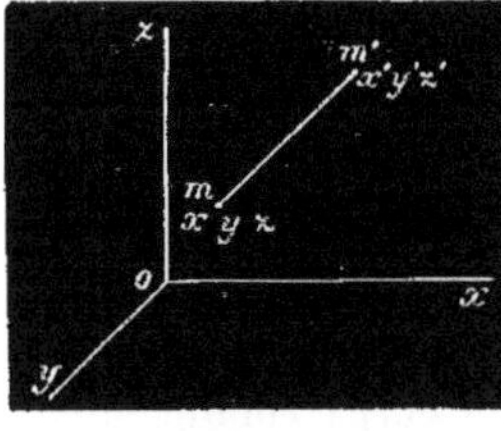

Fig. 16.

$$-\frac{mm'(x'-x)}{r^3},$$
$$-\frac{mm'(y'-y)}{r^3},$$
$$-\frac{mm'(z'-z)}{r^3},$$

[1] George Green, *An essay on the Application of mathematical Analysis on the theories of Electricity and Magnetism*, Nottingham, 1828, ou *Journal de Crelle*, t. XLIV et XLVII.

en convenant de regarder les attractions comme positives et remarquant que les masses m et m' sont de signes contraires.

L'action de m' sur m est égale et de sens contraire.

Supposons que les deux points m et m' éprouvent des déplacements infiniment petits dx, dy, dz et dx', dy', dz'; le travail élémentaire total dans le système des deux points aura pour expression

$$-\frac{mm'}{r^3}\left[-(x'-x)\,dx'-(y'-y)\,dy'-(z'-z)\,dz'+(x'-x)\,dx \ldots\right].$$

Or cette expression est précisément la différentielle totale de

$$-\frac{mm'}{r};$$

et si, au lieu de considérer seulement deux points, nous en avions pris un nombre quelconque, nous aurions reconnu sans plus de difficulté que le travail élémentaire total des forces, tant attractives que répulsives, qui s'exercent entre ces points est égal à la différentielle totale de la fonction

$$W = \Sigma\left(\mp\frac{mm'}{r}\right),$$

le signe $-$ répondant aux forces attractives et le signe $+$ aux forces répulsives.

Cette fonction W est donc telle, que ses variations infiniment petites représentent les sommes des travaux élémentaires des forces. Elle peut donc servir à définir le travail à une constante près, qui se déterminera comme précédemment. C'est cette nouvelle fonction W que j'appellerai, avec M. Clausius, le potentiel; et l'on voit que, *dans une décharge électrique, le travail des actions mutuelles des molécules électriques est égal à l'accroissement du potentiel de l'électricité par rapport à elle-même.* Il est d'ailleurs évident que, par l'expression *décharge*, il faut entendre toute modification qui survient dans la distribution de l'électricité sur un système quelconque de corps conducteurs. Mais, dans l'état actuel de nos connaissances expérimentales, la décharge de la bouteille de Leyde est la seule qui se prête à une comparaison entre l'observation et la théorie.

288. **La somme des effets d'une décharge électrique est égale à l'accroissement du potentiel de l'électricité par rapport à elle-même.** — Ce travail des actions mutuelles des molécules électriques n'est pas le seul que l'on ait à considérer dans une décharge électrique. On doit aussi tenir compte du travail des forces extérieures que diverses circonstances mettent en jeu. Ainsi, le circuit de la décharge est généralement interrompu en un ou plusieurs points, soit par l'air, soit par des corps non conducteurs; de là des étincelles qui ne peuvent se produire que si la résistance de la couche non conductrice est vaincue. Si la décharge traverse un liquide, elle en décompose une partie; si elle circule au voisinage d'un circuit conducteur ou d'un corps magnétique, elle y développe une décharge induite ou une aimantation qui réagit à son tour sur la décharge principale, etc. Le travail des forces mises en action dans ces diverses circonstances est évidemment négatif, car toutes ces forces tendent à s'opposer à la décharge électrique. Représentons-le par T : l'équation générale des forces vives,

$$\frac{1}{2}\Sigma mv^2 - \frac{1}{2}\Sigma mv_0^2 = \Sigma \int_{t_0}^{t} (X\,dx + Y\,dy + Z\,dz),$$

appliquée à une décharge électrique, s'écrira

$$\frac{1}{2}\Sigma mv^2 - \frac{1}{2}\Sigma mv_0^2 = W - W_0 + T - T_0.$$

Quant à la somme des forces vives qui forme le premier membre de l'équation et qui devrait être nulle, comme nous l'avons remarqué, toutes les fois qu'aucun corps n'est mis en mouvement par la décharge, ce n'est autre chose que la chaleur dégagée.

Si l'on fait passer dans le premier membre la somme des termes négatifs $T - T_0$, ils y donnent un terme positif qui est la mesure de tous les effets produits par la décharge, en dehors de l'échauffement du fil et du mouvement des corps extérieurs (si ce mouvement existe). Le second membre se trouve réduit au travail des actions mutuelles, et l'on obtient ce théorème remarquable :

La somme des effets d'une décharge électrique est égale à l'accroissement du potentiel de l'électricité par rapport à elle-même.

289. **Théorèmes généraux sur la fonction potentielle et le potentiel.** — L'expression exacte du potentiel dépendant de la forme et des dimensions de la batterie que l'on considère, il semble d'abord qu'on ne puisse appliquer la théorie qu'à des cas particuliers; mais au moyen de quelques remarques fort simples on arrive à des résultats généraux.

1° Poisson a démontré que, « pour qu'un système de corps parfaitement conducteurs demeure dans un état électrique permanent, il est nécessaire et il suffit que la résultante des actions des couches fluides qui les recouvrent sur un point quelconque pris dans l'intérieur de l'un de ces corps soit égale à zéro [1]. » Si donc on prend dans l'un des corps une petite masse μ égale à l'unité, les composantes

$$\frac{dV}{dx}, \quad \frac{dV}{dy}, \quad \frac{dV}{dz}$$

de la force qui sollicite cette masse doivent être nulles, et l'on a

$$\frac{dV}{dx} = 0, \quad \frac{dV}{dy} = 0, \quad \frac{dV}{dz} = 0.$$

Or, V est une fonction déterminée et continue des coordonnées x, y, z du point μ, tant que ce point reste à l'intérieur du corps considéré. Les équations précédentes montrent donc que la condition nécessaire et suffisante pour l'équilibre est que

$$V = \text{const.}$$

dans tout l'intérieur de ce corps. Et il en sera de même pour les différents corps du système, V ayant une valeur particulière à l'intérieur de chacun d'eux.

Ainsi, *dans un système de corps électrisés en équilibre, la fonction potentielle a une valeur constante dans l'intérieur de chaque corps, mais différente d'un corps à l'autre.* Du développement de cette proposition sort toute la théorie de la distribution de l'électricité.

2° Je remarque en second lieu que, pour un système déterminé,

[1] *Mémoires de l'Académie des sciences*, année 1811, t. XII, p. 7.

la fonction potentielle est proportionnelle à la charge. En effet, l'électricité libre ne peut former à l'état d'équilibre qu'une couche très-mince de fluide à la surface de chaque corps[1], et il est clair que, si l'on double ou si l'on triple la quantité d'électricité répandue sur chaque élément de cette couche, l'équilibre subsistera encore. Or la fonction potentielle, tant qu'on reste à l'intérieur d'un même corps, a toujours pour expression

$$V = \int \left(\pm \frac{dq}{r} \right),$$

dq désignant la charge d'un élément du système; elle augmente donc dans le rapport constant où l'on a fait varier la charge de tous les éléments. On a donc

$$V = AQ,$$

Q désignant la charge totale et A étant une constante qui représente la valeur du potentiel pour une charge totale égale à l'unité.

3° Enfin il existe pour l'état d'équilibre une relation très-simple entre la fonction potentielle et le potentiel. La fonction potentielle

$$V = \int \frac{dq}{r}$$

(1) Cette proposition, que vérifient de nombreuses expériences, se déduit elle-même du théorème fondamental : si, en effet, dans tout l'intérieur d'un corps conducteur, on a

$$V = \text{const.},$$

on a par là même

$$\frac{d^2V}{dx^2} + \frac{d^2V}{dy^2} + \frac{d^2V}{dz^2} = 0.$$

Or, on établit sans difficulté (307) que cette somme des dérivées secondes, somme que nous appellerons ΔV, est liée à la densité ρ de l'électricité libre au point considéré par la relation très-simple

$$\Delta V = -4\pi\rho;$$

de sorte que la condition précédente

$$\frac{d^2V}{dx^2} + \frac{d^2V}{dy^2} + \frac{d^2V}{dz^2} = 0$$

équivaut à

$$\rho = 0,$$

c'est-à-dire que la densité du fluide libre est nulle à l'intérieur de tout corps conducteur.

ayant pour les différents corps du système les valeurs V_1, V_2, V_3, cherchons à former le potentiel

$$W = -\iint \frac{dq\,dq'}{r}.$$

Pour faire cette double sommation, prenons d'abord un élément dq' dans le corps 1, et considérons tous les éléments de l'intégrale dans lesquels dq' est facteur; leur somme est

$$-dq' \int \frac{dq}{r}.$$

Pour un second élément $d_1 q'$ pris sur le même corps 1, la somme des éléments correspondants de l'intégrale est

$$-d_1 q' \int \frac{dq}{r}.$$

Les deux éléments dq' et $d_1 q'$ étant pris dans le même corps, $\int \frac{dq}{r}$ a la même valeur V_1 dans les deux sommes, que l'on peut par conséquent réunir en écrivant

$$-(dq' + d_1 q')\,V_1.$$

On peut continuer ainsi pour tous les éléments du corps 1, et, si l'on appelle Q_1 la charge totale de ce corps 1, on aura pour la partie de l'intégrale qui lui correspond

$$-V_1 Q_1.$$

Le corps 2 donnera dans l'intégrale un terme semblable

$$-V_2 Q_2,$$

et la somme pour tous les corps du système

$$-(V_1 Q_1 + V_2 Q_2 + V_3 Q_3 \ldots)$$

sera le double du potentiel cherché; je dis le double, car il est facile de voir qu'en opérant comme on vient de le faire on a pris chaque terme deux fois. Considérons, en effet, le terme relatif aux deux éléments dq' et dq'' situés en m' et en m'' : quand on a pris $-dq'\int\frac{dq}{r}$, ce terme s'est trouvé écrit une première fois, l'intégrale $\int\frac{dq}{r}$ contenant le terme $\frac{dq''}{r}$; et il s'est trouvé écrit une deuxième fois, quand on a pris $-dq''\int\frac{dq}{r}$, l'intégrale $\int\frac{dq}{r}$ contenant $\frac{dq'}{r}$. On a donc

$$W = -\frac{1}{2}\sum VQ,$$

la somme ainsi indiquée comprenant tous les produits que l'on obtient en multipliant, pour chaque corps, la valeur qu'a dans ce corps la fonction potentielle relative à tout le système, par la charge du corps considéré. Cette formule donne lieu à des remarques importantes :

Supposons que l'un des corps du système n'ait pas été chargé directement, mais se trouve seulement électrisé par influence. Il y a une couche électrique à la surface de ce corps, mais $Q = 0$. L'énergie potentielle d'un corps simplement électrisé par influence est donc nulle. La présence de ce corps n'augmente pas le travail nécessaire pour charger les autres parties du système, et dans la décharge il ne donne aucun travail.

Si l'un des corps du système communique avec le sol, Q est différent de zéro, mais $V = 0$, car la fonction potentielle a pour ce corps la même valeur qu'elle a dans tous les points de la terre, valeur complétement insensible; donc encore le terme VQ correspondant à ce corps est nul, ce qui conduit aux mêmes conclusions que dans le cas précédent.

290. **Application de ces théorèmes à la bouteille de Leyde.** — Appliquons ce qui précède à la bouteille de Leyde. On n'a à considérer que deux conducteurs, les deux armatures : l'armature extérieure communique avec le sol; l'armature intérieure est chargée à refus. La fonction potentielle sur l'armature extérieure est nulle, car cette armature communique avec le sol. Sur l'arma-

ture intérieure, elle a une certaine valeur V, et, si q est la charge de cette armature,

$$W = -\frac{Vq}{2}.$$

Mais la fonction potentielle V varie proportionnellement à la charge électrique de tous les éléments du système, et, par conséquent, proportionnellement à la charge de l'armature intérieure; on peut donc poser

$$V = Aq,$$

la constante A dépendant de la forme et des dimensions de la bouteille, mais restant la même pour des bouteilles identiques; et l'on a par conséquent

$$W = -\frac{Aq^2}{2}.$$

Le potentiel est proportionnel au carré de la charge.

Si une décharge incomplète, réduisant la charge à Q', amène la fonction potentielle à la valeur V' sur l'armature intérieure, on aura

$$W' = -\frac{V'q'}{2} = -\frac{Aq'^2}{2},$$

et par suite l'accroissement du potentiel

$$W' - W = A\frac{q^2 - q'^2}{2}$$

sera la mesure du travail extérieur accompli. Si la décharge est complète, $W' = 0$, l'accroissement du potentiel est égal à sa valeur initiale changée de signe, c'est-à-dire à

$$\frac{Aq^2}{2}.$$

La mesure des effets mécaniques de la bouteille de Leyde dépend donc du carré de la quantité d'électricité donnée à la bouteille.

291. **Batterie électrique.** — Si l'on réunit ensemble n bouteilles identiques de manière à former une batterie, on pourra

négliger, en général, l'influence que ces diverses bouteilles exercent les unes sur les autres, ainsi que l'influence de l'électricité libre répandue sur les fils de communication. Il résulte de là que la fonction potentielle ne changera pas de valeur, mais que le potentiel deviendra n fois plus grand. Donc, si l'on appelle Q la quantité totale d'électricité accumulée sur l'armature interne de la batterie, on aura

$$W = -\tfrac{1}{2}VQ,$$

$$V = A\frac{Q}{n},$$

$$W = -A\frac{Q^2}{2n}.$$

292. Pour appliquer ces principes spécialement aux effets calorifiques des décharges électriques, considérons le cas où, en vertu des dispositions expérimentales, ces décharges n'exercent ni actions magnétisantes, ni actions inductrices, ni actions chimiques. Les seuls effets produits sont alors la chaleur dégagée et le travail consommé par la production d'étincelles aux divers points où le circuit conducteur est interrompu. La somme de ces deux effets doit être égale à l'accroissement du potentiel. Si la décharge est complète, le potentiel, dans l'état final, est égal à zéro; son accroissement est donc

$$\frac{A}{2}\frac{Q^2}{n}.$$

Par conséquent, pour une même batterie et pour une même charge, la somme des deux effets doit demeurer constante, quel que soit l'arc conducteur traversé par la décharge.

293. **Expériences de M. Riess.** — M. Riess a déduit de l'expérience, par une méthode que nous ferons bientôt connaître, deux lois qui confirment cette conclusion [1].

Premièrement, dans un circuit conducteur formé de plusieurs fils successifs, la quantité de chaleur dégagée dans chaque fil est proportionnelle à sa résistance électrique; en second lieu, si, sans rien

(1) *Poggendorff's Annalen*, 1838, t. XLIII et XLV, ou Riess, *Die Lehre von der Reibungs-Elektricität*, Berlin, 1853.

changer aux conditions de l'expérience, on introduit dans le circuit un nouveau fil de résistance égale à l, la quantité de chaleur dégagée dans un fil quelconque varie en raison inverse de l'expression $1+bl$, où b désigne une constante déterminée par l'observation Or il est clair que ce nouveau fil introduit est lui-même le siége d'un dégagement de chaleur exprimé en vertu des lois précédentes par

$$B\frac{l}{1+bl}.$$

Cette nouvelle quantité de chaleur tend à accroître la chaleur dégagée dans le circuit total; mais comme, en même temps, la chaleur dégagée dans tous les autres points du circuit est diminuée, on voit qu'il peut s'établir une compensation, de façon que la somme des effets produits demeure toujours constante. Il n'est d'ailleurs pas possible actuellement de vérifier l'exactitude de cette compensation, et l'on doit se borner à remarquer que le sens du phénomène est complétement d'accord avec la théorie.

294. Quelques expériences de M. Riess montrent aussi, d'une manière tout à fait conforme à la théorie, l'influence qu'exerce le mode d'interruption du circuit aux points où doivent partir des étincelles. La charge de la batterie était amenée à être la même dans chaque expérience, à l'aide d'une bouteille de Lane. La batterie était

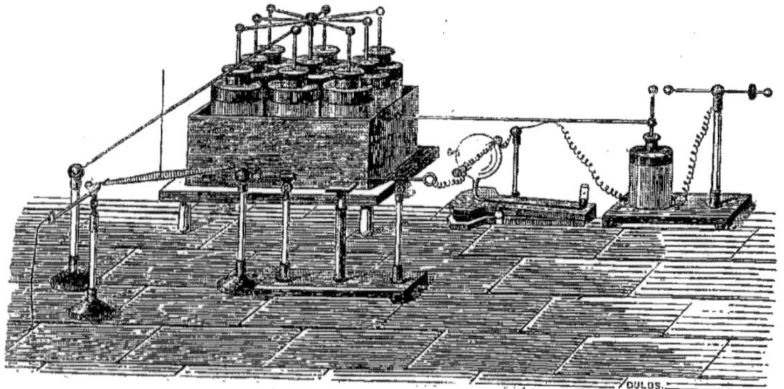

Fig. 17.

isolée et l'armature extérieure était réunie par un fil de cuivre horizontal à l'armature intérieure de la bouteille de Lane, dont la deuxième armature était elle-même en communication parfaite avec le sol. Contre le fil, qui liait l'armature extérieure de la batterie à la bouteille de Lane, pressait une bande de cuivre attachée à un crochet isolé et se continuant ensuite jusqu'au sol; pendant la charge de la batterie, cette bande était écartée du fil par une tige coudée. Une tige métallique unissait l'armature intérieure de la batterie à une boule isolée, et cette boule communiquait elle-même avec une deuxième boule isolée par l'intermédiaire d'un fléau de balance que l'on pouvait écarter des boules et fixer dans une position oblique au moyen d'un bras de levier. La deuxième boule de cet appareil déchargeur était unie directement à l'une des branches d'un excitateur universel; l'autre branche communiquait avec le crochet isolé par des pièces métalliques, sur le trajet desquelles se trouvait un thermomètre électrique. Avec cette disposition, qui est celle que M. Riess a employée dans toutes ses recherches, les expériences s'exécutaient très-simplement : on écartait la bande de cuivre et le fléau de leur position ordinaire, on chargeait la batterie au point voulu en comptant les étincelles de l'électromètre de Lane, puis on faisait toucher la bande de cuivre au fil de la batterie et on tirait un cordon attaché au levier de l'appareil déchargeur; le fléau tombait et produisait la décharge. En faisant varier dans l'excitateur universel la forme des extrémités métalliques entre lesquelles partaient les étincelles, et en interposant entre ces extrémités diverses lames non conductrices, M. Riess fit varier la résistance opposée au passage de l'électricité et, par conséquent, le travail consommé par la production de l'étincelle. La quantité de chaleur dégagée a toujours varié en même temps et dans un sens conforme à la théorie; elle a diminué à mesure que la résistance des interruptions a augmenté. Cette chaleur était mesurée, avec le thermomètre électrique dû à M. Riess, sur un fil de platine intercalé dans le circuit entre le crochet isolé et la branche voisine de l'excitateur.

295. Le thermomètre de Riess est une modification de celui de Kinnersley (fig. 18). L'accroissement de pression qui se produit dans le thermomètre de Kinnersley au moment du passage de l'étin-

celle est dû, non pas au volume de l'étincelle, mais à l'échauffement du gaz. Le résultat de l'expérience ne change pas si l'on unit les deux boules du thermomètre par un fil métallique qui s'échauffe par la décharge. C'est en cherchant à donner de la délicatesse à l'expérience ainsi disposée que M. Riess a construit son appareil. Le fil que doit traverser la décharge est enroulé en spires assurant un contact intime entre la surface du fil et l'air d'un ballon à l'intérieur duquel le fil est tendu. Les extrémités du fil sont prises dans deux pinces métalliques qui s'engagent dans deux tubulures placées aux deux extrémités d'un même diamètre horizontal. Dans une troisième tubulure située à la partie inférieure du ballon s'engage un long tube capillaire incliné, contenant un liquide coloré et terminé par un tube droit beaucoup plus large. L'inclinaison du tube capillaire

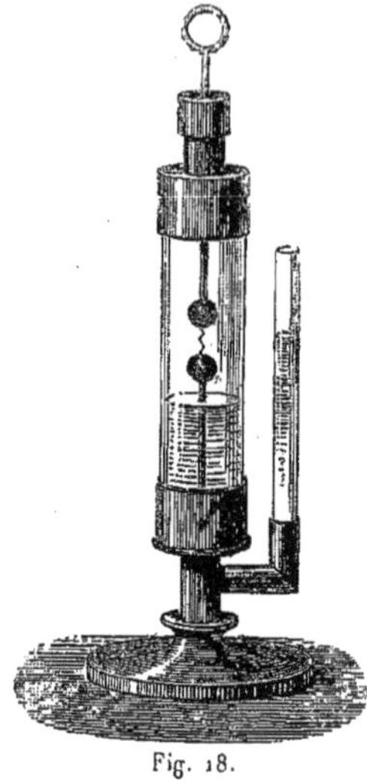

Fig. 18.

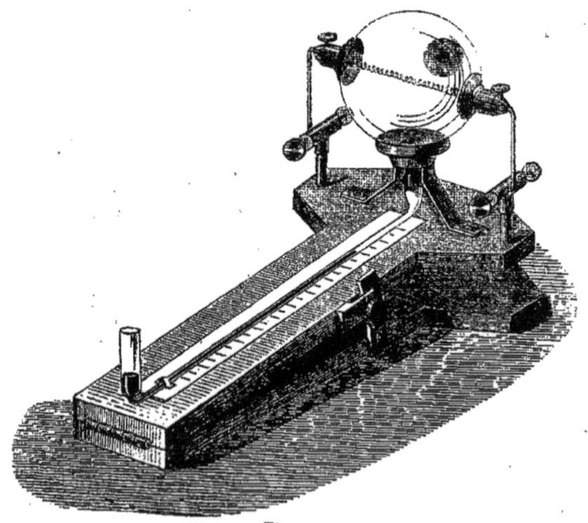

Fig. 19.

peut changer à volonté et sert à régler la sensibilité de l'appareil.

La différence qui se produit au moment de la décharge entre la pression de l'air du ballon et celle de l'air atmosphérique est mesurée par la différence des niveaux du liquide dans le tube droit et dans le tube capillaire, diminuée de l'action capillaire. Une variation donnée dans la pression de l'air intérieur produit donc, dans le tube incliné, un déplacement de l'extrémité de la colonne liquide d'autant plus marqué que le tube incliné se rapproche davantage de l'horizon. Quant au niveau du liquide dans le tube droit, il peut être considéré comme invariable, par suite de la grande largeur de ce tube.

Supposons que la température de l'air intérieur s'élève de t à $t+\theta$, l'accroissement de la force élastique de l'air amène un déplacement de la colonne du tube capillaire, et l'augmentation de volume qui en résulte est négligeable. Si donc on appelle H la pression primitive et $H+h$ la nouvelle pression, on a

$$\frac{H+h}{H}=\frac{1+\alpha(t+\theta)}{1+\alpha t}$$

ou

$$\frac{h}{H}=\frac{\alpha\theta}{1+\alpha t},$$

et par suite

$$h=\frac{\alpha H}{1+\alpha t}\theta.$$

$\frac{\alpha H}{1+\alpha t}$ est une quantité constante pour un gaz déterminé. Dans une même série d'expériences, h est donc proportionnel à θ. Il n'y a pas d'ailleurs à se préoccuper de l'action capillaire, qui, restant constante, ne modifie en rien la différence de deux pressions consécutives; de sorte que l'on n'a à s'occuper que du déplacement de l'extrémité de la colonne liquide dans le tube incliné. Soient l ce déplacement, δ la densité du liquide par rapport au mercure, ω l'angle d'inclinaison, on a

$$h=l\delta\sin\omega.$$

L'élévation de température θ est donc mesurée par $l\sin\omega$:

$$\theta=\mathrm{K}l\sin\omega.$$

Supposons maintenant que la variation de température de l'air soit produite par l'échauffement du fil métallique : cette variation θ est commune au fil et à l'air du ballon, mais ne se communique pas sensiblement au verre mauvais conducteur. Si donc on appelle M la masse de l'air intérieur, m la masse du fil, C la chaleur spécifique de l'air sous la pression H, c la chaleur spécifique du fil, la quantité q de chaleur dégagée par le passage de la décharge dans le fil sera

$$q = (\mathrm{MC} + mc)\theta;$$

on a donc

$$q = (\mathrm{MC} + mc)\mathrm{K}l \sin \omega.$$

Le calcul de q serait facile, mais il est en général inutile, car on voit que q est proportionnel à l tant que les conditions de l'expérience restent les mêmes.

Quand on a mesuré l, on enlève un bouchon fermant une quatrième tubulure pratiquée sur le ballon, et on laisse le fil se refroidir; avant de procéder à une deuxième expérience, on remet le bouchon en place.

Remarquons en terminant combien la disposition employée par M. Riess dans son thermomètre est préférable à celle qui aurait consisté à limiter la masse d'air intérieure par un index liquide et qui n'aurait eu aucune sensibilité : un index de mercure ne donnerait pas une fermeture complète, et un index de liquide mouillant le tube subirait un frottement énorme contre les parois sèches sur lesquelles il glisserait. Dans la disposition adoptée par M. Riess, la surface terminale de la colonne liquide étant pressée, cette colonne se déplace sans frottement sur le liquide mouillant déjà le tube incliné. Dans le tube large le déplacement est insensible, et par conséquent le frottement est sans effet.

296. Voici maintenant les résultats obtenus par M. Riess dans les expériences où il a fait varier la forme des extrémités de l'excitateur entre lesquelles jaillissait l'étincelle, ainsi que la nature des substances non conductrices exposées. L'échauffement du fil thermométrique a pour mesure la longueur en lignes l du chemin par-

couru par l'extrémité de la colonne liquide, l'inclinaison du tube étant restée constamment la même. La longueur traversée par l'étincelle était de $0^{\text{ligne}},2$, environ $0^{\text{mm}},45$.

NATURE DE LA SUBSTANCE INTERPOSÉE.	ÉCHAUFFEMENT DU FIL THERMOMÉTRIQUE, L'ÉTINCELLE ÉTANT PRODUITE		
	entre 2 boules.	entre 2 disques.	entre 2 pointes.
Air	15,9	15,4	15,1
Une feuille de carton	11,7	12,0	11,6
Deux feuilles de carton	8,0	8,8	10,4
Une feuille de mica	6,8	4,7	4,8

297. **Chaleur dégagée en un point du circuit d'une batterie.** — Si on laisse constant le fil conducteur de la décharge et qu'on fasse varier le nombre des bouteilles et la charge de la batterie, la somme des effets produits par une décharge complète doit varier proportionnellement au potentiel. Les dispositions expérimentales étant toujours prises de manière que les seuls effets produits soient la chaleur dégagée et le travail consommé par la production de l'étincelle, on peut faire varier le rapport entre les deux phénomènes en modifiant la résistance du circuit. Avec un circuit de plus en plus résistant on se rapproche de plus en plus d'un état idéal où l'effet calorifique serait le seul produit et aurait, par conséquent, pour mesure l'accroissement du potentiel. Tel est précisément le résultat de nombreuses expériences faites par M. Riess : *La chaleur dégagée en un point du circuit est en raison directe du carré de la charge de la batterie et en raison inverse du nombre des bouteilles* [1].

Le tableau suivant résume les expériences faites avec une batterie dont les bouteilles avaient environ $1\frac{1}{2}$ pied (16 décimètres carrés) de surface. La charge était mesurée par le nombre des étincelles d'une bouteille de Lane ayant ses deux boules distantes de

(1) *Poggendorff's Annalen*, 1837, t. XL, p. 342, ou Riess, *loc. cit.*, t. I, p. 398.

1 ligne, ou environ $2^{mm},25$, et a varié de 2 à 20. Le nombre des bouteilles pouvait être porté de 1 à 25. L'échauffement du fil de platine du thermomètre se mesurait par l'abaissement (exprimé en lignes) de la colonne liquide; chaque nombre du tableau est la moyenne de trois observations; on a inscrit en regard l'échauffement calculé d'après la loi indiquée plus haut.

CHARGE.	2 BOUTEILLES. — ÉCHAUFFEMENT		3 BOUTEILLES. — ÉCHAUFFEMENT		4 BOUTEILLES. — ÉCHAUFFEMENT		5 BOUTEILLES. — ÉCHAUFFEMENT		6 BOUTEILLES. — ÉCHAUFFEMENT	
	observé.	calculé.	observé.	calculé.	observé.	calculé.	observé.	calculé.	observé.	calculé.
2	1,5	1,8								
3	4,3	4,0	3,0	2,6	2,0	2,0	1,5	1,6		
4	6,7	7,0	4,5	4,7	3,2	3,5	3,0	2,8	2,6	2,3
5	9,3	11,0	7,0	7,3	5,2	5,5	4,5	4,4	3,8	3,7
6	13,4	15,8	9,7	10,6	7,3	7,9	6,5	6,3	5,5	5,3
7			15,0	14,4	11,0	10,8	8,8	8,6	7,3	7,2
8			17,5	18,8	14,1	14,1	11,3	11,3	9,3	9,4
9					17,8	17,8	14,3	14,3	11,7	11,9
10							16,7	17,6	14,3	14,7

Quelques expériences furent encore faites en employant un plus grand nombre de bouteilles, mais les bouteilles ajoutées n'avaient pas été travaillées avec assez de soin pour qu'on pût les regarder comme parfaitement semblables aux premières. Voici les résultats obtenus :

CHARGE.	10 BOUTEILLES. — ÉCHAUFFEMENT		15 BOUTEILLES. — ÉCHAUFFEMENT		25 BOUTEILLES. — ÉCHAUFFEMENT	
	observé.	calculé.	observé.	calculé.	observé.	calculé.
10	8,5	8,8	5,0	5,9	3,0	3,5
20			25,0	23,5		

C'est ainsi que l'expérience avait établi la loi que la théorie a donnée plus tard,

$$W = -\frac{A}{2}\frac{Q^2}{n}.$$

On peut l'écrire ainsi :

$$W = -\frac{A}{2}Q\frac{Q}{n},$$

et, si l'on remarque que $\frac{Q}{n}$ est proportionnel à la *densité de l'électricité* sur la batterie, on pourra dire encore : *La chaleur dégagée en un point du circuit est proportionnelle à la quantité d'électricité accumulée sur la batterie et à la densité de l'électricité.*

298. **Décharge incomplète.** — Nous examinerons encore deux autres cas étudiés par M. Riess. Le premier est celui d'une décharge incomplète. Soient deux batteries électriques A et B formées l'une A de n, l'autre B de n' bouteilles, les bouteilles étant identiques dans les deux batteries; la batterie A est seule chargée, et un déchargeur à levier peut mettre en communication, à un instant donné, les armatures intérieures des deux batteries par l'intermédiaire d'un circuit conducteur dans lequel est intercalé un thermomètre électrique, les armatures extérieures des deux batteries communiquant avec le sol. La charge initiale Q de la batterie A est mesurée, comme toujours, avec la bouteille de Lane, et l'on a

$$W = -\frac{A}{2}\frac{Q^2}{n},$$

la seconde batterie étant primitivement à vide.

Quand les deux batteries ont été mises en communication et que, par la décharge incomplète de la batterie A, l'équilibre s'est établi, on a une quantité Q_1 d'électricité sur la batterie A et une quantité Q'_1 sur la batterie B, et la valeur nouvelle du potentiel est facile à trouver. Remarquons en effet que, les deux armatures intérieures communiquant, la fonction potentielle a la même valeur sur toutes les bouteilles égales des deux batteries, de sorte que le potentiel sera égal, au signe près, à la moitié du produit de la fonction potentielle sur une quelconque des bouteilles, $A\frac{Q_1}{n}$, par la charge totale des armatures intérieures, Q; on a donc

$$W_1 = -\frac{1}{2}A\frac{Q_1}{n}Q.$$

Q_1 se détermine d'ailleurs très-simplement.

La fonction potentielle ayant en effet la même valeur sur les bouteilles des deux batteries, on a

$$A\frac{Q_1}{n} = A\frac{Q_1'}{n'},$$

et, en joignant à cette équation la relation évidente

$$Q_1 + Q_1' = Q,$$

on en déduit immédiatement

$$Q_1 = Q\frac{n}{n+n'}.$$

Si l'on porte cette valeur dans l'expression du potentiel, il vient

$$W_1 = -\frac{A}{2}\frac{Q^2}{n+n'};$$

l'accroissement du potentiel est donc

$$W_1 - W = \frac{A}{2}Q^2\left(\frac{1}{n} - \frac{1}{n+n'}\right)$$

ou

$$W_1 - W = \frac{A}{2}Q^2\frac{n'}{n(n+n')}.$$

Telle sera, par conséquent, la quantité de chaleur dégagée dans le circuit, si l'expérience est disposée de façon que l'effet produit par la décharge se réduise sensiblement à un phénomène thermique. Et, en effet, M. Riess avait été conduit précisément à cette formule par ses expériences seules, antérieurement à toute théorie.

299. Ses expériences avaient même porté sur le cas plus compliqué où les bouteilles des deux batteries ne sont point égales [1].

[1] *Poggendorff's Annalen*, 1850, t. LXXX, p. 214, ou Riess, *loc. cit.*, t. II, p. 174.

La première batterie étant chargée comme à l'ordinaire, on mettait ses deux armatures en communication avec celles de la deuxième et l'on observait l'échauffement d'un fil métallique successivement placé dans l'un et dans l'autre des deux arcs conducteurs. Le tableau suivant renferme les résultats d'observations faites sur l'arc unissant les armatures externes.

NOMBRE DES BOUTEILLES		CHARGE	ÉCHAUFFEMENT DU FIL THERMOMÉTRIQUE	
DE LA 1re BATTERIE.	DE LA 2e BATTERIE.	DE LA 1re BATTERIE.	observé.	calculé.
5	7	12	7,0	6,8
		14	9,0	9,2
		16	12,0	12,0
5	5	10	8,5	8,2
		12	11,4	11,8
		14	15,3	16,1
5	3	6	6,6	6,6
		8	11,7	11,7
		10	17,2	18,3
3	3	8	9,5	8,8
		10	13,3	13,7
		12	19,3	19,7
1	3	12	9,3	8,7
		14	12,3	11,9
		16	15,7	15,4

Les nombres de la dernière colonne ont été calculés d'après la formule

$$C = \frac{aQ^2}{\left(\frac{n}{n'} + \frac{S}{S'}\right) nS},$$

qui parut à M. Riess représenter avec assez d'exactitude la chaleur dégagée : Q représente la charge de la première batterie, S la surface, n le nombre des bouteilles de cette batterie, S' la surface et n' le nombre des bouteilles de la deuxième batterie; enfin a est une constante qui est un peu plus grande pour l'arc de communication des armatures internes que pour celui des armatures externes. Or, un calcul analogue à celui que nous venons de faire pour le cas des bouteilles égales a donné à M. Clausius la formule même adoptée par M. Riess. M. Clausius établit d'abord, par des calculs qu'il est inutile de reproduire ici, que, si l'épaisseur de la lame isolante de la bouteille est assez petite pour qu'on puisse négliger les termes de l'ordre de son carré, la fonction potentielle et le potentiel sont en raison inverse de la surface de la bouteille et en raison directe de l'épaisseur de la lame isolante. Si donc on suppose l'épaisseur constante et si l'on appelle q la charge et s la surface d'une bouteille, on a

$$V = k\frac{q}{s},$$

$$W = -\frac{k}{2}\frac{q^2}{s},$$

et, si n bouteilles égales sont réunies en une batterie dont la charge totale est Q et la surface totale S,

$$V = k\frac{Q}{S},$$

$$W = -\frac{k}{2}\frac{Q^2}{nS}.$$

La valeur initiale du potentiel dans l'expérience actuelle est donc

$$W = -\frac{k}{2}\frac{Q^2}{nS}.$$

On calculera sa valeur finale,

$$W_1 = -\frac{1}{2}(Q_1 V_1 + Q'_1 V'_1),$$

comme précédemment, en remarquant que les fonctions potentielles après la décharge V_1 et V'_1 sont égales sur les deux batteries,

$$k\frac{Q_1}{nS} = k'\frac{Q'_1}{n'S'},$$

et se rappelant que

$$Q_1 + Q'_1 = Q;$$

et on trouvera pour l'accroissement du potentiel

$$W_1 - W = \frac{1}{2} \frac{\frac{k^2}{k'} \frac{S'}{S} Q^2}{\left(\frac{n}{n'} + \frac{k}{k'} \frac{S'}{S}\right) nS}.$$

Dans les expériences de M. Riess on a fait usage seulement de deux espèces de bouteilles, de façon que $\frac{k}{k'}$ et $\frac{S'}{S}$ sont demeurés constants. On peut donc écrire

$$W_1 - W = \frac{AQ^2}{\left(\frac{n}{n'} + B\frac{S'}{S}\right) nS},$$

et cette expression sera proportionnelle à la formule empirique qui représente la chaleur dégagée, si $B = \frac{k}{k'}$ est égal à 1. Or cette condition était à peu près satisfaite dans les expériences de M. Riess, car des mesures directes avaient fait voir [1] que l'électricité se partageait entre les deux batteries à peu près dans le rapport des surfaces, ce qui n'est possible que si l'on a $k = k'$.

300. **Batterie chargée par cascade.** — Le second cas examiné par M. Riess est celui d'une batterie chargée par cascade.

Soient disposées en cascade diverses batteries formées respectivement de $n, n', n'', \ldots$ bouteilles identiques entre elles. Si l'on suppose en outre ces bouteilles très-minces, de sorte que la charge intérieure et la charge extérieure soient extrêmement peu différentes sur chaque batterie, on pourra, sans erreur sensible, admettre que les charges des deux armatures de chaque batterie sont toutes égales à Q en valeur absolue. Le potentiel se calculera, pour chaque batterie, comme si elle était séparée des autres, et l'on aura pour l'ensemble

$$W = -\frac{A}{2} Q^2 \left(\frac{1}{n} + \frac{1}{n'} + \frac{1}{n''} \cdots\right).$$

[1] *Poggendorff's Annalen*, 1850, t. LXXX, p. 220.

M. Riess a examiné en particulier le cas de deux batteries [1], et il a résumé ses expériences sur la chaleur dégagée en un point du circuit par la formule

$$C = \frac{A}{2} Q^2 \left(\frac{1}{n} + \frac{1}{n'}\right).$$

Les expériences de M. Riess, qui, dans ce cas encore, ont précédé la théorie, sont donc parfaitement d'accord avec elle. Il n'en est pas de même des expériences faites antérieurement par M. Dove [2] et desquelles ce physicien avait conclu la formule

$$C = AQ^2 \frac{1}{\sqrt{nn'}}.$$

Le tableau suivant renferme les résultats des observations de M. Riess et de M. Dove, et en regard les nombres fournis par les deux formules. Ces observations se partagent en deux séries : dans les premières expériences, laissant n' constant, on a successivement donné à n les valeurs n', $2n'$, $3n'$ et $4n'$; dans les autres, c'est au contraire n qui est resté constant, et on a fait varier n'.

VALEURS		ÉCHAUFFEMENT			
		CALCULÉ		OBSERVÉ	
DE n.	DE n'.	par la formule de M. Dove.	par notre formule.	par M. Dove.	par M. Riess.
n'	n'	1	1	1	1
$2n'$	n'	0,71	0,75	0,72	0,76
$3n'$	n'	0,58	0,67	0,59	0,69
$4n'$	n'	0,50	0,63	0,51	0,66
n	n	1	1	1	1
n	$2n$	0,71	0,75	0,71	0,78
n	$3n$	0,58	0,67	0,60	0,72
n	$4n$	0,50	0,63	0,50	0,68

(1) *Poggendorff's Annalen*, 1850, t. LXXX, p. 349.
(2) *Poggendorff's Annalen*, 1847, t. LXXII, p. 406.

8.

L'accord des nombres publiés par chaque observateur avec la formule qu'il en a déduite est très-satisfaisant des deux côtés, mais la formule de M. Riess a pour elle la sanction de la théorie et semble par conséquent préférable.

301. **Calcul de la fonction potentielle et du potentiel pour une bouteille sphérique.** — La détermination du coefficient A présente de grandes difficultés pour la bouteille de Leyde ordinaire; elle est au contraire très-simple pour une bouteille sphérique dont l'armature extérieure enveloppe aussi complétement que possible l'armature intérieure [1].

Soit, en effet, une quantité d'électricité Q répandue uniformément sur la surface d'une sphère; nous avons les deux théorèmes suivants :

1° La fonction potentielle relative à cette masse a la même valeur pour tout point intérieur à la sphère; cette valeur est, par conséquent, égale à celle que l'on obtient en supposant que le point par rapport auquel on prend la fonction potentielle coïncide avec le centre de la sphère, c'est-à-dire qu'elle est

$$V = \frac{Q}{R},$$

R étant le rayon de la sphère.

2° Pour un point extérieur à la sphère et distant du centre de $R + a$, la fonction potentielle est égale à

$$V = \frac{Q}{R + a},$$

comme on le reconnaît immédiatement en prenant la dérivée de cette expression par rapport à la distance $R + a$ du point au centre de la sphère : cette dérivée $-\frac{Q}{(R+a)^2}$ représente bien, en effet, l'attraction de la masse Q sur le point considéré, attraction dont l'expression s'obtient, comme on sait, en supposant toute la masse concentrée au centre.

[1] M. Billet, professeur à la Faculté des sciences de Dijon, a le premier construit de grandes bouteilles sphériques, et il en a obtenu d'excellents résultats.

Appliquons ce qui précède au cas actuel d'une bouteille dont les deux armatures sont des surfaces sphériques de rayon R et $R+e$, e désignant l'épaisseur du verre. Prenons la fonction potentielle par rapport à un point de l'armature intérieure : la première proposition s'applique et, en réunissant les fonctions potentielles relatives aux deux masses Q et Q' répandues sur les deux armatures, on a

$$V = \frac{Q}{R} - \frac{Q'}{R+e}.$$

Si l'on prend maintenant la fonction potentielle par rapport à un point de l'armature extérieure, on rentre dans le second cas, et l'on a

$$V' = \frac{Q}{R+e} - \frac{Q'}{R+e}.$$

Mais l'armature extérieure communique avec le sol, et par suite

$$V' = 0;$$

on a donc

$$Q = Q',$$

ce qui constitue une propriété importante de la bouteille sphérique.

La valeur de V en résulte immédiatement :

$$V = \frac{e}{R(R+e)} Q = \frac{e}{R^2} \frac{1}{1+\frac{e}{R}} Q,$$

ou, en développant suivant les puissances croissantes de e et représentant par S la surface $4\pi R^2$ de l'armature intérieure,

$$V = \frac{4\pi e}{S} \left(1 - \frac{e}{R} + \frac{e^2}{R^2} - \cdots\right) Q;$$

et, si la lame isolante est assez mince pour qu'on puisse négliger les termes de l'ordre du carré de son épaisseur, on a simplement

$$V = \frac{4\pi e}{S} Q.$$

Le coefficient A a donc pour valeur, dans ce cas particulier,

$$A = \frac{4\pi e}{S}.$$

Le potentiel, toujours égal à

$$W = -\frac{1}{2}(QV + Q'V'),$$

est

$$W = -\frac{e}{2R(R+e)}Q^2$$

ou

$$W = -\frac{2\pi e}{S}\left(1 - \frac{e}{R} + \frac{e^2}{R^2} - \cdots\right)Q^2,$$

et, au même degré d'approximation que précédemment,

$$W = -\frac{2\pi e}{S}Q^2.$$

On vérifie donc, dans ce cas particulier, que la fonction potentielle et le potentiel sont en raison inverse de la surface de la bouteille et en raison directe de l'épaisseur de la lame isolante, comme nous avons annoncé que cela était pour toute bouteille assez mince (299). Il en résulte que la quantité de chaleur dégagée en un point du circuit est proportionnelle à l'épaisseur de la lame isolante et en raison inverse de la surface de la bouteille. M. Riess a en effet reconnu qu'avec une batterie formée de bouteilles de même force la chaleur dégagée était inversement proportionnelle au nombre des bouteilles. (Voir le tableau, n° 297.)

CHALEUR DÉGAGÉE PAR LES COURANTS ÉLECTRIQUES.

302. **Double point de vue auquel la question peut être envisagée.** — La chaleur dégagée par les courants électriques peut être étudiée à deux points de vue très-distincts, suivant qu'on cherche la relation entre la chaleur dégagée dans un conducteur limité et les conditions d'où dépend l'existence d'un courant dans ce conducteur, ou que l'on veut déterminer la relation entre la chaleur dégagée dans le circuit et les forces réelles productrices du courant.

Nous nous placerons d'abord au premier point de vue, pour rapprocher cette nouvelle étude de celle qui précède.

I. Loi de Joule, déduite de la théorie des courants de Kirchhoff.

303. **Manière dont on peut concevoir la propagation de l'électricité dans le circuit d'une pile.** — Soit une pile isolée : les deux extrémités de cette pile sont chargées d'électricités de nom contraire. Si l'on joint ces deux extrémités par un fil conducteur, les fluides libres aux deux extrémités se réunissent à travers ce fil conducteur par un phénomène tout semblable à celui que présentent les deux fluides accumulés sur les armatures d'une bouteille de Leyde lorsqu'on unit ces deux armatures au moyen de l'excitateur. Mais la pile étant un appareil qui rétablit immédiatement les charges des deux pôles, le mouvement des fluides dont le fil conducteur est le siége continue indéfiniment, tandis que ce mouvement cesse au bout d'un temps extrêmement court dans l'arc excitateur d'une bouteille de Leyde. Le fil qui unit les deux pôles d'une pile est donc constamment le siége, sur toute sa longueur, d'un double transport : transport de fluide positif dans un sens, de fluide négatif en sens contraire. Si l'on change les pôles de signe, les sens des deux courants sont intervertis; le conducteur est alors dans un état différent, opposé en quelque sorte : pour distinguer cet état du précédent, on est convenu de donner au courant une direction, un sens, et, par analogie avec la bouteille de Leyde, on a nommé sens du courant le sens dans lequel se propage le courant de fluide positif; mais on ne doit pas oublier qu'un conducteur traversé par le courant est réellement le siége d'un double transport, d'un mouvement de fluides tendant à chaque instant à établir l'équilibre électrique dans toutes les parties du système. Au point de vue mathématique, il est évidemment indifférent de considérer ces deux courants, l'un de fluide positif, l'autre de fluide négatif, égaux en intensité et de sens contraires, ou bien un seul courant de fluide positif ayant une intensité égale à la somme des intensités des deux premiers et marchant dans le sens du fluide positif : c'est cette dernière manière de voir que nous adopterons.

Or on sait que, lorsqu'un système est en équilibre électrique, la fonction potentielle est constante dans toute l'étendue de chacun des conducteurs du système, et que, si cette constance de la fonction potentielle n'est pas réalisée, l'équilibre n'existe pas, il y a mouvement des fluides. On doit donc supposer la fonction potentielle variable d'un point à l'autre du circuit d'une pile et considérer cette variation de la fonction potentielle comme déterminant le mouvement dans le circuit : si en effet on connaît à un instant donné la valeur de la fonction potentielle, valeur variable d'un point à l'autre, on pourra déterminer le mouvement de l'électricité dans l'instant infiniment petit qui suivra. Si la fonction potentielle dépend du temps, c'est-à-dire si l'état électrique est variable avec le temps, des phénomènes d'induction se produisent qui ne permettent pas à la théorie d'aller plus loin sans hypothèse nouvelle; mais l'expérience apprend que dans un conducteur interpolaire il s'établit promptement un état stationnaire indépendant du temps, tout phénomène d'induction cessant : ce conducteur interpolaire est alors traversé par un courant permanent, et l'on doit regarder la fonction potentielle comme variable d'un point à l'autre du conducteur, mais indépendante du temps.

304. **Le mouvement d'une particule électrique dans un conducteur ne dépend que de la valeur actuelle de la résultante des forces qui agissent sur elle et de la nature du corps.** — En se plaçant à ce point de vue, M. Kirchhoff a pu rattacher les principes de Ohm à la théorie ordinaire de l'électricité statique [1]. Le point de départ de cette étude est le fait expérimental suivant : dès que les causes qui maintiennent aux différents points d'un conducteur des inégalités dans la fonction potentielle cessent d'agir, la fonction potentielle devient constante; le courant s'éteint en un temps inappréciable dans un conducteur retiré du circuit, ce qui prouve l'existence dans le conducteur d'une résistance très-grande au mouvement de l'électricité, résistance variable d'ailleurs avec la nature du corps. De cette résistance énorme par

[1] *Poggendorff's Annalen*, 1849, t. LXXVIII, p. 506. Verdet a donné un extrait du mémoire de M. Kirchhoff dans les *Annales de chimie et de physique*, 1854, 3e série, t. XLI, p. 496.

suite de laquelle, les causes extérieures qui maintiennent les inégalités cessant d'agir, la fonction potentielle devient brusquement constante, de cette résistance, dis-je, on peut conclure comme conséquence très-probable que le mouvement d'une particule électrique ne dépend que de la valeur actuelle de la résultante des forces qui agissent sur elle et de la nature du corps, mais ne dépend nullement des forces qui ont agi antérieurement; de là résulte que le mouvement du fluide électrique en un point donné s'effectue parallèlement à la résultante des forces qui agissent en ce point. En d'autres termes, si, conformément à l'usage des géomètres, on appelle *surface de niveau* toute surface définie par l'équation

$$V = \text{const.},$$

le mouvement de l'électricité devra être partout normal aux surfaces de niveau, car l'action exercée sur l'électricité est en chaque point normale à la surface de niveau passant par ce point. Soit, en effet, la normale en un point m d'une surface de niveau dirigée suivant α, β, γ; on a

$$\frac{\alpha}{\frac{dV}{dx}} = \frac{\beta}{\frac{dV}{dy}} = \frac{\gamma}{\frac{dV}{dz}};$$

or, si l'on appelle X, Y, Z les composantes de la force au point m,

$$X = \frac{dV}{dx}, \qquad Y = \frac{dV}{dy}, \qquad Z = \frac{dV}{dz};$$

donc

$$\frac{\alpha}{X} = \frac{\beta}{Y} = \frac{\gamma}{Z},$$

c'est-à-dire que α, β, γ est la direction de la force.

De ce fait que la vitesse de l'électricité en un point donné ne dépend que de la valeur actuelle de la force accélératrice et de la nature du corps, il résulte en outre que la vitesse d'une molécule électrique est proportionnelle à cette valeur de la force, le coefficient de proportionnalité dépendant de la nature du corps. Or, si l'on appelle dn la portion de normale mm' comprise entre les deux surfaces infiniment voisines sur lesquelles la fonction potentielle a pour valeurs V et $V+dV$, on a

$$\alpha=\frac{dx}{dn}, \qquad \beta=\frac{dy}{dn}, \qquad \gamma=\frac{dz}{dn};$$

mais on a toujours pour la force accélératrice au point m

$$F=\alpha X+\beta Y+\gamma Z$$

ou

$$F=\alpha\frac{dV}{dx}+\beta\frac{dV}{dy}+\gamma\frac{dV}{dz};$$

donc

$$F=\frac{dV}{dx}\frac{dx}{dn}+\frac{dV}{dy}\frac{dy}{dn}+\frac{dV}{dz}\frac{dz}{dn}$$

ou

$$F=\frac{dV}{dn}.$$

Telle serait l'action de toutes les masses électriques du système sur une masse 1 de fluide négatif placée au point x, y, z; l'action exercée sur une molécule μ de fluide négatif serait donc $\mu\frac{dV}{dn}$, et l'action exercée sur une molécule μ de fluide positif sera $-\mu\frac{dV}{dn}$. La vitesse d'une molécule de fluide positif sera donc $-k\frac{dV}{dn}$, k étant une constante caractéristique de la nature du corps (le coefficient de conductibilité électrique).

Je n'ai pas besoin de faire remarquer que cette détermination de la vitesse renferme quelque chose d'hypothétique. Ce n'est pas là réellement une théorie mécanique : on laisse indéterminé le mode d'action de cette résistance spéciale qui fait que, lorsque les causes extérieures cessent d'agir, l'équilibre est instantanément rétabli, la fonction potentielle rendue nulle.

305. **Expression du flux stationnaire. — Formule de Ohm.** — La vitesse étant égale à $-k\frac{dV}{dn}$, le flux stationnaire à travers un élément $d^2\omega$ d'une surface de niveau a pour expression

$$-k\frac{dV}{dn}d^2\omega.$$

Telle est la quantité d'électricité qui passe dans l'unité de temps à travers la surface $d^2\omega$. Cette quantité peut être considérée comme la somme de deux autres égales entre elles et de signes contraires : électricité positive marchant dans un sens, électricité négative marchant dans le sens contraire.

L'expression du flux stationnaire à travers un élément d'une surface de niveau étant connue, on a immédiatement l'expression du flux à travers un élément $d^2\sigma$ parallèle à une direction arbitraire. Soient, en effet, $d^2\omega$ la projection sensiblement plane de cet élément sur une surface de niveau et α l'angle des deux éléments,

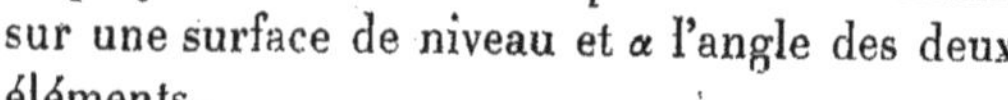

Fig. 20.

$$d^2\omega = d^2\sigma \cos\alpha.$$

Le flux à travers la surface $d^2\sigma$ ou à travers la surface $d^2\omega$ est donc

$$-k\frac{dV}{dn}d^2\sigma\cos\alpha.$$

Mais si l'on considère les portions des normales dn et ds respectivement menées aux surfaces $d^2\omega$ et $d^2\sigma$, portions comprises entre les surfaces V et V + dV, on voit que

$$ds = \frac{dn}{\cos\alpha},$$

et par conséquent

$$\frac{dV}{dn}\cos\alpha = \frac{dV}{ds}.$$

L'expression du flux à travers l'élément $d^2\sigma$ est donc

$$-k\frac{dV}{ds}d^2\sigma.$$

Cette expression du flux stationnaire au moyen de la fonction potentielle est précisément celle que donne la théorie de Ohm au moyen de la tension.

Il suit de là que toutes les formules mathématiques données par M. Ohm, par M. Kirchhoff et par M. Smaasen sont vraies, si l'on conçoit que la lettre qui désignait la tension désigne la fonction potentielle.

306. **Équation aux différentielles partielles qui détermine l'état de l'électricité dans le conducteur.** — De l'expression du flux on déduit facilement la quantité d'électricité qui passe par les trois faces d'un parallélipipède rectangle concourant en un même point que nous prendrons pour origine des coordonnées; ces quantités sont

$$-k\frac{dV}{dx}dy\,dz, \qquad -k\frac{dV}{dy}dz\,dx, \qquad -k\frac{dV}{dz}dx\,dy.$$

Par les trois faces opposées passent les quantités d'électricité

$$-k\left(\frac{dV}{dx}+\frac{d^2V}{dx^2}dx\right)dy\,dz,$$
$$-k\left(\frac{dV}{dy}+\frac{d^2V}{dy^2}dy\right)dz\,dx,$$
$$-k\left(\frac{dV}{dz}+\frac{d^2V}{dz^2}dz\right)dx\,dy.$$

L'état étant stationnaire, la somme algébrique de ces six quantités est nulle; on a donc, dans toute l'étendue du conducteur,

$$\frac{d^2V}{dx^2}+\frac{d^2V}{dy^2}+\frac{d^2V}{dz^2}=0,$$

ou, en posant suivant l'usage $\frac{d^2V}{dx^2}+\frac{d^2V}{dy^2}+\frac{d^2V}{dz^2}=\Delta V$,

$$\Delta V=0.$$

Telle est la condition à laquelle doit satisfaire le conducteur. Cette condition prendra une signification très-simple par le théorème suivant.

307. $\Delta V=-4\pi\rho$. — Soit ρ la densité de la masse agissante au point par rapport auquel on prend la fonction potentielle; on a d'une manière générale

$$\Delta V=-4\pi\rho.$$

Soit P le point par rapport auquel est prise la fonction potentielle; traçons une sphère infiniment petite comprenant le point P. La fonction potentielle V est la somme de la fonction potentielle V' de la portion du conducteur extérieure à la sphère et de la fonction potentielle V'' de la sphère, de sorte que

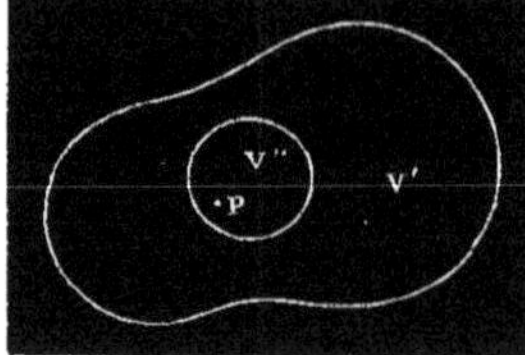

Fig. 21.

$$\Delta V = \Delta V' + \Delta V''.$$

On voit d'abord facilement que $\Delta V'$ est nul; si en effet on désigne par x, y, z les coordonnées du point P, et par x', y', z' celles d'un point M' extérieur à la sphère, on a

$$V' = \int \frac{dq}{r},$$

$$\frac{dV'}{dx} = \int \frac{x' - x}{r^3}\, dq,$$

$$\dots\dots\dots\dots,$$

et par suite

$$\frac{d^2V'}{dx^2} = \int \left[-\frac{1}{r^3} + 3\,\frac{(x' - x)^2}{r^5} \right] dq;$$

on a donc

$$\Delta V' = \int \left(-\frac{3}{r^3} + 3\,\frac{r^2}{r^5} \right) dq = 0.$$

ΔV se réduit donc à $\Delta V''$; or $\Delta V''$ peut se calculer comme il suit. On a toujours

$$V'' = \int \frac{dq}{r};$$

soit C le centre de la sphère qui contient le point P; j'appelle a la distance du point P (x, y, z) au centre C (ξ, η, ζ). Un point M pris à l'intérieur de la sphère peut être défini par sa distance r' au centre C, par l'angle ψ que fait le rayon vecteur CM avec CP et par l'angle φ que fait le plan MCP avec un plan fixe. On a

$$r = \mathrm{PM} = \sqrt{r'^2 - 2ar' \cos\psi + a^2},$$

$$dq = \rho r'^2 \sin\psi \, d\varphi \, d\psi \, dr',$$

ρ étant la densité au point M, laquelle diffère infiniment peu de la densité en P.

On a donc

$$V'' = \rho \iiint \frac{r'^2 \sin\psi \, d\varphi \, d\psi \, dr'}{\sqrt{r'^2 - 2ar' \cos\psi + a^2}}.$$

Les limites de cette intégrale triple sont évidentes : on intégrera d'abord par rapport à φ de o à 2π; puis, par rapport à ψ, de o à π, et enfin, par rapport à r', de o à R, R étant le rayon de la sphère. Les deux premières intégrations s'effectuent immédiatement et donnent

$$V'' = \frac{2\pi\rho}{a}\int_0^R r'dr'\left[(r'+a)-\sqrt{(r'-a)^2}\right].$$

On doit distinguer ici les valeurs de r' inférieures à a et celles qui sont comprises entre a et R; on décomposera l'intégrale en deux autres,

$$V'' = \frac{2\pi\rho}{a}\int_0^a 2r'^2 dr' + 2\pi\rho\int_a^R 2r'dr'.$$

En intégrant, il vient

$$V'' = 2\pi\rho\left(\frac{2a^2}{3}+R^2-a^2\right)$$

ou

$$V'' = 2\pi\rho\left(R^2-\frac{a^2}{3}\right).$$

D'ailleurs,

$$a^2 = (x-\xi)^2+(y-\eta)^2+(z-\zeta)^2;$$

on a donc

$$\frac{dV''}{dx} = -\frac{4}{3}\pi\rho(x-\xi),$$

et par suite

$$\frac{d^2V''}{dx^2} = -\frac{4}{3}\pi\rho.$$

Donc

$$\Delta V'' = -4\pi\rho,$$

et par conséquent

$$\Delta V = -4\pi\rho.$$

308. L'équation $\Delta V = 0$ signifie donc que la densité de l'électricité libre est nulle dans tout l'intérieur du conducteur. Ainsi, on arrive à cette conséquence importante : dans l'état stationnaire, il n'y a point de fluide libre à l'intérieur du conducteur; l'électricité libre forme une couche infiniment mince à sa surface.

Cette équation aux différentielles partielles peut être considérée comme déterminant la fonction potentielle : les fonctions arbitraires seront déterminées par les conditions du problème. Ces conditions changent d'un problème à l'autre, mais il en est une qui est généralement satisfaite : le conducteur est ordinairement environné d'air, et cet air peut être considéré comme infiniment résistant, c'est-à-dire comme absolument non conducteur. On a donc pour toute la surface

$$\frac{dV}{d\nu} = 0,$$

$d\nu$ étant la variation infiniment petite de la normale à la surface libre.

309. **Application de l'équation aux différentielles partielles au cas d'un conducteur cylindrique de petites dimensions transversales.** — Je considérerai en particulier le cas d'un conducteur cylindrique de petites dimensions transversales : l'électricité se meut parallèlement à l'axe du cylindre, que je prendrai pour axe des x; deux directions perpendiculaires seront les axes des y et des z. On a alors

$$\frac{dV}{dy} = 0, \qquad \frac{dV}{dz} = 0.$$

L'équation aux différentielles partielles se réduit alors à

$$\frac{dV}{dx} = \text{const.};$$

on en déduit

$$V - V_0 = C(x - x_0).$$

Soit V_1 la valeur de V correspondant à la valeur $x = x_1$, la constante C est déterminée par l'équation

$$V_1 - V_0 = C(x_1 - x_0),$$

et l'on a

$$V - V_0 = \frac{V_1 - V_0}{x_1 - x_0}(x - x_0).$$

D'autre part, le flux stationnaire à travers un élément $d^2\omega$ de la section droite du fil est

$$-k\frac{dV}{dx}d^2\omega;$$

pour la section entière, ce sera

$$-kS\frac{dV}{dx}.$$

Or, cette quantité d'électricité traversant pendant l'unité de temps la section droite du fil, c'est ce que l'on appelle l'intensité du courant; on a donc, en désignant par I cette intensité,

$$I = -kS\frac{dV}{dx}.$$

Si l'on remplace dans cette équation $\frac{dV}{dx}$ par la valeur que l'on obtient en différentiant l'équation établie plus haut, il vient

$$I = -\frac{kS}{x_1 - x_0}(V_1 - V_0)$$

ou, en désignant par l la longueur $x_1 - x_0$,

$$I = -\frac{kS}{l}(V_1 - V_0);$$

$\frac{l}{kS}$, c'est la résistance λ du conducteur. On a donc finalement

$$I = -\frac{V_1 - V_0}{\lambda},$$

expression qui sera négative ou positive suivant les cas, et dont le signe indiquera que le courant est dirigé dans le sens des x positives ou en sens contraire; le courant va toujours du point où V a la plus grande valeur à celui où il a la plus petite.

310. **Travail des forces agissant sur l'électricité qui se meut dans un conducteur donné.** — Le mémoire de M. Kirchhoff, que je viens d'analyser dans les pages précédentes, est le point de départ du travail de M. Clausius sur les effets thermiques des courants (1).

(1) *Poggendorff's Annalen*, 1852, t. LXXXVII, p. 415, ou Clausius, *Abhandlungen über die mecanische Wärmetheorie*, 2e partie, p. 164. Un extrait du mémoire de M. Clausius a été publié par Verdet dans les *Annales de chimie et de physique*, 1854, 3e série, t. XLII, p. 122.

Pour obtenir la quantité de chaleur dégagée par les courants électriques dans les conducteurs qu'ils traversent, il suffit d'estimer le travail des forces agissant sur l'électricité qui se meut dans un tel conducteur; je suppose que l'échauffement soit le seul effet produit.

Soit une masse infiniment petite dq d'électricité se mouvant suivant une trajectoire s : le travail élémentaire de la force accélératrice pendant que cette masse parcourt l'arc infiniment petit ds est égal au déplacement ds multiplié par la projection de la force accélératrice sur la tangente à la trajectoire; cette projection est $-dq\frac{dV}{ds}$; le travail élémentaire cherché est donc

$$-dq\frac{dV}{ds}ds.$$

Le travail correspondant à un déplacement fini est

$$-dq\int_{s_0}^{s_1}\frac{dV}{ds}ds = -dq(V_1 - V_0),$$

et ce travail ne dépend que de la valeur initiale et de la valeur finale de la fonction potentielle.

L'expression précédente est encore exacte si, au lieu d'une seule masse d'électricité dq, parcourant successivement les divers éléments de l'arc $s_1 - s_0$, on considère une infinité de masses égales à dq qui parcourent individuellement, pendant un même temps infiniment petit dt, les divers éléments de l'arc $s_1 - s_0$.

Concevons maintenant une surface fermée de forme quelconque menée dans l'intérieur du conducteur, et cherchons le travail accompli pendant l'unité de temps par les forces agissant sur l'électricité qui se meut à l'intérieur de cette surface. Plusieurs cas peuvent se présenter dans le mouvement des masses élémentaires qui se trouvent à l'intérieur de la surface à une époque quelconque du temps considéré :

En premier lieu il peut arriver que le point de départ P soit extérieur à la surface, et le point d'arrivée Q intérieur; on n'a alors à prendre le travail que pour MQ, M étant le point où la trajectoire PQ coupe la surface S. Soient V la fonction potentielle sur la surface, U la même fonction à l'intérieur de la surface,

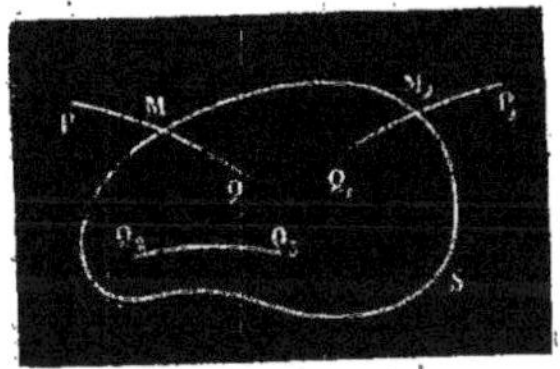

Fig. 22.

$$(V - U)\,dq$$

est le travail effectué à l'intérieur de la surface par la force accélératrice agissant sur la molécule considérée.

Un cas opposé est celui où le point de départ Q_1 est intérieur et le point d'arrivée P_1 extérieur; soient V_1 la fonction potentielle au point M_1, où la trajectoire Q_1P_1 coupe la surface, et U_1 la même fonction en Q_1,

$$(U_1 - V_1)\,dq$$

est la seule partie du travail relatif à cette deuxième molécule que j'aie à considérer.

Il peut arriver en troisième lieu que les points de départ et d'arrivée, Q_2 et Q_3, soient tous deux intérieurs : le travail de la force accélératrice est alors

$$(U_2 - U_3)\,dq.$$

D'autres cas plus complexes peuvent encore se présenter, surtout si la surface n'est pas convexe; mais nous ne nous y arrêterons pas, la considération de ces cas ne changeant en rien le résultat.

Si l'on fait la somme des travaux, tels que nous venons de les définir, pour toutes les molécules qui pendant l'unité de temps se sont trouvées dans la surface, on aura l'expression cherchée. Cette somme peut être considérée comme la somme de deux intégrales, savoir :

$$\pm \int V\,dq,$$

le signe + se rapportant aux molécules qui entrent par un point de la surface fermée, et le signe — à celles qui sortent par un point de cette même surface, et

$$\pm \int U\,dq.$$

Il n'est pas difficile d'évaluer ces deux sommes. D'abord, la deuxième est nulle. Considérons, en effet, dans l'intérieur de la surface fermée un espace quelconque AB : la somme algébrique des molécules qui entrent pendant l'unité de temps dans cet espace et de celles qui en sortent pendant le même temps est nulle, sans quoi il y aurait accroissement ou diminution de fluide dans l'espace considéré, et l'état stationnaire ne serait pas établi. Cela sera donc vrai pour l'espace infiniment petit que l'on peut considérer autour du point Q et dans lequel la fonction potentielle a sensiblement partout la même valeur U_Q qu'au point Q. On aura donc sous le signe $\int$ des systèmes de termes tels que

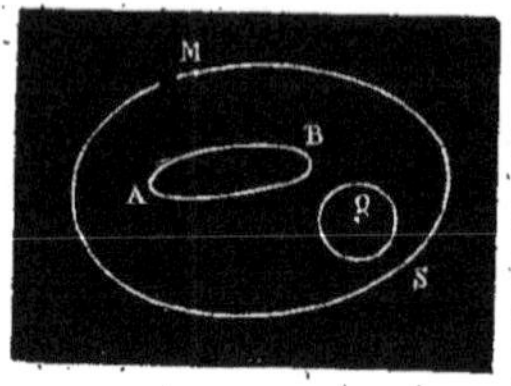

Fig. 23.

$$U_Q \Sigma\, dq - U_Q \Sigma\, dq',$$

lesquels, étant tous nuls, donnent une somme nulle. Chaque élément de l'intégrale à évaluer est un infiniment petit du troisième ordre, et en raisonnant comme je viens de le faire on ne néglige que des quantités infiniment petites du quatrième ordre; il est donc établi que

$$\pm \int U\, dq = 0.$$

L'autre intégrale peut s'exprimer ainsi : autour de chaque point M de la surface considérons un élément $d^2\omega$; cet élément étant pris avec le signe + s'il est traversé par des molécules qui entrent dans la surface, avec le signe — si ces molécules sortent, on aura

$$\pm dq = i\, d^2\omega,$$

i étant la quantité d'électricité qui traverse l'unité de surface pendant l'unité de temps, et l'intégrale cherchée sera par conséquent

$$\int V i\, d^2\omega.$$

Tel est donc le travail relatif à l'unité de temps, lorsque l'état du système est devenu stationnaire.

Cette intégrale est elle-même susceptible d'une autre forme : si l'on désigne par $\frac{dV}{dN}$ la dérivée de la fonction potentielle suivant une direction parallèle à la normale en M, cette direction étant comptée positivement de l'extérieur vers l'intérieur de la surface fermée, $-k\frac{dV}{dN}$ est l'expression du flux à travers une surface égale à l'unité prise sur le plan tangent en M; c'est donc i : de sorte que l'on a finalement pour l'expression du travail cherché

$$-k\int V\frac{dV}{dN}\,d^2\omega.$$

Cette expression représentera le travail total des forces qui agissent dans l'espace considéré, s'il ne se produit dans cet espace ni action chimique, ni action mécanique, ni action inductrice, et s'il n'y existe pas de force électromotrice. Elle sera donc égale à l'accroissement de la somme des forces vives qui existent dans cet espace. Mais si, comme il paraît qu'on doit le faire, on néglige la masse et la force vive des fluides électriques, cet accroissement de forces vives ne peut être autre chose que la chaleur dégagée dans l'espace que l'on considère. En conséquence, si l'on désigne par Q cette chaleur dégagée, et par E l'équivalent mécanique de la chaleur, on aura

$$-k\int V\frac{dV}{dN}\,d^2\omega = QE.$$

Cette formule est générale et convient à un conducteur homogène de forme quelconque, que ce conducteur soit métallique ou même que ce soit un électrolyte, pourvu que dans ce dernier cas on ne considère pas les points où les éléments séparés se dégagent ou bien se combinent avec la matière des électrodes.

311. **Loi de Joule.** — Si la portion de conducteur considérée est limitée par sa surface extérieure et par deux sections transversales, planes ou courbes, on aura sur toute la surface extérieure $\frac{dV}{dN}=0$, et il suffira d'étendre l'intégrale aux deux sections transversales. Si, de plus, le conducteur est sensiblement cylindrique et si les sections transversales sont des plans perpendiculaires à son axe, on pourra regarder i et V comme constants dans toute l'étendue d'une section transversale, de sorte que l'intégrale $\int Vi\,d^2\omega$ donnera pour la première surface

$$V_0\int i\,d^2\omega.$$

et pour la deuxième,

$$-V_1 \int i\,d^2\omega;$$

car si la première somme est prise positivement, la deuxième doit être prise négativement.

$$(V_0 - V_1) \int i\,d^2\omega$$

est donc l'expression du travail des forces agissant sur l'électricité qui se meut dans le conducteur entre les deux sections considérées. D'ailleurs, $\int i\,d^2\omega$ est précisément ce que l'on désigne, dans le cas dont il s'agit, sous le nom d'*intensité du courant.*

En appelant I cette intensité, c'est-à-dire en posant

$$I = \int i\,d^2\omega,$$

on a donc

$$I(V_0 - V_1)$$

ou

$$-I(V_1 - V_0)$$

pour expression définitive du travail des forces.

Par suite,

$$QE = -I(V_1 - V_0);$$

or nous avons établi (309) que dans le cas actuel

$$I = -\frac{V_1 - V_0}{\lambda};$$

on a donc

$$QE = I^2\lambda$$

ou

$$Q = A I^2\lambda.$$

C'est la loi de Joule, loi donnée par l'expérience antérieurement à toute théorie.

312. Le fait de l'échauffement des fils traversés par les courants électriques avait été remarqué par l'illustre auteur de la pile lui-même. Cependant les lois de ce phénomène restèrent inconnues jusqu'à M. Joule, et, parmi les nombreuses expériences faites pendant la période de quarante années qui sépare Volta de M. Joule, il n'y a guère à citer qu'une expérience de Wollaston qui montre bien l'influence de l'intensité du courant et de la résistance du fil échauffé.

Wollaston réunit les deux pôles d'un élément à grande surface par un circuit formé d'un gros fil soudé à un fil fin de même nature, et, en plongeant le couple dans l'eau acidulée, il vit le fil fin s'échauffer jusqu'à devenir incandescent, tandis que la température du gros fil s'élevait à peine.

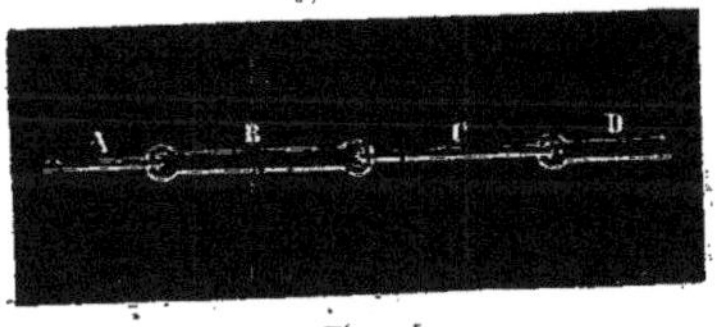

Fig. 24.

On peut faire une expérience analogue avec une chaîne formée de fils de même diamètre, mais de métaux différents, argent et platine, disposés alternativement; lorsqu'on la fait traverser par un courant suffisamment intense, les chaînons faits avec du platine, le métal le moins bon conducteur, rougissent; les chaînons d'argent s'échauffent beaucoup moins.

C'est à M. Joule[1], comme je l'ai déjà dit, que l'on doit la connaissance des lois de l'échauffement des conducteurs traversés par les courants. Ses premières expériences manquaient de précision; il disposait simplement le fil dans un calorimètre à eau dont il déterminait la température, sans corriger les observations des effets du rayonnement; la figure 25 montre la disposition qu'il donnait au calorimètre pour opérer sur des liquides, les extrémités A et B du conducteur liquide étant hors de l'eau afin d'éviter les perturbations que produirait leur immersion. De l'observation du calorimètre il concluait donc la chaleur dégagée; l'intensité du courant était donnée par une boussole des tangentes introduite dans le circuit. Ces expériences conduisirent M. Joule à formuler la loi qui porte son nom : « La quantité de chaleur dégagée pendant l'unité de temps dans un conducteur traversé par un courant est

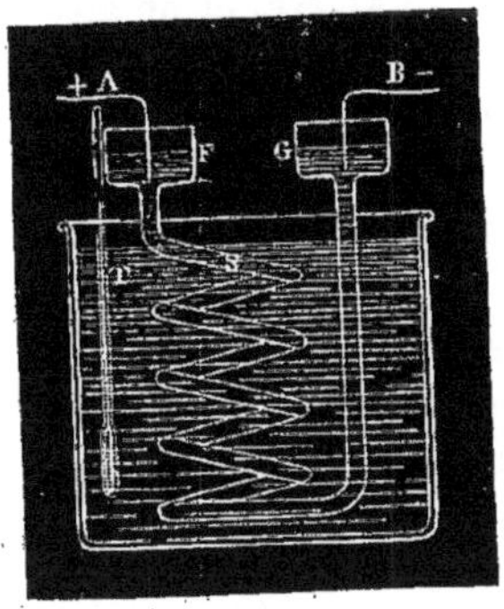

Fig. 25.

(1) *Philosophical Magazine*, 1841, 3e série, t. XIX, p. 260; et 1852, 4e série, t. III, p. 486.

proportionnelle au carré de l'intensité du courant et à la résistance du fil. »

313. **Expériences de Lenz.** — Les expériences de M. Joule ont été reprises par plusieurs physiciens : le travail de M. Lenz est particulièrement important à signaler [1]. Le calorimètre de Lenz est un flacon en verre muni d'un thermomètre T ; il est fermé par un fond de bois recouvert d'un vernis isolant et traversé par deux tiges A et B, entre les extrémités F et G desquelles on dispose un fil très-long enroulé en hélice ; ces tiges sont réunies à la pile en a et en b. Le flacon est rempli d'eau dont la température est donnée par le thermomètre T. On amène d'abord l'eau à une température inférieure de θ à la température ambiante t, de sorte que $t-\theta$ est la température initiale du calorimètre. On fait passer le courant, la température s'élève, et on arrête l'expérience au moment où la température devient $t+\theta$. On remarque qu'il faut le même temps pour aller de la température t à la température $t+\theta$ que pour aller de $t-\theta$ à t. Soit donc 2τ ce double temps. On a déterminé les instants où la température était $t-\theta', t-\theta'', \ldots, t+\theta', t+\theta'', \ldots$; l'intervalle de temps écoulé entre l'observation de $t-\theta'$ et celle de $t+\theta'$ sera $2\tau'$, le suivant $2\tau'', \ldots$. L'échauffement se faisant avec une vitesse uniforme, on peut admettre le principe de Rumford, et ce principe peut s'admettre non-seulement pour l'intervalle 2τ, mais aussi pour les intervalles $2\tau', 2\tau'', \ldots$. Donc, si m est la valeur en eau du calorimètre, le produit $2m\theta$ mesure sans correction la quantité de chaleur dégagée par le fil et absorbée par le calorimètre pendant toute la durée de l'expérience ; de même $2m\theta'$ représente la chaleur absorbée pendant

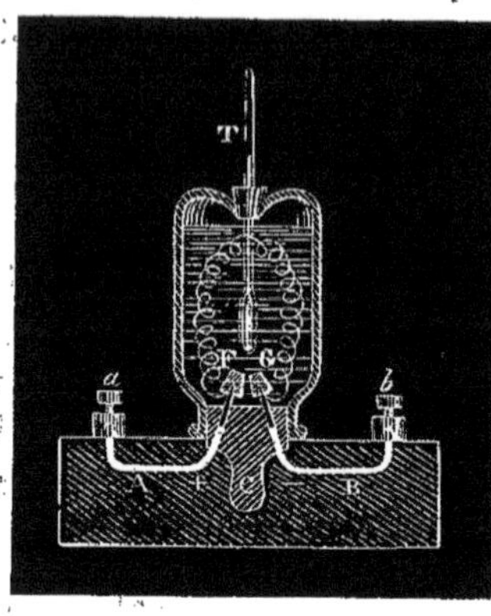

Fig. 26.

(1) *Poggendorff's Annalen*, 1844, t. LXI, p. 44.

le temps $2\tau'$. Par conséquent, les quotients $\frac{m\theta}{\tau}, \frac{m\theta'}{\tau'}, \frac{m\theta''}{\tau''}, \ldots$ sont autant d'expressions de la chaleur dégagée pendant l'unité de temps. Ces quotients doivent donc être égaux, et ils le sont en effet si on a soin d'agiter le flacon à chaque expérience. Si l'on opère avec l'eau, on arrive à des résultats discordants : quoique très-faible, la conductibilité de l'eau n'est pas nulle en effet dans ces expériences, et elle suffit pour que, entre les spires très-rapprochées du fil, une portion du courant soit dérivée et décompose l'eau, comme l'attestent les bulles de gaz qui se forment sur les fils. Il vaut mieux opérer avec un liquide non conducteur. Lenz employa l'alcool absolu et vérifia la loi de Joule, comme on peut en juger par le tableau suivant qui résume ses expériences [1] : l'unité adoptée pour la mesure de l'intensité I du courant est l'intensité du courant qui donnerait par l'électrolyse de l'eau 41,16 centimètres cubes de gaz tonnant en une heure, et la résistance λ est mesurée en prenant pour unité la résistance d'un fil de cuivre de 6,358 pieds de longueur et 0,0366 de pouce de diamètre; t désigne le temps nécessaire pour obtenir un échauffement de 1 degré.

	I	λ	t	$I^2\lambda t$
Argentan I	10,10	35,15	1,350	484,0
	15,35	35,20	0,571	460,5
	15,35	36,67	0,529	445,2
	20,85	35,39	0,300	461,6
Argentan II	15,35	22,09	0,917	464,9
	20,85	22,05	0,480	461,1
	20,85	22,62	0,457	451,4
	26,71	22,18	0,288	455,7
Argentan III	26,71	16,76	0,384	459,2
Platine	20,85	18,97	0,556	458,7
	26,71	19,24	0,324	444,7
Fer	33,08	9,37	0,437	448,0
Cuivre	26,71	5,22	1,299	484,2
	33,08	5,22	0,836	477,4
	40,12	5,23	0,576	484,8
	40,12	5,38	0,542	469,2

(1) WIEDEMANN, *Die Lehre von Galvanismus und Elecktromagnetismus*, t. I, p. 620.

314. **Méthode calorimétrique de Poggendorff.** — On doit à M. Poggendorff une méthode calorimétrique qui offre l'avantage d'éliminer complétement les corrections de refroidissement, sans qu'il soit besoin d'avoir recours à la méthode des compensations [1]. Soit un courant traversant un conducteur qui s'échauffe assez peu pour que sa conductibilité électrique puisse être regardée comme constante : le dégagement de chaleur, étant proportionnel au temps pendant lequel passe le courant, pourra être représenté par $H\,dt$ pendant le temps dt, H étant la quantité de chaleur dégagée pendant l'unité de temps. Ce conducteur sera, par exemple, un fil métallique traversant un gros thermomètre à alcool, qui constitue un calorimètre en contact avec l'air : soit θ l'excès de la température du calorimètre sur la température ambiante, la quantité de chaleur perdue par conductibilité extérieure pendant le temps dt est, d'après la loi de Newton, $k\theta\,dt$. Si donc M est la valeur en eau du conducteur et du calorimètre, on aura

$$(H - k\theta)\,dt = M\,d\theta,$$

équation que l'on peut écrire

$$(h - m\theta)\,dt = d\theta$$

ou

$$dt = \frac{d\theta}{h - m\theta},$$

h et m étant des constantes.

On a donc

$$t = -\frac{1}{m}L(h - m\theta) + \text{const.}$$

Soient θ_0, θ_1, θ_2 les excès correspondants aux époques o, t_1, t_2 (t_2 étant égal à $2t_1$), on a

$$t_1 = \frac{1}{m}L\left(\frac{h - m\theta_0}{h - m\theta_1}\right),$$

$$2t_1 = \frac{1}{m}L\left(\frac{h - m\theta_0}{h - m\theta_2}\right),$$

et par suite

$$\frac{h - m\theta_0}{h - m\theta_2} = \left(\frac{h - m\theta_0}{h - m\theta_1}\right)^2,$$

(1) *Poggendorff's Annalen*, 1848, t. LXXIII, p. 366.

d'où

$$h = m \frac{\theta_0 \theta_2 - \theta_1^2}{\theta_0 + \theta_2 - 2\theta_1}.$$

Pour un deuxième fil, on aura

$$h' = m \frac{\theta'_0 \theta'_2 - \theta'^2_1}{\theta'_0 + \theta'_2 - \theta'_1},$$

et le rapport $\frac{h}{h'}$ sera indépendant du coefficient m relatif au refroidissement. On peut vérifier ainsi avec beaucoup de précision que h varie proportionnellement à $I^2\lambda$.

315. **Méthode calorimétrique de Favre.** — Le calorimètre de MM. Favre et Silbermann se prête aussi parfaitement à l'étude qui nous occupe.

C'est une sorte de grand thermomètre (fig. 27) dont le réservoir, de fer ou de verre, contient plusieurs litres de mercure. A l'intérieur

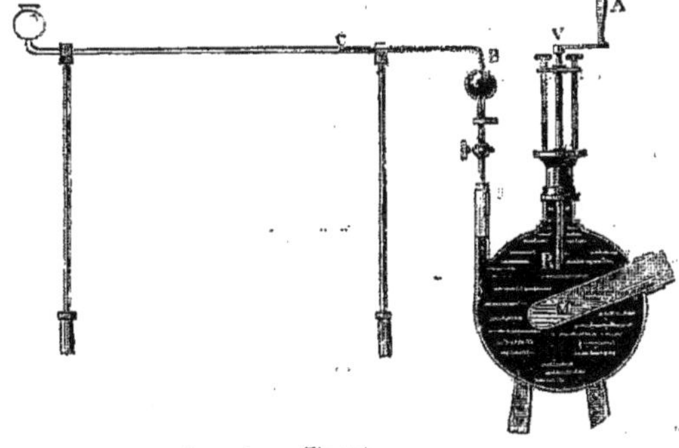

Fig. 27.

se trouvent des cavités cylindriques ou moufles, tels que M, dans lesquels on introduit les corps qui dégagent de la chaleur. Une douille adaptée au réservoir thermométrique laisse passer une tige R que l'on enfonce plus ou moins en agissant sur la manivelle A : de la sorte, on peut toujours, au commencement d'une expérience, amener le mercure au point voulu dans le tube de verre horizontal C, qui représente la tige du thermomètre : ce tube non capillaire a été divisé soigneusement en parties d'égale capacité.

Lorsqu'il se dégage de la chaleur dans le moufle, cette chaleur ne se distribue pas également dans toute la masse du mercure : un élément dm reçoit une quantité de chaleur $f dm$, et, si γ est la chaleur spécifique de cet élément, il subit une élévation de température $\frac{f\,dm}{\gamma\,dm} = \frac{f}{\gamma}$; son volume, qui était dV, devient $dV\left(1 + k\frac{f}{\gamma}\right)$, k étant le coefficient de dilatation du mercure, et le volume entier du mercure devient

$$\int dV\left(1 + k\frac{f}{\gamma}\right) = V + \int \frac{kf}{\gamma}\,dV.$$

Or, si l'on appelle ρ la densité du mercure à zéro, on a $dm = \rho\,dV$, et, si Q est la quantité totale de chaleur absorbée, la quantité de chaleur absorbée par l'élément dm (dont l'élévation de température est $\frac{f}{\gamma}$) est

$$dQ = \frac{f}{\gamma}\,dm = \rho\frac{f}{\gamma}\,dV$$

et, par conséquent,

$$Q = \rho\int \frac{f}{\gamma}\,dV.$$

Mais, si k est constant, la variation de volume $\int \frac{kf}{\gamma}\,dV$ peut s'écrire $k\int \frac{f}{\gamma}\,dV = \frac{k}{\rho}\,Q$, c'est-à-dire qu'elle est proportionnelle à Q, malgré la distribution inégale de la chaleur dans la masse. Cela résulte uniquement de ce que le coefficient de dilatation du mercure k est constant dans des limites assez étendues. Il n'en serait pas de même si le liquide thermométrique était de l'eau, à cause des variations que subit le coefficient de dilatation, particulièrement dans le voisinage du maximum de densité.

L'appareil se gradue empiriquement en introduisant dans un des moufles un poids P d'eau chaude dont la température s'abaisse de θ_0 à θ_1. Si le moufle est formé par un corps bon conducteur, peu rayonnant, toute la chaleur perdue par l'eau est transmise à l'appareil. Soit R la perte par rayonnement, la chaleur qui produit le déplacement que l'on observe est $P(\theta_0 - \theta_1) - R$. Pour déterminer R, on suit la méthode habituelle : si l'expérience dure cinq minutes, par exemple, on observe le mouvement de la colonne mercurielle, sous l'influence du refroidissement, pendant cinq minutes avant l'expérience et pendant le même temps après. Cette quantité R est du reste extrêmement faible, car la boule du calorimètre est placée dans une caisse de bois remplie de duvet de cygne qui rend le refroidissement presque nul. On peut donc ainsi graduer l'appareil, c'est-à-dire déterminer la valeur calorimétrique d'une division [1].

On comprend dès lors, sans qu'il soit nécessaire d'insister, comment on pourra facilement mesurer avec cet appareil la chaleur dégagée dans un conducteur placé dans un moufle, et par conséquent, si l'on veut, vérifier la loi de Joule; mais la méthode convient à une étude calorimétrique quelconque, et nous verrons bientôt tout le parti que M. Favre a su en tirer pour l'étude de la question qui nous occupe.

316. **Applications de la loi de Joule.** — L'accord qui existe entre la théorie et les expériences faites par les méthodes que je viens d'indiquer dispense de suivre la théorie dans les cas plus compliqués. En effet, à l'aide de la loi de Joule et des principes de la propagation de l'électricité, on arrivera facilement dans tous les cas à trouver la quantité de chaleur développée dans un conducteur de forme quelconque par le passage d'un courant, et pour cela on procédera de la manière suivante : prenant les surfaces de niveau infiniment voisines, et les trajectoires orthogonales que suivent les molécules électriques, on décomposera le conducteur en prismes infinitésimaux ayant leurs bases sur deux surfaces de niveau infiniment voisines et leurs arêtes normales à ces surfaces. La résistance λ de chacun de ces prismes se calculera en fonction de la conductibilité k du corps au point considéré x, y, z, de la section infiniment petite du prisme et de sa longueur. Dans ce prisme élémentaire, l'intensité est également connue ou peut se calculer. En multipliant le carré de l'intensité par la résistance, on aura l'équivalent mécanique de la chaleur dégagée au point considéré, et une intégration donnera la quantité totale de chaleur développée dans le conducteur.

Nous n'insisterons pas sur ces applications de la théorie; mais nous citerons encore quelques expériences qui montrent bien la double influence de la résistance du circuit et de l'intensité du

(1) C'est du moins ainsi que M. Favre a opéré dans ses premières recherches : aujourd'hui il préfère se servir de son appareil comme d'un thermo-calorimètre de M. Regnault.

courant sur la quantité de chaleur dégagée dans un conducteur.

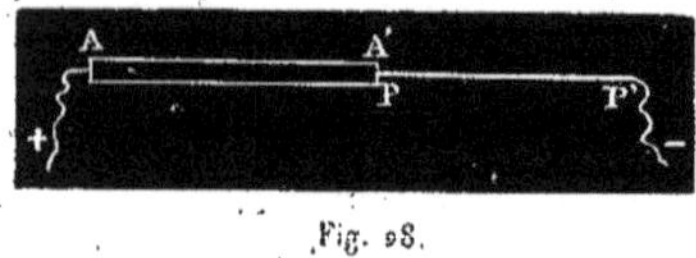

Fig. 28.

Je rappellerai d'abord cette expérience curieuse de Wollaston. Le circuit d'une grande pile à hélice est fermé par un gros fil d'argent AA' et un fil de platine fin PP'. Quand les deux fils sont placés bout à bout (fig. 28) et que le courant traverse le conducteur AP' ainsi formé, le fil d'argent ne s'échauffe pas sensiblement, le fil de platine devient incandescent. Si l'on recommence l'expérience en plaçant les deux fils l'un à côté de l'autre, de manière que chacun d'eux ferme le circuit de la pile (fig. 29), le platine reste froid, tandis que la température du fil d'argent s'élève d'une façon notable. Ces deux effets s'expliquent par la résistance du fil de platine, qui, dans le premier cas, est traversé par le même courant que le fil d'argent, tandis que, dans le second cas, le courant passe surtout par le fil d'argent, diminue moins d'intensité à travers ce fil et par suite l'échauffe davantage.

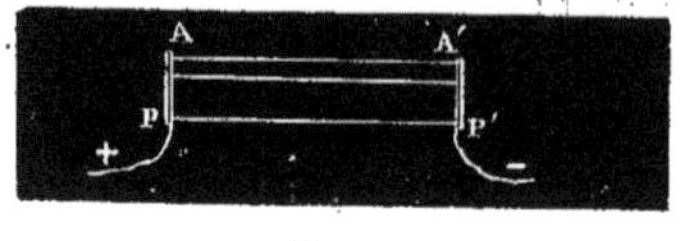

Fig. 29.

Du reste, l'élévation de température du fil dépend de circonstances complexes : du pouvoir rayonnant du fil, de la température extérieure, etc. Elle est d'ailleurs la même en tous les points d'un fil homogène, de sorte que la quantité de chaleur recueillie est proportionnelle à la longueur que l'on prend sur le fil.

Lorsque l'élévation de température est considérable, il peut y avoir un changement notable dans la conductibilité du métal. Cette modification permet d'expliquer les expériences suivantes. Davy faisait passer le courant d'une pile à travers un fil de platine ABCD (fig. 30), dont une portion AB était enroulée en hélice. Si l'intensité du courant était convenable, le fil était porté au rouge sombre sur toute sa longueur; on refroidissait alors la portion ABC en l'entourant de glace, et aussitôt la portion CD du fil passait au rouge vif comme si toute la chaleur y eût reflué. En réalité, par le refroidissement de la spi-

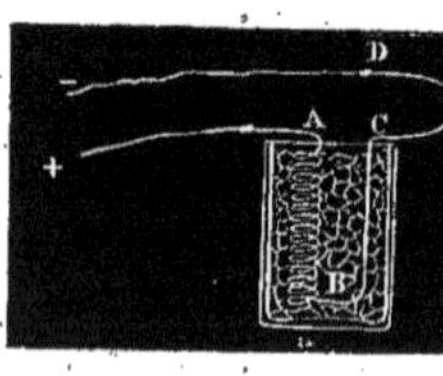

Fig. 30.

rale ABC, on augmentait la conductibilité de cette longue portion du fil et par suite l'intensité du courant. Si au contraire on chauffait cette partie ABC au moyen d'une lampe à alcool par exemple, on observait en CD un abaissement de température facile à comprendre.

On peut expliquer par les mêmes considérations cette expérience de Grove : on entoure deux fils identiques, placés dans le même circuit, de deux tubes de verre AB et CD (fig. 31), qui contiennent, l'un de l'air, l'autre de l'hydrogène. Le courant passe, et l'on constate, avec une pince thermo-électrique, que dans l'hydrogène le fil s'échauffe moins que dans l'air. Grove expliquait ce fait en disant que l'hydrogène plus conducteur s'était emparé de la chaleur du fil, et il était étonné, par conséquent, en entourant chaque tube d'un calorimètre, d'observer moins de chaleur dégagée par le tube à hydrogène que par le tube à air. Voici l'explication que M. Clausius a donnée de cette expérience : le fil s'échauffe moins dans l'hydrogène que dans l'air, à cause du pouvoir refroidissant de l'hydrogène ; le fil du tube à hydrogène s'échauffant peu, sa conductibilité ne diminue pas, tandis que la conductibilité du fil entouré d'air diminue beaucoup : il y aura donc moins de chaleur dégagée dans le tube à hydrogène que dans l'autre.

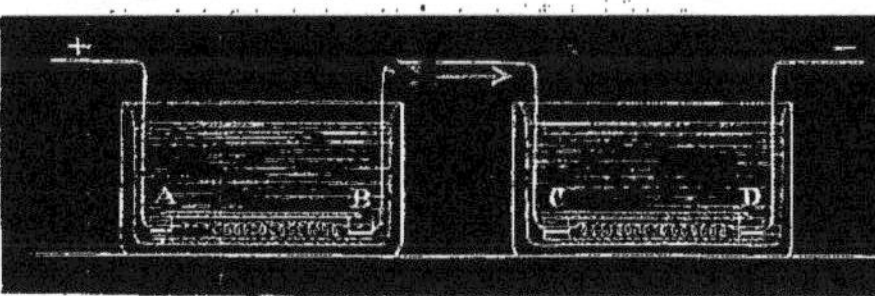

Fig. 31.

Toutes ces expériences se trouvent donc d'accord avec la loi de Joule.

317. **Détermination de la constante entrant dans la loi de Joule.** — Mais la comparaison entre la théorie et l'expérience ne doit pas en rester au point où l'ont amenée les expériences de Joule et de Lenz, expériences qui ont établi simplement les lois de proportionnalité que renferme la formule

$$Q = AI^2\lambda.$$

Nous avons, en effet, trouvé l'expression numérique de la chaleur dégagée par un courant, et il est important de vérifier numériquement cette expression. De cette vérification résultera une détermination du coefficient de proportionnalité qui entre dans la formule, et comme ce coefficient est précisément A, c'est-à-dire l'inverse de l'équivalent mécanique de la chaleur, nous nous trouverons ainsi en possession d'une valeur de cet équivalent déterminée par des expériences complétement différentes des expériences calorimétriques que nous avons précédemment indiquées (64 et 65, 70, 75, 82 [note], 89, 91).

La comparaison numérique entre la théorie et l'expérience a été faite par M. de Quintus-Icilius[1]. Pour traduire en nombres la formule précédente, il faut se rappeler la valeur numérique des quantités I et λ.

318. Nous avons défini l'intensité I la somme algébrique des quantités d'électricité qui traversent chaque élément de section dans l'unité de temps, dans une seconde. Cette quantité I sera donc numériquement déterminée quand nous aurons fixé l'unité au moyen de laquelle nous mesurerons les quantités de fluide électrique. Pour fixer cette unité, reportons-nous à la définition de la fonction potentielle. La fonction potentielle relative à l'action d'un système de masses dq d'électricité positive sur une masse 1 de fluide négatif placée à la distance r est $\int \frac{dq}{r}$, et l'action d'une masse dq sur la masse 1 est $-\frac{dq}{r^2}$. L'action d'une masse 1 d'électricité positive sur une masse 1 de fluide négatif placée à une distance R assez grande pour que toutes les molécules électriques agissent de même sera donc $-\frac{1}{R^2}$.

L'unité de masse électrique sera donc telle que, si l'on considère deux masses électriques de nom contraire, égales toutes deux à l'unité et situées à une grande distance, la force d'attraction sera représentée, au signe près, par $\frac{1}{R^2}$. Si nous convenons maintenant de prendre, comme M. Weber, pour unité de longueur le millimètre et

[1] *Poggendorff's Annalen*, 1857, t. CI, p. 69. — Verdet a publié un extrait de ce mémoire dans les *Annales de chimie et de physique*, 1857, 3e série, t. LI, p. 495.

pour unité de force l'unité de poids correspondante dans le système métrique, c'est-à-dire le milligramme, la quantité I se trouve entièrement définie numériquement sans qu'il reste rien d'arbitraire. C'est donc au moyen de cette unité de masse électrique qu'il faut évaluer l'intensité I du courant.

M. de Quintus-Icilius a fait sortir cette évaluation d'expériences très-nombreuses exécutées par MM. Weber et Kohlrausch, dans leur important travail sur la mesure absolue des courants[1]. La série d'expériences suivante permet d'arriver au résultat. Un condensateur est chargé à l'aide d'une machine électrique ordinaire. Pour déterminer la charge de ce condensateur, on touche son armature interne avec une sphère conductrice isolée de grand diamètre : cette sphère enlève une fraction déterminée de la charge; mettons-la de côté pour y revenir dans un instant. Le condensateur est alors déchargé à travers un galvanomètre, interposition ayant été préalablement faite dans le circuit d'une colonne d'eau qui, retardant considérablement la décharge, empêche la production d'étincelles; l'aiguille du galvanomètre éprouve une certaine déviation. En second lieu, on prend un courant électrique dont on a préalablement mesuré l'intensité à l'aide d'un appareil connu quelconque, une boussole des tangentes, par exemple; un interrupteur convenable, placé dans le circuit, permet de faire passer le courant dans le galvanomètre pendant une durée toujours très-courte, mais variable à volonté. Nous supposerons, pour simplifier, l'interrupteur réglé de façon que le courant communique à l'aiguille du galvanomètre la même déviation que celle que produisait, il y a un instant, la décharge du condensateur. Soit q la quantité d'électricité restée sur le condensateur après le contact avec la sphère isolée : cette quantité est précisément celle qu'a fournie le courant d'intensité inconnue I, pendant un temps θ; on a donc

$$q = \mathrm{I}\theta,$$

d'où

$$\mathrm{I} = \frac{q}{\theta}.$$

(1) KOHLRAUSCH et WEBER, Electrodynamische Maasbestimmungen, *Mémoires de la Société royale saxonne des sciences*, t. V; Leipzig, 1856.

Pour avoir q on se sert de la sphère électrisée au contact de l'armature interne de la bouteille de Leyde. Cette sphère est traitée par un deuxième observateur, pendant que le premier s'occupe du condensateur. Cette sphère a enlevé une quantité q' d'électricité qu'il faut d'abord évaluer. Pour cela, on la touche avec la boule fixe d'une balance de Coulomb : des lois théoriques calculées par Plana (1) et vérifiées par l'expérience permettent de calculer la fraction m de sa charge q', que la grosse sphère cède à la petite boule dans ce contact. La boule fixe est introduite dans la balance, la boule mobile s'électrise au contact de la boule fixe dont elle a sensiblement le volume, et par une torsion convenable du fil de la balance on ramène cette boule mobile dans un azimut déterminé. Or, en employant la méthode de Coulomb, on a préalablement déterminé la valeur numérique du couple de torsion par l'étude des oscillations d'une masse de forme géométriquement simple suspendue au fil de la balance. Donc la quantité d'électricité mq', partagée entre les deux boules égales de la balance, produit des forces mesurées par un couple numériquement connu et en fonction duquel, par conséquent, peut s'évaluer cette quantité mq'. Mais les formules de Plana donnant la valeur de m, q' est par suite connu. Pour avoir q, il suffit dès lors de savoir quel rapport existe entre la charge restant sur le condensateur après le contact avec la sphère et la quantité d'électricité enlevée par la sphère. On avait résolu ce problème à l'avance en observant un électromètre des sinus relié à l'armature intérieure du condensateur, et en ayant soin de suivre la position de l'aiguille un certain temps avant, puis un certain temps après le contact avec la sphère, de façon à connaître la déperdition et à pouvoir par suite calculer la charge de la bouteille immédiatement avant et après le contact, car la communication avec l'appareil de mesure était nécessairement supprimée quelque temps pour qu'on pût toucher l'armature intérieure avec la sphère.

Ces expériences donnent immédiatement la valeur numérique de l'intensité du courant sur lequel on a opéré, valeur numérique

(1) Plana, *Mémoire sur la distribution de l'électricité à la surface de deux sphères*; Turin, 1845.

rapportée à l'unité définie plus haut et que nous appellerons l'*unité mécanique* d'intensité. Mais l'intensité de ce courant avait été d'ailleurs mesurée au moyen d'un galvanomètre; on pourra donc désormais exprimer en unités mécaniques l'intensité d'un courant quelconque mesurée avec ce galvanomètre, et il sera même facile d'exprimer en unités mécaniques l'intensité d'un courant mesurée avec un rhéomètre quelconque : il suffira pour cela de comparer à l'aide du voltamètre le courant qui nous a servi jusqu'ici au courant décomposant 1 milligramme d'eau en 1 seconde; on aura alors la valeur, en unités mécaniques, de l'intensité du courant décomposant 1 milligramme d'eau en 1 seconde, et il suffira d'altérer par un coefficient facile à déterminer tous les nombres fournis par le galvanomètre. On pourra aussi avantageusement adopter l'unité proposée par M. Weber pour la *mesure absolue* des courants : l'unité de courant est le courant qui, traversant un circuit fermé de longueur égale à l'unité et agissant sur une aiguille aimantée placée à une très-grande distance et dont le moment magnétique est égal à l'unité, donne naissance par cette action à un couple dont le moment est égal à l'unité divisée par le cube de la distance. On se rappelle que pour M. Weber l'unité de longueur et l'unité de force sont le millimètre et le milligramme. L'unité d'intensité de M. Weber équivaut, d'après lui, à 155370.10^6 unités mécaniques, et l'intensité du courant susceptible de décomposer 1 milligramme en 1 seconde est $106\frac{2}{3}$ en mesure absolue ou $106\frac{2}{3}.155370.10^6$ unités mécaniques.

319. Il nous faut également la valeur numérique de la résistance λ. Soient V_0 et V_1 les valeurs de la fonction potentielle en deux points M_0 et M_1 du conducteur, λ la résistance de la portion M_0M_1 comprise entre ces deux points, la relation

$$I = -\frac{V_1 - V_0}{\lambda}$$

établie précédemment (309) permettra de calculer λ si on peut obtenir la valeur numérique de la quantité $V_1 - V_0$. Or cette valeur peut facilement se déduire d'une série d'expériences de M. Kohlrausch, entreprises pour vérifier la théorie de Ohm [1]. Le conducteur soumis à l'expérience étant traversé par un courant dont l'intensité I peut s'évaluer numériquement comme je l'ai expliqué plus haut, deux points M_0 et M_1 de ce conducteur sont unis respectivement aux deux armatures d'un condensateur à lame d'air placé très-loin. Le condensateur employé par M. Kohlrausch était disposé d'une manière particulière, afin d'écarter les diverses causes d'erreur que comporte trop souvent l'usage de cet instrument. Il était formé de deux plaques de laiton d'environ 15 centimètres de diamètre sur 3 millimètres d'épaisseur, suspendues chacune par trois cordons de soie; les cordons qui soutenaient la plaque supérieure, longs de 25 à 30 centimètres, s'attachaient à une pièce mobile qui permettait d'éloigner ou de rapprocher à volonté les deux plaques l'une de l'autre. La plaque inférieure était recouverte d'une couche très-mince de vernis à la gomme laque et présentait en trois points voisins de ses bords trois petites colonnes de gomme laque; la plaque supérieure posait sur ces colonnes lorsqu'on voulait faire l'expérience et n'était vernie qu'aux trois points correspondants. Par suite de cet arrangement, la distance des plaques et la force condensante demeuraient constantes pendant toute la durée des expériences; le mode de suspension faisait disparaître les perturbations si fréquentes que produit l'électricité, qui finit toujours par s'accumuler sur les supports en verre des condensateurs ordinaires. Le condensateur se charge promptement, et la propagation de l'électricité à travers le fil M_0M_1 a lieu dès lors comme auparavant; la fonction potentielle conserve en chaque point la même valeur qu'avant l'établissement des communications avec le condensateur : la différence $V_1 - V_0$ est donc la même que si le condensateur n'existait pas. Supprimons maintenant les fils métalliques qui relient les points M_0 et M_1 aux

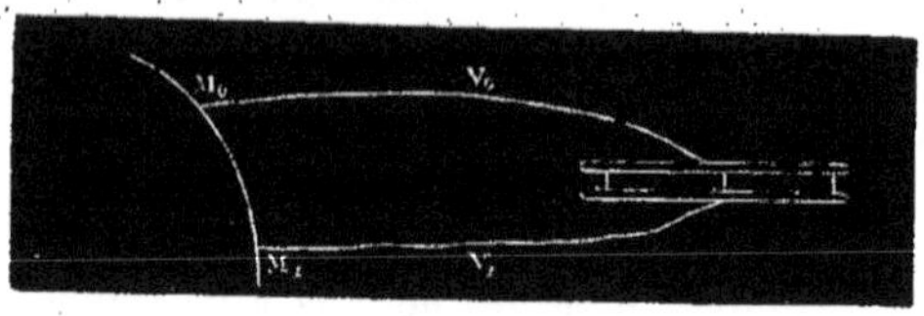

Fig. 32.

[1] *Poggendorff's Annalen*, 1848, t. LXXV, p. 220, et 1849, t. LXXVIII, p. 1. — Verdet a rendu compte de ces travaux dans les *Annales de chimie et de physique*, 1854, 3e série, t. XLI, p. 357 et 362.

plateaux du condensateur et mesurons, comme nous l'avons indiqué plus haut, la charge de ce condensateur. La valeur de la différence V_1-V_0 s'en déduira sans peine : en effet, quand les communications existaient, l'équilibre électrique s'établissait promptement dans les fils de communication et dans les plateaux du condensateur, de sorte que la valeur de la fonction potentielle pour le plateau correspondant au point M_0, valeur constante dans tout le système conducteur en équilibre, est précisément V_0; de même la fonction potentielle relative au deuxième plateau est V_1. Or, les dimensions du condensateur sont connues, et l'on peut, par suite, exprimer analytiquement la différence V_1-V_0 en fonction de la charge de l'appareil. On peut donc avoir la valeur numérique de cette différence, et par conséquent la valeur numérique de λ, en unités mécaniques. Cette opération étant faite pour un fil dont la résistance a déjà été déterminée par les procédés ordinaires par rapport à une unité quelconque, on en déduit un coefficient de proportionnalité applicable à tous les fils dont la résistance a été déterminée par rapport à la même unité. Si en particulier nous voulons avoir en unités mécaniques la valeur d'une résistance connue en mesure absolue, il suffira de diviser par $155370^2.10^{12}$ le nombre représentant la mesure absolue de la résistance[1]. On sait que, en mesure absolue, M. Weber prend pour unité de résistance la résistance d'un circuit fermé dont l'aire est égale à l'unité de surface et dans lequel il se développerait un courant égal à l'unité, si, dans un lieu où l'intensité magnétique absolue serait égale à l'unité, on faisait mouvoir ce conducteur de manière que son plan, d'abord parallèle à l'aiguille d'inclinaison, lui devînt ensuite perpendiculaire. M. Siemens a adopté une unité de résistance très-commode : c'est la résistance d'une colonne de mercure qui aurait à zéro 1 mètre de long et 1 millimètre carré de section. Les résistances rapportées à cette unité s'exprimeront facilement en unités mécaniques, si l'on se rappelle que l'unité de Siemens vaut 3745.10^{-13} unités mécaniques.

320. Les procédés expérimentaux que je viens de décrire ne

(1) On voit donc qu'avec les unités de Weber le produit de la résistance par le carré de l'intensité est le même que si on prend les unités mécaniques.

sont pas ceux mêmes que M. de Quintus-Icilius a employés, mais la série nombreuse des expériences de M. Weber sur la mesure absolue des constantes d'un courant lui avait fourni l'équivalent des procédés que j'ai indiqués, de sorte que l'intensité du courant, aussi bien que la résistance du fil soumis à l'expérience, pouvait facilement être exprimée au moyen des unités mécaniques définies plus haut. On a opéré sur des fils de cuivre et des fils de platine : le fil soumis à l'expérience était placé dans un calorimètre consistant en un vase de cuivre mince, généralement plein d'eau, placé à l'intérieur d'un deuxième vase qui était lui-même environné d'eau à une température constante. On a employé deux calorimètres de dimensions différentes; on les a remplis tantôt avec de l'eau, tantôt avec de l'alcool, tantôt avec de l'essence de térébenthine. La marche de chaque expérience était la suivante : on commençait par déterminer la position d'équilibre de l'aiguille galvanométrique au moyen de sept observations séparées par des intervalles égaux à la durée d'une oscillation de l'aiguille; puis on faisait passer le courant en introduisant dans le circuit, au lieu du fil du calorimètre, un fil d'égale résistance; et, en ouvrant ou fermant le circuit à des époques convenables, on amenait rapidement l'aiguille à se fixer dans sa position d'équilibre. Au bout de ces diverses opérations, dont la durée était seulement de 2 minutes, on faisait, à l'aide d'un commutateur, passer le courant dans le fil du calorimètre, et on observait les indications du thermomètre de 2 minutes en 2 minutes pendant 1 heure. Durant chaque période de 2 minutes, on observait le galvanomètre aux époques 12^s, 24^s, 36^s, 48^s, 72^s, 84^s, 96^s et 108^s, et à l'époque 60^s on faisait agir le rhéostat s'il était nécessaire. Ces diverses observations donnaient les éléments du calcul de la chaleur dégagée et de l'intensité correspondante. On a tenu compte du changement de résistance des fils dû à leur variation de température, qu'on avait déterminée par des expériences préalables; mais on a rencontré une autre cause d'erreur qu'il a été plus difficile de corriger et qui a dû affecter sensiblement l'exactitude des résultats. En mesurant la résistance des fils, après les avoir soumis un assez grand nombre de fois à l'action calorifique du courant, on a trouvé une valeur plus grande qu'avant les expériences. La différence s'est élevée quelquefois jusqu'à $\frac{1}{30}$ de la valeur totale. Il est clair qu'on a dû considérer comme représentant la résistance réelle la moyenne de la résistance primitive et de la résistance finale, mais ce mode de correction est très-incertain.

M. de Quintus-Icilius a exécuté avec le calorimètre à eau douze séries d'expériences qui ont donné pour valeur de la constante A les fractions qu'on obtiendrait en divisant par 10 000 000 000 les nombres suivants :

2,573	2,685	2,619	2,571
2,492	2,490	2,556	2,761
2,544	2,414	2,860	2,590

On a donc en moyenne

$$A = \frac{2,551}{10\,000\,000\,000} = \frac{1}{3\,920\,000\,000}.$$

Il en résulterait pour l'équivalent mécanique de la chaleur rapporté au millimètre et au milligramme la valeur 3 920 000 000 et, par conséquent, pour l'équivalent défini comme d'habitude, le nombre 392, qui diffère assez notablement du nombre généralement admis; mais la différence n'excède pas les limites d'incertitude que comporte le grand nombre d'éléments que l'on a dû déterminer et la difficulté de leur détermination.

II. — Relation entre le travail des forces productrices du courant et la chaleur dégagée.

321. Variation d'énergie mécanique correspondant à la chaleur dégagée. — Cette question du dégagement de chaleur produit par le passage d'un courant peut, comme je l'ai indiqué en commençant, être traitée à un autre point de vue que celui où nous nous sommes d'abord placés.

Au lieu de déduire les lois de ce dégagement de chaleur d'hypothèses sur la nature et le mode de propagation de l'électricité, on peut prendre ces lois comme données par l'expérience, et, comme à cette quantité de chaleur donnée par l'expérience correspond une certaine somme d'énergie mécanique qui doit nécessairement trouver son équivalent dans la variation d'énergie d'une autre partie du système, on arrivera à une relation entre la chaleur dégagée par un courant et les phénomènes chimiques ou autres qui ont pour effet la production du courant.

322. **Lois de l'induction déduites du dégagement de chaleur que produisent les courants induits.** — Nous considérerons d'abord les courants produits par induction et nous prendrons en premier lieu le cas où un circuit conducteur fermé se déplace en même temps qu'il est soumis à l'action d'un aimant ou, ce qui est équivalent, à l'action d'un système de courants. C'est un fait d'expérience que, dans ce cas, il se produit un courant. Ce courant développe dans le conducteur une quantité de chaleur Q proportionnelle, d'après la loi de Joule, à $I^2\lambda$; l'énergie mécanique correspondante EQ sera donc aussi proportionnelle à la même quantité $I^2\lambda$. Je supposerai le conducteur formé d'une substance homogène, mais d'ailleurs de dimensions variables d'un point à l'autre; je n'introduis la condition d'homogénéité physique que pour écarter les effets qui se produisent aux points de contact de deux métaux hétérogènes, effets sur lesquels je reviendrai plus tard; λ représente donc la résistance totale d'un conducteur physiquement homogène, et l'on a pendant l'unité de temps

$$EQ = mI^2\lambda,$$

m étant une constante qui dépend des unités que l'on a prisés pour l'intensité et la résistance du courant; m se déterminera donc expérimentalement. On sait d'ailleurs qu'en appelant F la force électromotrice d'un courant on a

$$I\lambda = F,$$

de sorte que la relation précédente peut aussi s'écrire

$$EQ = mFI$$

ou

$$H = mFI,$$

en appelant H l'énergie mécanique équivalente à la chaleur dégagée.

Telle est la formule qui convient à un courant d'intensité constante; ce cas est réalisé, par exemple, dans l'expérience d'Arago (fig. 33), où les courants sont développés par l'action d'un aimant sur un disque tournant; si l'on appuie les deux extrémités d'un conducteur fixe en deux points du disque, les points du disque en contact avec ces deux extrémités changeront, mais l'état du système restera invariable par une raison de symétrie évidente, et le courant circulant dans le conducteur fixe sera nécessairement constant.

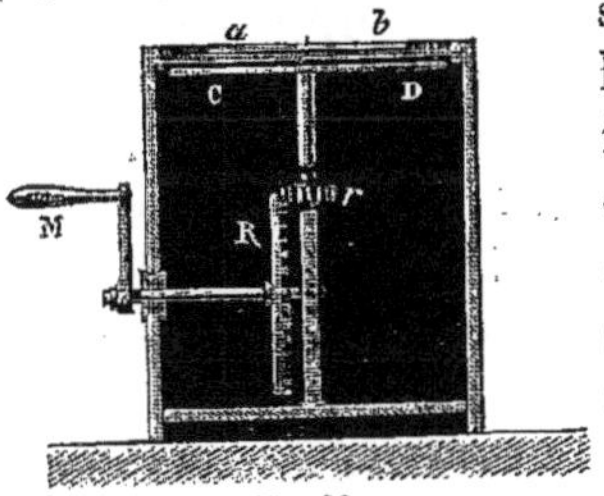

Fig. 33.

Si la force électro-motrice et la résistance sont variables, l'énergie mécanique correspondant au dégagement de chaleur pendant le temps dt sera

$$dH = mFI\,dt,$$

et pendant l'unité de temps

$$H = \int_0^1 mFI\,dt.$$

Supposons que le circuit conducteur mobile soit mis en mouvement par une certaine force et admettons d'abord que ce circuit soit ouvert, l'influence de l'aimant (ou du système de courants) à l'action duquel le circuit mobile est soumis ne produit pas d'effets appréciables à l'expérience. Si, au contraire, le circuit mobile est fermé, il se produit un dégagement de chaleur; de ce fait nous pouvons immédiatement conclure que, pour produire le même mouvement du circuit mobile, il faut actuellement dépenser une plus grande quantité d'énergie mécanique. Pendant chaque intervalle de temps dt, il faut dépenser, en sus de ce que l'on dépensait précédemment, une quantité de travail dH. Mais si, dans ce cas, il faut ainsi une force plus grande pour entretenir le mouvement, c'est donc que la réaction du courant induit sur l'aimant (ou le système de courants) est une force qui résiste au mouvement que l'on produit. Nous sommes ainsi conduits à la loi fondamentale des phénomènes d'induction, loi que le physicien russe Lenz a le premier mise en évidence [1] et à laquelle il convient de conserver son nom.

Mais ce n'est pas seulement la loi de Lenz dont la nécessité devient ainsi évidente; c'est encore l'expression hypothétique que M. Neumann a donnée de la force électro-motrice d'induction [2] qui va nous apparaître comme une conséquence nécessaire de la théorie mécanique de la chaleur. Le travail dH qu'il faut dépenser pendant chaque intervalle de temps dt pour entretenir le mouvement du conducteur mobile est égal au travail réciproque du courant induit et du système inducteur, aimant ou courants; il peut donc se déduire théoriquement des lois d'Ampère sur l'électro-magnétisme. Cette expression du travail du courant induit et de l'aimant contient nécessairement en facteur commun à tous les termes l'intensité I du courant induit pendant le temps dt; on peut donc poser

$$dH = I d\varphi;$$

on aura par suite

$$d\varphi = mF dt.$$

Pour calculer $d\varphi$, je remarque que $d\varphi = dH$ lorsque $I = 1$. Je vais donc chercher le travail résultant de l'action du système inducteur sur un courant d'intensité 1 traversant le circuit induit. Soit ds un élément du circuit induit et soit $R ds$ la résultante des actions du système inducteur sur cet élément, résultante facilement calculable par les lois d'Ampère; cet élément ds se meut avec une vitesse v sous l'action d'une force mécanique maintenant le mouvement malgré l'action R de l'aimant; $v dt$ est donc l'espace parcouru dans le temps dt, et le travail élémentaire de la force R est, en appelant ψ l'angle de la direction de la vitesse et de la résultante R,

$$R v \cos\psi \, ds \, dt.$$

Faisons la somme de tous les termes semblables pour tous les éléments du circuit fermé pendant le temps dt, et nous aurons

$$d\varphi = dt \int R v \cos\psi \, ds,$$

(1) *Mémoires de l'Académie des sciences de Saint-Pétersbourg : sciences mathématiques, physiques et naturelles*, 1833, 6e série, t. II, p. 427, ou *Poggendorff's Annalen*, 1834, t. XXXI, p. 483.

(2) *Abhandlungen der Berliner Academie*, 1845, p. 1, et 1847, p. 1.

et par suite

$$F = \frac{1}{m}\int Rv \cos\psi \, ds,$$

ce qui est l'expression même donnée hypothétiquement par Neumann pour représenter la force électro-motrice du courant induit développé par le mouvement relatif d'un circuit conducteur et d'un aimant (ou d'un courant) voisin.

Cette formule de Neumann a conduit à un grand nombre de conséquences, toutes vérifiées par l'expérience; on peut donc la regarder comme l'expression d'une loi de la nature.

323. Je ne développerai pas les conséquences de la formule de Neumann, ces développements constituant, à proprement parler, la théorie mathématique des courants induits; mais je ferai voir toute l'importance de la formule en montrant comment elle s'étend aux autres cas où il se produit des courants induits. Il y a induction, comme on sait, dans un circuit fermé, lorsque ce circuit est en présence d'un aimant qui varie d'intensité ou d'un courant qui également varie d'intensité. Considérons en premier lieu le cas où l'induction est produite par la variation d'intensité d'un aimant. Voici comment Neumann ramène ce cas au cas où l'induction est produite par un déplacement de l'aimant. Il considère d'abord les phénomènes d'induction produits dans un circuit conducteur fixe par le déplacement d'un pôle magnétique unique. La résultante R se calcule facilement au moyen de la formule connue

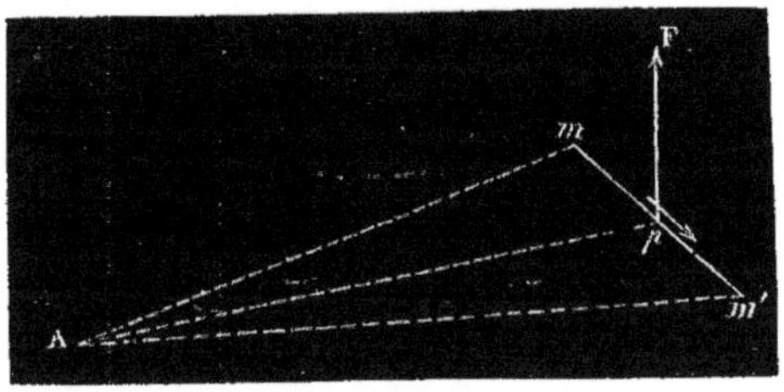

$$\frac{\mu \sin \omega \, ds}{r^2},$$

Fig. 34.

qui représente l'action d'un pôle magnétique A sur un élément de courant $mm' = ds$, dont le milieu p est à une distance $Ap = r$ du pôle et dont la direction fait un angle ω avec la droite Ap, cette action étant dirigée vers la droite du courant si l'on considère un pôle austral (voir tome II de ces *Œuvres*, p. 268). Le calcul de F étant ainsi fait pour un pôle austral, il suffira d'en changer le signe pour avoir la force électro-motrice produite par l'action d'un pôle boréal de même intensité agissant dans les mêmes circonstances. Cela posé, Neumann suppose d'abord deux pôles magnétiques égaux et contraires placés en un même point M, ce qui ne produit aucun effet sur le circuit fermé; puis il les écarte de quantités égales en A et en B, il crée ainsi un aimant, et cette création donne lieu à un courant induit dont la cause se trouve ramenée au déplacement de pôles magnétiques. En écartant plus ou moins ces pôles, Neumann simule les variations d'intensité de l'aimant inducteur; cette manière de faire ne convient, il est vrai, en toute rigueur, qu'à un élément magnétique, mais on peut étendre à tout le système constituant l'aimant ce que l'on fait dans un élément magnétique.

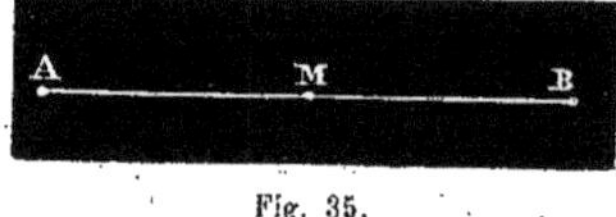

Fig. 35.

Quant à l'induction produite par la variation d'intensité d'un courant, elle se ramène immédiatement au cas précédent, d'après le principe déjà rappelé de l'équivalence des courants et des aimants. Ampère a montré, en effet, que toutes les actions d'un courant fermé sont identiques à celles de deux surfaces infiniment voisines chargées de fluides magnétiques de nom contraire, ces deux surfaces ayant d'ailleurs une forme quelconque et étant assujetties seulement à se terminer à deux courbes infiniment voisines du courant; on suppose, en outre, que si l'on considère deux points M et M′ sur une normale commune aux deux surfaces, les quantités de fluides contraires placées en M sur l'une des surfaces et en M′ sur l'autre sont en raison inverse de la distance MM′ des deux surfaces, en sorte que, si les deux surfaces avaient partout la même distance, elles seraient chargées uniformément de fluide magnétique. On se fait assez facilement une idée de la position de ces surfaces si on les coupe par un plan quelconque : cette section rencontrera le courant fermé en deux points M et N et donnera dans

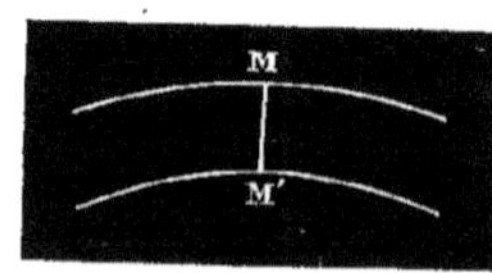

Fig. 36.

les deux surfaces deux courbes infiniment voisines qui viendront toutes les deux se terminer en des points infiniment voisins de M et de N; l'une des surfaces pourra même passer par le courant, alors l'une des courbes de la section passera par les points M et N. On peut donc toujours ramener ainsi un courant à un système d'éléments magnétiques, et, par suite, les raisonnements relatifs à l'induction par les aimants conviennent parfaitement à l'induction par les courants.

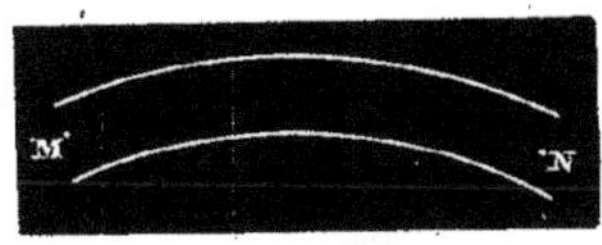

Fig. 37.

324. **Expérience de M. Joule établissant l'équivalence de la chaleur dégagée par un courant d'induction et du travail dépensé pour produire ce courant.** — Le principe de cette théorie a été vérifié expérimentalement par M. Joule dans un travail très-important au point de vue historique, puisqu'il marque le début de M. Joule dans cette question de la théorie mécanique de la chaleur, mais très-imparfait au point de vue de la précision des expériences (1). L'expérience consistait essentiellement en ceci : dans le voisinage d'un aimant, faire tourner un circuit, ouvert d'abord, avec une vitesse déterminée obtenue par exemple par la chute d'un poids, puis fermer le circuit et le faire tourner avec la même vitesse; pour obtenir cette même vitesse, il faudra employer un poids plus considérable, et le rapport entre l'accroissement de travail dans la seconde phase de l'expérience et la quantité de chaleur dégagée par les courants induits alors obtenus donnera la valeur de l'équivalent mécanique de la chaleur.

Le circuit mobile était un petit électro-aimant formé de six plaques de fer doux de 12 centimètres de longueur, 28 millimètres de largeur et $1^{mm},6$ d'épaisseur, réunies ensemble, mais isolées les unes des autres par de la soie enduite de gomme laque. On avait enroulé autour environ 19 mètres d'un fil de cuivre de $1^{mm},4$ de diamètre.

(1) *Philosophical Magazine*, 1843, 3e série, t. XXIII, p. 263, 347 et 435. — Verdet a rendu compte de ce travail en 1852, époque où il commença à publier dans les *Annales de chimie et de physique* ses « Comptes rendus des travaux de physique faits à l'étranger » (*Annales*, t. XXXIV, p. 504).

Pour l'expérience, l'électro-aimant était introduit dans un tube de verre rempli d'eau qu'on fermait avec un bouchon et qu'on fixait,

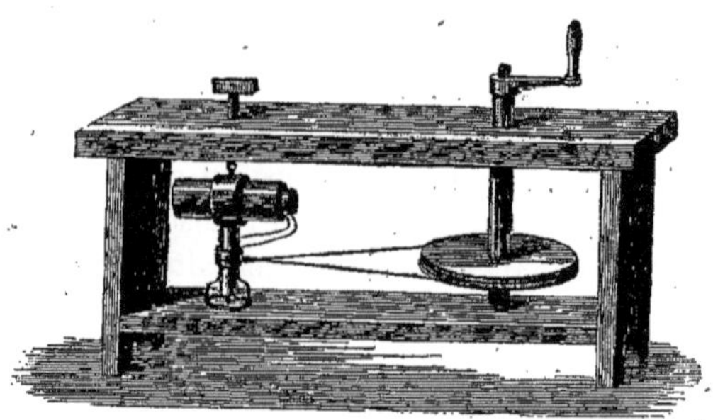

Fig. 38.

dans une position horizontale, au-dessus d'un axe vertical mobile s'élevant entre les deux branches d'un gros électro-aimant fixe. Les extrémités du fil de l'électro-aimant mobile sortaient du tube de verre et se rendaient à un commutateur placé sur l'axe et établissant la communication avec le galvanomètre. Avant de mettre le tube en place, on lisait la température de l'eau sur deux thermomètres à mercure fixés aux deux extrémités du tube et donnant les cinquantièmes de degré Fahrenheit. Ensuite on installait le petit électro-aimant sur l'axe, on le faisait tourner pendant un quart d'heure avec une vitesse à peu près constante de 600 tours par minute, on le retirait et on lisait de nouveau aux deux thermomètres la température de l'eau. La variation observée était la différence entre l'élévation de température produite par le courant magnéto-électrique et le refroidissement dû aux actions extérieures. Pour estimer l'effet de cette dernière cause, on recommençait immédiatement l'expérience, après avoir interrompu le courant qui circulait autour de l'électro-aimant fixe, de façon que la température ne dût varier que par suite des actions extérieures. Connaissant d'ailleurs le poids de l'eau contenue dans le tube (environ 300 grammes), le poids et la chaleur spécifique du tube, du fer doux et du fil de cuivre, on calculait aisément la quantité de chaleur dégagée.

M. Joule a fait usage de divers électro-aimants fixes. Le plus puissant était formé d'une grosse lame de fer de 81 centimètres de longueur, 20 centimètres de largeur et 12 millimètres d'épaisseur, recourbée en fer à cheval et autour de laquelle on avait enroulé un faisceau de vingt et un fils de cuivre, ayant chacun 96 mètres de longueur et $1^{mm},2$ de diamètre. Lorsqu'on faisait passer dans les fils le courant d'une pile de dix éléments de Daniell réunis en cinq couples, l'élévation de température était de $2°,39$ (Fahrenheit), si les extrémités du fil de l'électro-aimant mobile communiquaient immédiatement ensemble, et de $1°,84$ (Fahrenheit), si le galvanomètre était introduit dans le circnit.

A la quantité de chaleur dégagée par le système induit il fallait enfin comparer le travail nécessaire pour entretenir la vitesse de rotation qu'on donnait, dans les expériences, à l'électro-aimant mobile. Pour mesurer directement ce travail, M. Joule enroula autour de l'axe de l'électro-aimant mobile un fil qu'il fit ensuite passer sur une poulie et à l'extrémité duquel il accrocha un poids. La descente du poids mit l'appareil en mouvement, et, en faisant varier la masse du poids suspendu, on parvint à produire une vitesse à peu près constante de 600 tours par minute sous l'influence de l'électro-aimant fixe. Mesurant en même temps la vitesse à peu près uniforme avec laquelle le poids descendait, on put calculer le travail mécanique nécessaire pour entretenir pendant un quart d'heure cette vitesse de 600 révolutions par seconde. L'expérience étant recommencée, après avoir retiré l'électro-aimant fixe, on mesura le travail absorbé par les résistances passives, et, en le retranchant du précédent, on obtint la valeur du travail mécanique équivalent à la chaleur dégagée par le courant induit dans le fil de l'électro-aimant mobile.

Mais cette quantité de chaleur qui se déduit des résultats de la première partie des expériences n'est pas connue d'une manière bien précise : le mode de correction adopté pour tenir compte du refroidissement n'est pas suffisamment exact. Il est en outre infiniment probable que les deux thermomètres plongeant aux deux extrémités du tube ne donnent pas la température de tout le système : avec la vitesse constante de rotation il doit s'établir un état stationnaire où la température de l'eau varie régulièrement du centre aux extrémités.

Aussi les expériences ne sont-elles pas très-concordantes. M. Joule a fait huit déterminations dont les valeurs extrêmes sont 322 et 572; la moyenne est 460. Si ces expériences étaient restées isolées, on ne pourrait pas en conclure grand'chose; mais au point où nous en sommes on ne saurait douter de l'équivalence du travail et de la chaleur, et on doit voir dans les résultats précédents une confirmation du principe général. Si l'on critiquait ces expériences avec la même rigueur que mettent certains amis du savant physicien de Manchester à critiquer celles d'autres savants qui ont travaillé à la théorie mécanique de la chaleur en même temps que M. Joule, il faudrait dire qu'elles concluent à ceci : qu'il n'y a pas d'équivalent mécanique de la chaleur; mais ce n'est évidemment pas ainsi que l'on doit en toute justice juger des expériences sur un sujet aussi entièrement neuf que celui qu'abordait, il y a vingt-cinq ans, M. Joule.

325. **Expérience de Foucault.** — Tout le monde connaît la forme remarquable que Foucault[1] a donnée à l'expérience de M. Joule. Un disque de cuivre, engagé entre les pôles d'un fort électro-aimant, est relié par l'intermédiaire d'un système de rouages à une manivelle au moyen de laquelle on peut lui imprimer un mouvement de rotation extrêmement rapide. « Quand l'appareil est lancé à toute vitesse, le courant de six couples Bunsen lancé dans l'électro-aimant éteint le mouvement en quelques secondes, comme si un frein invisible était appliqué au mobile. Mais si alors on pousse à la manivelle pour restituer à l'appareil le mouvement qu'il a perdu, on éprouve une résistance énorme, et cette résistance oblige à fournir un certain travail dont l'équivalent reparaît et s'accumule effectivement en chaleur à l'intérieur du corps tournant. » L'appareil n'est pas disposé pour des expériences de mesure, mais il serait facile de le modifier dans ce but, et on pourrait arriver, par cette

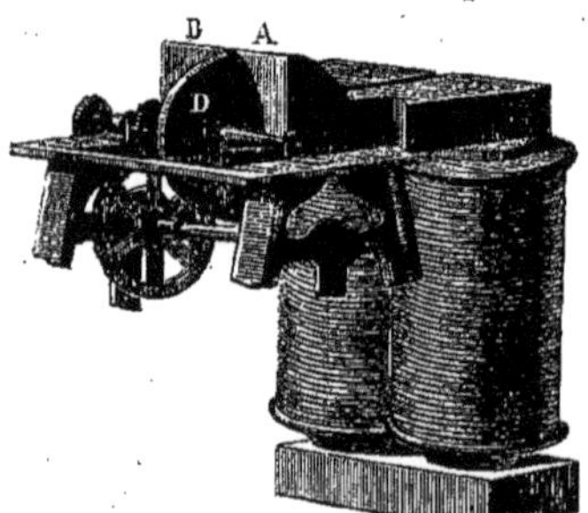

Fig. 39.

(1) *Annales de chimie et de physique*, 1855, 3e série, t. XLV, p. 316.

méthode, à une détermination très-exacte de l'équivalent mécanique de la chaleur.

Nous n'avons jusqu'à présent considéré que les courants ayant pour origine un phénomène d'induction; l'étude des courants ayant une autre cause doit maintenant nous occuper. Toutefois, avant d'aborder ce sujet, je profiterai des notions que nous venons d'acquérir pour compléter ce que j'ai dit de la chaleur dégagée par les courants.

326. **Chaleur dégagée dans un circuit hétérogène. — Expérience de Peltier.** — J'ai supposé jusqu'ici l'homogénéité physique du circuit traversé par le courant; quelle modification l'hétérogénéité apporte-t-elle aux phénomènes? La réponse à cette question est dans l'importante expérience de Peltier [1].

Peltier, faisant traverser à un courant un conducteur formé de deux métaux différents soudés bout à bout, observa que la température de la soudure était moins élevée que celle des parties voisines, si le courant était dirigé dans le même sens que le courant thermo-électrique qu'on obtiendrait en chauffant cette soudure; la soudure s'échauffait au contraire plus que les parties voisines, si elle était traversée par le courant en sens contraire au sens du courant thermo-électrique que développerait l'échauffement de la soudure. Les deux phénomènes se ramènent à un même énoncé, si l'on remarque que le courant employé donne naissance dans tous les cas à un courant thermo-électrique inverse.

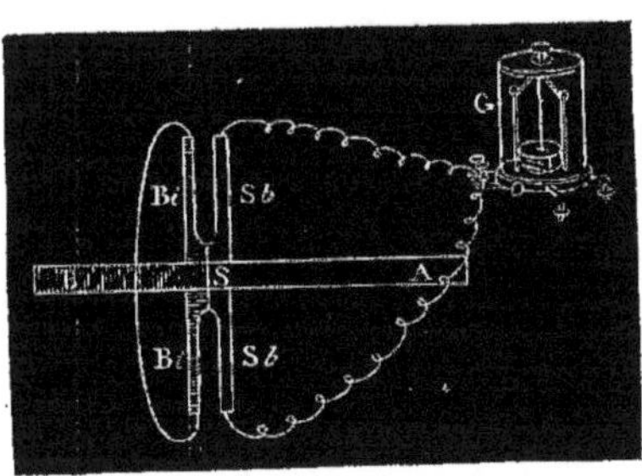

Fig. 40.

Peltier n'employait qu'un courant peu intense, pour des raisons que nous indiquerons plus loin : il se servait alors avec avantage de sa pince thermo-électrique appliquée sur le conducteur à étudier. Cette pince consiste en un système de deux couples bismuth-antimoine dont les éléments bismuth, par

[1] *Annales de chimie et de physique*, 1834, 2e série, t. LVI, p. 371.

exemple, sont réunis par un fil, et les éléments antimoine communiquent avec un galvanomètre. Le conducteur compris entre les deux couples vient-il à s'échauffer, les forces électro-motrices des deux éléments concordent et la déviation de l'aiguille du galvanomètre mesure l'échauffement du conducteur au point où la pince est actuellement appliquée.

Peltier a aussi employé dans ses recherches un appareil analogue au thermoscope de Rumford : dans chacune des boules de l'appareil, on avait engagé la soudure d'un couple bismuth-antimoine ; le courant traversait successivement une soudure bismuth-antimoine, puis une soudure antimoine-bismuth ; il y avait donc refroidissement d'un côté, échauffement de l'autre, ce qui rendait plus sensible le déplacement de l'index.

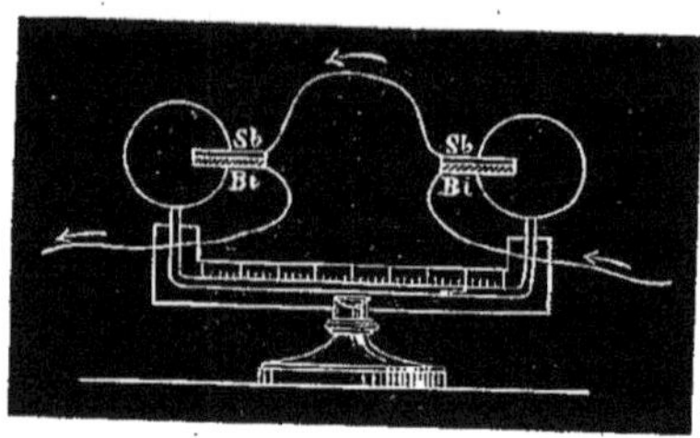

Fig. 41.

On peut évidemment supposer que le courant qui traverse un circuit hétérogène résulte de l'induction. L'énergie mécanique dépensée pendant un temps infiniment petit dt est (322)

$$m\,\mathrm{F}\,\mathrm{I}\,dt.$$

C'est l'équivalent de la chaleur dégagée. Mais dans cette chaleur dégagée on peut distinguer deux parties : une première partie $\mathrm{Q}\,dt$ dégagée suivant la loi de Joule, et une deuxième partie qui est la somme $\Sigma q\,dt$ des quantités de chaleur dégagée ou absorbée aux divers contacts. On a donc, en supprimant dt,

$$\mathrm{E}(\mathrm{Q}+\Sigma q)=m\mathrm{FI}.$$

Mais, d'autre part, en chaque point de contact naît, par suite de la variation de température, une force électro-motrice thermo-électrique h, positive ou négative suivant qu'elle est de même sens que F ou de sens contraire ; on a donc

$$\mathrm{I}=\frac{\mathrm{F}+\Sigma h}{\Sigma\lambda}.$$

Q étant la somme des quantités de chaleur dégagées dans chaque portion homogène du circuit suivant la loi de Joule, la valeur de EQ est

$$EQ = mI^2 \Sigma\lambda$$

ou

$$EQ = mI(F + \Sigma h).$$

Si l'on substitue dans l'équation établie plus haut, il vient

$$E\Sigma q + mI\Sigma h = 0.$$

Cette relation conduit à deux conséquences remarquables :

1° Supposons le circuit complet plongé dans un calorimètre possédant une masse d'eau suffisante pour que la température de cette eau varie à peine (ce qui est le principe de toute expérience calorimétrique), à chaque instant le circuit sera tout entier à la même température et l'on aura

$$\Sigma h = 0.$$

On aura donc aussi

$$\Sigma q = 0.$$

Donc, lorsque la température des divers points du circuit ne varie que de quantités négligeables, il y a compensation exacte entre les quantités de chaleur absorbées ou dégagées aux soudures. Par conséquent, dans toute expérience calorimétrique bien faite on pourra négliger les phénomènes signalés par Peltier et être assuré que toute la chaleur recueillie est celle qui est dégagée conformément à la loi de Joule.

2° Mettons la relation que nous venons d'établir sous la forme

$$mFI = mI(F + \Sigma h) + E\Sigma q.$$

Les forces électro-motrices thermo-électriques sont généralement faibles : il arrivera donc fréquemment que la somme Σh pourra être négligée devant F dans le premier terme du deuxième membre; il en résultera encore alors

$$\Sigma q = 0,$$

c'est-à-dire que l'on pourra encore faire abstraction des phénomènes découverts par Peltier.

Considérons en particulier le cas où le conducteur traversé par le courant est formé de deux métaux seulement, et supposons que l'expérience satisfasse à l'une ou à l'autre des deux conditions formulées plus haut : l'équation

$$\Sigma q = 0$$

doit être satisfaite; on a donc

$$q + q' = 0,$$

q et q' désignant l'échauffement produit à l'une des soudures et le refroidissement produit à l'autre. On voit donc que, dans ce cas, les phénomènes observés aux deux soudures sont exactement inverses. Mais si l'on remarque que les deux soudures sont traversées par le courant en sens contraire, relativement aux métaux juxtaposés, on reconnaîtra que cette conséquence de la théorie se trouve exactement vérifiée par l'expérience. Peltier avait observé en effet qu'un courant d'intensité constante, traversant la même soudure alternativement dans un sens, puis dans l'autre, produit des variations de température égales et de signe contraire. Je reviendrai d'ailleurs sur cette question quand je traiterai des courants thermo-électriques.

327. **Équivalence entre la chaleur totale dégagée par un courant voltaïque et le travail des actions chimiques productrices du courant.** — Je considérerai maintenant les courants dus non plus à un phénomène d'induction, mais à une action chimique, et je chercherai de même le rapport entre la chaleur dégagée par un tel courant et le travail des forces chimiques productrices du courant.

Soit un courant voltaïque traversant un conducteur immobile et continu : je suppose toutes les parties du conducteur fixes pour écarter tout phénomène d'induction; je suppose aussi qu'il n'y a pas d'interruption pouvant donner lieu à la production d'une étincelle; je suppose enfin qu'il n'y a aucun électrolyte interposé dans le circuit. Le courant donne naissance à un dégagement de chaleur variable d'un point à l'autre du circuit. Il doit y avoir équivalence entre la chaleur totale dégagée par les courants et le travail des actions chimiques. Ce principe, obscurément énoncé par M. Joule antérieurement à son travail sur les effets thermiques des machines électro-magnétiques, a trouvé une confirmation complète dans les expériences de M. Favre[1]; ces expériences montrent en effet, de la façon la plus certaine, qu'à une somme donnée d'actions chimiques de nature donnée correspond un dégagement constant de chaleur, quelle que soit la constitution de la pile et du circuit où les deux phénomènes se produisent à la fois.

328. **Expériences de M. Favre.** — M. Favre a d'abord vérifié qu'une même action chimique, la dissolution d'un poids donné de zinc dans une solution acide déterminée, donne toujours la même quantité de chaleur, que cette dissolution s'effectue rapidement, comme dans un appareil à préparer l'hydrogène, ou qu'elle s'effectue lentement, comme dans un élément de pile à zinc pur ou à zinc amalgamé. Le phénomène est en effet essentiellement le même dans le flacon à hydrogène et dans l'élément voltaïque : dans le flacon à hydrogène, des courants intérieurs sillonnent le liquide et l'échauffent conformément à la loi de Joule. L'identité des quantités

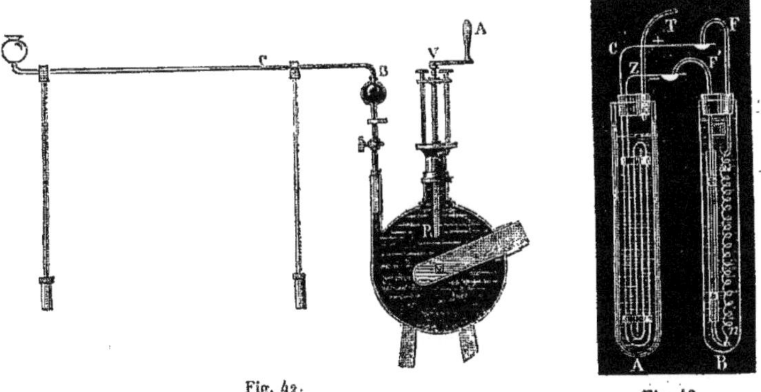

Fig. 42.

Fig. 43.

de chaleur dégagées dans les deux cas est une conséquence nécessaire de l'idée que nous nous faisons des phénomènes calorifiques;

(1) *Annales de chimie et de physique*, 1854, 3e série, t. XL, p. 293.

voici comment M. Favre l'a établie expérimentalement. Il s'est servi du calorimètre à mercure précédemment décrit (fig. 42) et qui consiste essentiellement en un énorme thermomètre dans la boule duquel plongeaient, pour les expériences actuelles, plusieurs moufles voisins (fig. 43). En dissolvant dans un des moufles un poids connu de grenaille de zinc dans une solution déterminée d'acide sulfurique, M. Favre vérifia que, ainsi qu'il l'avait déjà trouvé avec M. Silbermann, la dissolution de 33 grammes (1 équivalent) de zinc donne lieu à une production de 18,682 unités de chaleur, l'unité de chaleur se rapportant au kilogramme, comme nous l'avons toujours supposé jusqu'ici. Introduisant ensuite dans cinq moufles du calorimètre qui contenaient la même eau acidulée cinq éléments de Smée (zinc amalgamé et cuivre platiné), et fermant le circuit par un fil gros et court, M. Favre a trouvé pour la chaleur dégagée par la dissolution du même poids, 33 grammes de zinc, 18,674 unités de chaleur, ce qui démontre bien l'identité des quantités de chaleur dégagées dans les deux cas. Variée à dessein et exécutée chaque fois avec des éléments de pile différents, l'expérience a donné chaque fois le même résultat.

M. Favre a ensuite fait les expériences suivantes[1]. Le même courant des cinq éléments de Smée, placés dans cinq moufles, est conduit à un petit moteur électrique par le moyen de deux gros fils dans lesquels il ne se dégage qu'une quantité de chaleur négligeable. Le petit moteur, qui est placé dans un sixième moufle, est un moteur à rotation du système de M. Froment; les électro-aimants qui le constituent ont une forme allongée et telle, que la communication de la chaleur au mercure du calorimètre s'effectue facilement. Chacun des électro-aimants se compose d'une tige de fer doux, autour de laquelle s'enroule un fil de cuivre; chaque spire de ce fil a la forme d'un anneau plat non fermé, séparé du fer doux par une feuille extrêmement mince de gutta-percha; ces anneaux de cuivre tournent leur solution de continuité alternativement vers le haut et vers le bas, et les extrémités libres de chacun d'eux sont intimement unies à l'une des extrémités du précédent et à l'une des extrémités du suivant. Si d'abord on dispose un obstacle empêchant le moteur de

[1] *Comptes rendus de l'Académie des sciences*, 1857, t. XLV, p. 66.

tourner, on recueille pour la dissolution de 33 grammes de zinc 18,667 unités de chaleur, c'est-à-dire une quantité de chaleur égale, comme on devait s'y attendre, à celle qu'on a obtenue dans les expériences précédentes. Si ensuite on enlève l'obstacle, la machine se met à fonctionner et atteint bientôt une vitesse constante, effectuant un travail égal au travail des frottements de la machine; or, si l'on réfléchit que ces frottements dégagent une quantité de chaleur équivalente au travail absorbé et que cette chaleur agit sur le calorimètre aussi bien que la chaleur dégagée directement par le passage du courant, on voit que l'on doit encore recueillir dans le calorimètre la même quantité de chaleur pour le même poids de zinc dissous : l'expérience a donné en effet 18,657 calories. La faible différence de ce nombre avec les précédents rentre parfaitement dans les limites d'erreur que comporte une expérience de ce genre. La moyenne des nombres fournis par les quatre expériences que je viens de rapporter est 18,670.

329. Dans une cinquième expérience les choses étaient disposées comme dans la quatrième, mais l'arbre du petit moteur tirait un fil et, par l'intermédiaire d'une poulie de renvoi, effectuait l'ascension d'un poids. Le travail effectué, pendant que 33 grammes de zinc se dissolvaient, était de $131^{\text{kgm}},24$, et la quantité de chaleur recueillie était de 18,374 calories, laquelle diffère de 0,296 de la moyenne précédente.

Le tableau suivant résume les expériences :

CHALEUR DÉGAGÉE PAR LA DISSOLUTION DE 33 GRAMMES DE ZINC, EXPRIMÉE EN UNITÉS DE CHALEUR.

		u	
1° Dissolution directe		18,682	
Le courant fourni par cette dissolution passe :	2° Dans un fil gros et court	18,674	
	3° Dans un moteur magnéto-électrique en repos	18,667	Moyenne 18,670
	4° Dans le moteur en mouvement, mais n'effectuant pas de travail utile	18,657	
	5° Dans le moteur effectuant un travail utile de $131^{\text{kgm}},24$		18,374
		Différence..	0,296

La chaleur recueillie en moins dans la cinquième expérience doit être considérée comme l'équivalent du travail extérieur effectué, et il en résulterait, pour valeur de l'équivalent mécanique de la chaleur, le nombre 443. La différence de ce nombre avec l'équivalent généralement admis, 425, s'explique facilement, car il suffit d'admettre sur le diviseur 0,296 une erreur de 0ᵘ,04 pour expliquer l'erreur de 18 unités sur le quotient 131,24 : 0,296. Or ce diviseur 0,296 est la différence de deux quantités de chaleur que l'on pouvait à peine mesurer à 1 millième près, c'est-à-dire qui comportent au moins chacune une erreur de 0ᵘ,018670 ou 0ᵘ,02 ; la différence peut donc parfaitement être erronée de 0ᵘ,04.

330. Les expériences de M. Favre nous conduisent donc aux résultats suivants :

1° La quantité de chaleur dégagée par une même somme d'actions chimiques est constante et indépendante du circuit dans lequel elle se répand.

2° Si le courant détermine le mouvement d'une machine, il y a diminution dans la quantité de chaleur dégagée pour une même somme d'actions chimiques, et cette diminution, qui a lieu aussi bien dans la pile que dans le conducteur interpolaire, consiste dans l'absorption d'une quantité de chaleur équivalente au travail extérieur effectué.

La machine magnéto-électrique est donc une véritable machine thermique qui transforme en travail une partie de la chaleur produite par les actions chimiques dont la pile est le siége, comme la machine à vapeur transforme en travail une partie de la chaleur due à la combustion du charbon qui brûle sous la chaudière. Mais, dans l'une comme dans l'autre machine, cette transformation de la chaleur en énergie s'effectue suivant certaines lois qui sont autant de corollaires de la théorie mécanique de la chaleur. C'est ainsi que l'étude de cette transformation dans la machine à vapeur mène aux lois de la détente des vapeurs ; c'est ainsi qu'actuellement la considération de la machine magnéto-électrique va nous conduire aux lois de l'induction, et non-seulement nous allons retrouver ces lois telles que nous les avons établies plus haut, en partant de l'induction comme d'un fait établi par l'expérience, mais en outre l'étude que nous allons faire de la machine magnéto-électrique va nous montrer la nécessité des phénomènes d'induction.

331. **Nécessité des phénomènes d'induction; lois de ces phénomènes.** — Mais, pour être faite en toute rigueur, cette étude doit d'abord être particularisée et restreinte au cas où le courant employé est fourni par une pile dans laquelle l'action chimique productrice du courant n'est accompagnée d'aucune action secondaire pouvant donner lieu à un phénomène thermique. Cette restriction, trop souvent omise, nous fait d'abord écarter toutes les piles à dégagement gazeux; le dégagement de gaz dans une quelconque de ces piles, la pile de Smée, par exemple, est en effet un phénomène complexe; l'hydrogène, auquel s'est substitué le zinc, se porte d'abord sur le platine et s'y dépose à cet état particulier où il produit la polarisation; puis des bulles d'hydrogène se dégagent, le gaz ayant éprouvé une transformation qui l'a amené de l'état où il produit la polarisation à l'état de gaz ordinaire, et cette transformation est accompagnée nécessairement d'un phénomène thermique, une absorption de chaleur en général. Nous devons éviter avec le même soin les modifications apportées par la marche de la pile à la nature du liquide environnant le métal positif. Nous sommes ainsi conduits aux piles à courant constant, et, comme la disposition imaginée par Daniell est celle qui satisfait le mieux aux deux conditions exigées, examinons en particulier l'élément de Daniell, tel qu'on le construit ordinairement (fig. 44). Les réactions dont cet élément est le siége, et qui consistent, comme on sait, en la substitution du zinc à l'hydrogène dans le sulfate d'hydrogène et en la substitution de l'hydrogène au cuivre dans le sulfate de cuivre, se résument donc en définitive en un seul phénomène, substitution du zinc au cuivre dans le sulfate de cuivre; et comme le sac à

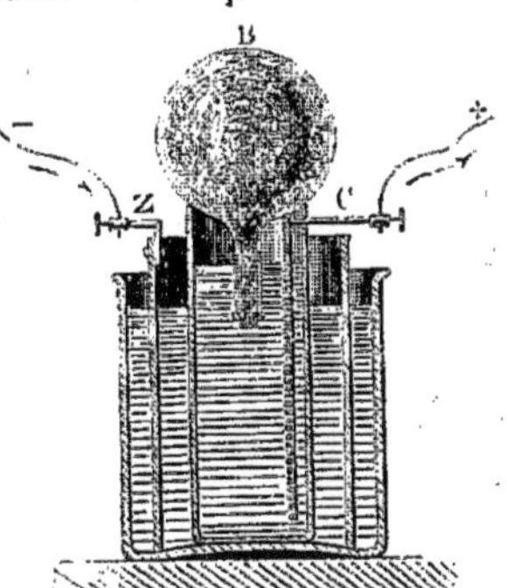

Fig. 44.

cristaux imaginé par Daniell maintient la dissolution de sulfate de cuivre concentrée, l'élément ordinaire de Daniell satisferait bien à la condition de n'être le siége d'aucune action secondaire pouvant donner lieu à une absorption ou à un dégagement de chaleur, si le sulfate de zinc qui se forme ne donnait lieu à un phénomène thermique en se dissolvant dans le liquide qui environne le zinc. Mais on évitera facilement cette perturbation en maintenant autour du zinc une dissolution saturée de sulfate de zinc; Daniell lui-même a indiqué les dispositions que l'on peut employer pour obtenir ce résultat. Nous adopterons donc la pile de Daniell à sulfate de zinc, ou plutôt toutes les piles se rapportant à ce type, car on peut construire un nombre considérable de piles sur le même type, en remplaçant le cuivre et le sulfate de cuivre par un métal quelconque moins oxydable que le zinc et par le sulfate de ce métal, et nous aurons ainsi une pile dans laquelle un seul phénomène en définitive sera à considérer, la substitution du zinc au cuivre (si c'est l'élément même de Daniell).

332. Soient Q la quantité totale de chaleur dégagée, pendant l'unité de temps, dans le circuit d'une telle pile, $\Sigma\lambda$ la somme des résistances que le courant a à vaincre : on a, d'après la loi de Joule,

$$EQ = mI^2\Sigma\lambda;$$

les phénomènes perturbateurs signalés par Peltier peuvent être négligés, le courant hydro-électrique employé ayant une intensité très-supérieure à celle des courants thermo-électriques (326).

Si l'on désigne par ΣF la somme des forces électro-motrices des divers éléments de la pile considérée, on sait que

$$I = \frac{\Sigma F}{\Sigma\lambda}.$$

La relation précédente peut donc s'écrire

$$EQ = mI\Sigma F.$$

Nous avons laissé jusqu'ici indéterminée l'unité avec laquelle est mesurée l'intensité du courant; convenons maintenant de prendre pour unité d'intensité l'intensité du courant qui décomposerait un équivalent d'eau pendant l'unité de temps. On sait, d'après Faraday, que dans le même temps ce courant décomposerait un équivalent d'un composé quelconque : dans chaque élément de la pile en particulier se produirait un équivalent d'action chimique. Appelons K la quantité de chaleur que dégage dans chaque élément un équivalent d'action chimique, la somme des travaux des forces chimiques dans les divers éléments est $E\Sigma K$; d'autre part, l'accroissement de forces vives correspondant à I équivalents d'action chimique étant EQ, l'accroissement correspondant à un équivalent est $E\frac{Q}{I} = Eq$; on a donc

$$E\frac{Q}{I} = Eq = E\Sigma K,$$

et par suite

$$E\Sigma K = m\,\Sigma F.$$

Cette équation montre que la quantité de chaleur dégagée par la dissolution d'un équivalent de métal dans un élément est proportionnelle à la force électro-motrice de cet élément (sous les réserves que j'ai faites précédemment). On peut, par conséquent, substituer aux mesures des quantités de chaleur fournies par les divers éléments de pile les mesures de leurs forces électro-motrices, pourvu que l'on connaisse la chaleur dégagée par la dissolution d'un équivalent de métal dans un élément quelconque dont la force électro-motrice soit également connue. Quelque avantage pratique que présente cette méthode, je ne m'y arrêterai pas pour le moment, et, poursuivant notre étude actuelle, je chercherai comment l'équation précédente se modifie lorsque dans le circuit se trouve un moteur électro-magnétique ou électro-dynamique en activité. Il y a alors production d'une quantité d'énergie extérieure que je désignerai par S, en comprenant dans S toute la force vive créée, qu'elle soit dépensée à effectuer un travail utile, à vaincre les frottements des pièces de la machine ou à produire tout autre effet. Je suppose, comme plus haut, qu'il s'accomplisse un équivalent d'action chimique : la somme des travaux correspondants des forces chimiques est $E\Sigma K$; le courant qui en résulte produit un double effet : il fait marcher la machine qui consomme une quantité S de travail, et il développe dans toute l'étendue du circuit une quantité q_1 de chaleur on a donc

$$E\Sigma K = S + Eq_1.$$

Or, d'après les lois de Joule et de Ohm, on doit admettre que la quantité de chaleur développée dans le circuit entier est toujours proportionnelle à la somme des forces électro-motrices; il faut donc que cette somme ait diminué par l'effet du mouvement de la machine. Appelons $\Sigma\varphi$ cette diminution, nous aurons

$$E\Sigma K = S + m(\Sigma F - \Sigma\varphi).$$

Ainsi, par suite du mouvement de la machine, il se passe une série de phénomènes qui équivalent à une diminution de la somme des forces électro-motrices; en d'autres termes, à la somme des forces électro-motrices, laquelle est ΣF, s'ajoutent des forces électro-motrices contraires $\Sigma\varphi$ définies par l'équation précédente. La nécessité des phénomènes d'induction se trouve ainsi établie. L'expérience vérifie complétement ce fait fondamental : le mouvement d'une machine magnéto-électrique diminue l'intensité du courant qui la traverse; un galvanomètre placé dans le circuit accuse une déviation de l'aiguille aimantée moindre dans l'état de mouvement de la machine que dans l'état de repos, et la différence est d'autant plus grande que le travail de la machine correspondant à un équivalent d'action chimique est plus considérable.

En vertu de la relation

$$E\Sigma K = m\Sigma F$$

établie plus haut, notre dernière équation se réduit à

$$S = m\Sigma\varphi.$$

Rapportons maintenant les phénomènes à l'unité de temps, ce qui revient à diviser les deux membres de l'équation précédente par T, T étant la durée nécessaire à l'accomplissement de l'unité d'action chimique; il vient, en remarquant que $\frac{1}{T} = I$,

$$\frac{S}{T} = mI\Sigma\varphi,$$

ou, en appelant H le travail produit par la machine dans l'unité de temps,

$$H = mI\Sigma\varphi;$$

et, si l'état du système est variable, on aura toujours, pendant un temps infiniment petit dt,

$$\mathrm{H}\,dt = m\,\mathrm{I}\,\Sigma\varphi\,dt,$$

équation qui permettra de calculer à un instant quelconque $\Sigma\varphi$, c'est-à-dire la somme des forces électro-motrices d'induction.

333. Nous considérerons deux cas, suivant que le circuit traversé par le courant se meut en tout ou en partie sous l'influence de centres magnétiques extérieurs ou sous l'influence des réactions mutuelles de ses divers éléments. Prenons d'abord le cas où le circuit tout entier (y compris la pile) se déplace tout d'une pièce et sans se déformer, en même temps qu'il est soumis à l'influence d'aimants ou de courants placés dans le voisinage : le travail élémentaire $\mathrm{H}\,dt$ des forces électro-magnétiques ou électro-dynamiques est (322)

$$\mathrm{H}\,dt = dt\int \mathrm{R}\,\mathrm{I}v\cos\psi\,ds,$$

$\mathrm{RI}\,ds$ désignant la résultante des actions exercées, à l'instant considéré, par les centres d'action extérieurs sur l'élément ds du courant d'intensité I, et la sommation s'étendant à tous les éléments du circuit fermé. On a donc

$$\mathrm{H} = \mathrm{I}\int \mathrm{R}v\cos\psi\,ds,$$

et par suite

$$\Sigma\varphi = \frac{1}{m}\int \mathrm{R}v\cos\psi\,ds.$$

Nous retrouvons donc la loi de Neumann, et la proportionnalité du courant induit à la vitesse du déplacement d'où résulte l'induction se trouve de nouveau établie.

Considérons en second lieu le cas où une partie du circuit se déplace, l'autre partie restant fixe, et où l'induction résulte simplement de ce changement de situation des divers éléments du circuit les uns par rapport aux autres. Le travail élémentaire $H\,dt$ de leurs actions réciproques peut s'écrire

$$H\,dt = dt \iint RI^2\, v \cos\psi\, ds\,ds',$$

$RI^2\,ds\,ds'$ représentant l'action réciproque de deux éléments de courant ds, ds'.

Il en résulte

$$\Sigma\varphi = \frac{1}{m} I \iint Rv \cos\psi\, ds\,ds',$$

formule également donnée par Neumann et qui montre que dans ce cas la force électro-motrice d'induction est proportionnelle à l'intensité du courant en même temps qu'à la vitesse.

Dans le cas général où il y a à la fois déformation du circuit et déplacement total ou partiel par rapport à des centres extérieurs, la force électro-motrice d'induction est la somme de deux expressions analogues aux précédentes.

III. — Machines magnéto-électriques.

334. **Coefficient économique d'une machine électro-magnétique.** — Les trois cas que nous venons d'étudier se rencontrent dans des machines magnéto-électriques. A quelque type en effet qu'appartienne une machine magnéto-électrique, elle est toujours le siége d'actions réciproques de courants et d'aimants tendant à amener un système mobile dans une position d'équilibre; mais, au moment où cette tendance est satisfaite, un commutateur mis en mouvement par la machine même produit dans le sens des forces une inversion par suite de laquelle l'équilibre devient instable, et le mouvement continue ainsi indéfiniment.

Nous avons établi qu'il y a une véritable déperdition de chaleur dans toute machine électro-magnétique dès qu'elle donne naissance à un travail mécanique : on doit donc mettre les machines de ce genre au nombre des machines thermiques, et leur étude rentre ainsi nécessairement dans le cadre de cet ouvrage.

Le coefficient économique d'une machine magnéto-électrique s'obtient sans difficulté du moment qu'on la considère comme une machine thermique; lorsque la machine est au repos, on a (332), à un instant quelconque,

$$EQ\,dt = m\,I\Sigma F\,dt;$$

si maintenant la machine fonctionne en effectuant un travail H pendant l'unité de temps,

$$H\,dt = m\,I\Sigma\varphi\,dt.$$

Le rapport

$$\frac{\Sigma\varphi}{\Sigma F}$$

donne donc à chaque instant la valeur du coefficient économique de la machine, puisqu'il est égal au rapport de la dépense utile de travail H à la dépense totale EQ.

335. **Supériorité théorique de la machine magnéto-électrique.** — Ce coefficient économique approche indéfiniment de l'unité à mesure que la vitesse de la machine s'accélère, ainsi que nous allons l'établir en considérant successivement les trois cas que nous avons distingués.

Le cas le plus simple est celui où des aimants fixes agissent sur un conducteur mobile traversé par un courant. L'intensité du courant est

$$I = \frac{\Sigma F - \Sigma\varphi}{\Sigma\lambda},$$

et alors

$$\Sigma\varphi = \frac{1}{m}\int Rv\cos\psi\,ds.$$

R ne dépend que des positions relatives de l'aimant et du circuit; si donc on augmente v indéfiniment par une disposition convenable des pièces de la machine, $\Sigma\varphi$ augmentera sans aucune limite; mais $\Sigma\varphi$ n'a de signification physique qu'autant qu'elle est inférieure à ΣF; par suite, ΣF est la limite des valeurs $\Sigma\varphi$. Si cette limite est atteinte,

$$\frac{\Sigma\varphi}{\Sigma F} = 1,$$

le coefficient économique de la machine est égal à 1; mais alors

$$I = 0.$$

On n'augmente la valeur du coefficient économique qu'à la condition de réduire aussi le travail qui s'effectue en un temps donné, car ce travail diminue en même temps que l'intensité diminue. Le travail absolu que la machine peut fournir en un temps donné est ainsi indéfiniment diminué, mais en même temps la fraction du travail des forces chimiques productrices du courant, qui a pour équivalent le travail de la machine, approche indéfiniment de l'unité à mesure que la vitesse s'accélère. On conçoit donc que l'on peut s'arranger de manière à conserver à l'intensité une certaine valeur, et par conséquent de manière à produire un effet réel, tout en atteignant un coefficient économique plus élevé qu'avec les autres machines.

A ce premier type de machines se rapportent celles dans lesquelles les aimants fixes sont remplacés par des électro-aimants fixes, pourvu que ces électro-aimants soient animés par un courant assez puissant pour qu'on puisse négliger les faibles variations d'intensité qu'il subira par suite du déplacement du circuit mobile traversé par un courant d'intensité peu considérable.

Le deuxième cas que nous avons à considérer est celui où les pièces mobiles et les pièces fixes de la machine sont traversées par le même courant. On a alors

$$I = \frac{\Sigma F - \Sigma \varphi}{\Sigma \lambda}$$

et

$$\Sigma \varphi = \frac{1}{m} I \iint R v \cos \psi \, ds \, ds'.$$

On a donc, en substituant, l'équation suivante :

$$I = \frac{\Sigma F - \frac{1}{m} I \iint R v \cos \psi \, ds \, ds'}{\Sigma \lambda},$$

qui donne

$$I = \frac{\Sigma F}{\Sigma \lambda + \frac{1}{m} \iint R v \cos \psi \, ds \, ds'}$$

L'intégrale double, placée au dénominateur, croît indéfiniment si v augmente indéfiniment; I a donc pour limite zéro, comme précédemment.

Si d'ailleurs on se reporte à l'équation fondamentale,

$$I = \frac{\Sigma F - \Sigma \varphi}{\Sigma \lambda},$$

que l'on peut écrire

$$I \Sigma \lambda + \Sigma \varphi = \Sigma F,$$

on voit, $\Sigma\lambda$ étant une quantité finie, que la relation $I = o$ entraîne nécessairement en tous cas celle-ci,

$$\Sigma \varphi = \Sigma F;$$

on a donc encore à la limite

$$\frac{\Sigma \varphi}{\Sigma F} = 1$$

en même temps que

$$I = o.$$

Le troisième cas est le plus compliqué, mais c'est celui que l'on rencontre presque toujours dans la pratique : un système d'électro-aimants mobiles se déplace devant un certain nombre d'électro-aimants fixes et animés par le même courant qui traverse le circuit des électro-aimants mobiles. Cherchons encore l'expression de $\Sigma\varphi$; on a toujours (332)

$$H = m I \Sigma \varphi,$$

H représentant le travail des forces extérieures; mais ce travail se compose de trois parties :

La réaction mutuelle des éléments de courant donne une première partie (333)

$$I^2 \iint R v \cos \psi \, ds \, ds'.$$

Une deuxième partie provient de l'action des électro-aimants sur les conducteurs mobiles : or l'intensité d'un électro-aimant est une certaine fonction $f(I)$ de l'intensité I du courant qui l'anime; le travail dû à l'action de cet électro-aimant sur le circuit mobile est donc

$$\mathrm{I} f(\mathrm{I}) \int \mathrm{S} u \cos\varphi \, ds,$$

S ds représentant l'action exercée par un électro-aimant d'intensité magnétique égale à l'unité sur un élément ds du circuit traversé par un courant d'intensité 1, u la vitesse du déplacement du circuit par rapport à l'électro-aimant, φ l'angle que fait la direction de la force Sds avec la direction du déplacement. On aura autant d'expressions analogues qu'il y a d'électro-aimants fixes. La deuxième partie du travail cherché est donc

$$\mathrm{I} \sum f(\mathrm{I}) \int \mathrm{S} u \cos\varphi \, ds.$$

Enfin, une troisième partie, de beaucoup la plus importante, est due aux actions réciproques des électro-aimants. Chaque électro-aimant mobile donne deux termes de la forme

$$f_p(\mathrm{I}) f_q(\mathrm{I}) \, \mathrm{U} w \cos\theta,$$

$f_p(\mathrm{I})$ désignant l'intensité magnétique de l'électro-aimant considéré, $f_q(\mathrm{I})$ l'intensité du système magnétique qui agit sur lui, U la résultante des actions qui se produiraient entre l'électro-aimant et le système qui agit sur lui dans l'hypothèse où l'intensité de l'électro-aimant et celle du système seraient toutes deux égales à l'unité, w la vitesse relative de l'électro-aimant par rapport au système. Chaque électro-aimant mobile donne deux termes semblables, puisque l'action qu'exerce sur lui le système magnétique se réduit à deux forces respectivement appliquées aux deux pôles de l'électro-aimant. En ajoutant tous ces termes, j'aurai la troisième partie du travail cherché. On a donc

$$\begin{aligned}\mathrm{I}\Sigma\varphi = \frac{\mathrm{H}}{m} = \frac{1}{m}\mathrm{I}^2 \iint \mathrm{R} v \cos\psi \, ds \, ds' \\ + \frac{1}{m}\mathrm{I} \sum f(\mathrm{I}) \int \mathrm{S} u \cos\varphi \, ds \\ + \frac{1}{m} \sum f_p(\mathrm{I}) f_q(\mathrm{I}) \, \mathrm{U} w \cos\theta.\end{aligned}$$

Mais les diverses fonctions $f(I)$ jouissent de cette propriété que, quand I tend vers zéro, $f(I)$ devient proportionnelle à I, et par suite le rapport $\frac{f(I)}{I}$ tend vers une limite finie lorsque I décroît indéfiniment; le deuxième terme de l'expression de $\frac{H}{m}$ peut donc s'écrire $I^2\psi(I)$, $\psi(I)$ étant une fonction de I qui tend vers une limite finie quand I tend vers zéro; sous le signe $\psi(I)$ je comprends d'ailleurs tout ce qui multiplie I^2 dans ce deuxième terme. De même le troisième terme peut s'écrire $I^2\chi(I)$. Si donc je pose le premier égal à I^2M, nous avons

$$I\Sigma\varphi = I^2M + I^2\psi(I) + I^2\chi(I)$$

ou

$$\Sigma\varphi = IM + I\psi(I) + I\chi(I),$$

c'est-à-dire

$$\Sigma\varphi = I\Phi(I),$$

$\Phi(I)$ étant une fonction de I qui ne se réduit pas à zéro pour $I = 0$ et qui en outre croît indéfiniment quand la vitesse augmente.

Substituons cette valeur de $\Sigma\varphi$ dans la relation fondamentale

$$I = \frac{\Sigma F - \Sigma\varphi}{\Sigma\lambda},$$

il vient

$$I = \frac{\Sigma F - I\Phi(I)}{\Sigma\lambda},$$

d'où

$$I = \frac{\Sigma F}{\Sigma\lambda + \Phi(I)}.$$

On voit donc que, dans ce cas encore, si la vitesse augmente indéfiniment, I tend vers zéro puisque $\Phi(I)$ augmente indéfiniment. En outre, en même temps que le mouvement s'accélère, il résulte de la relation

$$I\Sigma\lambda + I\Phi(I) = \Sigma F$$

que $I\Phi(I)$ ou $\Sigma\varphi$ tend vers ΣF; donc à la limite on a encore pour le coefficient économique de la machine

$$\frac{\Sigma\varphi}{\Sigma F} = 1.$$

La machine électro-magnétique est donc théoriquement la plus parfaite, la plus puissante des machines thermiques, puisqu'elle présente la possibilité d'une conversion totale de la chaleur en travail. Cette supériorité, il est vrai, semble illusoire, puisqu'on n'arrive à rendre le coefficient économique de la machine égal à l'unité qu'en abaissant jusqu'à zéro, par une accélération illimitée de la vitesse, l'intensité du courant qui anime la machine, et que dès lors elle ne fonctionne plus. Mais, sans atteindre cette limite, on peut, comme nous l'avons déjà remarqué, obtenir de la machine thermo-électrique un rendement plus considérable que de toute autre machine thermique.

La valeur du coefficient économique correspondant à une vitesse déterminée de la machine s'obtiendra dans tous les cas très-facilement. Soit en effet I_0 l'intensité originelle du courant, quand la machine ne fonctionne pas,

$$I_0 = \frac{\Sigma F}{\Sigma \lambda};$$

et soit I l'intensité du courant pour la vitesse considérée,

$$I = \frac{\Sigma F - \Sigma \varphi}{\Sigma \lambda};$$

on voit que le coefficient économique

$$\frac{\Sigma \varphi}{\Sigma F} = \frac{I_0 - I}{I_0}.$$

Si donc on mesure I_0 et I, on pourra calculer immédiatement la valeur du coefficient économique correspondant aux conditions dans lesquelles on s'est placé.

336. **Infériorité pratique de la machine magnéto-électrique.** — Pratiquement, des causes accidentelles de même nature que celles qui se rencontrent avec les autres machines viennent diminuer la valeur théorique du coefficient économique, et même à ces imperfections ordinaires de toute machine s'en joignent ici de nouvelles, les étincelles, l'altération des surfaces au moment de

la commutation, et surtout la trempe du fer des électro-aimants. Les expériences les plus récentes, et en particulier celles de M. Müller[1], ont montré que le degré de magnétisme que peut acquérir un barreau de fer doux est limité : en augmentant la puissance du courant qui produit l'aimantation, on constate en effet que le magnétisme du barreau croît moins rapidement que l'intensité du courant et tend vers un maximum fini. Ainsi sont confirmées les idées d'Ampère, qui admettait que dans le fer doux les éléments magnétiques sont déjà des aimants, ces aimants étant orientés indistinctement dans tous les sens, et qui regardait le phénomène de l'aimantation comme consistant à donner à ces aimants préexistants une orientation commune. Le phénomène de l'aimantation est donc un phénomène matériel; il y a entre ce phénomène et les phénomènes mécaniques (torsion, choc, etc.) une analogie et une influence réciproque, parfaitement établies par les nombreuses recherches de M. Wiedemann[2]; le phénomène élémentaire est dans tous les cas un déplacement des systèmes moléculaires du corps. Ce déplacement est accompagné, dans le fer qui n'est pas parfaitement doux, de frottements qui se traduisent par un dégagement de chaleur dans la masse de fer soumise à l'aimantation; or cette chaleur a évidemment son origine dans la chaleur produite par les actions chimiques de la pile; elle représente donc une perte de travail, perte que l'expérience a montré être considérable. Avec du fer parfaitement doux, tel que l'on en a préparé dans quelques cas, on évite cette perte et la machine magnéto-électrique reprend dès lors, au point de vue théorique, cette grande supériorité que nous avons fait ressortir plus haut. Mais au point de vue strictement pratique il en est tout autrement. Le courant coûte tellement cher à produire, que la chaleur d'origine voltaïque ne saurait être un mode pratique de production du travail, malgré les avantages qu'elle présente au point de vue de la perfection avec laquelle on peut la transformer en travail. M. Joule

(1) *Poggendorff's Annalen*, 1850, t. LXXIX, p. 337, et 1851, t. LXXXII, p. 181. Citons aussi, et antérieurement à M. Müller, M. Joule, *Annals of Electricity*, 1839, t. IV, p. 131, ou *Philosophical Magazine*, 1851, 4e série, t. II, p. 310.

(2) Wiedemann, *Die Lehre von Galvanismus und Electromagnetismus*, 1863, t. II, p. 316

estimait, il y a quelques années, que la production d'une même quantité de chaleur, au moyen de la pile ou au moyen de la combustion du charbon, exigeait dans le premier cas une dépense 50 à 60 fois plus considérable que dans le second. Or les machines à vapeur utilisent $\frac{1}{6}$ ou $\frac{1}{7}$ de la chaleur communiquée à la chaudière (203 et 225), et, bien qu'elles n'utilisent qu'une fraction encore plus faible de la chaleur dégagée par le foyer, on voit qu'elles ont encore un avantage économique marqué.

337. Cette conclusion, du reste, est complétement vérifiée par l'expérience. Cherchons en effet, comme M. Jacobi l'a fait antérieurement à l'établissement d'une théorie exacte [1], la quantité maximum de travail qu'une machine magnéto-électrique peut fournir en un temps donné. On a dans tous les cas

$$\Sigma\varphi = VI,$$

V étant une quantité qui croît indéfiniment avec la vitesse; on a donc

$$I = \frac{\Sigma F - VI}{\Sigma\lambda},$$

d'où

$$I = \frac{\Sigma F}{V + \Sigma\lambda}.$$

Mais alors le travail élémentaire $H\,dt$ a pour expression

$$H\,dt = mVI^2\,dt$$

ou

$$H\,dt = \frac{mV(\Sigma F)^2}{(V + \Sigma\lambda)^2}\,dt.$$

Je suppose la machine arrivée à un état de fonctionnement régulier [2] : la quantité de travail produite pendant l'unité de temps est

$$H = \frac{mV(\Sigma F)^2}{(V + \Sigma\lambda)^2},$$

[1] *Annales de chimie et de physique*, 1852, 3e série, t. XXXIV, p. 451.

[2] Les machines électro-magnétiques peuvent se rapporter à deux types distincts : les

et le maximum de travail que peut produire la machine pendant l'unité de temps s'obtiendra en annulant la dérivée de cette expression par rapport à V, c'est-à-dire en posant

$$(V + \Sigma\lambda)^2 - 2V(V + \Sigma\lambda) = 0$$

ou

$$(\Sigma\lambda)^2 - V^2 = 0,$$

c'est-à-dire

$$V = \Sigma\lambda.$$

On a alors

$$I = \frac{\Sigma F}{2\Sigma\lambda};$$

mais l'intensité originelle I_0 du courant est

$$I_0 = \frac{\Sigma F}{\Sigma\lambda};$$

on a donc

$$I = \frac{1}{2} I_0,$$

c'est-à-dire que l'intensité du courant qui correspond au travail maximum de la machine est la moitié de l'intensité du courant primitif.

Ajoutons que le coefficient économique $\frac{I_0 - I}{I_0}$ est alors égal à $\frac{1}{2}$.

Or il est certain que la vitesse pour laquelle on a $I = \frac{1}{2} I_0$ a souvent été atteinte et même dépassée dans la pratique, qui a toujours donné des résultats si désavantageux au point de vue économique.

Les machines magnéto-électriques ont donc une infériorité pratique évidente. Les applications de ces machines se réduisent à des travaux n'exigeant presque aucune force : ce sont alors des moteurs très-commodes, par suite de la régularité du mouvement et de la facilité avec laquelle on peut arrêter ou reprendre à volonté le travail. M. Froment employait avantageusement ces machines à des

machines oscillantes et les machines rotatives (voir la 2e leçon de Verdet, p. LXIX); les premières, étant à vitesse variable, ne conviennent pas à la réalisation du coefficient économique maximum; avec les machines rotatives, au contraire, on peut obtenir une vitesse sensiblement uniforme, et d'autant plus uniforme que le nombre des électro-aimants moteurs est plus considérable. J. V.

travaux de précision, tels que graduation de cercles, division de règles, tracé de micromètres.

IV. — Courants thermo-électriques. Théorie de William Thomson [1].

338. **Origine des courants magnéto-électriques.** — La découverte de Peltier sur l'effet thermique des courants qui traversent la surface de contact de deux métaux différents permet de concevoir, au point de vue de la théorie mécanique de la chaleur, l'origine des courants thermo-électriques. En effet, lorsqu'un courant de ce genre se produit dans un circuit composé de deux métaux dont les soudures sont inégalement échauffées, il tend à échauffer la soudure froide et à refroidir la soudure chaude. Par conséquent, la production du courant est accompagnée à la soudure chaude d'une absorption incessante de chaleur qui doit être en quelque sorte alimentée par la source employée à échauffer la soudure, et c'est la chaleur absorbée en ce point qu'on peut considérer comme la cause de tous les effets thermiques, mécaniques, ou autres, que le courant thermo-électrique est susceptible de produire. En particulier, si ce courant ne produit que des effets thermiques, la chaleur totale dégagée dans le circuit doit être exactement équivalente à la chaleur absorbée par la soudure chaude; et ce n'est pas seulement le principe de l'équivalence qui apparaît ainsi comme immédiatement applicable, la réversibilité du phénomène conduit naturellement à l'application du principe de Carnot.

339. **Possibilité d'appliquer le principe de Carnot aux phénomènes thermo-électriques.** — Concevons en effet un circuit qui contiendrait : 1° une machine inductrice fondée sur le principe du magnétisme de rotation, par exemple un disque tournant d'Arago sur lequel s'appuient les deux extrémités du circuit,

[1] *Proceedings of Royal Society of Edinburgh*, déc. 1851, ou *Philosophical Magazine*, 1852, 4e série, t. III, p. 529; et *Philosophical Transactions*, 1856, t. CXLVI, p. 649 (Backeriane Lecture). Verdet a publié un extrait du mémoire de M. Thomson dans les *Annales de chimie et de physique*, 1858, 3e série, t. LIV, p. 105, et il a joint à cet extrait une *Note sur un passage du mémoire précédent.*

appliquées, l'une au centre du disque, l'autre sur la circonférence; 2° un ou plusieurs éléments thermo-électriques; 3° des conducteurs dépourvus de toute conductibilité calorifique interne ou externe (ce qui est physiquement impossible); nous aurons un appareil entièrement réversible. Soit, en effet, qu'on fasse marcher la machine par l'action d'une force extérieure, soit qu'on produise directement un courant thermo-électrique en chauffant les soudures, le courant traversant le circuit et dû à la superposition des effets opposés de la force d'induction et de la force électro-motrice thermo-électrique parviendra toujours de lui-même à une intensité infiniment petite, et dans ces conditions le phénomène est parfaitement réversible : on peut donc lui appliquer le principe de Carnot. On appliquera encore ce principe, par hypothèse, au cas réel où il existe une conductibilité calorifique, en se restreignant à la portion des phénomènes qui est distincte de la dissipation de chaleur par conductibilité.

Soient F la force électro-motrice d'induction et I l'intensité du courant, lorsque, la machine fonctionnant, le système est arrivé à un état stable; on a (326)

$$m\text{FI} = \text{E}(\text{Q} - \Sigma q);$$

j'écris $-\Sigma q$ en prenant comme positives dans cette somme les quantités de chaleur absorbées.

Nous avons d'autre part, en vertu de la loi de Joule,

$$\text{EQ} = m\,\text{I}^2\,\text{R},$$

R étant la résistance totale du circuit.

Mais, en outre, les expériences de M. de Quintus-Icilius ont montré qu'un courant électrique traversant un circuit formé de deux métaux établit entre les deux soudures une différence de température qui est proportionnelle à sa propre intensité. Je rappellerai en quelques mots ces expériences.

340. **Expériences de M. de Quintus-Icilius**[1]. — Si deux barreaux d'un même métal sont soudés aux deux extrémités d'un

[1] *Poggendorff's Annalen*, 1853, t. LXXXIX, p. 377.

barreau d'un autre métal, et si un courant électrique traverse le système, il résulte de l'observation de Peltier que les deux soudures successives prendront des températures différentes. Par conséquent, si l'on arrête le courant électrique et si l'on fait immédiatement communiquer le système des trois barreaux avec un galvanomètre, il se produira un courant thermo-électrique dont la direction et l'intensité pourront faire connaître le sens et la grandeur de la différence des températures des deux soudures. Tel est le principe de la méthode employée par M. de Quintus-Icilius; elle a l'avantage de donner des résultats indépendants de l'échauffement des métaux eux-mêmes.

Afin de donner plus d'intensité aux phénomènes, l'auteur a pris, au lieu d'un système de trois barreaux, une pile thermo-électrique de trente-deux couples bismuth-antimoine. Un commutateur permettait de faire communiquer à volonté la pile thermo-électrique, soit avec un élément voltaïque de Bunsen, soit avec un galvanomètre.

Les expériences présentaient une difficulté particulière. En effet, on faisait d'abord circuler le courant voltaïque à travers la pile thermo-électrique, puis on mettait celle-ci en communication avec le galvanomètre. Or le courant produit par l'échauffement inégal des soudures qui s'observait alors devait s'affaiblir assez promptement par suite du rétablissement de l'égalité de température dans la pile. Il s'agissait donc d'apprécier l'intensité initiale d'un courant incessamment variable, et l'on sait que les méthodes généralement usitées ne permettent guère de mesurer que l'intensité d'un courant constant, ou la quantité d'électricité d'un courant de très-courte durée. M. de Quintus-Icilius a tourné la difficulté par la méthode suivante.

On déterminait d'abord la position d'équilibre de l'aiguille au moyen de quatre observations séparées par l'intervalle de temps (neuf secondes) nécessaire à une oscillation complète de l'aiguille du galvanomètre. Ensuite, à un instant marqué par le pendule d'une horloge astronomique, on mettait l'élément voltaïque en rapport avec la pile thermo-électrique et on notait l'indication d'une boussole des tangentes traversée par le courant; trente secondes après, par un mouvement rapide du commutateur, on faisait communiquer la pile thermo-électrique avec le galvanomètre, et l'on observait six élongations successives de l'aiguille. Cela fait, on ramenait l'aiguille au repos par l'action d'un barreau aimanté, et l'on faisait successivement une deuxième série d'observations, en ayant soin de donner au courant voltaïque une direction contraire à la précédente; une troisième série, en lui laissant cette direction; une quatrième et une cinquième série, en revenant à la direction primitive, et ainsi de suite. En prenant la moyenne d'un grand nombre de séries, on éliminait l'influence qu'aurait pu avoir un faible reste d'échauffement des soudures, car il est clair que, si les observations de la deuxième série étaient trop faibles par suite de l'influence persistante du premier courant voltaïque, les observations de la troisième série devaient, par une raison analogue, donner des résultats trop forts.

Tous ces nombres étant obtenus, on pouvait, à l'aide des méthodes données par M. W. Weber, calculer l'intensité du courant constant qui, étant supposé persister pendant l'intervalle de deux élongations successives, aurait produit précisément les deux élongations observées. Or il est arrivé qu'en faisant le calcul pour chacune des oscillations successives de l'aiguille on a trouvé six intensités moyennes qui, dans les diverses expériences, ont toutes varié proportionnellement à l'intensité du courant voltaïque par lequel l'échauffement de la pile était produit. Il est ainsi évidemment démontré qu'un courant voltaïque qui traverse une pile thermo-électrique établit entre les soudures paires et les soudures impaires une différence de température qui est proportionnelle à sa propre intensité.

De là résulte une conséquence intéressante : si l'inégalité d'échauffement des soudures produite par un courant voltaïque varie proportionnellement à l'intensité, d'autre part l'échauffement des barreaux dans les points qui ne sont pas voisins des soudures varie proportionnellement au carré de l'intensité. Donc les deux phénomènes suivent une marche entièrement différente, et, à mesure que l'intensité du courant augmente, l'influence de l'inégal échauffement des soudures doit devenir de moins en moins sensible. On comprend de la sorte pourquoi Peltier n'a pu observer un refroidissement des soudures qu'en opérant avec des courants d'une très-faible intensité.

341. La proportionnalité entre la différence des températures des soudures et l'intensité du courant qui traverse le circuit pendant le fonctionnement régulier de la machine[1] étant ainsi établie, nous pouvons écrire

$$\Sigma q = \mathcal{A}\mathrm{I}.$$

Portant cette valeur et celle de Q dans l'équation rappelée plus haut, il vient

$$m\mathrm{F} = m\mathrm{RI} - \mathrm{E}\mathcal{A},$$

d'où

$$\mathrm{I} = \frac{\mathrm{F} + \frac{\mathrm{E}}{m}\mathcal{A}}{\mathrm{R}}.$$

La force électro-motrice thermo-électrique est par conséquent $\frac{\mathrm{E}}{m}\mathcal{A}$. Si l'on met en évidence ce qui se rapporte à chacune des soudures, cette force électro-motrice, contraire à la force électro-motrice d'induction, peut s'écrire

$$\frac{\mathrm{E}}{m}\mathcal{A} = \frac{\mathrm{E}}{m}(\pi_1 + \pi_2 + \pi_3 \ldots),$$

$\pi_1, \pi_2, \pi_3, \ldots$ étant les quantités de chaleur absorbées aux différentes soudures aux températures $\mathrm{T}_1, \mathrm{T}_2, \mathrm{T}_3, \ldots$ lorsque le circuit est traversé par un courant d'intensité 1, c'est-à-dire étant les différents termes de la somme que nous avons désignée par $\mathcal{A}$.

On compte comme positives les quantités de chaleur absorbées et comme négatives les quantités dégagées.

342. **Conséquences du principe de Carnot appliqué aux phénomènes thermo-électriques.** — Appliquons le principe de Carnot : nous avons

$$\Sigma \frac{\pi}{\mathrm{T}} = 0.$$

Prenons en particulier le cas simple où le circuit est formé d'un

[1] La loi de proportionnalité donnée par M. de Quintus-Icilius n'est peut-être pas parfaitement exacte pour les courants très-intenses, mais elle ne saurait être mise en doute pour les courants d'intensité faible : on peut donc l'appliquer en toute rigueur dans le cas actuel.

métal AB compris entre deux branches AC et BD d'un deuxième métal identique à celui qui constitue le disque tournant DD' (fig. 45). A l'une des jonctions se produit une absorption de chaleur π_1 que je puis représenter par

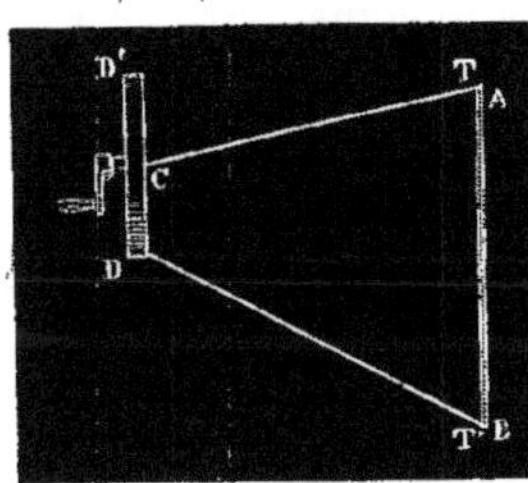

Fig. 45.

$$\pi_1 = \Pi(T);$$

la deuxième jonction est alors le siége d'un dégagement de chaleur

$$\pi_2 = -\Pi(T'),$$

T et T' étant les températures absolues des deux jonctions A et B.

L'expression de la force électro-motrice thermo-électrique est donc dans ce cas

$$\frac{E}{m}\mathcal{A} = \frac{E}{m}\left[\Pi(T) - \Pi(T')\right],$$

et l'application du principe de Carnot donne

$$\frac{\Pi(T)}{T} - \frac{\Pi(T')}{T'} = 0:$$

mais cette équation doit être satisfaite quels que soient T et T', donc

$$\Pi(T) = CT,$$

C étant une constante, et par suite la force électro-motrice

$$\frac{E}{m}\mathcal{A} = \frac{E}{m}C(T - T').$$

L'intensité du courant thermo-électrique devrait donc varier proportionnellement à la différence de température des soudures; et cette loi de variation conviendrait pour toute différence de température, quelle que fût la nature des métaux. Mais l'expérience contredit formellement la dernière conclusion; la théorie précédente n'explique donc pas les phénomènes.

De ce désaccord entre la théorie et l'expérience M. Thomson conclut que, dans l'application parfaitement légitime du principe de

Carnot, nous avons dû omettre quelque phénomène réversible, et que par conséquent il existe dans le système quelque autre effet réversible et par suite changeant de sens avec la direction du courant. Ce ne peut pas être un des effets thermiques soumis à la loi de Joule, puisque ces effets sont proportionnels au carré de l'intensité du courant. Il faut donc que ce soit quelque effet inconnu jusqu'à présent, provenant du passage du courant à travers un conducteur dont les divers points ne sont pas à la même température. C'est ainsi que M. Thomson s'est trouvé amené à affirmer l'existence d'un phénomène nouveau que des considérations plus simples peuvent d'ailleurs faire prévoir, ainsi que M. W. Thomson l'a montré lui-même. Ces considérations reposent sur le fait d'expérience suivant.

343. **Expérience de Cumming** [1]. — Cumming a découvert que dans certains cas une simple élévation de température de la soudure chaude pouvait amener une inversion dans le sens du courant thermo-électrique produit avec deux métaux. Considérons un circuit fer et cuivre dont on maintient l'une des soudures à une température constante en élevant graduellement la température de l'autre : le courant thermo-électrique augmente d'abord d'intensité, puis atteint un maximum, décroît et change de signe en passant par zéro. Il suit de là que la force électro-motrice dont la soudure chaude est le siége change elle-même de signe en passant par zéro à une certaine température; à cette température, les deux métaux sont, au point de vue thermo-électrique, neutres l'un par rapport à l'autre, et par conséquent le courant thermo-électrique, en traversant la soudure chaude, ne produit aucune absorption ni aucun dégagement de chaleur. Dans tout le reste du circuit et particulièrement à la soudure froide, le courant thermo-électrique produit un dégagement de chaleur. Il semble donc qu'il n'y ait dans le circuit qu'un dégagement de chaleur sans absorption équivalente, et la production du courant thermo-électrique paraît incompréhensible. Pour échapper à cette contradiction, il faut nécessairement admettre avec M. Thom-

(1) *Annals of Philosophy*, juin 1823, p. 427.

son qu'il y a une absorption de chaleur résultant de ce que le courant traverse des fils dont la température n'est pas uniforme; en d'autres termes, il faut supposer que, en traversant un conducteur dont les divers points sont à des températures inégales, un courant thermo-électrique, en même temps qu'il détermine partout un dégagement de chaleur proportionnel au carré de son intensité, peut aussi déterminer une absorption de chaleur simplement proportionnelle à son intensité, comme celle qui a lieu dans une soudure. Ce dernier effet, étant simplement proportionnel à l'intensité, doit changer de signe avec la direction du courant, comme tous les effets soumis à cette loi; donc, dans l'un au moins des deux métaux considérés, et probablement dans tous les deux, un courant électrique peut déterminer une absorption ou un dégagement de chaleur, suivant sa direction, lorsque la température de ces métaux n'est pas uniforme. L'expérience seule peut apprendre si l'absorption de chaleur a lieu quand le courant est dirigé des points les plus chauds vers les points les plus froids, ou dans le cas contraire.

344. **Théorie de M. William Thomson.** — Introduisons dans le calcul l'expression de cette nouvelle propriété des courants thermo-électriques. Appelons $I\sigma dt$ la quantité de chaleur absorbée pendant l'unité de temps en un point d'un conducteur dont la température varie de t à $t+dt$, ce conducteur étant traversé par un courant d'intensité I; désignons par T_0 la température absolue du disque tournant et par $T_1, T_2, \ldots$ les températures des jonctions des divers métaux constituant le conducteur : nous aurons

$$\mathcal{A} = \pi_1 + \pi_2 + \pi_3 \cdots + \int_{T_0}^{T_1} \sigma_1 \, dT + \int_{T_1}^{T_2} \sigma_2 \, dT + \cdots + \int_{T_n}^{T_0} \sigma_1 \, dT;$$

le dernier métal de la chaîne étant de même nature que le premier et étant en contact par son extrémité avec le disque tournant, la dernière intégrale est évidemment $\int_{T_n}^{T_0} \sigma_1 \, dT$.

Le principe de Carnot conduira dès lors à l'équation

$$\frac{\pi_1}{T_1} + \frac{\pi_2}{T_2} + \frac{\pi_3}{T_3} + \cdots + \int_{T_0}^{T_1} \frac{\sigma_1 \, dT}{T} + \int_{T_1}^{T_2} \frac{\sigma_2 \, dT}{T} + \cdots + \int_{T_n}^{T_0} \frac{\sigma_1 \, dT}{T} = 0.$$

Appliquons ces formules au cas simple considéré plus haut, où le conducteur est constitué seulement par deux métaux différents, l'un AB, l'autre BDCA (fig. 46). On a alors

$$\mathcal{A} = \Pi(T) - \Pi(T') + \int_{T_0}^{T} \sigma_1\, dT + \int_{T}^{T'} \sigma_2\, dT + \int_{T'}^{T_0} \sigma_1\, dT$$

ou

$$\mathcal{A} = \Pi(T) - \Pi(T') + \int_{T'}^{T} (\sigma_1 - \sigma_2)\, dT,$$

car

$$\int_{T'}^{T_0} \sigma_1\, dT = \int_{T'}^{T} \sigma_1\, dT - \int_{T_0}^{T} \sigma_1\, dT;$$

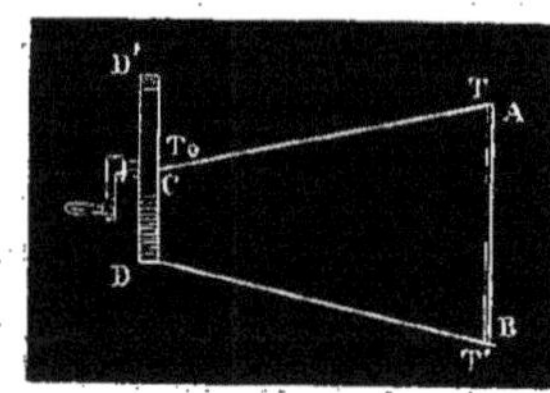

Fig. 46.

et le principe de Carnot donne

$$\frac{\Pi(T)}{T} - \frac{\Pi(T')}{T'} + \int_{T'}^{T} \frac{\sigma_1 - \sigma_2}{T}\, dT = 0.$$

Supposons la différence $T' - T$ infiniment petite, la loi relative à ce cas s'obtiendra en regardant T' comme une constante et en différentiant l'équation précédente par rapport à T,

$$\frac{1}{T}\frac{d.[\Pi(T)]}{dT} - \frac{\Pi(T)}{T^2} + \frac{\sigma_1 - \sigma_2}{T} = 0,$$

d'où l'on conclut

$$\sigma_1 - \sigma_2 = \frac{\Pi(T)}{T} - \frac{d\Pi(T)}{dT};$$

par suite,

$$\begin{aligned}\mathcal{A} &= \Pi(T) - \Pi(T') + \int_{T'}^{T} \frac{\Pi(T)}{T}\, dT - [\Pi(T) - \Pi(T')]\\ &= \int_{T'}^{T} \frac{\Pi(T)}{T}\, dT,\end{aligned}$$

et, pour une variation de température finie, mais très-petite, τ, la force électro-motrice $\frac{E}{m}\mathcal{A}$ sera

$$\frac{E}{m}\mathcal{A} = \frac{E}{m}\frac{\Pi(T)}{T}\tau,$$

c'est-à-dire qu'elle éprouvera d'abord des variations sensiblement proportionnelles à la différence de température τ des deux soudures, ce qui est conforme à l'expérience.

345. Quel que soit le circuit, si la température du circuit entier est maintenue constante, l'effet thermique total se réduit à zéro. Cette remarque générale a une application immédiate relativement aux expériences calorimétriques : on voit que, malgré la complication du phénomène, on peut encore dire ce que nous avions établi dans une hypothèse plus simple (326), que, dans toute expérience calorimétrique bien faite, il n'y a pas à s'occuper des phénomènes thermiques autres que ceux qui obéissent à la loi de Joule.

Il n'est pas inutile non plus de remarquer que le phénomène nouveau découvert par M. William Thomson ne se rattache en rien à la théorie de M. Becquerel, relativement à une prétendue liaison entre la propagation de l'électricité par voie thermo-électrique et la propagation de la chaleur par conductibilité. M. Becquerel nouait un fil métallique, ou le contournait en spirale sur une certaine longueur, et, chauffant ce fil en avant du nœud ou de la spirale, il obtenait un courant qu'il attribuait à l'inégale propagation de la chaleur à droite et à gauche de la partie chauffée, inégale propagation provenant de la différence des sections du fil des deux côtés du point chauffé : il croyait en effet que l'opération qu'il avait fait subir au fil équivalait simplement à un changement de section. M. Magnus a montré, par des expériences que je n'ai pas à rappeler ici, que les courants observés par M. Becquerel étaient dus simplement à des défauts d'homogénéité physique produits par la torsion du fil, et il a fait voir combien grandes étaient la variabilité et la diversité des phénomènes de ce genre. Renversée par les expériences de M. Magnus, la théorie de M. Becquerel ne trouve aucun nouvel appui, ainsi qu'il aurait pu sembler d'abord, dans les travaux de M. William Thomson. Il résulte en effet de l'expression de la force électro-motrice thermo-électrique donnée par M. Thomson que, dans le cas d'un fil métallique réuni par ses deux extrémités au fil d'un galvanomètre, la force électro-motrice thermo-électrique du système est nulle si les deux jonctions sont à la même température, car la limite inférieure et la limite supérieure des intégrales $\int \sigma dt$ relatives aux deux fils sont les mêmes; il en serait autrement si σ dépendait de la section du fil, mais l'expérience montre qu'elle n'en dépend nullement. Le phénomène découvert par M. W. Thomson est donc bien entièrement nouveau.

346. **Expériences de M. William Thomson.** — Mais la constatation de ce phénomène, que M. Thomson appelle *transport électrique de la chaleur,* n'est pas sans difficulté : à cause en effet du dégagement de chaleur proportionnel au carré de l'intensité qui accompagne toujours le passage d'un courant, l'expérience ne peut montrer qu'une différence entre les quantités absolues de chaleur dégagées par un courant d'intensité constante qui traverse successivement dans les deux directions opposées un conducteur inégalement échauffé en ses divers points. C'est donc cette différence que M. Thomson s'est proposé de manifester.

Le principe des expériences consiste à faire passer un courant électrique à travers un conducteur artificiellement échauffé en son milieu et refroidi à ses extrémités, de telle façon que dans une des moitiés du conducteur le courant aille de la partie chaude à la partie froide, et dans l'autre moitié de la partie froide à la partie chaude. Si les prévisions théoriques sont fondées, il semble que les deux moitiés du conducteur devront s'échauffer inégalement et que la différence de leurs températures changera de signe avec la direction du courant. Mais dans la réalité les choses ne se passent pas aussi simplement. Deux thermomètres, placés au milieu de chacune des moitiés du conducteur, accusent bien une différence très-sensible de température lorsqu'on fait passer un courant électrique à travers le conducteur; mais, lorsqu'on change le sens du courant, cette différence change simplement de grandeur sans changer de signe. On doit donc regarder la plus grande partie de la différence observée comme due à l'imparfaite symétrie de l'appareil, et le seul effet dû au renversement du courant est le changement qu'éprouve la valeur absolue de la différence. C'est donc cet effet qu'il faudra s'attacher à mesurer; s'il est constant, aussi longtemps que les conditions générales de l'expérience ne sont pas modifiées, on devra le regarder comme la manifestation de la propriété qu'on recherche, et il sera facile d'en conclure si, dans le métal expérimenté, le passage d'un courant tend à dégager ou à absorber de la chaleur lorsque le courant est dirigé des parties chaudes vers les parties froides.

Sans rapporter les nombreux tâtonnements par lesquels a dû passer M. Thomson avant d'arriver à des résultats définitifs, j'exposerai en détail quelques expériences des plus concluantes. Comme il s'agissait d'étudier la température des divers points d'un même conducteur, il fallait évidemment donner aux conducteurs une forme et des dimensions telles qu'il fût possible d'introduire dans leur intérieur, au moins en deux points, le réservoir d'un thermomètre; d'un autre côté, les premiers essais ayant montré que des barres métalliques de section un peu considérable ne donnaient pas de résultats certains, M. Thomson a adopté pour ses conducteurs la forme suivante. Plusieurs bandes de métal étaient réunies ensemble, comme l'indique la figure 47, s'écartant les unes des autres dans les portions AB, CD, EF et se trouvant au contraire très-rapprochées dans les parties BC, DE. Au milieu de chacune de ces deux parties les lames étaient maintenues un peu écartées par deux petits disques de liége, de façon à laisser libre un petit espace cylindrique *a* ou *b* où pouvait se loger le réservoir d'un thermomètre; l'un des disques de liége était plein et servait de support à la partie inférieure du réservoir, l'autre était percé d'un petit trou pour livrer passage à la tige. La partie CD était placée dans un vase de fer-blanc rempli d'eau maintenue en ébullition par la flamme d'un bec de gaz; les parties AB, EF étaient contenues dans deux autres boîtes de fer-blanc incessamment traversées par un courant d'eau froide. La pile se composait d'un petit nombre d'éléments zinc, eau acidulée, acide nitrique et fer passif, à très-grande surface.

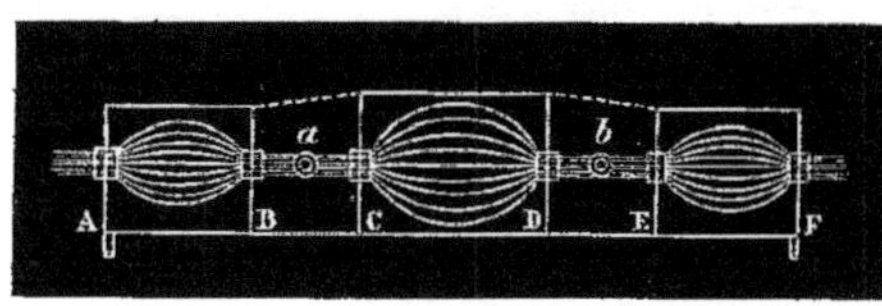

Fig. 47.

347. Le fer et le cuivre ont été les premiers métaux étudiés. On a fait usage d'un conducteur composé de trente lames de fer; on a

renversé douze fois la direction du courant et on a laissé passer le courant pendant huit minutes après chaque inversion. On a obtenu de la sorte les nombres contenus au tableau suivant : *a* et *b* y désignent les températures indiquées par les thermomètres placés en *a* et *b*, les températures sont exprimées en degrés centigrades.

	COURANT DIRIGÉ DE *a* VERS *b*.			COURANT DIRIGÉ DE *b* VERS *a*.		
	a	*b*	*b* — *a*	*a*	*b*	*b* — *a*
1re expérience.....	51°,43	53°,56	2°,13	51°,48	53°,49	2°,01
2e expérience.....	51,62	53,20	1,68	51,41	53,21	1,80
3e expérience.....	51,73	53,26	1,53	52,03	53,87	1,84
4e expérience.....	52,01	53,80	1,79	51,32	53,42	2,10
5e expérience.....	51,30	53,00	1,70	51,00	52,95	1,95
6e expérience.....	51,14	52,98	1,84	50,69	52,80	2,11

On voit que la température du point *b* a toujours été plus élevée que celle du point *a*. Mais si l'on fait abstraction de la première expérience, sur laquelle l'influence de l'état initial a dû être très-grande, on voit aussi que la différence *b* — *a* a été toujours la plus grande lorsque le courant a traversé le point *b* en allant de la partie froide à la partie chaude et le point *a* en allant de la partie chaude à la partie froide. Il en résulte que dans le fer le courant électrique tend à produire de la chaleur quand il passe d'un point froid à un point plus chaud, et à produire du froid dans le cas inverse. M. Thomson exprime ce résultat en disant que dans le fer il y a transport de la chaleur dans le sens de l'électricité négative. Un assez grand nombre d'expériences exécutées avec l'appareil précédent, dans des conditions assez diverses, ont donné le même résultat.

Le cuivre a donné des résultats opposés au fer et beaucoup moins sensibles. Aussi, pour rendre les expériences tout à fait certaines, a-t-on dû réduire beaucoup la puissance conductrice des conducteurs de cuivre employés et les former de quatre ou même de deux lames seulement. Le tableau suivant contient les résultats d'une expérience faite sur un conducteur composé de deux lames : le sens du courant a été renversé quatorze fois.

	COURANT DIRIGÉ DE *a* VERS *b*.			COURANT DIRIGÉ DE *b* VERS *a*		
	a	*b*	*b* − *a*	*a*	*b*	*b* − *a*
	°	°	°	°	°	°
1re expérience.....	54,81	56,31	1,50	55,47	56,88	1,41
2e expérience.....	55,90	57,32	1,42	56,37	57,63	1,26
3e expérience.....	56,70	57,99	1,29	57,16	58,29	1,13
4e expérience.....	57,49	58,70	1,21	57,80	58,91	1,11
5e expérience.....	57,80	58,98	1,18	58,18	59,20	1,02
6e expérience.....	58,29	59,80	1,51	58,37	59,79	1,42
7e expérience.....	58,27	59,80	1,53	58,08	59,51	1,43

On voit que la température du point *b* a encore été constamment supérieure à celle du point *a*; mais la différence *b* − *a* a été la plus grande lorsque le courant a traversé le point *a* en allant des parties froides aux parties chaudes du conducteur et le point *b* en allant des parties chaudes aux parties froides. En d'autres termes, dans le cas du cuivre, le transport électrique de la chaleur a lieu dans le sens du mouvement de l'électricité positive.

348. On peut sans inconvénient supprimer la partie de l'appareil qui sert à échauffer le milieu du conducteur. Le passage du courant suffit à produire l'échauffement, et les expériences réussissent tout aussi bien. On peut aussi substituer aux thermomètres à mercure de petits thermomètres à air ayant pour parois de leurs réservoirs la substance même du métal. L'appareil gagne ainsi beaucoup en sensibilité et le résultat de l'expérience devient évident, sans qu'il soit besoin de mesures précises. Voici, par exemple, comment a été faite l'expérience sur le platine. Dans un tube de platine EE' (fig. 48), fixé sur une forte planche CC' et traversant à ses extrémités les madriers BB, B'B', on a introduit une verge de verre *aa'* de même diamètre, enveloppée de coton, et on l'a fixée dans une position invariable au milieu du tube, à l'aide d'un mastic au minium. On y a ensuite fait entrer

deux tubes de thermomètre, pénétrant jusqu'en b et b', pareillement enveloppés de fil et mastiqués en E et E'. Les extrémités de ces tubes se recourbaient à angle droit et plongeaient dans deux petites cuves pleines d'alcool coloré. On avait ainsi de véritables thermomètres dont les réservoirs étaient les intervalles ab, $a'b'$, qu'on avait laissés entre les extrémités ouvertes b et b' des tubes et les extrémités de la verge aa'. Deux récipients de gutta-percha A et A', incessamment traversés par un courant d'eau froide, refroidissaient les deux extrémités du tube de platine; le passage d'un courant électrique, amené par les conducteurs D, D', l'échauffait et déterminait la dilatation de l'air dans les réservoirs ab, $a'b'$. Au moyen d'un régulateur introduit dans le circuit voltaïque et composé d'un fil recourbé plongeant, à une profondeur plus ou moins grande, dans deux tubes pleins de mercure, on amenait la colonne d'alcool soulevée dans le tube de l'un des thermomètres à se maintenir à une hauteur constante, et, l'équilibre étant bien établi, on renversait le courant. L'alcool de l'autre thermomètre se déplaçait immédiatement et indiquait un accroissement de température si le courant, dans sa nouvelle direction, arrivait par l'extrémité du tube la plus voisine de ce thermomètre, et un abaissement de température dans le cas contraire. On doit conclure de là que, dans le platine, le transport électrique de la chaleur a lieu dans le sens du mouvement de l'électricité négative. Des expériences analogues ont permis de vérifier que dans le cuivre le transport électrique de la chaleur a lieu, ainsi que nous l'avons établi, dans le sens de l'électricité positive.

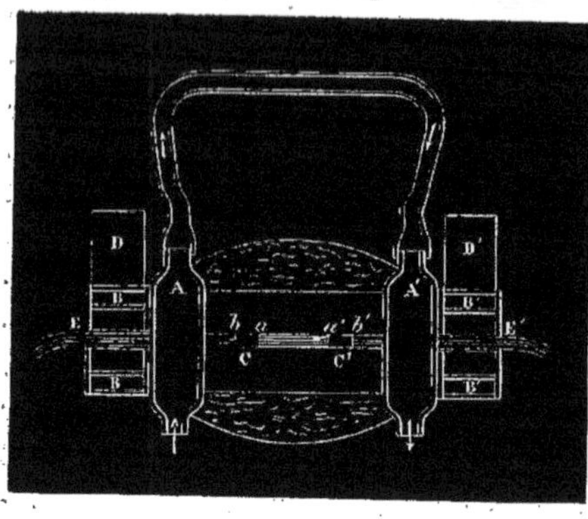

Fig. 48.

349. **Distribution des températures dans un conducteur traversé par un courant.** — L'influence du phénomène

découvert par M. Thomson sur la distribution des températures dans un conducteur peut s'exprimer analytiquement sans difficulté : cette analyse aura l'avantage de nous faire mieux comprendre le sens de l'expression employée par M. Thomson : « transport électrique de la chaleur dans le sens de l'électricité positive ou négative. » Considérons le cas de la dernière expérience où, les deux extrémités du fil étant maintenues à une basse température, le fil est traversé par un courant électrique. Supposons, pour simplifier, que la température constante des deux extrémités du fil soit précisément la température ambiante; désignons par x la distance positive ou négative d'une section du fil au point milieu de ce fil, par u l'excès de température de cette section, par s son aire, par p son périmètre, par k la conductibilité calorifique intérieure et par h la conductibilité extérieure du fil. Pendant un temps infiniment court dt, il passera par la section dont l'abscisse est x une quantité de chaleur égale, ainsi qu'on l'établit dans l'étude de la conductibilité calorifique (voir tome IV de ces *Œuvres*), à

$$-ks\frac{du}{dx}dt,$$

et par la section dont l'abscisse est $x+dx$ une quantité de chaleur égale à

$$-ks\left(\frac{du}{dx}+\frac{d^2u}{dx^2}dx\right)dt.$$

En même temps, la tranche comprise entre ces deux sections perdra par conductibilité extérieure une quantité de chaleur égale à

$$hpu\,dx\,dt,$$

et le courant électrique dégagera dans cette tranche une quantité de chaleur proportionnelle au carré de son intensité et à la résistance de la tranche, égale par conséquent à

$$\frac{\mu I^2\,dx\,dt}{\gamma s},$$

si l'on désigne par I l'intensité, par γ la conductibilité électrique du fil et par μ une constante. Il suit de là que, si la propriété découverte par M. Thomson n'existait pas, l'équation d'équilibre des températures serait

$$ks\frac{d^2u}{dx^2} - hpu + \frac{\mu I^2}{\gamma s} = 0.$$

Pour intégrer cette équation, posons

$$u = v + \frac{\mu I^2}{hp\gamma s}$$

et remarquons que $\frac{\mu I^2}{hp\gamma s}$ est une constante : l'équation devient

$$ks\frac{d^2v}{dx^2} - hpv = 0,$$

équation dont l'intégrale générale est, si nous posons suivant l'usage

$$\frac{hp}{ks} = a^2,$$

$$v = Me^{ax} + Ne^{-ax}.$$

Nous avons donc

$$u = \frac{\mu I^2}{hp\gamma s} + Me^{ax} + Ne^{-ax}.$$

M et N sont deux constantes que l'on déterminera en ayant égard aux extrémités du fil pour lesquelles u est nul. Soit $2l$ la longueur du fil, on doit avoir $u = 0$ pour $x = l$ et pour $x = -l$, ce qui se traduit par les deux équations

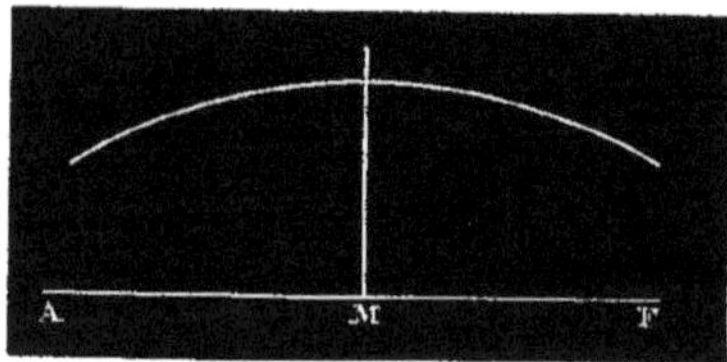

Fig. 49.

$$0 = \frac{\mu I^2}{hp\gamma s} + Me^{al} + Ne^{-al}$$

et

$$0 = \frac{\mu I^2}{hp\gamma s} + Me^{-al} + Ne^{al},$$

d'où

$$M = N = -\frac{\mu I^2}{hp\gamma s}\frac{1}{e^{al} + e^{-al}}.$$

Il en résulte pour u

$$u=\frac{\mu I^2}{hp\gamma s}\left(1-\frac{e^{ax}+e^{-ax}}{e^{al}+e^{-al}}\right),$$

équation d'une chaînette symétrique par rapport au point milieu du fil auquel correspond l'ordonnée maximum.

350. Tenons compte maintenant de la propriété dont nous voulons déterminer numériquement l'influence : concevons que le courant électrique tende à dégager de la chaleur proportionnellement à son intensité, lorsqu'il va d'un point froid vers un point chaud, et à absorber de la chaleur dans le cas inverse (comme cela a lieu pour le fer). La chaleur ainsi dégagée pendant un temps infiniment court dt dans une tranche infiniment mince sera

$$I\sigma\frac{du}{dx}dx\,dt,$$

la constante σ étant positive. L'équation de l'équilibre des températures sera dès lors

$$ks\frac{d^2u}{dx^2}+\sigma I\frac{du}{dx}-hpu+\frac{\mu I^2}{\gamma s}=0.$$

Pour l'intégrer, posons encore

$$u=v+\frac{\mu I^2}{hp\gamma s},$$

l'équation devient

$$ks\frac{d^2v}{dx^2}+\sigma I\frac{dv}{dx}-hpv=0$$

ou

$$\frac{d^2v}{dx^2}+\frac{\sigma I}{ks}\frac{dv}{dx}-a^2v=0,$$

équation dont l'intégrale générale est encore la somme de deux exponentielles.

En effet,

$$v=Me^{\alpha x}$$

est une solution particulière si

$$\alpha^2 + \frac{\sigma I}{ks}\alpha - a^2 = 0.$$

Or cette équation en α a deux racines réelles et de signes contraires : soient α' la racine positive et α'' la valeur absolue de la racine négative, il est clair que

$$v = Me^{\alpha' x} + Ne^{-\alpha'' x}$$

est une solution, et l'on verrait sans peine que c'est l'intégrale générale.

Les constantes M et N se déterminent comme ci-dessus par les conditions relatives aux extrémités; on a

$$0 = \frac{\mu I^2}{hp\gamma s} + Me^{\alpha' l} + Ne^{-\alpha'' l},$$

$$0 = \frac{\mu I^2}{hp\gamma s} + Me^{-\alpha' l} + Ne^{\alpha'' l},$$

d'où

$$M = -\frac{\mu I^2}{hp\gamma s}\,\frac{e^{\alpha'' l} - e^{-\alpha'' l}}{e^{(\alpha'+\alpha'')l} - e^{-(\alpha'+\alpha'')l}}$$

et

$$N = -\frac{\mu I^2}{hp\gamma s}\,\frac{e^{\alpha' l} - e^{-\alpha' l}}{e^{(\alpha'+\alpha'')l} - e^{-(\alpha'+\alpha'')l}};$$

on a donc

$$u = \frac{\mu I^2}{hp\gamma s}\left[1 - \frac{\left(e^{\alpha'' l} - e^{-\alpha'' l}\right)e^{\alpha' x} + \left(e^{\alpha' l} - e^{-\alpha' l}\right)e^{-\alpha'' x}}{e^{(\alpha'+\alpha'')l} - e^{-(\alpha'+\alpha'')l}}\right].$$

Cette équation est celle d'une courbe dissymétrique par rapport au milieu du fil. Cherchons la valeur de x qui rend u maximum, et pour cela écrivons que $\frac{du}{dx} = 0$:

$$\alpha'\left(e^{\alpha'' l} - e^{-\alpha'' l}\right)e^{\alpha' x} - \alpha''\left(e^{\alpha' l} - e^{-\alpha' l}\right)e^{-\alpha'' x} = 0,$$

ou

$$e^{-\alpha'' x}\left[\alpha'\left(e^{\alpha'' l} - e^{-\alpha'' l}\right)e^{(\alpha'+\alpha'')x} - \alpha''\left(e^{\alpha' l} - e^{-\alpha' l}\right)\right] = 0.$$

La valeur finie de x qui rend u maximum est donc donnée par l'équation

$$e^{(\alpha'+\alpha'')x} = \frac{\alpha''\left(e^{\alpha' l} - e^{-\alpha' l}\right)}{\alpha'\left(e^{\alpha'' l} - e^{-\alpha'' l}\right)} = \frac{\dfrac{e^{\alpha' l} - e^{-\alpha' l}}{\alpha' l}}{\dfrac{e^{\alpha'' l} - e^{-\alpha'' l}}{\alpha'' l}}.$$

J'ai supposé σ positif, par suite α'' est plus grand que α', et comme la fonction $\frac{e^{z} - e^{-z}}{z}$ croît avec z lorsque z est positif, on voit que le dénominateur $\frac{e^{\alpha'' l} - e^{-\alpha'' l}}{\alpha'' l}$ est plus grand que le numérateur; la valeur de x correspondant au maximum de u est donc telle qu'elle rend l'expression

$$e^{(\alpha'+\alpha'')x} < 1;$$

cette valeur de x est donc négative. Il suit de là que le lieu du maximum de chaleur s'est déplacé du côté de A, et par conséquent dans le sens du mouvement de l'électricité négative. La distribution des températures sera donc représentée par une courbe telle que celle de la figure 50. Le phénomène découvert par M. Thomson revient donc à un déplacement du lieu du maximum, et l'on peut dire qu'il y a « transport de chaleur » dans le sens du mouvement de l'électricité.

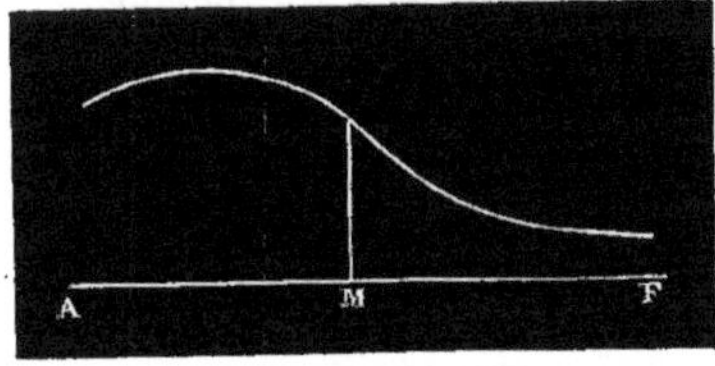

Fig. 50.

Le résultat eût été contraire si l'on eût supposé σ négatif.

351. Dans ce calcul nous avons supposé σ indépendant de la température; mais c'est une restriction analogue à celle de Fourier qui, dans sa théorie de la conductibilité, a supposé le coefficient de conductibilité intérieure k indépendant de la température. C'est à l'expérience à apprendre si cette condition se trouve réalisée, par l'accord ou le désaccord qu'elle manifestera avec la théorie; et en

tout cas c'est une approximation suffisante tant que les variations de température ne sont pas trop considérables.

Quant au calcul numérique de σ, il nécessiterait des mesures délicates : sur un conducteur bien homogène, on déterminerait à l'aide de pinces thermo-électriques les températures de deux points correspondant à des valeurs connues de x, ce qui fournirait deux équations donnant α' et α'' d'où l'on pourrait déduire la valeur de σ.

V. — Phénomènes électro-chimiques.

352. **Proportionnalité entre la somme des forces électro-motrices et la chaleur totale dégagée dans le circuit.** — On a vu plus haut (332) que les quantités de chaleur dégagées par la dissolution d'un équivalent de métal dans divers éléments de pile sont proportionnelles aux forces électro-motrices, sous la réserve nécessaire que dans chaque élément l'action chimique productrice du courant ne soit accompagnée d'aucune action secondaire pouvant donner lieu à une absorption ou à un dégagement de chaleur. Cette relation, clairement énoncée et démontrée pour la première fois en 1847 par M. Helmholtz[1], mais dont M. Joule paraît avoir été en possession dès 1841[2], entraîne d'importantes conséquences.

353. **Substitution de mesures galvanométriques aux mesures calorimétriques dans les recherches thermo-chimiques.** — Si dans toute l'étendue du circuit on n'a qu'une seule action chimique, comme celle par exemple qui a lieu dans l'élément de Daniell à sulfate de zinc, le travail des affinités chimiques qui s'exercent dans cette action est mesuré immédiatement par la force électro-motrice développée. Une simple mesure galvanométrique pourra donc faire connaître ce travail, dont l'évaluation semblait réclamer une expérience calorimétrique, c'est-à-dire un ensemble de mesures bien autrement difficiles; il suffira de déter-

(1) Helmholtz, *Die Erhaltung der Kraft*; Berlin, 1847, p. 47.
(2) *Philosophical Magazine*, 1842, t. XX, p. 98.

miner une fois pour toutes le coefficient de proportionnalité entrant dans la formule sur laquelle on s'appuie

$$E\Sigma K = m\Sigma F.$$

Toutefois, dans la pratique, l'application de la méthode est sujette à quelques difficultés qui n'ont pas toujours été heureusement surmontées[1].

354. **Forces électro-motrices de polarisation.** — Si maintenant on introduit dans le circuit un appareil contenant un électrolyte, une décomposition se produit : il y a travail négatif des affinités chimiques, et, par suite, absorption d'une certaine quantité de chaleur; la force électro-motrice totale diminue donc, c'est-à-dire qu'il se développe une force électro-motrice contraire à celle de l'élément : c'est cette force électro-motrice nouvelle que l'on appelle force électro-motrice de polarisation. Lorsque, dans l'électrolyse, le liquide, qui se décompose, se régénère en même temps par l'action secondaire d'un des éléments de la décomposition sur l'électrode correspondante, le travail des forces chimiques dans l'appareil électrolyseur est réellement nul, et alors, en effet, il n'y pas polarisation.

355. **Mesure de la chaleur absorbée dans les décompositions chimiques.** — On peut déduire facilement de ces principes une méthode propre à mesurer les quantités de chaleur absorbées dans les décompositions chimiques. Cette méthode est due à M. Joule, qui l'a d'abord employée sans la discuter et qui plus tard a négligé de la justifier. Voici en quoi elle consiste : le liquide électrolysable est introduit dans le circuit d'une pile à courant constant (je suppose que la décomposition du liquide ne soit accompagnée d'aucune action secondaire); on mesure la quantité de chaleur q qui se dégage dans le liquide pour un équivalent d'action chimique, soit en prenant le liquide même pour liquide calorimétrique, soit en le plaçant dans un serpentin entouré d'eau calorimétrique; on substitue ensuite au liquide un fil métallique d'une résistance telle, que l'intensité du courant soit réduite à la

(1) Voir note BB, t. I, p. CXLIII.

même valeur que dans le cas de l'interposition de l'électrolyte, et l'on mesure la quantité de chaleur q' dégagée dans le fil par un équivalent d'action chimique. Cette deuxième quantité est supérieure à la première, et la différence $q'-q$ est la mesure de la quantité de chaleur absorbée par la décomposition. Soient en effet F la force électro-motrice constante de la pile employée, et R la résistance de la pile et des fils nécessaires à l'établissement du circuit; soient P la force électro-motrice de polarisation du liquide électrolysé et r la résistance de ce liquide: l'intensité du courant dans la première expérience est

$$I=\frac{F-P}{R+r},$$

et la quantité de chaleur q dégagée dans le liquide pendant la production d'un équivalent d'action chimique est donnée par la relation

$$Eq=m\left(\frac{F-P}{R+r}\right)r.$$

Dans la deuxième expérience, l'intensité, qui est rétablie à sa valeur première I, a pour expression

$$I=\frac{F}{R+\rho},$$

ρ désignant la résistance du fil: et l'on a pour l'équivalent Eq' de la chaleur dégagée dans le fil par un équivalent d'action chimique

$$Eq'=m\left(\frac{F}{R+\rho}\right)\rho.$$

La différence des deux quantités de chaleur est

$$q'-q=\frac{m}{E}I(\rho-r).$$

Mais la valeur de ρ est déterminée par la condition de la constance du courant,

$$\frac{F}{R+\rho}=\frac{F-P}{R+r},$$

d'où

$$\rho = \frac{Fr + PR}{F - P}.$$

On a donc

$$q' - q = \frac{m}{E} I \left(\frac{Fr + PR}{F - P} - r \right) = \frac{m}{E} I \frac{P(R + r)}{F - P} = \frac{m}{E} P.$$

Or, qu'est-ce que $\frac{m}{E}P$? C'est, d'après la théorie précédente, la quantité de chaleur absorbée dans l'unité de temps par l'action chimique que l'on étudie. Le principe des expériences de M. Joule est donc entièrement justifié.

La méthode est encore applicable dans le cas où il se produit des actions secondaires, si l'on peut évaluer la quantité de chaleur dégagée par ces actions, laquelle s'ajoutera toujours algébriquement à la quantité de chaleur dégagée par le passage du courant. La seule chose qu'il soit toujours important d'éviter, c'est un dégagement de gaz qui donne toujours lieu, aux points où il se produit, à des phénomènes calorifiques qu'il est presque impossible d'évaluer exactement.

En mesurant par la méthode précédente la quantité de chaleur absorbée par la décomposition de l'eau acidulée très-étendue (pour éviter le dégagement de chaleur qui proviendrait d'une concentration sensible de la dissolution), M. Joule a trouvé exactement le même nombre que Dulong, et, après lui, Favre et Silbermann l'ont obtenu par des mesures directes. La quantité de chaleur absorbée par la décomposition de 9 grammes d'eau serait en effet 33 557 unités de chaleur[1]. Dulong avait trouvé, pour la chaleur produite par la combustion de 1 gramme d'hydrogène, 34 601; MM. Favre et Silbermann ont obtenu plus tard 34 462 unités de chaleur comme moyenne de six expériences bien concordantes.

356. **Impossibilité de décomposer l'eau avec un seul élément de Daniell.** — Les principes qui précèdent doivent être regardés comme de véritables théorèmes de mécanique qui régissent d'une façon absolue les phénomènes auxquels ils s'appliquent. Ainsi, nous venons de voir que le circuit contenant une pile hydro-élec-

[1] *Institut*, n° 619, t. XIII, p. 395.

trique et des appareils de décomposition est le siége de deux séries de travaux de signes contraires. Mais il est clair que le travail négatif des affinités chimiques dans la décomposition de l'électrolyte ne saurait être supérieur au travail positif des affinités qui agissent dans la pile; et, les expériences calorimétriques donnant la mesure de l'un et de l'autre travail, il est facile, comme M. Favre l'a remarqué le premier, de voir les cas où l'électrolyse n'est pas possible. Ainsi, la quantité de chaleur absorbée par la décomposition d'un équivalent d'eau est 34 462 unités de chaleur; mais, d'après les lois de l'électro-chimie, à la décomposition d'un équivalent d'eau dans le voltamètre doit correspondre un équivalent d'action chimique dans chaque élément de la pile. D'autre part on sait que la dissolution d'un équivalent de zinc dans l'acide sulfurique très-étendu correspond à un dégagement de 18 680 unités de chaleur (328). Il sera donc impossible de décomposer l'eau avec un seul élément de pile ordinaire; aucun courant ne saurait naître dans ces conditions, car, à peine produit, il serait immédiatement anéanti.

357. **Influence de la substitution du zinc amalgamé au zinc ordinaire dans les piles.** — L'application des mêmes principes a conduit M. Jules Regnauld à quelques conséquences intéressantes [1]. La substitution, dans une pile, du zinc amalgamé au zinc ordinaire a pour effet, non-seulement d'empêcher une dépense inutile de zinc, mais encore d'augmenter un peu la force électromotrice de la pile. Qu'en résulte-t-il? C'est que dans le passage de l'état de zinc amalgamé à l'état de sulfate de zinc il y a un dégagement de chaleur plus considérable que dans la transformation du zinc ordinaire en sulfate. La formation de l'amalgame de zinc doit être accompagnée d'une absorption de chaleur. Telle est la conclusion de M. Jules Regnauld, conclusion que l'expérience directe a complétement vérifiée. Le cadmium donne lieu à un phénomène inverse : la substitution du cadmium amalgamé au cadmium pur dans un élément cadmium-cuivre diminue la force électro-motrice; M. Jules Regnauld en conclut que la formation de l'amalgame de

[1] *Comptes rendus de l'Académie des sciences*, 1860, t. LI, p. 778.

cadmium doit être accompagnée d'un dégagement de chaleur, et l'expérience lui donne complétement raison. M. Jules Regnauld a étendu ses recherches à une dizaine de métaux sur lesquels il a vérifié l'exactitude des conséquences auxquelles l'avaient conduit ses expériences sur le zinc et le cadmium. Quant à l'inversion du phénomène avec deux métaux aussi voisins que le zinc et le cadmium, il n'est pas difficile de s'en rendre compte. Elle tient à ce qu'il y a deux phénomènes à distinguer dans la formation d'un amalgame : le travail des affinités chimiques d'une part, et d'autre part le changement d'état du métal amalgamé, qui devient liquide ou semi-liquide. Ces deux phénomènes se traduisant par des effets calorifiques inverses, la somme peut être positive ou négative. Mais précisément le zinc et le cadmium, très-semblables par leurs propriétés chimiques, ont une chaleur latente de fusion très-différente. Par conséquent, ces deux métaux doivent se comporter sensiblement de même quant au dégagement de chaleur accompagnant le travail des affinités chimiques dans la formation de l'amalgame, tandis que le zinc, qui exige environ deux fois autant de chaleur que le cadmium pour se liquéfier, éprouve, par suite du changement d'état, un refroidissement bien plus considérable. On comprend donc que, somme toute, le zinc puisse produire du froid et le cadmium de la chaleur.

358. **Mesure indirecte de la chaleur dégagée dans un élément de Daniell.** — On peut encore déduire des mêmes principes une conséquence importante en ce qu'elle se prête à une vérification numérique directe.

De la loi de Joule on déduit la formule fondamentale (322)

$$mFI = EQ,$$

formule commune aux courants induits et aux courants hydro-électriques.

On en déduit, pour les courants hydro-électriques, la relation (332)

$$m\Sigma F = E\Sigma K,$$

laquelle, pour un élément voltaïque unique à courant constant, se réduit à

$$mF = EK.$$

F est la force électro-motrice de l'élément considéré, et K la quantité de chaleur dégagée par un équivalent d'action chimique; m est une constante dépendant des unités choisies et que l'on peut déterminer par la considération d'un phénomène tout différent, d'un phénomène d'induction. Et, en effet, la formule fondamentale rappelée plus haut donne, dans le cas des courants induits (322) et pour un temps infiniment court dt,

$$mFI\,dt = dH.$$

F est la force électro-motrice d'induction, I l'intensité du courant induit et H le travail des forces qui s'opposent au mouvement dans l'induction. En un temps fini, on a donc

$$m\int FI\,dt = H$$

ou

$$mR\int I^2 dt = H.$$

Or, si l'on peut mesurer H en kilogrammètres, et si d'autre part l'intensité du courant et la résistance du circuit sont exprimées à l'aide d'unités arbitrairement choisies (desquelles d'ailleurs résultera nécessairement l'unité de force électro-motrice), m sera déterminé.

En conservant ce système d'unités et en portant la valeur de m dans l'expression précédente, on pourra calculer K et on devra obtenir ainsi pour K un nombre égal à celui qu'ont trouvé directement MM. Favre et Silbermann.

359. L'exposé des méthodes qui ont été réellement employées pour déterminer m nous conduirait trop loin, car ce serait l'exposé même des grands travaux de M. Wilhelm Weber sur le système des unités absolues de magnétisme et d'électricité. Je me bornerai donc à indiquer un procédé (purement idéal) qui permettrait de déterminer m par la mesure de H. Cette mesure de H peut se faire au

moyen de l'électro-dynamomètre de M. Weber. Cet instrument, décrit en détail au tome II des présentes œuvres, page 330, n'est qu'un galvanomètre dans lequel M. Weber a substitué à l'aiguille aimantée un énorme solénoïde suspendu par deux fils. La figure 51 montre

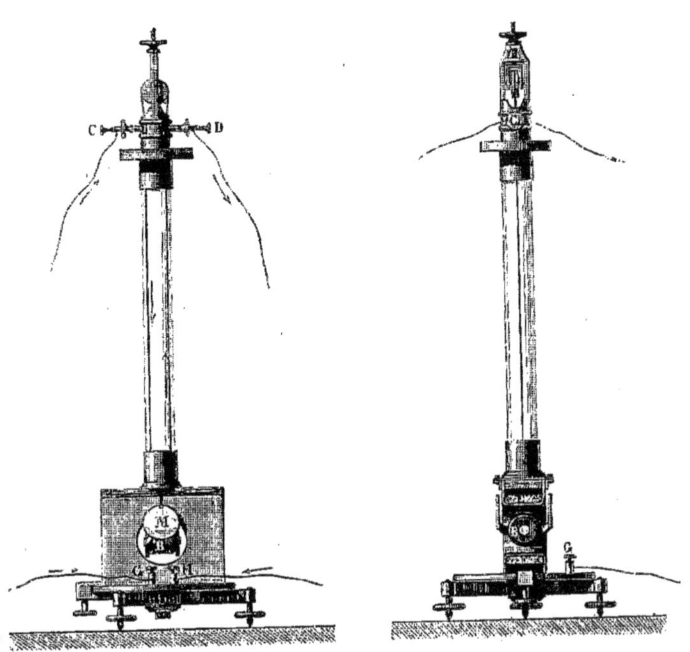

Fig. 51. Fig. 52.

l'appareil de face et la figure 52 en présente une vue suivant un plan perpendiculaire à CD. Le cadre EF du galvanomètre est circulaire, et à l'intérieur de ce cadre est une bobine B à fil très-fin et très-long, suspendue par deux fils parallèles et très-voisins. L'emploi de cette suspension bifilaire, imaginée par Gauss dans ses études sur le magnétisme, permet d'évaluer facilement le moment du couple qui tend à ramener le système à sa position d'équilibre, lorsqu'on l'en a dérangé. Dans une première expérience, on écartera la bobine de sa position d'équilibre, aucun courant ne circulant dans la bobine mobile B ni dans la bobine fixe EF : la bobine B exécutera des oscillations isochrones si l'angle d'écart primitif n'est pas trop considérable, et, pour une valeur donnée de cet angle d'écart, le travail N des forces de torsion pendant la demi-oscillation sera

$$N = \frac{M\Omega^2}{2},$$

M étant le moment d'inertie du système et Ω la vitesse angulaire à l'instant où la bobine passe par la position d'équilibre. La vitesse Ω peut être facilement connue. Quant au moment d'inertie M, on pourra le déterminer expérimentalement par la méthode très-ingénieuse de Gauss, qui consiste à modifier ce moment de quantités connues et qui permet dès lors de le calculer, d'après cette remarque que les nombres d'oscillations effectuées dans un même temps pour diverses valeurs du moment d'inertie sont inversement proportionnels aux racines carrées de ces valeurs.

On fera ensuite passer un courant dans le circuit fixe EF seulement, et l'on observera de nouveau les oscillations de la bobine mobile; cette bobine sera alors traversée par un courant induit dû à l'action du courant fixe EF sur le circuit en mouvement B, et, l'écart initial étant le même que dans la première expérience, on aura

$$N - H = \frac{M\omega^2}{2},$$

expression qui permettra de calculer H en kilogrammètres. Reste maintenant à évaluer l'intégrale $\int I^2 dt$. L'action du conducteur fixe sur le conducteur mobile est proportionnelle à cette intégrale. On pourra donc la déterminer en faisant passer un courant constant dans les deux bobines à la fois et pendant un temps très-court θ que l'on mesurera et que l'on réglera de façon à obtenir la même impulsion initiale qu'avec le courant induit : l'action de la bobine fixe sur la bobine mobile sera en effet alors proportionnelle à

$$\int i^2 dt = i^2 \theta,$$

et, le coefficient de proportionnalité étant évidemment le même que dans le premier cas, on aura

$$\int I^2 dt = i^2 \theta.$$

Si donc on mesure i et θ, on connaîtra l'intégrale cherchée $\int I^2 dt$.

L'équivalent de ces déterminations se trouve, comme je l'ai déjà dit, dans les travaux de M. Wilhelm Weber, et c'est en s'appuyant sur les précieux résultats de M. Weber qu'un savant physicien hollandais, M. Bosscha [1], a pu calculer m et par suite K.

360. **Recherches de M. Bosscha.** — Voici comment a procédé M. Bosscha :

1° Il a fait passer le courant de deux ou trois éléments de Daniell dans un circuit qui contenait à la fois une boussole des tangentes et une dissolution de sulfate de cuivre pur où plongeaient des électrodes de cuivre. Il a déterminé le poids de cuivre déposé en un temps donné et il en a déduit la quantité d'eau qu'aurait décomposée en un temps donné un courant capable de dévier d'un angle donné l'aiguille de sa boussole. M. Weber ayant fait connaître l'intensité absolue du courant qui, dans l'unité de temps, décompose 1 milligramme d'eau, ces données ont permis de calculer facilement une constante α telle, qu'en la multipliant par la tangente des déviations observées on obtînt l'intensité absolue des courants. Cette constante s'est trouvée

$$\alpha = 55,21.$$

M. Bosscha a eu soin, dans cette recherche préliminaire, d'employer de faibles courants, afin d'obtenir un dépôt de cuivre peu cohérent, facile par conséquent à laver et à dessécher. Il a constamment observé les déviations produites par le même courant, transmis successivement en deux sens opposés à travers la boussole, et a appliqué à la moyenne de ces déviations la formule de correction de M. Bravais.

2° Il s'est procuré un fil de laiton soigneusement comparé par M. Leyser, mécanicien à Leipsick, avec un des étalons dont M. Weber avait mesuré la résistance absolue. La résistance de ce fil exprimée en unités absolues s'est trouvée égale à $60717 \cdot 10^{15}$.

[1] *Poggendorff's Annalen*, 1857, t. CI, p. 517, et 1858, t. CII, p. 487, et t. CV, p. 396. — Verdet a publié un extrait de ces mémoires dans les *Annales de chimie et de physique*, 1862, 3e série, t. LXV, p. 367.

Comme elle était d'ailleurs comparable à celle d'un élément de Daniell, ce fil pouvait être pris pour type des résistances dans toutes les expériences sur ces éléments.

Ces deux premières déterminations, singulièrement simplifiées par les travaux de M. Weber, ne sont que l'équivalent de la détermination de la constante m, qui se trouve ici égale à 1, puisque l'on rapporte tout aux unités de M. Weber.

3° Enfin, M. Bosscha a mesuré avec la boussole l'intensité du courant produit par un élément de Daniell dans un circuit qui ne contenait d'abord que la boussole et où il ajoutait ensuite le fil de résistance connue. On avait ainsi tout ce qui était nécessaire à la mesure absolue de la résistance totale et de la force électro-motrice.

Trois séries d'expériences parfaitement concordantes ont donné comme moyenne le nombre

$$10\,258 \cdot 10^7.$$

Si l'on adopte pour l'équivalent mécanique de la chaleur 425, la formule

$$mF = EK$$

donne alors pour K le nombre

23 957 unités de chaleur.

MM. Favre et Silbermann ont trouvé, par l'expérience directe, que la substitution d'un équivalent de zinc à un équivalent de cuivre dans la pile de Daniell donnait lieu à un dégagement de

23 562 unités de chaleur.

On doit trouver cet accord très-remarquable, car le deuxième nombre est obtenu directement et le premier n'est obtenu que par l'intermédiaire d'un grand nombre de quantités dont la détermination est très-difficile.

361. **Électrolyse de l'eau.** — Dans toutes les mesures de la force électro-motrice de polarisation qui se développe dans un

appareil où l'eau est décomposée en oxygène et hydrogène (et ces mesures sont assez nombreuses), la force électro-motrice de polarisation a été comparée à la force électro-motrice de l'élément de Daniell. Or la quantité de chaleur qui mesure cette force électro-motrice est, en adoptant le nombre de M. Bosscha, 23 957 unités de chaleur. Par suite, en multipliant par ce nombre le rapport de la force électro-motrice de polarisation à la force électro-motrice d'un élément de Daniell, on aura la quantité de chaleur produite par la combustion de l'hydrogène dans l'oxygène.

Les mesures de force électro-motrice de polarisation les plus dignes de confiance ont été réunies par M. Bosscha, qui en a donné le tableau suivant :

NOMS DES OBSERVATEURS.	RAPPORT DE LA FORCE ÉLECTRO-MOTRICE de polarisation à la force électro-motrice d'un élément de Daniell.
Buff	2,47
Svanberg	2,28
Wheatstone	2,33
Lenz et Saweljew	2,34
Bosscha	2,32

Ces nombres ne sont pas très-concordants : il y a là une première difficulté; mais les différences peuvent, à la rigueur, être attribuées aux erreurs d'expériences. Le plus élevé, 2,47, multiplié par 23 957, donne 59 175 pour la quantité de chaleur que dégage la combustion de 1 gramme d'hydrogène; le plus faible, 2,28, donne 54 623.

Mais les expériences directes de MM. Favre et Silbermann ont donné 34 462 unités de chaleur.

Il y a donc quelque erreur considérable. L'explication probable de cette contradiction est toutefois assez facile à apercevoir. La chaleur de combustion mesurée par MM. Favre et Silbermann est celle que dégagent en se combinant l'oxygène et l'hydrogène *ordinaires*. Les gaz qui se séparent l'un de l'autre sous l'influence du courant voltaïque sont de l'oxygène et de l'hydrogène *actifs* : l'oxygène est de l'ozone, l'hydrogène est de l'hydrogène naissant capable de réduire des sels métalliques sur lesquels il est ordinairement sans action. La chaleur dégagée par la combinaison de ces deux gaz peut être plus grande que la chaleur de combustion de l'hydrogène mesurée au calorimètre. Rien d'ailleurs *a priori* ne peut faire prévoir si l'influence de cet état particulier des gaz sur le phénomène thermique se traduira par une absorption ou un dégagement de chaleur. Au premier abord, il paraît plus probable que ce phénomène local sera une absorption de chaleur; car l'oxygène et l'hydrogène fixés sur les lames de platine y sont peut-être à un état plus voisin de l'état liquide que l'oxygène et l'hydrogène tels que nous les connaissons. Mais une autre remarque appelle une conclusion contraire : l'ozone et l'hydrogène naissant jouissent d'une activité chimique plus grande qu'à l'état ordinaire; ils possèdent une quantité d'énergie qui leur donne une grande supériorité de puissance chimique sur ces mêmes corps à l'état ordinaire, et cette énergie particulière disparaît en produisant un dégagement de chaleur. Quoi qu'il en soit du sens probable du phénomène, la différence entre la chaleur de combinaison des deux gaz actifs et la chaleur de combustion déterminée par M. Favre mesure évidemment la quantité de chaleur qu'abandonneraient les deux gaz en passant de l'état actif à l'état inactif ou qu'ils absorberaient dans la transformation inverse.

Ainsi, la mesure directe des forces électro-motrices de polarisation conduit, au moins pour le cas de l'hydrogène et de l'oxygène, à une détermination inexacte de la chaleur dégagée par les combinaisons chimiques. On a vu cependant plus haut (355) que des expériences de M. Joule, qui revenaient au fond à cette mesure, avaient donné pour la chaleur de combustion de l'hydrogène un nombre très-voisin du nombre véritable. Cette contradiction nouvelle n'est pas non plus difficile à expliquer. L'expérience prouve en effet que, en abandonnant les électrodes et en se dégageant à travers le liquide, les deux gaz reprennent à peu près en totalité l'état inactif. Ils doivent donc dégager de la chaleur, et la compensation doit être à peu près complète. On peut s'expliquer d'ailleurs comment il arrive que la grandeur de la force électro-motrice de polarisation varie avec diverses circonstances, et par exemple qu'elle augmente en même temps que l'intensité du courant. Le passage des gaz de l'état actif à l'état inactif peut s'opérer en partie à la surface des électrodes, en partie au travers du liquide. Le premier phénomène donne lieu à un décroissement de la force électro-motrice de polarisation, le second à un dégagement local de chaleur. Or, la modification dans l'état des gaz qui s'opère à la surface des électrodes doit être d'autant plus sensible que le séjour des gaz sur cette surface est plus prolongé; elle doit être plus sensible pour de faibles courants qui produisent de petites bulles de gaz dont le dégagement s'opère à de longs intervalles, que pour des courants intenses qui donnent lieu à une ascension incessante de bulles gazeuses et laissent à peine à l'hydrogène et à l'oxygène le temps de s'arrêter sur les électrodes. La polarisation doit donc augmenter avec la densité du courant. Elle ne doit d'ailleurs augmenter que jusqu'à un maximum qui sera atteint lorsque la totalité des gaz abandonnera à l'état actif la surface des électrodes.

362. L'influence de la nature des électrodes sur la polarisation, que les nombreuses expériences de MM. Lenz et Saweljew ont si complétement mise en évidence, se comprend d'une manière analogue. On sait en effet combien le contact de certains corps accélère la transformation de l'ozone en oxygène ordinaire; pour l'hydrogène, on manque d'expériences directes, mais une influence du même genre est évidemment très-probable. On trouve dans les expériences mêmes de MM. Lenz et Saweljew une remarquable confirmation de cette hypothèse. M. Schœnbein a placé le charbon au premier rang des corps qui, par leur contact, transforment l'ozone en oxygène ordinaire. Il suit de là que, en se dégageant à la surface d'une électrode de charbon, l'oxygène doit reprendre à peu près tout entier l'état d'oxygène ordinaire avant de se dégager, et que, si l'on possédait une électrode exerçant sur l'hydrogène la même influence, la polarisation serait la mesure exacte de la chaleur de combustion de l'hydrogène. L'expérience ne peut être faite sous cette forme; mais, si l'on fait usage de deux électrodes de charbon plongeant dans l'acide nitrique concentré, le dégagement d'hydro-

gène étant remplacé par un dégagement d'acide hyponitrique, la polarisation observée doit être à très-peu près la mesure de la chaleur de combinaison de l'acide hyponitrique avec l'oxygène. Bien que la chaleur de combinaison de l'acide hyponitrique avec l'oxygène n'ait pas été mesurée directement, on peut la conclure des mesures de certaines forces électro-motrices, qui sont dues pareillement à MM. Lenz et Saweljew; et, en la comparant à la polarisation observée d'autre part dans l'électrolyse de l'acide nitrique par les mêmes expérimentateurs, on trouve une vérification entière de cette conclusion.

363. **Loi de la chaleur dégagée par les courants dans les électrolytes.** — Nous venons de voir que, lorsqu'un courant traverse un électrolyte qui par sa décomposition donne lieu à un dégagement de gaz, la force électro-motrice de polarisation est toujours supérieure à l'équivalent de la quantité de chaleur absorbée par la décomposition, et que, par conséquent, la somme des forces électro-motrices dans le circuit est inférieure à l'équivalent de la quantité de chaleur dégagée par l'ensemble des réactions chimiques qui y ont lieu. Nous avons expliqué ce phénomène, d'après M. Favre, par la considération de l'état actif particulier où se trouvent les gaz produits par l'électrolyte, et nous en avons conclu que leur retour presque complet de l'état actif à l'état inactif, lorsqu'ils se dégagent, devait être accompagné d'une production locale de chaleur. Ainsi, nous considérons la chaleur totale dégagée par un courant dans un électrolyte comme la somme de deux parties : 1° la chaleur dégagée dans toute l'étendue de l'électrolyte et qui est proportionnelle au carré de l'intensité du courant et à la résistance de l'électrolyte; 2° la chaleur dégagée sur les électrodes mêmes où apparaissent les bulles de gaz, qui est indépendante de la résistance et, entre de certaines limites, proportionnelle à l'intensité du courant.

M. Bosscha[1] a calculé quelques expériences de M. Favre sur les effets calorifiques de l'élément de Smée et il y a trouvé la vérification

[1] *Poggendorff's Annalen*, 1859, t. CVIII, p. 312. — Verdet a rendu compte de ce travail dans les *Annales de chimie et de physique*, 1862, 3e série, t. LXV, p. 381.

la plus satisfaisante de ces conclusions. M. Favre a mesuré à la fois la chaleur dégagée dans l'élément et dans un fil de platine de $0^{mm},265$ de diamètre, ayant successivement 25, 50, 100 et 200 millimètres de longueur, et il a trouvé la somme de ces deux quantités constante pour une quantité donnée d'action chimique effectuée dans l'élément. Il est clair que, si chacune de ces deux quantités de chaleur était le produit unique de l'échauffement proportionnel au carré de l'intensité et à la résistance, leur rapport devrait être dans tous les cas le rapport des résistances de l'élément et du fil extérieur. On pourrait donc de chaque expérience individuelle déduire une expression de la résistance de l'élément évaluée en fonction de la résistance de l'unité de longueur du fil de platine, et il ne devrait y avoir entre ces diverses déterminations que des différences de l'ordre des erreurs expérimentales. Le tableau qui suit montre qu'il en est tout autrement :

CHALEUR DÉGAGÉE		RÉSISTANCE	
DANS L'ÉLÉMENT.	DANS LE FIL EXTÉRIEUR.	DE L'ÉLÉMENT.	DU FIL EXTÉRIEUR.
13127	4995	66^{mm}	25^{mm}
11690	6557	89	50
16439	7746	135	100
8992	9030	199	200

Il est donc impossible d'admettre que la chaleur totale dégagée dans l'élément soit proportionnelle à la résistance et au carré de l'intensité.

Supposons au contraire qu'il y ait dans l'élément, outre l'action calorifique propre du courant, une action locale indépendante de la résistance et proportionnelle à l'intensité. La chaleur dégagée par cette action locale pour une quantité donnée d'action chimique sera constante, et, si on la retranche de la chaleur totale dégagée dans l'élément, le reste sera proportionnel à la résistance de l'élément lui-même. On aura donc, en appelant Q et q les quantités totales de chaleur dégagées dans l'élément et dans le fil extérieur,

R et r les résistances de ces deux parties du circuit et K l'effet constant de l'action locale,

$$\frac{Q-K}{q}=\frac{R}{r}.$$

La combinaison des quatre équations qu'on obtient en appliquant cette formule aux quatre expériences de M. Favre donne pour les valeurs les plus probables de R et de K :

$$R=32,3,$$
$$K=7589.$$

Si l'on calcule ensuite, au moyen de ces valeurs et des valeurs observées de q, les valeurs de Q pour chaque expérience, on trouve la série suivante, qui diffère peu de la série observée :

VALEURS DE Q		DIFFÉRENCES.
calculées.	observées.	
13523	13127	+396
11788	11690	+ 98
10188	10439	−251
9048	8992	+ 56

Une autre série d'expériences de M. Favre, où le fil de platine employé avait $0^{mm},175$ de diamètre, n'est pas représentée d'une manière aussi complétement satisfaisante par les formules qui précèdent. Mais cela prouve simplement que l'action calorifique locale qui correspond à une quantité donnée d'action chimique n'est pas indépendante de l'intensité du courant, ainsi que M. Bosscha l'a expliqué dans le mémoire analysé plus haut.

MM. Marié-Davy et Troost ont entièrement négligé de tenir compte de l'action locale dans leurs recherches sur les forces électromotrices et ont admis que la force électro-motrice était toujours exactement l'équivalent électro-thermique de l'ensemble des réactions chimiques. On vient de voir que cette hypothèse est inexacte toutes les fois qu'il y a un dégagement de gaz : leur important travail perd une partie de sa valeur en présence de cette remarque.

J'ajouterai encore, ce qui n'est pas sans utilité, que, pour pouvoir négliger dans un voltamètre la quantité de chaleur provenant de ce que la dissolution d'acide sulfurique se concentre nécessairement à mesure que l'eau se décompose, il faut employer une dissolution très-étendue. Sans cette précaution, on s'expose à des erreurs qui peuvent devenir sensibles.

APPLICATION

DE LA THÉORIE MÉCANIQUE DE LA CHALEUR

À LA CHIMIE.

I. — Thermo-chimie.

364. **Signification mécanique de la chaleur dégagée dans les phénomènes chimiques.** — L'étude que nous venons de faire de l'électro-chimie conduit naturellement à l'examen des phénomènes calorifiques qui accompagnent d'une manière générale les actions chimiques. Elle me permettra en outre d'être très-bref sur ce sujet : je m'attacherai presque exclusivement à indiquer les règles à suivre pour raisonner correctement sur ces phénomènes.

Les mesures thermo-chimiques ont une signification mécanique très-nette et très-simple. La quantité de chaleur dégagée dans une réaction mesure le travail des affinités chimiques mises en jeu dans la réaction, sous la condition expresse que la réaction ne soit pas accompagnée d'une production de travail extérieur. Il faut de toute nécessité avoir égard à cette condition lorsqu'on veut mesurer les quantités de chaleur dégagées ou absorbées dans les phénomènes chimiques.

Le sens précis que prennent dès lors les mesures thermo-chimiques nous en fait comprendre toute l'importance, que les idées anciennes ne pouvaient pas même faire pressentir. Ces idées se réduisaient en effet à ceci : « Les corps qui ont le plus d'*affinité* l'un pour l'autre sont ceux dont la combinaison dégage le plus de chaleur. Par exemple, l'acide sulfurique a plus d'affinité pour la baryte que l'acide carbonique ; en effet, la combinaison de la baryte avec l'acide sulfurique anhydre dégage plus de chaleur que l'absorption de l'acide carbonique par la même base. » Le vague de cet énoncé en explique suffisamment la stérilité. La chaleur dégagée dans une réaction mesure, non pas cette chose vague que l'on appelait l'*affinité*, mais bien le travail des forces intérieures mises en jeu dans la réaction, forces que l'on peut appeler *affinités chimiques*, en donnant cette fois au mot *affinité* un sens parfaitement net.

365. **Conséquences du principe mécanique de la thermo-chimie.** — Quelques conséquences importantes résultent immédiatement du principe que nous venons d'énoncer.

Ainsi, lorsqu'une action chimique se produisant avec dégagement de chaleur doit amener en outre une deuxième action chimique, cette deuxième action ne sera possible qu'à la condition d'exiger une quantité de chaleur moindre que celle que peut produire la première action. C'est ainsi que nous avons compris l'impossibilité de décomposer l'eau avec un seul élément de Daniell.

366. **Loi de Volta, déduite du principe mécanique de la thermo-chimie.** — La loi de Volta sur les forces électromotrices des piles à courant constant est aussi une conséquence directe du principe mécanique de la thermo-chimie.

La loi de Volta consiste, comme l'on sait, en ceci : Soient A, B, C trois métaux différents, avec lesquels on construit trois éléments de pile sur le type de la pile de Daniell (zinc et sulfate de zinc, cuivre et sulfate de cuivre); si l'on appelle A, B; B, C; A, C les forces électro-motrices des éléments ainsi obtenus, chaque métal plongeant dans son sel, on a

$$A,C = A,B + B,C.$$

Or, d'après la relation établie plus haut entre la force électro-motrice et le travail des affinités chimiques dans un élément de pile, A,B est la mesure du travail qui s'effectue lorsque A se substitue à B dans un sel de B; B,C représente également le travail des affinités lorsque B prend la place de C dans le sel correspondant de ce dernier métal; et de même A,C mesure le travail des affinités dans la substitution de A à C. Mais ce troisième travail est la somme algébrique des deux premiers, car nous pouvons supposer que cette dernière substitution s'est effectuée de la manière suivante : 1° substitution de B à un équivalent de C dans un sel de C; 2° substitution de A à un équivalent de B dans le sel obtenu par la première substitution. B se trouve à la fin, comme au commencement, à l'état de métal libre; le travail correspondant à B est donc nul. Tout se passe comme si la substitution était directe. La loi de Volta est donc évidente.

Nous avons là, en outre, un exemple de la seule manière dont on puisse raisonner sur cet ordre de phénomènes, sans crainte de se tromper : l'état initial et l'état final se trouvant respectivement les mêmes dans les deux manières de supposer que la réaction s'effectue, la variation de l'énergie est nécessairement la même; et comme il n'y a aucune communication de forces vives à l'extérieur, cette énergie se traduit tout entière en chaleur.

367. **Remarques sur le sens à attacher aux nombres fournis par les mesures thermo-chimiques.** — La condition de toute absence d'une communication de forces vives à l'extérieur n'a pas toujours été observée dans les mesures thermo-chimiques. Cela n'entraînera aucune erreur si l'on est prévenu, mais cela enlèvera le plus souvent toute signification théorique simple aux nombres ainsi trouvés. On sait, par exemple, que 1 gramme d'hydrogène et 8 grammes d'oxygène pris à zéro et transformés en eau ramenée finalement à zéro dégagent dans cette transformation 34462 unités de chaleur, la pression extérieure effectuant un certain travail pendant l'opération : le nombre 34462 est donc une donnée expérimentale parfaitement précise; mais le sens théorique de ce nombre n'est pas aussi nettement défini.

Dans les réactions des acides sur les bases, on peut en général négliger le travail de la pression extérieure, la variation de volume pendant la réaction étant négligeable. Mais, dans les combinaisons des gaz, les produits de la combinaison ont en général un volume très-différent de la somme des volumes des composants, et dans le calcul de l'énergie intérieure il faudra tenir compte du travail de la pression, comme j'en donnerai un exemple plus loin.

368. **Application des principes précédents à l'étude de l'acide formique.** — Je terminerai ce sujet par l'indication de

quelques mesures, et d'abord par une application empruntée à M. Berthelot [1] et relative à l'acide formique.

Nous venons de voir que, sous les réserves faites plus haut, si l'on peut produire une même réaction de différentes manières, en partant d'un même état initial des corps A, B, C,... employés et en arrivant au même état final des produits de la réaction, la quantité de chaleur dégagée reste invariable, quelle que soit la méthode employée.

La combustion d'un équivalent d'acide formique $C^2H^2O^4$, combustion qui, pour être complète, exige en outre 2 équivalents d'oxygène, donne comme produits définitifs de l'acide carbonique et de l'eau en quantités définies par l'équation

$$C^2H^2O^4 + O^2 = C^2O^4 + H^2O^2.$$

Supposons d'abord que nous prenions du carbone, de l'hydrogène et de l'oxygène, tous trois à zéro et en quantités respectivement égales aux nombres C^2, H^2 et O^6, et que nous en fassions de l'eau H^2O^2 et de l'acide carbonique C^2O^4, suivant la formule

$$C^2 + H^2 + O^6 = H^2O^2 + C^2O^4:$$

la quantité de chaleur dégagée Q, les produits de la réaction étant ramenés à zéro, sera

$$Q = 2A + 2K,$$

A représentant la quantité de chaleur qui correspond à la formation d'un équivalent d'eau et K la quantité de chaleur qui correspond à la formation d'un équivalent d'acide carbonique.

Mais le travail des forces moléculaires ne dépendant que de l'état initial et de l'état final, nous pouvons procéder autrement. Formons d'abord de l'oxyde de carbone C^2O^2 par une combustion ménagée de notre carbone C^2, ce qui dégagera une quantité totale de chaleur que j'appellerai $2K'$; formons d'autre part de l'eau H^2O^2 avec notre hydrogène H^2, ce qui nous donnera un dégagement de chaleur $2A$; puis réunissons l'oxyde de carbone et l'eau ainsi obtenus pour former de l'acide formique : soit f la quantité de chaleur

(1) *Comptes rendus de l'Académie des sciences*, LIX, *passim* (1864).

dégagée dans cette combinaison; enfin, brûlons l'acide formique $C^2H^2O^4$ à l'aide des 2 équivalents d'oxygène qui nous restent, de manière à le transformer en eau et acide carbonique, comme il est indiqué plus haut, et soit G la quantité de chaleur que dégage la combustion d'un équivalent d'acide formique, nous aurons encore, tous les produits étant ramenés à zéro,

$$Q = 2K' + 2A + f + G.$$

Par suite,

$$2K' + 2A + f + G = 2K + 2A.$$

Or, les expériences de MM. Favre et Silbermann donnent toutes ces quantités excepté f; M. Berthelot a donc pu calculer f au moyen de cette formule, et il a trouvé que f est négatif, c'est-à-dire qu'il y a absorption d'une certaine quantité de chaleur dans la formation de l'acide formique par l'union directe de l'eau et de l'oxyde de carbone. Je n'ai pas besoin d'ajouter que cette prévision s'est trouvée pleinement vérifiée par l'expérience.

369. **Application à l'étude des composés oxygénés de l'azote.** — On peut établir de même que la formation des composés oxygénés de l'azote est accompagnée d'absorption de chaleur, en partant de ce fait que l'oxydation d'un corps, d'un métal par exemple, au moyen de l'acide azotique, dégage plus de chaleur que l'oxydation directe au moyen de l'oxygène pur, ce qui nous montre que la décomposition de l'acide azotique est accompagnée d'un dégagement de chaleur. Considérons, par exemple, un métal qui, comme le potassium, décompose l'acide azotique en ses éléments mêmes Az et O^5, en s'emparant de tout l'oxygène, et nous pourrons raisonner ainsi :

Prenant d'abord séparément et à zéro un poids d'azote Az, un poids d'oxygène O^5 et un poids de potassium K^5, combinons le potassium et l'oxygène et ramenons la potasse ainsi formée à zéro; nous aurons finalement Az et K^5O^5 à zéro, et la quantité de chaleur dégagée dans la combustion directe du métal aura été M.

Maintenant, opérons de la manière suivante : combinons d'abord notre azote Az et notre oxygène O^5 pour former AzO^5, ce qui dégagera q unités de chaleur; puis oxydons le potassium avec AzO^5, comme l'indique la formule

$$K^5 + AzO^5 = Az + K^5O^5;$$

il en résulte, les produits de la réaction étant ramenés à zéro, une quantité de chaleur Q, et l'on a

$$Q + q = M;$$

mais

$$Q > M,$$

donc

$$q < 0.$$

370. **Application à la mesure des propriétés explosives du chlorure d'azote.** — Je citerai encore comme exemple de la méthode à suivre en thermo-chimie la mesure des propriétés explosives du chlorure d'azote par MM. Deville et Hautefeuille [1].

Le chlorure d'azote, faisant explosion à l'air, restitue en chaleur et en effet mécanique l'énergie potentielle qui lui a été communiquée au moment de sa préparation (on suppose que la température au moment de l'explosion est la même que la température au moment de la préparation). Divisant cette énergie et le travail de la pression due à l'explosion par l'équivalent mécanique, et retranchant la seconde quantité de la première, on obtient la chaleur et par suite la température produite par la décomposition du chlorure d'azote.

MM. Deville et Hautefeuille ont déterminé les données nécessaires à ces calculs par deux méthodes différentes : 1° en traitant le sel ammoniac par le chlore; 2° en faisant agir sur le sel ammoniac l'acide hypochloreux.

371. Le chlore gazeux, ou mieux la dissolution de chlore, en réagissant sur le sel ammoniac, donne, conformément aux indications de Dulong, du chlorure d'azote et de l'acide chlorhydrique.

[1] *Comptes rendus des séances de l'Académie des sciences* (1869), t. LXIX, p. 152. Je cite textuellement.

La décoloration de la dissolution du chlore est souvent instantanée. L'odeur du chlore est remplacée par celle du chlorure d'azote. Mais ce chlorure, formé en présence de l'acide chlorhydrique et de beaucoup d'eau, ne tarde pas à se décomposer. Le peu de stabilité du chlorure d'azote produit dans ces circonstances nécessite l'emploi d'appareils indiquant rapidement les variations de température qui se produisent au sein des liquides qu'on fait réagir.

L'appareil employé est un petit vase cylindrique de verre très-mince, placé au centre d'un réservoir métallique plein d'air sec. Un poids connu de chlorhydrate d'ammoniaque, en poudre fine, étant placé dans le vase de verre, on y verse 50 centimètres cubes d'une dissolution saturée de chlore, maintenue à la température du sel. On ferme rapidement le vase par un bouchon qui laisse passer la tige d'un thermomètre sensible, destiné à donner la température du mélange. L'agitation permet d'effectuer presque subitement la dissolution du sel. Le thermomètre indique que la température du mélange passe par un minimum que l'on note.

Dans une seconde expérience, on détermine dans les mêmes circonstances l'abaissement de température résultant de la dissolution simple du sel ammoniac dans l'eau.

Les températures minima obtenues dans ces deux expériences diffèrent peu : le chlorure d'azote conserve donc à l'état latent à peu près toute la chaleur qui accompagne la production de 3 équivalents d'acide chlorhydrique. Si cette chaleur latente était exactement égale à la chaleur dégagée par l'union des 3 équivalents d'hydrogène du chlorhydrate d'ammoniaque avec les 3 équivalents de chlore dissous, on la calculerait facilement au moyen de quelques déterminations calorifiques anciennes.

L'acide chlorhydrique dissous dégage, lors de sa formation, à partir du chlore gazeux et de l'hydrogène libre, 41262 calories d'après MM. Favre et Silbermann. Ce dégagement de chaleur est réduit avec le chlore dissous à 38608 calories par équivalent [1].

[1] MM. Deville et Hautefeuille ont trouvé que la dissolution d'un équivalent de chlore s'accompagne du dégagement de 2654 unités de chaleur. Le résultat final sera d'ailleurs indépendant de cette valeur, qui figure dans les calculs comme correction additive et comme correction soustractive.

L'hydrogène qui se combine au chlore dissous a déjà donné lieu, par son union avec l'azote et par celle de l'ammoniaque avec l'acide chlorhydrique dissous, à 19743 unités de chaleur. Un équivalent d'acide chlorhydrique ne peut donc donner que 38608 — 19743 ou 18865 calories. Un équivalent de chlorure d'azote, en se décomposant en azote et en chlore dissous, dégagerait donc 56595 calories (= 3 × 18865 calories), dans l'hypothèse où sa formation ne serait accompagnée d'aucune variation de température. La fraction de cette chaleur qui n'est pas retenue par le chlorure d'azote est employée tout entière à diminuer l'abaissement de la température dû à la dissolution du sel [1].

L'élévation de température qui accompagne une production de $0^{gr},200$ à $0^{gr},300$ de chlorure d'azote a varié, suivant l'état de concentration de la dissolution du chlorhydrate d'ammoniaque, de $0°,42$ à $0°,50$, les chaleurs spécifiques de ces dissolutions étant 0,99 et 0,96. La valeur de la correction représentant la chaleur sensible ou perdue pour le chlorure d'azote est comprise entre 10868 et 10840 calories.

La chaleur de combinaison du chlore avec l'azote, rapportée à l'azote et au chlore dissous, est donc comprise entre 45728 et 45756 calories par équivalent. Cette même chaleur, prise à partir des éléments gazeux, azote et chlore, est de 37766 à 37794 calories [2].

(1) Une partie du sel étant détruite par le chlore, l'autre partie se diffuse dans la totalité de l'eau : l'expérience montre que cette diffusion n'est pas accompagnée d'un abaissement sensible de température. On peut donc négliger, comme nous le faisons, la chaleur de dissolution du sel ammoniac, à la condition de rapporter toutes les valeurs numériques au chlorhydrate d'ammoniaque en dissolution.

(2) Résumé du calcul :

Combinaison du chlore gazeux avec l'hydrogène	23783
Dissolution de l'acide chlorhydrique	17479
Dissolution du chlore	— 2654
Chaleur dégagée par la formation de l'acide chlorhydrique par l'hydrogène gazeux et le chlore dissous	38608
A reporter	38608

Le chlore, en réagissant sur le sel ammoniac, conduit ainsi à des nombres concordants, lorsqu'on calcule l'énergie potentielle correspondant à la combinaison du chlore avec l'azote; mais cette méthode laisse à désirer, à cause du faible poids de chlorure d'azote produit.

372. L'emploi de la dissolution d'acide hypochloreux permettant de préparer en quelques instants plusieurs grammes de chlorure d'azote, MM. Deville et Hautefeuille s'en sont servis pour contrôler les résultats précédents. La stabilité du chlorure d'azote en présence d'un excès d'acide hypochloreux a facilité cette étude, et a donné aux deux savants l'occasion d'employer avec grand profit le calorimètre à moufles multiples de M. Favre.

La marche de cet appareil calorimétrique, lorsqu'on y fait réagir l'acide hypochloreux sur le sel ammoniac, permet de déterminer la chaleur absorbée pendant la formation du chlorure d'azote.

Il est d'abord facile de constater qu'avec la dissolution d'acide hypochloreux, comme avec la dissolution de chlore, il se dégage de la chaleur lors de la formation du corps explosif. Celui-ci ne retient donc pas, en se formant, toute la chaleur que l'hydrogène du chlorhydrate d'ammoniaque dissous peut fournir lorsque l'acide hypochlo-

Report		38608
Combinaison de l'hydrogène avec l'azote, l'ammoniaque restant en dissolution	31464	
Combinaison de l'acide avec l'ammoniaque	27766	
Chaleur dégagée par ces deux combinaisons par équivalent	59230; pour $\frac{1}{3}$ d'équival.	— 19743
Chaleur dégagée par la formation d'un équivalent d'acide aux dépens du chlore dissous et de l'hydrogène du sel ammoniac.		18865
Chaleur due à la production de 3 équivalents d'acide et absorbée en partie par la formation d'un équivalent de chlorure d'azote	— 56595	
Chaleur sensible	10854	
Chaleur de dissolution de 3 équivalents de chlore.	7962	
Chaleur de combinaison du chlorure d'azote	— 37779	

reux brûle les éléments combustibles de ce sel avec dégagement d'azote et de chlore gazeux.

Ainsi la chaleur produite par cette combustion, diminuée de la chaleur sensible accusée par le calorimètre, représente la chaleur latente de combinaison du chlorure d'azote.

La combustion de l'hydrogène de l'ammoniaque s'effectue, d'après MM. Favre et Silbermann, en dégageant 80658 calories: l'ammoniaque, en se dissolvant et se combinant à l'acide chlorhydrique dissous pour former du chlorhydrate d'ammoniaque au degré de dilution qu'il présentait dans nos expériences, dégage 23324 calories par équivalent. L'ammoniaque du chlorhydrate dissous ne dégagera donc plus que 57334 calories lors de sa combustion par l'oxygène. En ajoutant à cette quantité de chaleur les 22110 calories que dégage la décomposition de l'acide hypochloreux, agent de l'oxydation, on obtient le nombre de calories produites lors de la combustion de ce sel par l'acide hypochloreux.

L'acide chlorhydrique provenant du chlohrydrate d'ammoniaque, et décomposé par l'acide hypochloreux, fournit toujours la même quantité de chaleur, soit que la réaction s'accompagne de la production du chlorure d'azote, soit que celui-ci se résolve en ses éléments.

La différence ne sera donc pas affectée si, en négligeant cette source de chaleur dans le calcul précédent, on retranche du nombre de calories dégagées lors de la formation du chlorure d'azote la quantité de chaleur due à cette même décomposition.

Voici comment MM. Deville et Hautefeuille ont conduit l'expérience pour en écarter autant que possible les causes d'erreur et de perturbation. La dissolution du chlorhydrate d'ammoniaque est placée dans un des moufles du calorimètre de MM. Favre et Silbermann, la dissolution d'acide hypochloreux dans un autre moufle : on fait passer la totalité de l'acide hypochloreux dans la dissolution du chlorhydrate, au moyen d'un siphon plongeant dans les deux dissolutions, et cela au moment où la colonne mercurielle du calorimètre se meut d'un mouvement parfaitement uniforme. Le mélange détermine une élévation de température brusque; le calorimètre, qui accuse d'abord cet échauffement, reprend, après quinze ou vingt minutes, sa marche uniforme : le nombre de calories dégagées dans la réaction s'en déduit facilement. On fait une nouvelle expérience dans laquelle le même volume d'acide hypochloreux réagit sur une quantité d'acide chlorhydrique rigoureusement égale à celle que contenait le chlorhydrate et dissoute dans le même poids d'eau. En retranchant le nombre des calories dégagées dans cette dernière réaction du nombre des calories observées dans la réaction précédente, on élimine l'influence du dégagement de chaleur dû à la décomposition de l'acide chlorhydrique par l'acide hypochloreux et l'influence perturbatrice de la décomposition spontanée d'une petite quantité d'acide hypochloreux. En outre, l'analyse des gaz dégagés pendant ces deux expériences montre que la quantité d'acide hypochloreux décomposé est rigoureusement la même dans les deux cas.

On a trouvé ainsi que la production du chlorure d'azote s'accompagne (déduction faite de la quantité de chaleur due à la décomposition de l'acide chlorhydrique) d'un dégagement de 40693 à 41240 calories par équivalent [1], ce qui conduit, pour la chaleur de formation du chlorure d'azote, à 38751 et 38204 calories [2].

La moyenne de ces nombres, 38748, représente donc la chaleur de combinaison du chlorure d'azote. Cette valeur n'est exacte que si le chlorure d'azote présente bien la composition qui lui a été assi-

[1] Les poids du chlorure d'azote ont varié de $0^{gr},787$ à $1^{gr},595$.

[2] Résumé du calcul :

Chaleur de combustion du gaz ammoniac par l'oxygène....	80658
Chaleur de combinaison de l'ammoniaque avec l'acide chlorhydrique dissous....................	— 23324
Chaleur de combustion de l'hydrogène de l'ammoniaque du sel dissous....................	57334
Chaleur de décomposition de 3 équivalents d'acide hypochloreux....................	22110
Chaleur dégagée par la réaction d'un équivalent d'acide chlorhydrique sur un équivalent d'acide hypochloreux........	+ a
D'où chaleur produite par la combustion du sel par l'acide hypochloreux....................	79444 + a

La chaleur absorbée lors de la formation du chlorure d'azote sera................	— 79444 — a
La chaleur sensible accusée par le calorimètre.	40967 + a
Chaleur de combinaison du chlorure d'azote.	— 38477

gnée par Dulong; il était donc indispensable d'établir que le corps explosif formé par l'acide hypochloreux était bien : 1° le chlorure d'azote de Dulong; 2° qu'il avait pour formule $AzCl^3$. MM. Deville et Hautefeuille ont établi ces deux propositions par des expériences rigoureuses, mais dans le détail desquelles nous n'avons pas à entrer ici.

L'énergie potentielle due à la combinaison du chlore avec l'azote est égale à la chaleur de combinaison que nous venons de déterminer multipliée par l'équivalent mécanique :

$$\frac{38477}{120,5} \cdot 425 = 135\,280^{\text{kgm}}.$$

Si l'on suppose que le chlorure d'azote détone spontanément sans que ses éléments, en se séparant, produisent le moindre travail, c'est-à-dire si l'on admet que les gaz chlore et azote occupent le même volume que le chlorure d'azote lui-même, on déduit de ces nombres :

1° Que la température des gaz sera de 2128 degrés;

2° Que leur pression sera de 5361 atmosphères.

Si l'on suppose que le chlorure d'azote détone spontanément à l'air, c'est-à-dire que ses éléments n'aient à accomplir que le travail d'une pression de 760 millimètres, on trouve que la température des gaz chlore et azote sera de 1698 degrés.

373. Les effets variés qui accompagnent la résolution du chlorure d'azote en ses éléments ont été l'objet d'ingénieuses expériences de la part de M. Abel. D'après cet observateur, le chlorure d'azote détone dans un verre de montre sans le briser lorsqu'il est au contact de l'air libre. La décomposition du corps explosif s'effectue alors par couches successives, et, les gaz repoussant facilement l'air atmosphérique, l'effet mécanique produit est minimum et presque réduit au travail de la pression. Au contraire, une mince couche d'eau répandue sur le chlorure d'azote suffit pour changer les conditions de la décomposition et pour permettre à ce corps explosif de manifester les terribles effets de 135 280 kilogrammètres se dépensant en un temps extrêmement court. Cette couche d'eau produit ici le même

effet que le sable employé journellement comme bourre dans les travaux de mine. Le temps nécessaire pour la déplacer étant considérable par rapport à celui de la propagation de l'explosion, ce liquide apporte à peu près la même résistance à l'expansion des gaz qu'un obstacle fixe. La pression atteint alors à peu près instantanément 5361 atmosphères, pression plus que suffisante pour expliquer les effets mécaniques observés. Il y a entre cette expérience de laboratoire et la disposition de certains mortiers de notre marine des rapports qu'il n'est pas sans intérêt de signaler.

II. — Machines à mélange gazeux détonant.

374. A l'étude que nous venons de faire des manifestations calorifiques des phénomènes chimiques, se rattache immédiatement l'étude d'une classe de machines thermiques dans lesquelles non-seulement la chaleur dépensée est due aux affinités chimiques, à la combustion, comme dans toutes les autres machines thermiques, mais dans lesquelles, en outre, cette chaleur est directement et totalement employée à produire le mouvement du piston de la machine.

La connaissance que nous avons acquise des autres machines thermiques ne nous sera même, dans le cas actuel, que d'un faible secours; il est en effet impossible de réaliser dans ces machines nouvelles un cycle de transformations ramenant à l'état initial, c'est-à-dire un cycle fermé. Ces machines, dont la machine Lenoir nous offre le type le plus connu, sont de vraies machines à gaz dans lesquelles l'explosion du mélange gazeux à un instant donné n'a d'autre effet que de donner naissance à une masse de gaz ou de vapeur à une température très-haute, de sorte que cette masse se comporte d'abord, dans tous les cas, comme un gaz.

375. **Type général des machines à mélange gazeux détonant.** — Le type général de ces machines peut se comprendre ainsi :

1° Un mélange de gaz de volume OA (fig. 53), dans les proportions convenables pour l'explosion, sous une pression déterminée AM (en général une atmosphère) et à une température déterminée (peu différente de la température de l'air ambiant), est traversé par une étincelle de la bobine de Ruhmkorff[1]; l'explosion est instantanée et le gaz est porté brusquement de la pression AM à la pression AN, sous volume constant OA.

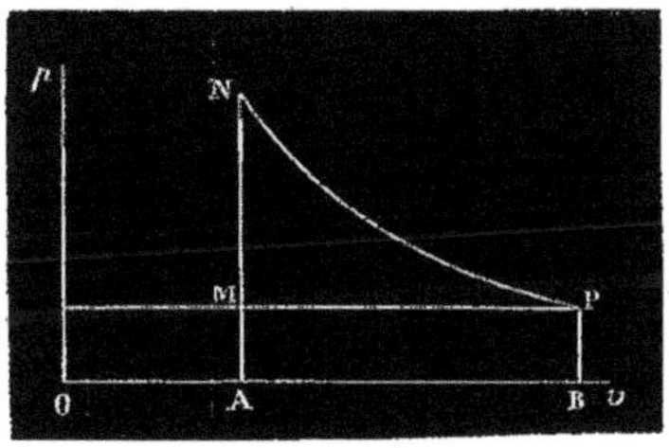

Fig. 53.

2° A partir de ce moment, il y a détente jusqu'à ce que le mélange soit revenu à la pression initiale : nous admettrons que cette détente ait lieu sans communication de chaleur à l'extérieur.

3° Les produits de la combustion sont expulsés dans l'atmosphère à la pression PB, sensiblement égale à la pression atmosphérique, et à la température qu'ils possèdent actuellement dans le corps de pompe; il n'y a donc dans cette troisième période aucune variation sensible de température et de pression.

4° Un mélange gazeux, identique au mélange initial, est ramené dans les mêmes conditions initiales à l'intérieur du corps de pompe.

Il est clair que MNP représente le travail que l'on pourra utiliser dans la machine. C'est ce travail que nous devons comparer à la chaleur dépensée pour avoir le coefficient économique de la machine. Mais la dépense de chaleur s'effectue ici dans des conditions singulièrement avantageuses. Et, en effet, dans les machines ordinaires, la quantité de chaleur que la chaudière emprunte au foyer n'est qu'une faible fraction de la chaleur fournie par le foyer, de sorte que le *coefficient économique industriel* n'est qu'une fraction toujours assez petite du *coefficient économique théorique*. Ici, il en est tout autrement : toute la chaleur produite par la combustion est directement utilisée dans la machine; le coefficient économique industriel est rigoureusement égal au coefficient théorique.

376. **Machine à oxyde de carbone et air.** — Je considérerai en premier lieu une machine où le mélange détonant sera

[1] La production de l'étincelle exige la dépense d'une certaine quantité d'énergie mécanique, c'est-à-dire une consommation de chaleur; mais la quantité de chaleur ainsi absorbée est pratiquement négligeable; nous en ferons par conséquent abstraction.

formé d'oxyde de carbone et d'air. On n'a pas jusqu'ici construit de machine semblable, bien que l'oxyde de carbone soit le produit nécessaire de certaines opérations métallurgiques. Si je prends d'abord cet exemple, c'est que la théorie en est un peu plus simple, parce qu'il n'y a pas de vapeur d'eau formée et par suite pas de condensation possible.

On sait, d'après MM. Favre et Silbermann, que l'unité de poids d'oxyde de carbone, se combinant avec une quantité suffisante d'oxygène pour donner de l'acide carbonique, dégage 2403 unités de chaleur. Ce nombre sera le point de départ de tout notre calcul.

377. Je suppose que l'on introduise dans la machine l'unité de poids d'oxyde de carbone et la quantité d'air nécessaire pour fournir l'oxygène indispensable à la combustion complète de l'oxyde de carbone. Supposons ces gaz pris à zéro et sous la pression 760 millimètres, et calculons le volume initial; je prendrai pour unité de poids le kilogramme : j'aurai ainsi l'effet relatif pratiquement à un nombre considérable de coups de piston.

Le volume de l'oxyde de carbone, exprimé en mètres cubes, est

$$u_1 = \frac{1}{1,2932 \times 0,96741}.$$

Il faut y ajouter un volume $\frac{1}{2} u_1$ d'oxygène, lequel correspond à un volume d'air

$$w_1 = \frac{1}{2} u_1 \frac{1000}{208}.$$

Le volume initial est donc

$$v_1 = u_1 + w_1.$$

Effectuant les calculs, on trouve

$$v_1 = 2^{\text{mc}},722.$$

Maintenant, faisons passer une étincelle dans le mélange : il en résulte un accroissement instantané dans la pression, sans accroissement de volume. Cherchons la pression AN après l'explosion. Cette recherche est facile si l'on a présente à l'esprit la signification du nombre 2403 rappelé plus haut. Ce nombre signifie que, si l'on prend 1 kilogramme d'oxyde de carbone à zéro et la quantité d'air nécessaire également à zéro, qu'on détermine la combustion et qu'on en ramène les produits à zéro, le réfrigérant aura gagné 2403 unités de chaleur. Admettons que, dans notre machine, les résultats de la combustion soient uniquement de l'acide carbonique et de l'azote: cet acide carbonique et cet azote prennent une même température t_1 que nous pouvons calculer sans peine, puisque nous savons qu'en les refroidissant à zéro sous volume constant ils abandonneront 2403 unités de chaleur.

1 kilogramme d'oxyde de carbone exige, pour brûler complétement, un poids $\frac{8}{14}$ d'oxygène et donne un poids d'acide carbonique

$$1+\frac{8}{14}=\frac{22}{14}.$$

D'autre part l'oxygène, étant emprunté à l'air, amène avec lui un poids d'azote

$$\frac{8}{14}\times\frac{77}{23}.$$

Si donc nous appelons c et c' les chaleurs spécifiques, sous volume constant, de l'azote et de l'acide carbonique, la température t_1 sera donnée par l'équation

$$2403=t_1\left(\frac{8}{14}\cdot\frac{77}{23}c+\frac{22}{14}c'\right).$$

Remplaçant c et c' par leurs valeurs qui sont

$$c=0,1717,$$
$$c'=0,1702,$$

on en tirera

$$t_1=4388 \text{ degrés}.$$

Nous connaissons donc le volume $OA=v_1$ et la température t_1 du mélange après l'explosion. Il est dès lors facile d'avoir la pression $AN=p_1$. Cette pression p_1 est la somme des pressions exercées individuellement par l'azote et par l'acide carbonique. L'azote entre dans le mélange pour une fraction égale à

$$\frac{\frac{8}{14}\times\frac{77}{23}}{\frac{1,2932\times 0,971}{v_1}};$$

la pression de l'azote à t_1 degrés est donc

$$\frac{\frac{8}{14}\times\frac{77}{23}}{\frac{1,2932\times 0,971}{v_1}}\times\frac{273+t_1}{273}=9^{\text{atm}},550.$$

De même, la proportion d'acide carbonique dans le mélange est

$$\frac{\frac{22}{14}}{\frac{1,2932\times 1,529}{v_1}}$$

et la pression de l'acide carbonique à t_1 degrés

$$\frac{\frac{22}{14}}{\frac{1,2932\times 1,529}{v_1}}\times\frac{273+t_1}{273}=5^{\text{atm}},012.$$

La pression p_1 est donc

$$14^{\text{atm}},562.$$

378. Après l'explosion, le mélange gazeux, dont le volume initial v_1 et la pression initiale p_1 nous sont ainsi connus, se détend sans communication de chaleur avec l'extérieur. Si donc on appelle p et v le volume et la pression à un instant quelconque, on a (104)

$$pv^k=p_1v_1^k,$$

la constante k, rapport des chaleurs spécifiques à pression constante et sous volume constant, étant ici égale à 1,354.

Dans les machines que nous étudions, la détente se continue

jusqu'à ce que la pression du mélange soit devenue la pression atmosphérique p_0; le volume $OB = v_2$ à la fin de la détente sera donc donné par l'équation

$$p_0 v_2^k = p_1 v_1^k$$

ou

$$\left(\frac{v_2}{v_1}\right)^k = \frac{p_1}{p_0} = 14,562;$$

on en déduit

$$\frac{v_2}{v_1} = 7,230.$$

et par suite

$$v_2 = 19,676,$$

nombre tout à fait d'accord avec la construction ordinaire de ces machines. Un volume après la détente, sept à huit fois supérieur au volume avant la détente, est parfaitement compatible avec les dimensions habituelles des machines.

Quand la détente s'est effectuée complétement, le mélange gazeux occupe donc le volume $OB = v_2$ et sa pression PB est la pression atmosphérique p_0. La température t_2 du mélange est alors définie par la formule

$$\frac{1 + \alpha t_2}{1 + \alpha t_1} = \left(\frac{v_1}{v_2}\right)^{k-1},$$

d'où

$$t_2 = 2041°.$$

Il y a donc une énorme quantité de chaleur perdue dans l'atmosphère. Nous avons, il est vrai, supposé dans ces calculs la constance des deux chaleurs spécifiques et l'exactitude de la loi de Mariotte; mais quand bien même, en opérant ainsi, nous commettrions une erreur de 200 à 300 degrés, l'imperfection évidente de ces sortes de machines n'en ressortirait pas moins, et l'on comprend combien il serait important au point de vue économique de pousser beaucoup plus loin la détente.

379. Quoi qu'il en soit, cherchons le travail fourni par la ma-

chine telle qu'on la construit actuellement. Ce travail est représenté par l'aire MNP et l'on a

$$\begin{aligned}\text{aire MNP} &= \text{aire ANPB} - \text{aire AMPB}\\ &= \int_{v_1}^{v_2} p\,dv - p_0(v_2 - v_1)\\ &= \frac{p_1 v_1^k}{k-1}\left(\frac{1}{v_1^{k-1}} - \frac{1}{v_2^{k-1}}\right) - p_0(v_2 - v_1)\\ &= \frac{1}{k-1}(p_1 v_1 - p_0 v_2) - p_0(v_2 - v_1),\end{aligned}$$

et le nombre d'unités de chaleur équivalent à ce travail est

$$q = \frac{A}{k-1}(p_1 v_1 - p_0 v_2) - p_0(v_2 - v_1) = 981.$$

Le coefficient économique de la machine, rapport de la quantité de chaleur transformée en travail à la quantité totale de chaleur dépensée, est

$$\frac{981}{2403} = 0,408,$$

coefficient supérieur, malgré les imperfections de la machine, à celui de toutes les machines employées. Mais il y a des causes de déperdition considérables, par suite de l'énorme température du mélange gazeux et de la communication inévitable d'une certaine quantité de chaleur aux parois du corps de pompe.

Aussi, par un sentiment forcé de cette imperfection, a-t-on été conduit à donner une valeur beaucoup moindre à la température initiale t_1, en introduisant un excès d'air dans le mélange initial. On sait, en effet, d'après les expériences de MM. Schlœsing et Demondésir [1], que si l'on double, par exemple, la quantité d'air nécessaire à la combustion complète, la combustion peut encore être regardée comme instantanée.

380. En étudiant ces conditions nouvelles, on arrive, par un

[1] *Comptes rendus de l'Académie des sciences*, t. LIV, p. 1155 (1852).

calcul tout semblable à celui qui précède, aux déterminations suivantes :

$$t_1 = 2373^\circ,$$
$$t_2 = 1137^\circ,$$
$$\frac{v_2}{v_1} = 4,85,$$
$$\text{coefficient économique} = 0.29.$$

La détente, poussée jusqu'à la pression atmosphérique, ne faisant alors que quintupler le volume, il serait encore plus facile, sans exagérer les dimensions du corps de pompe, de prolonger la détente beaucoup plus loin qu'on ne le fait ordinairement, et par suite d'abaisser la température des gaz expulsés, ce qui se traduirait par une augmentation du coefficient économique.

Pour rendre la combustion instantanée dans toute la masse, le mélange gazeux est agité par un mécanisme dont je n'ai pas à m'occuper ici.

381. **Machine à hydrogène et air.** — Je passe aux machines dans lesquelles il y a production de vapeur d'eau.

Je prendrai une machine dans laquelle le mélange gazeux initial serait formé d'hydrogène et d'air. La théorie de cette machine ne différera pas beaucoup de celle de la machine Lenoir. Si, en effet, nous nous reportons à la composition du gaz d'éclairage de Manchester et de Heidelberg déterminée par Bunsen, nous y trouvons :

Hydrogène	50
Gaz des marais	35
Carbures de la forme C^nH^n : C^4H^4, C^6H^6, etc.	10
Oxyde de carbone	3
Azote	2
	100

Si l'on rapproche ces nombres du faible poids spécifique de l'hydrogène, on voit que, dans un volume de gaz de l'éclairage, il y a presque un volume d'hydrogène. Les calculs sont presque en tout semblables à ceux que nous avons faits dans le cas précédent : la seule différence est relative au calcul de la température après l'explosion. M. Bunsen s'est entièrement trompé dans ce calcul : il n'a pas vu, en effet, qu'il arrive un moment où la vapeur doit se condenser en dégageant une certaine quantité de chaleur dont il faut tenir compte. Son erreur a été relevée par M. Debray dans une des séances de la Société chimique[1], sans toutefois que M. Debray soit entré dans le détail de la vraie méthode à suivre pour déterminer la température finale.

382. Prenons 1 kilogramme d'hydrogène, il faudra y joindre une masse d'air contenant 8 kilogrammes d'oxygène et par suite $\frac{8\times 77}{23}$ d'azote. L'étincelle amènera la formation de 9 kilogrammes d'eau, et la température t_1 du mélange d'azote et de vapeur d'eau immédiatement après l'explosion se déterminera, comme dans le premier cas, en écrivant que les produits de la combustion refroidis à zéro, *sous volume constant*, abandonnent une quantité connue de chaleur, 34462 unités dans le cas actuel. La température t_1 est donc définie par l'équation

$$34462 = \frac{8\times 77}{23} ct_1 + 9\gamma(t_1 - \theta) + Z,$$

c désignant comme plus haut la chaleur spécifique de l'azote sous volume constant et γ la chaleur spécifique sous volume constant de la vapeur d'eau; Z est la quantité de chaleur abandonnée par les 9 kilogrammes de vapeur d'eau, depuis le moment où la condensation commence jusqu'à ce qu'ils soient complétement transformés en eau à zéro. En effet, la vapeur d'eau est d'abord surchauffée et par suite se comporte comme un gaz; à la température θ (température qu'il s'agira de déterminer) cette vapeur devient saturée : elle se condense alors et abandonne, pour revenir à l'état d'eau à zéro, une quantité totale de chaleur que nous pouvons évaluer.

On sait, en effet, d'après M. Regnault, que la chaleur totale de vaporisation de l'eau à θ degrés est

$$Q_\theta = 606,5 + 0,305\,\theta,$$

[1] *Leçons de chimie et de physique professées en 1861 devant la Société chimique de Paris*, p. 62.

à condition que la pression supportée par le mélange de liquide et de vapeur soit constamment égale, de zéro à θ°, à la tension maximum de la vapeur pour la température considérée. Ici, la quantité de chaleur abandonnée par l'eau, passant de l'état de vapeur saturée à θ° à l'état d'eau à zéro, sera moindre que Q_θ de toute la quantité de chaleur équivalente au travail S_θ de la pression extérieure pendant la condensation, depuis la température θ jusqu'à zéro, puisqu'il n'y a pas de pression extérieure. On pourrait croire, au premier abord, que, la vapeur d'eau étant mêlée à l'azote, il y a à tenir compte d'une pression extérieure exercée par l'azote sur la vapeur; mais il n'en est rien, car, en même temps que l'azote presse la vapeur, il se dilate et il y a compensation absolue entre les effets calorifiques que produisent ces deux phénomènes. Il faut donc bien retrancher de la chaleur totale de vaporisation la chaleur équivalente au travail S_θ, lequel travail a pour valeur numérique le produit de la tension maximum, exprimée en kilogrammes et rapportée à l'unité de surface, par la différence des volumes de la vapeur saturée et de l'eau à zéro.

La valeur de Z est donc

$$Z = 9\left(Q_\theta - \frac{S_\theta}{E}\right)$$

Calculons θ.

Le volume initial du mélange avant l'explosion, et par suite aussi immédiatement après, est

$$v_1 = \frac{1}{1,2932 \cdot 0,06926}\left(\frac{3}{2} + \frac{1}{2}\ \frac{79,3}{20,8}\right) = 38^{\text{mc}},116.$$

1 kilogramme de vapeur d'eau occupe donc dans le mélange initial le volume

$$\frac{38,116}{9} = 4^{\text{mc}},235.$$

Mais, en appelant s' le volume du kilogramme de vapeur saturée à la température T et s le volume de l'unité de poids du liquide à la même température, on a (208)

$$\frac{\lambda}{T} = A\,(s' - s)\frac{df}{dT},$$

formule qui permet de calculer T pour la valeur donnée de s', $s'=4,235$, grâce aux expériences de MM. Tate et Fairbairn. On trouve ainsi

$$\theta = 74,25.$$

On en conclut

$$Z = 5321,52,$$

et par suite

$$t_1 = 3740°.$$

La pression initiale p_1 se calculera comme dans le premier cas considéré, et l'on trouve

$$p_1 = 12^{\text{atm}},473.$$

Ces valeurs sont pratiquement admissibles, quoique n'étant pas sans inconvénients.

383. On en déduit, par des calculs complétement semblables à ceux qui se rapportent à la première machine, les valeurs suivantes des divers éléments :

Détente.	$\frac{v_2}{v_1} = 6,259$ [1]
Température des gaz employés.	$t_2 = 1741°$
Coefficient économique.	$= 0,303$

Cette machine présente donc une infériorité évidente sur la machine à oxyde de carbone et air, infériorité résultant surtout de ce que la vapeur expulsée est surchauffée.

Il y aurait d'ailleurs lieu de faire les mêmes remarques que pour la première machine.

(1) La valeur de la constante k, de la formule $pv^k = p_1 v_1^k$, est ici 1,3758.

APPLICATION

DE LA THÉORIE MÉCANIQUE DE LA CHALEUR

À LA PHYSIOLOGIE.

384. **Source de la puissance motrice des animaux.** — La physiologie doit à la théorie mécanique de la chaleur un développement important en ce qui concerne la théorie de la respiration émise par Lavoisier.

Lorsque cet illustre chimiste eut fait connaître sa théorie de la respiration, tous les physiologistes un peu versés dans les sciences physiques attribuèrent à la chaleur animale, pour unique source, la combustion des aliments. Cependant, à une certaine époque, quelques médecins ont soulevé une objection : ils ont prétendu que les frottements considérables qui se produisent en certains points du corps d'un animal pouvaient être considérés comme des sources de chaleur. Cette objection ne peut être convenablement réfutée que par la théorie mécanique de la chaleur.

385. **Idées théoriques de Joule.** — Joule est le premier qui ait songé à appliquer cette théorie aux phénomènes physiologiques. Dans une note de son mémoire sur les machines magnéto-électriques[1], mémoire publié en 1843, il attribue à la combustion des aliments non-seulement la production de la chaleur animale, mais encore la production de la puissance motrice des animaux, de sorte que le résultat de la combustion intérieure est, soit un dégagement de chaleur, soit un travail. Si l'animal est au repos, tout le travail des affinités chimiques est transformé en chaleur. S'il est en mouvement, une portion seulement est transformée en chaleur, l'autre portion se transformant en énergie sensible.

(1) *Philosophical Magazine*, 1843, 3e série, t. XXIII, p. 263.

386. Telle est l'idée fondamentale qui complète les vues de Lavoisier, idée que nous devons dès maintenant dégager nettement de l'objection signalée plus haut. Sans doute il y a des frottements dans le corps de l'animal, sans doute ces frottements dégagent de la chaleur; mais, pour se produire, ces frottements, qui correspondent à un certain travail mécanique, ont absorbé précisément une quantité de chaleur égale à celle qu'ils dégagent ensuite, et cette chaleur absorbée a été empruntée à la quantité totale de chaleur due à la combustion intérieure. De sorte que, en réalité, tout vient de celle-ci. Et ce que je viens de dire des frottements s'applique non-seulement aux frottements qui se produisent dans l'accomplissement des mouvements sensibles à l'extérieur, mais aussi aux frottements des liquides internes contre les parois des vaisseaux qui les renferment; cela convient également aux mouvements du cœur, aux mouvements des intestins, etc.

387. **Développement des idées de Joule par Mayer.** — Ces idées, très-sommairement indiquées par Joule dans la note rappelée plus haut, ont été développées avec beaucoup de clarté et de grandeur par Mayer, d'Heilbronn, dans son ouvrage intitulé : *Le mouvement organique et la nutrition*[1]. Pour Mayer, la faculté motrice chez l'animal n'est plus cette force spéciale que lui avaient attribuée certains physiologistes. Il refuse à l'animal la faculté de créer la moindre quantité de travail et ne lui reconnaît que le pouvoir de diriger à chaque instant, selon sa volonté, la somme d'énergie mécanique actuellement disponible en lui. On ne peut mieux rendre l'idée de Mayer qu'en rappelant sa comparaison si juste de l'action de la volonté sur le corps avec l'action du pilote sur le bateau à vapeur qu'il dirige à son gré en employant une force qu'il n'a pas créée[2].

388. **Vérifications expérimentales.** — Ces principes mécaniques s'imposent forcément à l'esprit. Quant aux travaux expérimen-

(1) Mayer, *Die organische Bewegung und der Stoffwechsel*, Heilbronn, 1845.
(2) Voir t. I, p. LXXXVII.

taux, ils sont encore peu nombreux. Un des premiers en date et u des plus satisfaisants est celui de M. Hirn.

Relativement à ces travaux et relativement au principe même, je ne m'arrêterai point à réfuter une objection qui tombe devant la moindre attention. Il résulte en effet de la nouvelle théorie que l'exercice corporel est accompagné d'une absorption de chaleur; or il est d'observation vulgaire que l'exercice est une source d'échauffement. Mais l'exercice est toujours accompagné d'un accroissement d'action respiratoire; et, si une portion seulement de cet accroissement est employée à produire le travail extérieur, l'objection tombe d'elle-même. C'est ce que les expériences de M. Hirn auraient mis en évidence, si la chose n'eût pas été certaine à l'avance.

389. **Expériences de M. Hirn.** — Voici en quoi ont consisté ces expériences de M. Hirn [1]. Dans une caisse en bois hermétiquement fermée et présentant seulement quelques ouvertures vitrées s'introduit le patient, qui peut commodément s'y tenir en repos sans s'appuyer directement, en aucun point, contre la paroi. Des tubes munis de bons robinets amènent les gaz nécessaires à la respiration ou enlèvent les produits viciés par l'acte respiratoire. Le patient est d'abord en repos; puis, dans une deuxième expérience, il se trouve obligé de faire, aussi longtemps que l'on veut, le mouvement de monter ou descendre, par suite d'une ingénieuse disposition qui peut se résumer de la manière suivante :

Une roue placée dans la caisse à la partie inférieure est mobile autour d'un axe qui sort de la caisse en traversant une boîte à cuir, et qui reçoit d'un moteur extérieur un mouvement de rotation convenable. La roue tournant, par exemple, dans le sens de la flèche marquée sur la figure 54, le patient, fixé par les mains à un support supérieur et appuyant ses pieds sur l'une des palettes fixées à la circonférence de la roue, doit faire constamment le mouvement de monter pour conserver à ses pieds leurs points d'appui; et, par suite, il fait parcourir en un temps donné au centre de gravité de

[1] Hirn, *Recherches sur l'équivalent mécanique de la chaleur, présentées à la Société de physique de Berlin*, Colmar, 1858, p. 44 et 95.

son corps un chemin égal au chemin parcouru dans le même temps par un point de la circonférence de la roue[1]. Si l'on fait tourner la

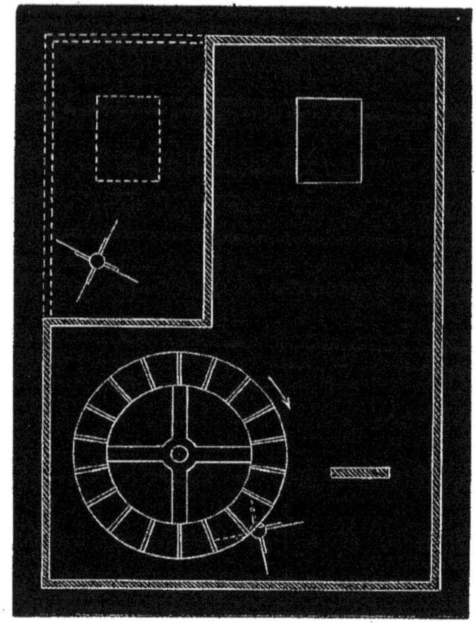

Fig. 54.

roue en sens inverse, le patient est obligé à chaque instant de descendre sur la palette inférieure, et au bout d'une heure, par exemple, son centre de gravité est descendu du chemin parcouru en sens inverse pendant le même temps par un point de la circonférence de la roue.

Les quantités de chaleur dégagées par le patient pour un même poids d'oxygène absorbé sont différentes dans ces trois états : repos, ascension ou descente; et les différences sont bien dans le sens indiqué par la théorie. Je prends les quantités de chaleur correspon-

[1] Cette partie de l'appareil n'est qu'une application de l'instrument de supplice usité en Angleterre et connu par les criminels sous le nom pittoresque de *moulin sans eau*.

dant à un même poids d'oxygène absorbé par le patient, car il est clair que l'on ne doit pas comparer les quantités absolues de chaleur dégagées pendant un même temps, mais bien les quantités de chaleur dégagées dans chaque cas pour une même somme d'action respiratoire. La mesure de l'action respiratoire était facile puisque l'air était renouvelé à l'aide d'un tube qui puisait les gaz dans un gazomètre gradué, tandis que les produits viciés étaient enlevés par un autre tube qui les menait à un deuxième gazomètre également gradué et d'où l'on pouvait extraire la quantité de gaz nécessaire pour les analyses. M. Hirn ne s'est attaché, dans ces analyses, qu'à la mesure de l'acide carbonique, la mesure de la vapeur d'eau étant sujette à trop d'incertitudes par suite des variations de l'état hygrométrique à l'intérieur de la caisse.

Les expériences de mesure ne commençaient dans chaque cas que lorsqu'un thermomètre placé à l'intérieur de la caisse marquait une température stationnaire. Le patient dégageait alors à chaque instant une quantité de chaleur égale à celle qui se perdait par l'une des trois causes suivantes :

1° Rayonnement de la caisse,

2° Contact de l'air extérieur,

3° Chaleur entraînée par l'air extérieur.

L'influence de la dernière cause se déterminait en faisant passer les gaz dans le serpentin d'un calorimètre dont l'eau était primitivement à la température ambiante, et en procédant à une mesure calorimétrique par les moyens ordinaires.

Les deux autres pertes s'estimaient en remplaçant le patient par un bec de Bunsen que l'on réglait de manière que la température redevînt la même que lorsque le patient était dans la caisse. La mesure de la quantité de gaz brûlé dans ces conditions pendant un temps donné permettait alors de calculer la somme des deux premières pertes, déduction faite, bien entendu, de la chaleur emportée par les produits de la combustion.

390. Les nombres suivants, extraits des tableaux publiés par M. Hirn, montrent que les résultats des expériences sont tout à fait conformes aux données de la théorie.

	ÂGE, SEXE, TEMPÉRAMENT, ÉTAT ACTUEL DU PATIENT.		DURÉE de L'EXPÉRIENCE.	POIDS INITIAL.	PERTE de POIDS par heure.	VOLUME D'AIR expiré par heure, ramené à 0 et 760mm.	POIDS de L'OXYGÈNE absorbé par heure.	POIDS par HEURE d'acide carbonique dégagé.	QUANTITÉ totale de CHALEUR développée par heure.	QUANTITÉ DE CHALEUR dégagée pour 1 gramme d'oxygène disparu.		TRAVAIL produit PAR HEURE	
										Repos.	Mouvement.	positif.	négatif.
			m	k	gr	mc	gr	gr	″	″	″	kgm	kgm
1	H. Homme de 42 ans, nerveux et bilieux; gastralgie chronique; poumons en très-bon état	Repos	60	63,887	40	0,762	27,6	38,1	143,9	5,21			
2			68	63,887	90	0,662	26,6	36,8	146,9	5,52			
3			60	65,512	61	0,735	27,0	42,6	147,9	5,48			
4		Ascension	36	62,172	253	1,635	113,1	156,4	245,6		2,17	23257	
5			48	62,170	213	1,667	112,2	148,5	283,6		2,64	20750	
6			41	62,170	292	1,808	126,9	166,8	302,1		2,37	22208	
7			50	62,170	270	1,831	122,3	173,6	309,3		2,52	21700	
8			60	62,259	257	1,703	117,9	165,0	333,8		2,84	9217	
9		Descente	75	″	″	1,548	63,9	″	351,0		5,50		26972
10	J. Homme de 42 ans, lymphatique, fort et robuste; poumons *gras*	Repos	71	84,525	77	0,634	32,9	44,2	189,0	5,73			
11		Ascension	28	84,525	396	2,796	156,1	223,5	325,2		2,08	34532	
12			42	84,910	714	2,340	156,5	220,9	356,3		2,27	34960	
13*	S. Homme de 47 ans, lymphatique, robuste	Repos	90	73,000	″	0,545	27,1	″	140,2	5,18			
14*		Ascension	50	″	″	1,405	128,2	″	229,0		1,78	32550	
15*		Descente	70	″	″	0,739	48,3	″	251,0		5,18		30275
16	O. Homme de 18 ans, très-lymphatique; catarrhe aux poumons	Repos	57	52,205	47	0,712	33,5	45,3	161,0	4,80			
17		Ascension	51	51,453	586	1,370	89,7	111,3	263,7		2,94	17539	
18		Descente	60	51,600	″	0,888	47,3	″	251,0		5,31		24175
19	G. Fille de 18 ans, lymphatique, forte et bien portante	Repos	74	64,918	56	0,349	24,6	30,1	129,2	5,25			
20		Ascension	43	65,605	286	1,392	107,8	148,9	252,1		2,34	22387	

* Dans ces trois expériences, quelques modifications ont été apportées à l'appareil : en particulier, la chambrette a été modifiée par l'addition de la partie marquée en ponctué sur la figure 54.

Il est facile de voir, en examinant ce tableau : 1° que dans l'exercice il y a un accroissement considérable de l'action respiratoire; 2° que, pour une somme donnée d'action respiratoire, le dégagement de chaleur est moindre pendant l'ascension que pendant le repos.

Quant à des mesures exactes, et particulièrement quant à la détermination de l'équivalent mécanique de la chaleur par ces expériences, il n'y faut évidemment pas songer.

391. **Coefficient économique de la machine humaine.** — Ces expériences donnent toutefois un résultat très-important, bien qu'il ne puisse être qu'approché : c'est celui qui se rapporte à la valeur du coefficient économique de la machine humaine, valeur que M. Helmholtz a pu déduire des données précédentes en s'appuyant sur des résultats généralement admis par les physiologistes.

A l'état de repos, un homme adulte dégage en une heure une quantité moyenne de chaleur qui, convertie en travail, représente le travail nécessaire pour élever le corps de cet homme à 540 mètres. Or, par une coïncidence singulière, 540 mètres est précisément la hauteur que cet homme peut gravir en une heure sur une montagne ne présentant pas trop d'obstacles, dans des conditions fort semblables par conséquent aux conditions dans lesquelles se trouvait le patient de M. Hirn. Mais, en se reportant aux expériences mêmes, on voit que, dans cet exercice, l'activité de la respiration a été 5 fois plus grande qu'à l'état de repos. D'où résulte immédiatement $\frac{1}{5}$ comme valeur du coefficient économique de la machine humaine.

Il doit paraître assurément très-remarquable que le corps humain, considéré comme machine thermique, présente un coefficient économique aussi élevé, surtout quand on songe entre quelles étroites limites il est astreint à fonctionner.

Cette puissance extraordinaire se retrouve d'ailleurs dans d'autres circonstances dignes de remarque. Ainsi l'énormité du travail que certains muscles accomplissent à l'intérieur du corps n'est pas moins frappante. M. Helmholtz a trouvé, en considérant la pression du sang dans les artères, que, en une heure, le cœur, qui n'est autre chose, comme l'on sait, qu'un muscle creux, s'il employait à s'élever lui-même l'énergie avec laquelle il presse le sang, s'élèverait à 6,670 mètres. Or les locomotives les plus puissantes, celles par exemple qui servent à gravir les fortes pentes du Tyrol, ne peuvent élever leur propre poids en une heure que de 825 mètres : elles ne sont donc, comme machines, que le $\frac{1}{8}$ d'un appareil musculaire tel que le cœur.

392. **Recherches de M. Béclard.** — Les expériences de M. Hirn ont été suivies d'autres recherches qui avaient pour but d'analyser plus à fond les phénomènes. Ces recherches ont été faites par M. Jules Béclard, et plus récemment par M. Heidenhain.

M. Béclard a étudié les phénomènes calorifiques qui accompagnent la contraction des muscles du bras [1].

Dans une première expérience, la contraction du bras se produit sans qu'aucun travail extérieur soit accompli.

Dans une deuxième, elle s'effectue la main soulevant un poids.

Dans une troisième, elle s'accomplit la main abaissant un poids.

Ces expériences très-importantes n'ont cependant pas la portée qu'on leur a attribuée souvent et que l'auteur de ce cours leur a lui-même donnée dans ses leçons faites devant la Société chimique [2]. Je dois cependant écarter d'abord l'objection qu'elles ont soulevée en Allemagne. On a dit : « Lorsque, dans la troisième expérience, le poids descend, on doit observer, pour un même chemin parcouru, le même dégagement de chaleur que dans la deuxième : en effet, le poids arrive sans vitesse au bas de sa course ; la main s'est opposée sans cesse à la chute du poids, elle a donc accompli le même travail que dans le cas où elle le monte de la même hauteur. » Il est bien vrai que le poids arrive sans vitesse au bas de sa course, mais cela a lieu précisément parce que toute la force vive qu'il aurait acquise s'il était libre s'est transformée en chaleur. Il est évident d'ailleurs que, dans cette troisième expérience, la pesanteur accomplit un travail positif qui doit avoir son équivalent quelque part et qui

[1] *Archives générales de médecine*, 1861, janvier, février et mars.

[2] Voir t. I, p. LXXXVI.

ne peut le trouver que dans une élévation de température des muscles du bras. Cette objection levée, examinons le phénomène d'un peu près.

393. Considérons une contraction des muscles du bras qui ne soit accompagnée d'aucun travail extérieur : cette contraction ne se produit qu'avec un accroissement de l'action respiratoire. Soit R le travail des forces chimiques correspondant à l'accroissement de l'action respiratoire; cet accroissement doit être considéré comme ayant un double effet :

1° Un accroissement dans la chaleur dégagée par le muscle considéré ;

2° Le travail interne dont le muscle peut être le siége.

Si donc nous appelons θ l'accroissement de température de la masse musculaire, M cette masse réduite en eau et i le travail interne dont le muscle peut être le siége, on a

$$R = EM\theta + i.$$

Dans une deuxième expérience, soulevons un poids p à une hauteur h, nous aurons, en employant une notation analogue à celle que nous venons d'établir pour le premier cas,

$$R' = EM\theta' + i' + ph.$$

Enfin, dans une troisième expérience, abaissons le poids p de la hauteur h, nous aurons

$$R'' = EM\theta'' + i'' - ph.$$

L'hypothèse plausible, mais toute gratuite, de M. Béclard est de supposer

$$R = R' = R''$$

et

$$i = i' = i''.$$

On doit avoir alors

$$\theta'' > \theta > \theta'.$$

Le raisonnement ne dit absolument rien *a priori* sur l'identité de R, R′ et R″ d'une part, et de i, i' et i'' d'autre part. Tout au plus pourrait-on dire que les résultats expérimentaux vérifient l'hypothèse puisqu'ils donnent

$$\theta'' > \theta > \theta'.$$

Mais ces résultats eux-mêmes n'ont pas une grande certitude, les erreurs d'expérience ayant dû être de l'ordre des grandeurs à mesurer.

Calculons en effet l'élévation de température que l'on doit observer dans ces expériences. Supposons qu'on soulève un poids de 25 kilogrammes et que le chemin parcouru soit de 1 mètre, ce qui est l'excursion maximum que permet la longueur moyenne du bras. Il en résultera un travail de 25 kilogrammètres, lequel devra par conséquent se traduire par une production de $\frac{1}{17}$ d'unité de chaleur. Et, si la masse en eau du muscle est de 1 kilogramme, la température de la masse musculaire s'élèvera de $\frac{1}{17}$ de degré. Le thermomètre séparé du muscle par des téguments peu conducteurs ne manifestera donc qu'une élévation de température presque insensible.

394. **Expériences de M. Heidenhain.** — Ces considérations ont conduit M. Heidenhain à opérer directement sur les muscles[1], et à cet effet il a choisi les muscles de la grenouille, lesquels, comme chacun sait, conservent encore assez longtemps après la mort la faculté de se contracter.

M. Heidenhain a donc opéré sur des muscles débarrassés de leurs téguments et même séparés du corps de l'animal; il a pris en particulier le gastro-cnémien, qui correspond au mollet des animaux supérieurs, et il en mesurait la température au moyen d'un élément thermo-électrique mis en rapport avec un de ces galvanomètres à réflexion dont l'emploi est devenu général aujourd'hui. Ses mesures lui ont montré que la question est beaucoup plus complexe qu'on ne l'avait cru d'abord, bien que le sens des phénomènes soit entièrement conforme aux indications de la théorie.

(1) Heidenhain, *Mechanische Leistung, Wärmeentwickelung und Stoffumsatz bei der Muskelthätigkeit*, Leipzig, 1864.

Le muscle était excité soit par une décharge unique lancée dans une portion du nerf et donnant une *contraction simple* ou *secousse musculaire*, soit par une série de décharges fournies par un appareil d'induction. Dans ce deuxième cas on observe une suite rapide de secousses musculaires constituant une *contraction permanente* : le muscle est *tétanisé*, suivant l'expression allemande.

Si le muscle, excité par une série de décharges, est tendu par un poids et empêché d'ailleurs de se raccourcir par un obstacle convenablement disposé, on observe une élévation de température variable avec le poids tenseur. Cette élévation de température croît avec le poids, mais seulement jusqu'à une certaine limite à partir de laquelle elle décroît, le poids continuant à augmenter : la fatigue du muscle amène donc des phénomènes différents de ceux qui correspondent à l'état normal.

Si maintenant on permet au muscle tendu par un poids de se raccourcir lorsqu'on l'excite, on observe un raccourcissement permanent. Les quantités de chaleur dégagées par le muscle qui se contracte se montrent alors de plus en plus grandes lorsque le poids augmente, si l'on s'arrange de manière que ce poids variable soit toujours soulevé d'une même quantité; mais ici encore on observe une limite à partir de laquelle le phénomène change de sens.

En outre, si l'on compare deux expériences consécutives dans l'une desquelles le raccourcissement du muscle est empêché, tandis que dans la deuxième le muscle peut se raccourcir, on observe, toutes choses égales d'ailleurs, que la quantité de chaleur dégagée dans le deuxième cas est toujours moindre que la quantité de chaleur dégagée dans le premier.

395. Enfin M. Heidenhain a montré que l'activité de l'action chimique est pour chaque cas augmentée dans le même rapport que la température. L'action chimique était mesurée par l'acidité du muscle. On sait en effet que, immédiatement après la mort, les muscles sont parfaitement neutres, et que, sous l'action nerveuse, l'acidité se manifeste immédiatement, l'acide lactique étant un des premiers produits de la combustion qui accompagne la contraction musculaire. La mesure de cette acidité a permis à M. Heidenhain

de vérifier que la loi trouvée par M. Hirn pour le corps humain tout entier se soutient pour chaque muscle en particulier.

396. **Recherches restant à faire sur ce sujet.** — On voit d'après cela quelles sont les recherches qui pourront maintenant faire avancer cette partie de la science, et l'on comprend que des expériences où l'on considérerait les phénomènes en bloc, comme M. Hirn l'a fait si utilement au début de ce genre d'expériences, n'auraient plus aujourd'hui aucun intérêt. Elles ne seraient pas plus utiles à la théorie qui nous occupe que ne le seraient à la théorie de la respiration des expériences analogues à celles que Lavoisier faisait avec tant d'éclat à la fin du siècle dernier et que reprenait encore avec grand intérêt M. Regnault il y a une vingtaine d'années.

APPLICATION

DE LA THÉORIE MÉCANIQUE DE LA CHALEUR

À L'ASTRONOMIE.

---

397. **Vues nouvelles sur l'origine de la chaleur solaire.** — La théorie mécanique de la chaleur a élargi le domaine de la science sur un point très-important de l'astronomie. Je donnerai un résumé rapide des vues nouvelles auxquelles on a été ainsi amené relativement à la constitution du soleil et à la manière dont s'entretient et se renouvelle la chaleur solaire.

398. **Absorption de chaleur dans la formation des végétaux.** — Nous avons été conduits par les considérations exposées plus haut à regarder le corps d'un animal comme une véritable machine à feu, et cette manière de voir a jeté une vive lumière sur certains points encore obscurs de la physiologie animale. Mais les animaux se nourrissent de végétaux, et la physiologie végétale doit à son tour attirer nos regards.

Le règne végétal tout entier tire directement ou indirectement ses éléments constitutifs d'un petit nombre de principes minéraux, parmi lesquels nous devons mettre en première ligne l'eau et l'acide carbonique.

Les végétaux sont en effet presque exclusivement formés d'eau, d'acide carbonique et d'azote, moins une certaine quantité d'oxygène. Ce sont des matières *débrûlées*, a-t-on dit il y a déjà longtemps. De là cette conséquence évidente : si la combustion des végétaux donne de la chaleur, inversement leur formation doit être accompagnée d'une absorption considérable de chaleur. Une source continuelle d'énergie mécanique doit présider à la formation des végétaux et à la production du travail négatif des affinités chimiques prises dans leur ensemble. Sans doute, il peut bien se présenter quelque phénomène particulier dans lequel il y ait un dégagement de chaleur, tel, par exemple, que celui que l'on observe si manifestement dans la floraison des aroïdées; mais ces phénomènes se produisent toujours sur une très-petite échelle et s'effacent devant le phénomène général, qui est une absorption énorme de chaleur, nécessitant une source incessante d'énergie. Et cette source incessante d'énergie n'est autre que la chaleur solaire.

399. **Le soleil est la source de tout mouvement à la surface de la terre. — Mayer.** — Le soleil est donc la source directe de la vie végétale, et par suite il est la source indirecte de la puissance motrice des animaux. Cet astre vivifiant est ainsi la cause de tous les phénomènes de mouvement qui se passent à la surface de la terre. C'est à lui qu'il faut attribuer les marées, les courants atmosphériques, l'évaporation de l'eau des mers et par suite les pluies et les cours d'eau, en un mot tous les phénomènes de mouvement de la nature inanimée. C'est lui en même temps qui est l'origine de la puissance motrice des animaux.

Presque à l'origine de ses travaux, Jules-Robert Mayer a compris ce rôle immense[1]. Et cependant, bien longtemps avant cette époque, l'origine du mouvement à la surface de notre planète aurait dû paraître évidente à tout esprit éclairé. N'avait-on pas en effet les belles expériences de M. Pouillet[2], et l'évaluation très-approximative qu'il avait su en tirer de la perte de chaleur que le soleil éprouve en une année par suite du rayonnement?

400. **Mesure de la chaleur solaire par M. Pouillet.** — Les évaluations très-approchées de M. Pouillet montrent que, si la chaleur spécifique du soleil était égale à celle de l'eau et si la température du soleil était sans cesse la même en tous les points de sa masse, la température moyenne du soleil devrait s'abaisser de 1°,5 en une année. Or ce n'est là qu'une limite inférieure. La surface rayonnante du soleil est probablement en effet formée de corps simples, non combinés, incandescents; et si on en excepte l'hydrogène,

(1) Mayer, *Breiträge zur Dynamik des Himmels*, Heilbronn, 1848.

(2) Pouillet, *Éléments de physique expérimentale et de météorologie*, 1832, t. II, p. 701.

ils ont tous une chaleur spécifique moindre que celle de l'eau : c'est du moins certain pour tous les corps que nous connaissons, et c'est par suite très-probable pour les corps qui nous sont encore inconnus. D'autre part, il n'est pas probable que la conductibilité du soleil soit infinie, et la température de la surface doit s'abaisser plus que celle de l'intérieur. La température du soleil devrait donc éprouver en peu de temps une diminution bien considérable, si aucune cause ne venait compenser ses pertes incessantes.

Tout nous porte à croire, en effet, que la quantité de chaleur envoyée annuellement par le soleil à la terre ne diminue pas d'une façon sensible, car depuis 4,000 ans, pour ne prendre que les temps historiques, le climat des diverses parties du globe n'a pas sensiblement changé. On a dit, il est vrai, qu'au XIVe siècle la limite de la culture de la vigne en France, limite qui ne dépasse pas actuellement la banlieue de Paris, s'avançait assez loin en Normandie; mais, sans vouloir discuter quelques faits locaux, on peut affirmer en toute certitude le fait général. Il est parfaitement démontré que la région des palmiers, de même que la région des céréales, n'a pas sensiblement changé : le palmier n'était pas plus indigène en Grèce, il y a 4,000 ans, qu'il ne l'est aujourd'hui. Cependant, depuis 4,000 ans, la température du soleil aurait dû s'abaisser de 6,000 degrés. On peut dire, il est vrai, que la température du soleil est tellement élevée qu'un abaissement de 6,000 degrés est insignifiant. Cette hypothèse n'est pas métaphysiquement impossible; mais rien n'en garantit la certitude.

401. **Expériences de M. Waterston.** — Il y a eu cependant des expériences extrêmement ingénieuses faites dans le but de nous renseigner à cet égard. M. Waterston [1] a cherché à se faire une idée de la température du soleil par un procédé expérimental qui repose sur la remarque suivante : si l'on soumet à l'action d'une source de chaleur un corps que des actions extérieures tendent à maintenir à une température déterminée, l'action de la source est d'autant plus faible que cette dernière température est elle-

(1) *Philosophical Magazine*, 1860, 4e série, t. XIX, p. 338.

même plus élevée; en particulier, l'action de la source sur le corps est nulle si elle a même température que les autres points de l'enceinte dans laquelle le corps est renfermé. Inversement, si la source de chaleur est à une température infiniment plus élevée que celle de l'enceinte, on pourra faire varier cette dernière dans des limites extrêmement étendues sans que l'action de la source sur le corps paraisse changer. Partant de là, M. Waterston introduit un thermomètre dans une boîte métallique à double enveloppe, chauffée par des becs de gaz placés entre les deux enveloppes. Sur l'une des faces, la double paroi métallique est remplacée par deux plaques de verre permettant l'introduction des rayons solaires. Chacun sait que, dans ces conditions, la boîte étant à la température ambiante, le thermomètre exposé à la radiation solaire monte à une température qui dépasse le plus souvent 100 degrés. Notons cette température dans une expérience déterminée, puis, allumant les becs de gaz, élevons la température de la caisse à 250 ou 300 degrés, et exposons-la ensuite aux rayons solaires : le thermomètre accusera sur la température de l'enceinte un excès exactement égal à celui que nous avons observé tout à l'heure, lorsque la température de l'enceinte était 10 ou 15 degrés. 250 ou 300 degrés ne sont donc qu'une fraction insignifiante de la température du soleil; mais il n'en résulte pas que 6,000 degrés ne représentent aussi qu'une fraction négligeable de la température du soleil : le contraire est infiniment plus probable.

402. **Comment le soleil peut-il réparer ses pertes incessantes de chaleur?** — Cherchons donc comment le soleil peut réparer ses pertes.

L'idée la plus ancienne relativement à la nature du soleil consiste à regarder cet astre comme une masse immense de matière en feu. Le soleil serait donc, à ce point de vue, le siége d'actions chimiques incessantes et extrêmement énergiques. Or, pour ne parler que des corps que nous connaissons à la surface de notre planète, c'est l'hydrogène dont la combustion dégage le plus de chaleur. Supposons donc une masse d'hydrogène égale à la masse du soleil et voyons ce que sa combustion donnera de chaleur. Un calcul très-simple montre que cette combustion ne fournirait que la quantité de chaleur suffisante pour parer pendant 30 siècles à la déperdition qui s'effectue constamment à la surface du soleil. Il est bien vrai que l'on pourrait concevoir sans peine des corps dégageant dans leur combustion plus de chaleur que l'hydrogène; mais les récentes découvertes, qui nous ont montré que le soleil était formé des mêmes éléments chimiques que notre planète, ne permettent de donner aucun crédit à un tel jeu de l'imagination.

Tout le monde sait d'ailleurs que l'hypothèse de Laplace sur la formation de notre système entier, soleil et planètes, gagne chaque jour du terrain, chaque découverte nouvelle venant en augmenter la probabilité. Il faut donc renoncer à trouver dans les actions chimiques, telles que la combustion, l'unique cause de la chaleur solaire.

403. **Idées de M. Mayer et de M. Waterston.** — M. Mayer et, peu de temps après lui, M. Waterston ont cherché la cause de l'entretien de la température constante de la surface solaire dans une transformation de l'hypothèse par laquelle Buffon avait cherché à se rendre compte de cette constance. Buffon, qui, comme à peu près tous les savants de son époque, considérait le soleil comme un véritable foyer de matières incandescentes, trouvait des aliments à ce foyer dans les comètes tombant sans cesse sur le soleil. MM. Mayer et Waterston ont pensé qu'une chute incessante de matière à la surface du soleil pouvait en effet fournir une immense quantité de chaleur, mais d'une autre manière que ne le pensait Buffon. Pour eux, cette chaleur serait due simplement à la transformation en énergie calorifique de l'énergie sensible des corps attirés à la surface du soleil et incorporés à sa masse. Si l'on prend en effet une certaine quantité de matière à une distance primitivement très-grande du soleil, de telle sorte que l'attraction de l'astre soit d'abord presque insensible, cette matière s'approchera du soleil avec une vitesse de plus en plus grande et atteindra une vitesse finale considérable qu'elle perdra subitement en s'incorporant à la masse du soleil, et il en résultera la production d'une certaine quantité de force vive calorifique. Le calcul montre que, pour que l'incorporation continuelle d'une certaine quantité de matière cosmique primitive-

ment placée à une distance très-grande du soleil compensât l'abaissement annuel de température de cette source de chaleur, il faudrait qu'il tombât sur chaque mètre carré de la surface du soleil $0^{gr},3$ de matière en une seconde.

404. Cette hypothèse remarquable est sujette à deux objections très-graves et qui n'ont pas permis de la conserver sous sa forme primitive :

1° Voyons d'abord les conséquences qui résulteraient de l'existence de ces corps météoriques assez nombreux pour déterminer par leur chute à la surface du soleil un accroissement de température de 1°,5 par an. A une certaine distance du soleil, distance suffisamment grande pour que l'attraction de l'astre y soit insensible, l'espace serait traversé dans toutes les directions par ces corps météoriques, et, parmi tous ces corps, ceux-là seulement dont la vitesse initiale serait convenablement dirigée viendraient, par suite de l'attraction du soleil, tomber à la surface de l'astre central. Or, si l'on connaît la masse totale des corps qui viendraient ainsi tomber sur le soleil en un temps déterminé (et l'hypothèse de MM. Mayer et Waterston fixe cette masse), on peut, à l'aide du calcul des probabilités, calculer la quantité de matière météorique qui devrait tomber dans une direction quelconque de l'espace, dans la région, par exemple, où se meut la terre. Mais on trouve ainsi qu'il devrait tomber sur notre planète une grêle continuelle de pierres et, bien que la chute de pierres météoriques à la surface de la terre soit beaucoup plus fréquente qu'on ne l'avait d'abord pensé, la réalité donne un démenti complet au résultat du calcul, et par suite aux données qu'on y a introduites.

2° La chute continuelle de corps météoriques à la surface du soleil aurait pour résultat d'augmenter graduellement sa masse : la durée de la révolution que la terre accomplit autour du soleil devrait par suite diminuer graduellement. M. W. Thomson a calculé que, en admettant l'hypothèse de Mayer, la variation annuelle de l'année tropique devrait être environ $\frac{1}{4000}$; c'est-à-dire que 4,000 ans, comptés avec la durée actuelle de l'année tropique, n'auraient duré que 3,999 ans et 6 mois. Or les annales chinoises embrassent une durée de plus de 40 siècles et montrent que cette conclusion ne saurait être admise.

405. **Idées de M. Thomson.** — Après avoir mis en évidence cette double contradiction, M. W. Thomson a cherché à y échapper et pour cela il a supposé que la matière cosmique tombant à la surface du soleil n'était formée que d'une quantité très-faible de masse météorique et provenait en majeure partie de cette masse de matière cosmique très-ténue qui forme comme une lentille autour du soleil et à laquelle est due la lumière zodiacale. Il faut alors concevoir cette masse lenticulaire comme formée d'un très-grand nombre de corps distincts tournant autour du soleil et éprouvant par suite de leurs chocs réciproques, par suite aussi de la résistance du milieu qu'ils traversent, une diminution brusque ou graduelle de leur vitesse tangentielle; de sorte que, après avoir décrit un nombre considérable de spires d'un rayon de plus en plus faible, ils arrivent à rencontrer le globe solaire et ne gardent plus alors que la vitesse qui, d'après la rotation du soleil, convient aux points situés à sa surface. Or la vitesse d'une planète tournant autour du soleil à une distance très-petite de sa surface est beaucoup plus grande que la vitesse de rotation de cet astre. L'incorporation de cette planète dans la masse du soleil sera donc l'origine d'un dégagement considérable de chaleur par la transformation de la plus grande partie de l'énergie sensible qu'elle possède au moment de la rencontre des deux masses.

406. Cette nouvelle hypothèse est à l'abri des deux objections formulées plus haut; mais elle ne conduit pas moins à un accroissement de la masse apparente du soleil, et cet accroissement doit se traduire de deux manières différentes :

1° Par un accroissement du diamètre apparent du soleil;

2° Par un accroissement du moment d'inertie du soleil, et par suite par une augmentation dans la durée de la révolution de l'astre.

Examinons ces deux conséquences de l'hypothèse de M. Thomson :

1° Le calcul montre que, en 4,000 ans, le diamètre du soleil n'augmenterait, dans ces conditions, que de 0″,1. Or les observations exactes du diamètre apparent du soleil ne datent pas de plus d'un siècle et ne peuvent rien apprendre sur l'existence d'une variation aussi faible.

2° La durée de la révolution du soleil sur lui-même devrait, si l'hypothèse est vraie, augmenter de 1 heure en 53 ans. C'est là, paraît-il d'abord, un résultat facile à contrôler. Mais on estime la durée de la révolution du soleil en prenant pour points de repère les taches que présente la surface de l'astre; et, comme ces points de repère se déplacent eux-mêmes en se déformant, les mesures obtenues, même en prenant les moyennes d'un grand nombre d'observations, ne sont pas certaines à 2 ou 3 heures près. Il en résulte qu'une variation de 2 ou 3 heures dans les 100 ou 150 dernières années ne saurait être mise en évidence.

Il semble donc que l'hypothèse de M. W. Thomson soit pleinement satisfaisante. Et tout le monde, en effet (je parle de tous ceux qui avaient le droit d'avoir une opinion sur la question), se ralliait à cette manière de voir, lorsque la publication d'un très-important travail de M. Leverrier[1] vint changer l'état de la question. Dans ce travail, M. Leverrier, cherchant la cause des perturbations de la planète Mercure, a été conduit à examiner si des astéroïdes répandus autour du soleil, dans la zone de la lumière zodiacale, ne pourraient pas être la cause de ces perturbations. Et il est résulté de ses calculs qu'il est impossible d'attribuer à la lumière zodiacale une masse sensible, de sorte que, pour conserver l'hypothèse précédente, il faudrait admettre l'existence d'astéroïdes séparés du soleil par un intervalle assez considérable, existence fort problématique assurément.

407. **Idées de M. Helmholtz.** — Une idée suggérée par M. Helmholtz fixe l'état actuel de la question.

Cette idée, extrêmement remarquable, a bien certainement trouvé son origine dans une spéculation astronomique de M. W. Thomson[2].

M. Thomson a en effet étudié avec le plus grand soin, au point de vue de la théorie mécanique de la chaleur, les effets de la con-

[1] *Annales de l'Observatoire*, 1859, t. V.
[2] *Lecture an meeting of the British Association at Manchester*, septembre 1861.

centration de la matière cosmique du système solaire, telle que l'admet Laplace. Il suppose à l'origine une masse de matière cosmique au zéro absolu de température, occupant un espace plus grand que celui que limite l'orbite de Neptune, et il cherche l'équivalent calorifique du travail de la gravité dans la concentration de cette masse se concentrant tout entière dans l'espace occupé actuellement par le soleil (en négligeant les planètes). Il trouve ainsi une énergie calorifique énorme, capable de produire dans la masse solaire une température immensément élevée.

De là découle naturellement l'idée suivante, mise en avant pour la première fois par M. Helmholtz.

En même temps que le soleil éprouve une perte de chaleur incessante par le rayonnement de sa surface, la masse du soleil se concentre. Dans cette concentration, les molécules de toute la masse se rapprochent du centre en obéissant à la gravité, et le travail positif effectué ainsi doit se traduire par une production équivalente d'énergie calorifique. Soient M la masse en eau du soleil, dQ la dépense de chaleur qu'éprouve le soleil pendant le temps dt; pendant ce temps dt l'abaissement de température est $d\theta$; et s'il n'y avait pas d'autre phénomène, on aurait

$$dQ = M\frac{d\theta}{dt}dt;$$

mais à l'abaissement de température $d\theta$ correspond une contraction infiniment petite $\alpha\frac{d\theta}{dt}dt$, α représentant le coefficient de contraction moyenne du soleil; de sorte que l'équation complète est

$$dQ = M\frac{d\theta}{dt}dt - K\alpha\frac{d\theta}{dt}dt.$$

K est le coefficient de proportionnalité, et, si ce coefficient est représenté par un nombre considérable, il pourra y avoir compensation complète entre les deux phénomènes qui tendent l'un à diminuer, l'autre à augmenter l'énergie calorifique sensible du soleil.

M. Helmholtz a calculé que, pour réparer les pertes de chaleur provenant d'un rayonnement qui aurait duré 2,000 ans, il suffirait d'une diminution du diamètre apparent du soleil de 0″,0033, diminution tout à fait inappréciable avec nos moyens de mesure actuels. Le résultat de cette contraction serait en même temps un accroissement extrêmement lent du mouvement de rotation du soleil, puisque le moment d'inertie de l'astre irait en diminuant très-lentement.

408. Nous nous trouvons donc amenés aux conséquences suivantes : si c'est uniquement la chute de matières météoriques qui entretient l'énergie calorifique du soleil, le diamètre apparent de l'astre augmente, et il en est de même de la durée de la révolution du soleil. Si, au contraire, c'est à la concentration de la masse solaire qu'est due la conservation de l'énergie calorifique du soleil, le diamètre apparent diminue et la vitesse de rotation augmente.

Les progrès ultérieurs de l'astronomie décideront entre les deux hypothèses. Remarquons, toutefois, dès maintenant, que l'idée de M. Helmholtz est à peine une hypothèse : c'est plutôt une conséquence naturelle des principes de la théorie mécanique de la chaleur. Aussi M. W. Thomson s'est-il rangé publiquement à la manière de voir de M. Helmholtz. Les deux causes agissent sans doute à la fois, mais la concentration de la masse solaire doit être de beaucoup la plus importante.

Les actions chimiques n'ont vraisemblablement qu'une part très-secondaire dans le phénomène qui nous occupe [1].

La théorie nouvelle de M. Helmholtz met donc fin aux discussions qui se sont élevées sur ce sujet dans ces derniers temps, et dans lesquelles on avait cherché à mettre en opposition les conséquences de la théorie mécanique de la chaleur et les données résultant des observations astronomiques.

[1] L'état de dissociation dans lequel se trouvent les éléments constitutifs du soleil doit cependant être considéré comme l'une des causes de la conservation de l'énergie extérieure du soleil, ainsi que M. Faye l'a observé le premier. J. V.

BIBLIOGRAPHIE

DE LA THÉORIE MÉCANIQUE DE LA CHALEUR

ET DE SES APPLICATIONS,

PAR M. J. VIOLLE.

EXPLICATION DES PRINCIPALES ABRÉVIATIONS

EMPLOYÉES DANS LA BIBLIOGRAPHIE.

Le chiffre arabe placé entre parenthèses à la suite du titre du recueil indique le numéro de la série, les chiffres romains qui suivent désignent le tome, les chiffres arabes que l'on rencontre ensuite font connaître la page; enfin les chiffres arabes entre crochets donnent l'année. Ainsi *Ann. de chim. et de phys.*, (3), XLI, 370 [1854], signifie : Annales de chimie et de physique, 3ᵉ série, tome XLI, page 370, année 1854.

Abhandl. der Akad. d. Wiss. in Berlin, Abhandlungen der königlichen Akademie der Wissenschaften in Berlin (Mémoires de l'Académie royale des sciences de Berlin), 1 vol. par an; depuis 1804, 5ᵉ suite de : 1° Miscellanea Berolinensia, Berlin, 7 vol., 1710-1743; 2° Histoire de l'Académie royale des sciences et belles-lettres de Berlin, 25 vol. de 1745 à 1769; 3° Nouveaux Mémoires de l'Académie royale des sciences de Berlin, 17 vol. de 1770 à 1786; 4° Mémoires de l'Académie royale des sciences et belles-lettres, 13 vol. de 1786 à 1804.

Abhandl. d. Böhm. Gesellsch., Abhandlungen der königlichen Böhmischen Gesellschaft (Mémoires de la Société royale de Bohême); 1ʳᵉ série, 6 vol., Prague, 1775-1784; 2ᵉ série, 4 vol., 1785-1789; 3ᵉ série, 3 vol., 1790-1798; 4ᵉ série, 8 vol., 1804-1824; 5ᵉ série, 4 vol., 1827-1837; 6ᵉ série, 1 vol. tous les deux ans depuis 1841.

Abhandl. d. Leipzig. Ges. d. Wiss., Abhandlungen der mathematisch-physischen Classe der königlich Sächsischen Gesellschaft der Wissenschaften (Mémoires de la classe mathématique et physique de la Société royale des sciences de Saxe). Leipzig, depuis 1852, 1 vol. par an.

Abhandl. d. naturf. Ges. zu Halle, Abhandlungen der naturforschenden Gesellschaft zu Halle (Mémoires de la Société d'histoire naturelle de Halle). Halle, depuis 1853.

Acta Acad. Petrop., Acta Academiæ scientiarum imperialis Petropolitanæ (Actes de l'Académie impériale des sciences de Saint-Pétersbourg). Saint-Pétersbourg, 15 vol. de 1777 à 1783. (Suite des *Novi Commentarii.*)

Ann. de chim. et de phys., Annales de chimie et de physique. Paris, 3 vol. par an. 1re série, 96 vol., 1789-1815, sous le titre : *Annales de chimie;* 2e série, par MM. Gay-Lussac et Arago, 75 vol., 1816-1840; 3e série par MM. Gay-Lussac, Arago, Chevreul, Dumas, Boussingault, etc., 69 vol., 1841-1863; 4e série par MM. Chevreul, Dumas, Boussingault, Regnault, etc., depuis 1864.

Ann. der Chem. und Pharm., Annalen der Chemie und Pharmacie (Annales de chimie et de pharmacie), 4 vol. par an. 1° Heidelberg, 1832 à 1839, t. I à XXXII (sous le titre : Annalen der Pharmacie), par Liebig, Geiger, etc.; 2° Heidelberg et Leipzig, de 1840 à 1850, t. XXXIII à LXXVI, par Liebig et Wöhler; 3° Heidelberg et Leipzig, depuis 1850, par Liebig, Wöhler et H. Kopp.

Ann. des mines, Annales des mines. Paris, depuis 1794.

Ann. d. Münchn. Sternw., Annalen der königlichen Sternwarte bei München (Annales de l'Observatoire royal de Munich). 1 vol. par an. Le tome Ier de la 2e série, XVIe du recueil, a paru en 1848.

Ann. of. Phil., Annals of Philosophy, etc. (Annales de philosophie, etc.), par Thomas Thomson, 16 vol., Londres, 1813 à 1820 (suite de *Nicholson's Journal*), et nouvelle série par Phillips, 12 vol., 1821 à 1826. Recueil réuni au Philosophical Magazine en 1827.

Ann. scient. de l'École Norm. sup., Annales scientifiques de l'École Normale supérieure. Paris, depuis 1864, 1 vol. par an.

Arch. de Genève, Archives des sciences physiques et naturelles, suite de la Bibliothèque universelle de Genève, par A. de la Rive, Marignac, etc. Genève, 3 vol. par an, 1re série, 36 vol., 1846-1857; 2e série depuis 1858.

Astr. Nachr., Astronomische Nachrichten (Nouvelles astronomiques), par Schumacher. Altona, 30 vol. de 1823 à 1850. Recueil continué par Petersen, puis par Peters.

Athenæum, The Athenæum, Journal of literature, science and arts (L'Athenæum, Journal de littérature, sciences et arts). Londres, 1 vol. par an depuis 1837.

Atti dell' Istit. Venet., Atti del adunanze dell' I. R. Istituto Veneto di scienze, lettere ed arti (Mémoires de l'Académie des sciences, lettres et beaux-arts de Venise). 1 vol. par an.

Bibl. univ., Bibliothèque universelle de Genève. Genève, 1re série, 60 vol., 1816-1835; 2e série, 60 vol., 1836-1845.

Bull. de l'Acad. de Bruxelles, Bulletin de l'Académie royale des sciences de Bruxelles, depuis 1832.

Bull. de la Soc. phil., Bulletin de la Société Philomathique de Paris, depuis 1788.

Bull. des sc. math., Bulletin des sciences mathématiques, astronomiques, physiques et chimiques, par De Férussac. Paris, 16 vol. de 1824 à 1831.

Bull. de la cl. phys.-math. de l'Acad. de Saint-Pétersb., Bulletin de la classe physico-mathématique de l'Académie impériale de Saint-Pétersbourg. 1 vol. par an depuis 1843. Continuation du recueil suivant.

Bull. scient. de l'Acad. de Saint-Pétersb., Bulletin scientifique de l'Académie impériale des sciences de Saint-Pétersbourg. 10 vol., 1836-1842.

Coll. Acad., Collection académique, composée des numéros, actes, journaux des plus célèbres Académies et Sociétés étrangères, etc. Dijon, puis Paris, de 1755 à 1779.

Comm. Acad. Petrop., Commentarii Academiæ scientiarum imperialis Petropolitanæ (Commentaires de l'Académie impériale des sciences de Saint-Pétersbourg). Saint-Pétersbourg, 14 vol. de 1726 à 1746.

Comm. Soc. Götting., Commentationes Societatis regalis scientiarum Gottingensis recentiores (Nouveaux Commentaires de la Société royale des sciences de Göttingue), par Gauss, Haussmann, Tychsew, etc. Göttingue, 8 vol., 1811-1841.

C. R., Comptes rendus hebdomadaires des séances de l'Académie des sciences de Paris. Paris, 2 vol. par an depuis 1835.

Crelle's Journ., Journal für die reine und angewandte Mathematik (Journal de mathématiques pures et appliquées), par Crelle. Berlin, depuis 1826.

Danske Selsk. Skrift, Danske Videnskabernes Selskabs Forhandlingar (Mémoires de la Société des sciences de Danemark). Copenhague. (Voir *Skrift. der Kobenh. Selsk.*)

Denkschr. d. Bay. Akad., Denkschriften der königlichen Akademie der Wissenschaften zu München (Mémoires de l'Académie royale des sciences de Munich). Munich, depuis 1808, 4ᵉ suite de : 1° Abhandlungen der churfürstlich-baierischen Akademie der Wissenschaften, 10 vol., 1763-1777; 2° Neue philosophische Abhandlungen der baierischen Akademie der Wissenschaften, 7 vol., 1778-1801; 3° Physikalische Abhandlungen der königlich-baierischen Akademie der Wissenschaften, 9 vol., 1802-1807; 4° Abhandlungen der mathematisch-physikalischen Classe der königlich-baierischen Akademie der Wissenschaften, depuis 1832.

Denksch. der Wien. Akad., Denkschriften der Wiener Akademie (Mémoires de l'Académie de Vienne). Vienne, depuis 1850.

Dove's Repert. d. Phys., Repertorium der Physik (Répertoire de physique), par Dove et Moser. Berlin, 8 vol., 1837-1849.

Edinb. Phil. Journ., Edinburgh philosophical Journal (Journal philosophique d'Édimbourg), par Brewster et Jameson. Édimbourg, 14 vol., 1819-1826.

Edinb. new Phil. Journ., Edinburgh new philosophical Journal (Nouveau Journal philosophique), par Jameson. Édimbourg, 2 vol. par an depuis 1826.

Gilb. Ann., Annalen der Physik (Annales de physique), par Gilbert. Halle, puis Leipzig, 76 vol. de 1799 à 1824.

Gould's Astron. Journ., The astronomical Journal (Journal astronomique), par Gould. Cambridge (Massachusets), depuis 1850.

Grünert's Arch., Archive der Mathematik und Physik (Archives de mathématiques et de physique), par Grünert. Greifswald, depuis 1841.

Hist. de l'Acad. des sc., Histoire de l'Académie des sciences de Paris avec les Mémoires de mathématiques et de physique. Paris, de 1699 à 1790.

Hist. de l'Acad. roy. de Berlin, Histoire de l'Académie royale des sciences et belles-lettres de Berlin. Berlin, 25 vol. 1745-1769. Suite des *Miscellanea Berolinensia.*

Inst., L'Institut, Journal des Académies et Sociétés scientifiques de la France et de l'étranger. Paris, 1 vol. par an depuis 1833.

Journ. de l'Éc. polytech., Journal de l'École Polytechnique. Paris, depuis 1794.

Journ. de Liouville, Journal de mathématiques pures et appliquées, par Liouville. Paris, 1re série, 20 vol., 1837-1855; 2e série, depuis 1856.

Journ. de phys., Journal de physique, fondé par Gautier d'Agoty, 1752-1755; continué par Toussaint, 1756-1757; repris par l'abbé Rozier seul, 1771-1784, et avec Monge et De la Métherie jusqu'en 1793; continué par De la Métherie seul jusqu'en 1817, et par De Blainville jusqu'en 1823.

Journ. of Sc., Quarterly Journal of science, literature and art (Journal trimestriel de science, littérature et art). Londres, 1816-1830.

Kastner Arch., Archive für Chemie und Meteorologie (Archives de chimie et de météorologie), par Kastner. Nüremberg, 9 vol. 1830 à 1835.

Magasyn for Naturvidenskaberne das er mit G. F. Lundh und H. H. Maschmann herausgabe (Magasin des sciences naturelles, publié par G. F. Lundh et Hans Henrik Maschmann). Christiania, depuis 1823.

Mém. de l'Acad. des sciences, Mémoires de l'Académie des sciences de Paris, collection composée des séries suivantes : 1° Histoire de l'Académie royale des sciences, depuis son établissement en 1666 jusqu'à 1699, 11 vol.; à partir du tome III, les volumes portent le titre de Mémoires de l'Académie royale des sciences; 2° Histoire de l'Académie royale des sciences, avec les Mémoires de mathématiques et de physique, 1 vol. par année, de 1699 à 1790; 3° Mémoires de l'Institut national des sciences et arts, classe des sciences, depuis 1795 (t. I à VI), parus sous le titre de Mémoires de la classe des sciences mathématiques et physiques de l'Institut de France (t. VII à XIV), de 1807 à 1814; 4° Mémoires de l'Académie des sciences de l'Institut de France, depuis 1816.

Mém. de l'Acad. de Saint-Pétersb., Mémoires de l'Académie impériale des sciences de Saint-Pétersbourg. Saint-Pétersbourg, 5e série, 11 vol. de 1809 à 1830 (suite des *Nova Acta*); 6e série, 9 vol. de 1830 à 1858; 7e série, depuis 1859.

Mém. de Saint-Pétersb. Sav. étrangers, Mémoires présentés à l'Académie de Saint-Pétersbourg par des savants étrangers à l'Académie. Saint-Pétersbourg, depuis 1831.

Mém. de la Soc. de Genève, Mémoires de la Société de Genève. Genève, depuis 1821.

Mém. de l'Inst., Mémoires de la classe des sciences mathématiques et physiques de l'Institut de France. 14 vol. de 1795 à 1814.

Mem. del regno Lomb.-Venet., Memorie del Imp. R. Istituto del regno Lombardo-Veneto (Mémoires de l'Institut impérial royal du royaume lombardo-vénitien). Milan, 5 vol., 1819-1838.

Mém. des Sav. étr., 1° Mémoires de mathématiques et de physique présentés à l'Académie royale des sciences de Paris par divers savants, 11 vol., Paris, 1750-1786; 2° Mémoires présentés à l'Institut des sciences, lettres et arts par divers savants et lus dans les assemblées : sciences mathématiques et physiques, 2 vol., 1806-1811; 3° Mémoires présentés par divers savants à l'Académie royale des sciences de l'Institut de France, depuis 1827.

Mem. di Torino, 1° Miscellanea philosophico-mathematica Societatis privatæ Taurinensis (Mélanges de la Société philosophico-mathématique libre de Turin), 5 vol., Turin (t. I-V), de 1759 à 1773; 2° Mémoires de l'Académie royale des sciences de Turin (1re série, t. VI-XXII), 17 vol., 1774-1814; 3° Memorie della reale Academia delle scienze di Torino, suite de la 1re série, t. XXIII à XL, 1818-1838, et 2e série, depuis 1839.

Mem. Soc. Ital., Memorie di mathematica e tisica della Societa Italiana (Mémoires de mathématiques et de physique de la Société Italienne). Vérone, depuis 1782, et Modène depuis 1799.

Monat. Corresp. von Zach, Monatliche Correspondenz zur Beförderung der Erd- und Himmelskunde (Correspondance mensuelle pour développer les connaissances relatives à la terre et au ciel), par le baron F. X. de Zach. Gotha, 28 vol. de 1800 à 1813.

Monatsb. d. Akad. zu Berlin, Monatsberichte der königlichen preussischen Akademie der Wissenschaften zu Berlin (Comptes rendus mensuels de l'Académie royale des sciences de Berlin). Depuis 1836.

Nicholson's Journal, A Journal of natural philosophy, chemistry and the arts (Journal de physique, de chimie et des arts), par Nicholson. Londres, 5 vol., 1796-1801, et 36 vol., 1802-1813.

Nouv. Mém. de Berlin, Nouveaux Mémoires de l'Académie royale des sciences et des belles-lettres de Berlin, 17 vol. de 1770 à 1786, suite de l'Histoire de l'Académie des sciences et des belles-lettres.

Nova Acta Acad. Petrop., Nova Acta Academiæ scientiarum imperialis Petropolitanæ (Nouveaux Actes de l'Académie impériale de Saint-Pétersbourg). Saint-Pétersbourg, de 1783 à 1808. (Suite des *Acta.*)

Novi Comment. Acad. Petrop., Novi Commentarii Academiæ scientiarum imperialis Petropolitanæ (Nouveaux Commentaires de l'Académie impériale des sciences de Saint-Pétersbourg). Saint-Pétersbourg, 20 vol. de 1747 à 1776. (Suite des *Commentarii*.)

Nyt. Mag. f. Naturvid., Nyt Magasyn for Naturvidenskaberne (Nouveau Magasin des sciences naturelles). Christiania, depuis 1838.

Öfversigt af förhandl., Öfversigt af kongl. Vetenskaps-Akademiens förhandlingar (Résumé des Mémoires de l'Académie royale des sciences de Stockholm). 1 vol. par an depuis 1844.

Oversigt over det kongl. danske Videnskabernes Selskabs Forhandlingar, Résumé des Mémoires de l'Académie royale des sciences de Danemark. Copenhague 1 vol. in-4°, 1814-1841, et 1 vol. in-8°, 1842-1851.

Phil. Mag., Philosophical Magazine and Journal of science (Magasin philosophique et Journal de science), fondé par Tilloch en 1798. Londres, 1re série, 68 vol. jusqu'en 1826; 2e série, par R. Taylor et R. Phillips, 11 vol., 1827-1832 (en même temps, suite des *Annals of Philosophy*); 3e série, par D. Brewster, R. Taylor et R. Phillips, 37 vol., 1832-1850; 4e série, par D. Brewster, R. Taylor, R. Phillips, W. Francis, etc., depuis 1850, 2 vol. par an.

Phil. Trans., Philosophical Transactions of the Royal Society of London (Transactions philosophiques de la Société Royale de Londres). Londres, depuis 1665.

Pogg. Ann., Annalen der Physik und Chemie (Annales de physique et de chimie), suite des Annales de Gilbert par Poggendorff. Berlin, depuis 1824.

Proceed. Amer. Phil. Soc., Proceedings of the American philosophical Society (Comptes rendus des séances de la Société philosophique américaine). Philadelphie, depuis 1848.

Proceed. of the Irish Acad., Proceedings of the Irish Academy (Comptes rendus de l'Académie irlandaise). Dublin, depuis 1836.

Proceed. of the Roy. Soc., Proceedings of the Royal Society of London (Comptes rendus des séances de la Société Royale de Londres), depuis 1854. Londres, 1856 et suiv.

Quetelet, Corresp. math., Correspondance mathématique et physique par Garnier et Quetelet. Gand, 8 vol., 1825-1835.

Repert. of pat. inv., Repertory of patent inventions (Répertoire de brevets d'invention). Londres.

Result. aus d. Beob. des magn. Ver., Resultate aus den Beobachtungen des magnetischen Vereins in den Jahren 1836-1841 (Résultats des observations de l'Association magnétique depuis l'année 1836 jusqu'en 1841), par Gauss et W. Weber. Göttingue, 6 vol. et 3 atlas, de 1837 à 1843.

Schumach. astr. Jahrb., Astronomisches Jahrbuch (Annuaire astronomique), par Schumacher. Stuttgard et Tubingue, de 1836 à 1844.

Schwed. Vetensk. Acad. Handl., Der kongl. Svenska Vetenskaps-Academiens Handlingar (Mémoires de l'Académie royale des sciences de Stockholm), suite des

Schwed. Abhandl. der königl. Schwedischen Akademie der Wissenschaften : 1° Abhandlungen aus der Naturlehre, Haushaltungskunst und Mechanik (Mémoires de l'Académie des sciences de Suède sur l'histoire naturelle, les arts économiques et la mécanique), Hambourg, 41 vol., 1739-1779; 2° Neue Abhandlungen, etc. (Nouveaux Mémoires), 12 vol., 1780-1791.

Schweigger's Journ., Journal für Chemie und Physik (Journal de chimie et de physique), par Schweigger, Nüremberg, t. I-XXVII, 1811-1819; avec Meinecke jusqu'à t. XXXVIII, 1823; seul jusqu'à t. XLIV, 1825; puis, jusqu'à t. LIV, 1828, avec Schweigger-Seidel qui continua seul jusqu'à t. LXIX, 1833.

Sillim. Amer. Journ., The American Journal of science and arts (Journal américain de sciences et arts), par B. Silliman. New-Haven, 50 vol., 1820-1845; 2° série avec B. Silliman junior, Dana, Gibbs, etc., depuis 1846.

Sitzungsber. d. Akad. d. Wiss. zu Wien, Sitzungsberichte der kaiserlichen Akademie der Wissenschaften zu Wien (Comptes rendus des séances de l'Académie impériale des sciences de Vienne). Vienne, depuis 1848.

Skrift der Köbenh. Selsk., Det kongelige Danske Videnskabernes Selskabs Skrifter, naturvidenskabelige og mathematiske (Mémoires de la Société royale de Copenhague, sciences naturelles et mathématiques). Copenhague, depuis 1849; 5° suite de : 1° Scriptorum a Societate Hafniensi bonis artibus promovendis dedita danice editorum, nunc autem in latinum sermonem conversorum interprete, 3 vol., 1745-1747; 2° Nye Samling af der kongelige Danske Videnskaberns Selskabs Skrifter, 1781-1799; 3° Det kongelige Danske Videnskaberns Selskabs Skrifter, 1800-1823; 4° Det kongelige Danske Videnskaberns Selskabs Skrifter, naturvidenskabelige og mathematiske, 12 vol., 1824-1846.

Sturgeon's Ann., The Annals of electricity, magnetism and chemistry (Annales d'électricité, magnétisme et chimie, par Sturgeon). Londres, 10 vol. d'octobre 1836 à 1843.

Trans. Amer. Philos. Soc., Transactions of the American philosophical Society (Mémoires de la Société philosophique américaine). Philadelphie, 1re série, de 1769 à 1818, 6 vol., et 2° série depuis 1818.

Trans. of R. Soc. of. Edinburgh, Transactions of the royal Society of Edinburgh (Mémoires de la Société royale d'Édimbourg). Édimbourg, depuis 1788.

Trans. Irish Acad., Transactions of the royal Irish Academie (Transactions de l'Académie royale d'Irlande). Dublin, depuis 1787.

Trans. of the Soc. of Cambr., Transactions of the Cambridge philosophical Society (Mémoires de la Société philosophique de Cambridge). Depuis 1819.

Verhandl. der k. Nederl. Akad. d. Wetensch., Verhandelingen der koniglijke Akademie van Wetenschappen (Mémoires de l'Académie royale des sciences des Pays-Bas). Amsterdam, depuis 1854, 4° suite de : 1° Verhandelinger der eerste Klasse van het Hollandsch Instituut van Wetenschappen, Letterkunde en schoone Kunsten te Amsterdam (Mémoires de la première classe de l'Institut hollandais des sciences, belles-lettres et arts d'Amsterdam), 7 vol. de

1812 à 1825; 2° Nieuwe Verhandelingen der eerste Klasse van het koninglijk-nederlandsche Instituut van Wetenschappen, Letterkunde en schoone Kunsten te Amsterdam, 13 vol. de 1827 à 1848; 3° Verhandelingen der eerste Klasse, etc., 5 vol., 1849-1854.

Voigt's Mag., Magazin für das Neueste aus der Physik und Naturgeschichte (Magasin des progrès de la physique et de l'histoire naturelle), fondé par Lichtenberg. Gotha, de 1786 à 1799; continué par Voigt, à partir de 1800.

Zeitschr. f. Math., Zeitschrift für Mathematik und Physik (Revue de mathématiques et de physique), publiée par Schlömilch, Wetzschel et Cantor. Leipzig, depuis 1856.

1738.

Bernoulli (Daniel), *Hydrodynamica seu de viribus et motibus fluidorum Commentarii.* Argentorati (Strasbourg) [1738].

1780.

Lavoisier et La Place (de), Mémoire sur la chaleur. *Mémoires de l'Acad. des sciences* [1780]. Voir aussi *Œuvres de Lavoisier*, II.

1798.

Rumford (Benjamin Thompson von), An Inquiry concerning the source of the heat which is excited by friction, *Phil. Trans. Abrid.*, XVIII, 286.

1799-1825.

La Place (de), *Traité de mécanique céleste.* Paris, I et II [1799]; III et IV [1804-1805]; V [1825]; 2e édition [1829, 1830 et 1839].

1807.

Young, *A course of lectures on natural philosophy and the mechanical arts.* London [1807].

1808.

Poisson. Sur la théorie du son, *Journ. de l'Éc. Polyt.*, XIV.

1812.

Davy (H.), *Elements of chemical philosophy.* London [1812]. (Voir en partic. p. 94.)

1816.

Fourier, Théorie de la chaleur. *Ann. de chim. et de phys.*, (2), III.

1817.

Fourier, Sur la chaleur rayonnante, *Ann. de chim. et de phys.*, (2), IV.

Fourier, Questions sur la théorie physique de la chaleur rayonnante, *Ann. de chim. et de phys.*, (2), VI.

1818.

Gay-Lussac, Sur la fixité du degré d'ébullition des liquides, *Ann. de chim. et de phys.*, (2), VII, 307.

Lesage et Prévost, *Deux traités de physique mécanique*. Genève [1818].

1819.

Clément et Desormes, Du zéro absolu de la chaleur et du calorique spécifique, *Journal de Physique*, LXXXIX [nov. 1819].

Reess (von), *De celeritate soni per fluida elastica propagati*, Traject. ad Rhen. [1819].

1820.

Fourier, Sur le refroidissement séculaire de la terre, *Ann. de chim. et de phys.*, (2), XIII.

1821.

Herapath, Account on the origin, the laws and phenomena of the heat, *Annals of philosophy*, (2), I.

1822.

Cagniard de La Tour, Exposé de quelques résultats obtenus par l'action combinée de la chaleur et de la compression sur certains liquides, tels que l'eau, l'alcool, l'éther sulfurique et l'essence de pétrole, *Ann. de chim. et de phys.*, (2), XXI.

Fourier, *Théorie analytique de la chaleur*. Paris, 1822. Cf. *Mém. de l'Acad. des sciences* [1807 et 1811].

Gay-Lussac et Welter, Sur la chaleur spécifique des gaz à volume constant, *Ann. de chim. et de phys.*, (2), XX, 266.

Poisson, Sur la distribution de la chaleur dans les corps solides, *Ann. de chim. et de phys.*, (2), XIX.

Pouillet, Mémoire sur de nouveaux phénomènes de production de chaleur, *Ann. de chim. et de phys.*, (2), XX.

Pouillet, Sur les phénomènes électro-magnétiques, *Ann. de chim. et de phys.*, (2), XXI, 177.

Welter et Gay-Lussac. (Voir plus haut.)

1823.

Cagniard de la Tour, Exposé de quelques résultats, etc. (suite du Mémoire de 1822), *Ann. de chim. et de phys.*, (2), XXII.

Cagniard de la Tour. Expériences faites à une haute pression avec quelques substances, *Ann. de chim. et de phys.*, (2), XXIII.

Cumming, On the thermo-electricity. *Trans. of Cambridge Soc.*, II, et *Phil. Mag.*, V et VI.

Fourier et OErsted, Sur quelques nouvelles expériences thermo-électriques, *Ann. de chim. et de phys.*, (2), XXII.

Poisson, Sur la distribution de la chaleur dans les corps solides, deux mém., *Journ. de l'Éc. Polyt.*, XIX.

Poisson, Sur la chaleur des gaz et des vapeurs. *Ann. de chim. et de phys.*, (2), XXIII.

Poisson, Sur la vitesse du son. *Ann. de chim. et de phys.*, (2), XXIII, et *Traité de mécanique*, 2e édition, II, 646.

1824.

Beek (Van) et Moll, An account of experiments on the velocity of sound made in Holland, *Phil. Trans.* [1824].

Carnot (Sadi), *Réflexions sur la puissance motrice du feu et sur les machines propres à développer cette puissance.* Paris [1824].

Fourier, Théorie du mouvement de la chaleur dans les corps solides, *Mém. de l'Acad. des sciences*, IV.

Fourier, Remarques générales sur les températures du globe terrestre et des espaces planétaires, *Ann. de chim. et de phys.*, (2), XXVII.

Fourier, Résumé théorique des propriétés de la chaleur rayonnante, *Ann. de chim. et de phys.*, (2), XXVII.

Moll et Beek (Van). (Voir plus haut.)

1825.

Fourier, Remarques sur la théorie mathématique de la chaleur rayonnante, *Ann. de chim. et de phys.*, (2), XXVIII.

Poisson, Discussion relative à la théorie de la chaleur rayonnante, *Ann. de chim. et de phys.*, (2), XXVIII.

1826.

Fourier, Théorie du mouvement de la chaleur dans les corps solides, *Mém. de l'Acad. des sciences*, V. (Suite du Mémoire publié en 1824.)

Poisson, Sur la vitesse du son, *Connaiss. des temps* [1826]. Cf. *Ann. de chim. et de phys.* [1823].

Poisson, Sur la distribution de la chaleur dans un anneau homogène, *Connaiss. des temps* [1826].

1827.

Fourier, Mémoire sur les températures du globe terrestre et des espaces planétaires. *Mém. de l'Acad. des sciences*, VII.

Ohm, *Die galvanische Kette, mathematisch bearbeitet.* Berlin [1827].

Poisson, Sur la température des différents points de la terre et particulièrement près de sa surface, *Connaiss. des temps* [1827].

1828.

Fourier, Recherches expérimentales sur la faculté conductrice des corps minces soumis à l'action de la chaleur, et description d'un nouveau thermomètre de contact, *Ann. de chim. et de phys.*, (2), XXXVII.

Green, *An essay on the application of mathematical analysis on the theories of electricity and magnetism.* Nottingham [1828]. Voir aussi *Crelle's Journ.*, XLIV et XLVII.

1829.

Dulong, Recherches sur la chaleur spécifique des fluides élastiques, *Ann. de chim. et de phys.*, (2), XLI, 113.

Fourier, Mémoire sur la théorie analytique de la chaleur, *Mém. de l'Acad. des sciences*, VIII.

Péclet, *Traité de la chaleur considérée dans ses applications aux arts et manufactures.* Paris [1829]; 2e édition [1843].

1830.

Navier, Mémoire sur l'écoulement des fluides élastiques dans les vases et les tuyaux de conduite, *Mém. de l'Acad. des sciences*, IX, 311.

1831.

Fechner, *Maasbestimmungen über die galvanische Kette.* Leipzig [1831].

Henry, On a reciprocating motion produced by magnetic attraction and repulsion, *Silliman's Journ.*, XX, 340.

Melloni, Lettre à M. Arago sur une nouvelle propriété de la chaleur solaire, *Ann. de chim. et de phys.*, (2), XLVIII.

Melloni et Nobili, Recherches sur plusieurs phénomènes calorifiques entreprises au moyen du thermo-multiplicateur, *Ann. de chim. et de phys.*, (2), XLVIII.

1833.

Masson, Sur la chaleur spécifique des gaz à volume constant, *Ann. de chim. et de phys.*, (2), LIII, 268.

Melloni, Mémoire sur la transmission libre de la chaleur rayonnante par différents corps solides et liquides, *Ann. de chim. et de phys.*, (2), LIII.

Negro (Dal), Nuove proprieta degli elettromotori elementari, *Ann. d. scienz. d. regno Lomb.-Venet.*, III.

1834.

Clapeyron, Mémoire sur la puissance motrice de la chaleur, *Journ. de l'Éc. Polyt.*, XIV.

Melloni, Nouvelles recherches sur la transmission immédiate de la chaleur rayonnante par différents corps solides et liquides, *Ann. de chim. et de phys.*, (2), LV.

Negro (Dal), Nuova machina magnetica immaginata, *Ann. d. scienze d. regno Lomb. Venet.*, IV.

Peltier, Nouvelles expériences sur la caloricité des courants électriques, *Ann. de chim. et de phys.*, (2), LVI, 371.

Ritchie, On the continued rotation of a closed circuit by an another closed circuit, *Phil. Mag.*, IV, 13.

1835.

Ampère, Sur la chaleur et la lumière considérées comme provenant de mouvements vibratoires, *Ann. de chim. et de phys.*, (2), LVIII, 432.

Becquerel et Breschet, Recherches sur la température des tissus animaux, *C. R.*, I, 28.

Jacobi, *Mémoire sur l'application de l'électro-magnétisme au mouvement des machines*. Potsdam [1835].

Jacobi, *Expériences électro-magnétiques faisant suite au Mémoire sur l'application de l'électro-magnétisme au mouvement des machines*. Potsdam [1835].

Melloni, Sur la réflexion de la chaleur rayonnante, *Ann. de chim. et de phys.*, (2), LX.

Melloni, Observation et expériences relatives à la théorie de l'identité des agents qui produisent la lumière et la chaleur rayonnante, *Ann. de chim. et de phys.*, (2), LX.

Poisson, *Théorie mathématique de la chaleur*. Paris, 1835.

1836.

Arago, Sur la température de l'espace (à l'occasion des observations du capitaine Back), *C. R.*, II, 575.

Becquerel et Breschet, Recherches sur la température des tissus et liquides animaux (suite), *C. R.*, III, 771.

Botto, Note sur une machine locomotive mise en mouvement par l'électro-magnétisme, *Mem. di Torino* [1836], 155.

Kramer, Notiz über einen neuen durch Einfluss des Erdmagnetismus wirksamen elektromagnetischen Apparat, *Pogg. Ann.*, XLIII, 304.

Marianini, Sopra la teoria degli elettromotori, *Ann. d. scienze d. regno Lomb.-Venet.*, VI.

Melloni, Mémoire sur la polarisation de la chaleur, *Ann. de chim. et de phys.*, (2), LXI.

Méray, Théorie physique de la production de la chaleur atmosphérique, *C. R.*, II, 277.

Poisson, Discussion avec Arago (à l'occasion des observations du capitaine Back), *C. R.*, II, 576.

STURGEON, Description of an electro-magnetic engine for turning machinery, *Sturgeon's Ann.*, I, 75.

1837.

DESPRETZ, Observations relatives à la congélation, *C. R.*, V.

CALLAN, On the application of electro-magnetism to the working of machines, *Sturgeon's Ann.*, I, 491.

LAMÉ, *Cours de physique de l'École Polytechnique.* Paris [1837]; 2e édition [1840].

MELLONI, Mémoire sur la polarisation de la chaleur, *Ann. de chim. et de phys.*, (2), LXV. (Suite du mémoire de 1836.)

PAGE, Experiments in electromagnetism, *Silliman's Journ.* [octobre 1837].

POISSON, *Théorie mathématique de la chaleur, supplément.* Paris [1837].

POUILLET, Mémoire sur la pile de Volta et sur la loi générale d'intensité que suivent les courants, *C. R.*, IV.

POUILLET, Mémoire sur la mesure relative des sources thermo-électriques et hydro-électriques, *C. R.*, IV.

STURGEON, On the relativ merits of magnetic electrical machines and voltaic batteries, *Phil. Mag.*, (2), X.

1838.

ARAGO, Sur la chaleur dégagée pendant la combustion de diverses substances simples ou composées (communication d'Arago sur les travaux de Dulong), *C. R.*, VII, 871.

BABINET, Sur la chaleur dans l'hypothèse des vibrations, *C. R.*, VII, 781.

BECQUEREL, Précis de nouvelles recherches sur le dégagement de la chaleur dans le frottement, *C. R.*, VII, 363.

BECQUEREL et BRESCHET, Recherches expérimentales physico-physiologiques sur la température des tissus et des liquides animaux (suite), *C. R.*, VI, 429.

CONNIL, On a revolving electro-magnetic machine, *Sturgeon's Ann.*, II, 123.

DAVENPORT, Application of electro-magnetism to the propelling of machinery, *Sturgeon's Ann.*, II, *passim.*

PAGE, Experiments on the application of electro-magnetism as a moving power, *Silliman's Journ.*, XXXIII [1838] et XXXIV [1839].

POISSON, Mémoire sur les températures de la partie solide du globe, de l'atmosphère et du lieu de l'espace où la terre se trouve actuellement, *Ann. de chim. et de phys.*, (2), LXIX. Cf. *C. R.* [1837].

POUILLET, Mémoire sur la chaleur solaire, sur les pouvoirs rayonnant et absorbant de l'atmosphère et sur la température de l'espace, *C. R.*, VI et VII.

RIESS, Elektrische Verzögerungskraft und Erwärmungsvermögen der Metalle, *Pogg. Ann.*, XLIII, XLV, et *Ann. de chim. et de phys.*, (2), LXIX, 113.

1839.

AMYOT, Note sur l'application de la force électro-magnétique comme moteur, *C. R.*, IX, 610.

Cauchy, Mémoire où l'on montre comment une seule et même théorie peut fournir les lois de propagation de la lumière et de la chaleur, *C. R.*, IX, 283.

Cauchy, Idées de M. Ampère sur la chaleur et la lumière, discussion de ces idées, *C. R.*, IX, 526.

Gauss, *Allgemeine Lehrsätze in Beziehung auf die im verkehrten Verhältnisse des Quadrats der Entfernung wirkenden Anziehungs- und Abstossungskräfte.*

Gauss et Weber, *Resultate aus den Beobachtungen des magnetischen Vereins im Jahre 1839.*

Joule, On the laws of electro-magnetic action, *Sturgeon's Ann.*, IV.

Joule, Investigations in magnetism. electro-magnetism, *Sturgeon's Ann.*, IV.

Melloni, Considérations et expériences sur la diathermansie ou coloration calorifique des corps. *Ann. de chim. et de phys.*, (2), LXII.

Savary. Discussion des idées d'Ampère sur la chaleur et la lumière, *C. R.*, IX, 557.

Séguin, *Études sur l'influence des chemins de fer.* Paris [1839].

Vorsselmann de Heer, Ueber den Elektromagnetismus als bewegende Kraft, *Pogg. Ann.*, XLVII, 76.

Vorsselmann de Heer, Sur la chaleur dégagée dans une décharge électrique, *Pogg. Ann.*, XLVIII, 298. — Remarque de Riess, *ibid.*, 320.

1840.

Despretz, Recherches sur la chaleur absorbée dans la fusion, *C. R.*, XI, 806.

Ebelmen, Sur la quantité de chaleur développée dans la combustion du charbon, *C. R.*, XI, 346.

Hess, Recherches sur les quantités de chaleur dégagées dans les combinaisons chimiques, *C. R.*, X, 759.

Joule, On electro-magnetic forces, *Sturgeon's Ann.*, V.

Reden (Von), Ueber die Benutzung des Elektromagnetismus als bewegende Kraft, *Polyt. Journ.*, LXXVIII, 332.

Tessan (De), Sur la théorie physique de la chaleur, *C. R.*, XI, 766.

1841.

Alexander, Ueber die vorzüglicheren bisher bekannt gewordenen Versuche den Elektromagnetismus als bewegende Kraft anzuwenden, *Bayer. Kunst und Gewerbe*, XIX, 339.

Becquerel et Breschet, Recherches sur la température des tissus et liquides animaux (suite), *C. R.*, XIII, 791.

Gehler, *Physikalisches Wörterbuch*, article *Wärme*, X, 52.

Hess, Recherches sur les quantités de chaleur dégagées dans les combinaisons chimiques (suite), *C. R.*, XIII, 541.

Jacobi, Ueber die Principien der elektromagnetischen Maschinen, *Pogg. Ann.*, LI, 358.

Joule. On the heat evolved by metallic conductors of electricity and in the cells of a battery during electrolysis, *Phil. Mag.*, (3), XIX.

Stohrer, Ueber elektromagnetische Maschinen, *Polyt. Centrabl.*, VII, passim.

Talbot, Improvements in producing or obtaining motive power by means of galvanic electricity, *Repert. of patent inv.*, XVI, 35.

Tochuski, Note relative aux moteurs electro-magnétiques, *C. R.*, XII, 663.

1842.

Jacobi, Krafthebel, etc.: Ueber den gegenwärtigen Standpunkt der Versuche mit elektromagnetischen Maschinen, *Bull. scient. de l'Acad. de Saint-Pétersbourg*, IX, 173; X, 71.

Joule, In efficacy of electromagnetism as a movery power, *Mach. Mag.*, XXVI, 191.

Joule, On the electric origin of the heat of combustion, *Sturgeon's Ann.*, VIII. Voir aussi *Phil. Mag.* [1843].

Marcet, Sur la température d'ébullition des liquides, *Ann. de chim. et de phys.*, (3), V, 449.

Mayer, Bemerkungen über die Kräfte der unbelebten Natur, *Liebig Ann.*, XLII. Voir aussi *Ann. de chim. et de phys.*, (3), XXXIV, 501 [1852].

Paret, Recherches sur la chaleur animale, *C. R.*, XIV, 816; XV, 1197.

1843.

Becquerel (Edm.), Des lois du dégagement de la chaleur pendant le passage des courants électriques à travers les corps solides et liquides, *Ann. de chim. et de phys.*, (3), IX, 21.

Desains et La Provostaye (De), Sur la chaleur latente de fusion de la glace, *C. R.*, XVI, 837.

Donny, Mémoire sur la cohésion des liquides et sur leur adhérence aux corps solides, *Mém. de l'Acad. de Bruxelles*, XVII. Voir aussi *Ann. de chim. et de phys.*, (3), XVI, 167 [1846].

Haldat (De), *Sur la puissance motrice et l'intensité des courants de l'électricité dynamique*. Nancy, 1843.

Joule, On the caloric effects of magneto-electricity and on the mechanical value of heat, *Phil. Mag.*, (3), XXIII, 263, 347, 435. Voir aussi *Ann. de chim. et de phys.*, (3), XXXIV, 504 [1852].

La Provostaye (De) et Desains. (Voir plus haut.)

1844.

Abria, Sur la chaleur dégagée dans l'hydratation de l'acide sulfurique, *C. R.*, XVIII, 888.

Cahours, Recherches sur les densités de vapeur, 1er mémoire, *C. R.*, XIX, 761.

FAVRE et SILBERMANN, Sur la chaleur produite par les combinaisons chimiques. *C. R.*, XVIII, 695.

GROVE, Ueber die Kosten der elektromagnetischen Triebkraft, *Polyt. Journ.*, XCII, 136.

JOULE, On the changes of temperature produced by the rarefaction and condensation of air, *Phil. Mag.*, (3), XXV.

LENZ, Ueber die Gesetze der Wärme-Entwickelung durch den galvanischen Strom, *Bull. de la cl. phys.-math. de l'Acad. de Saint-Pétersbourg*, I et II. et *Pogg. Ann.*, LXI, 18.

MAIZIÈRE, Sur la théorie de la chaleur, *C. R.*, XVIII, 864; XIX, 242.

MELLONI, Sur la température des diverses parties du spectre solaire, *C. R.*, XVIII, 39.

PETRINA, *Die magnetoelektrische Maschine von der vortheilaftesten Einrichtung für ärztlichen und physikalischen Gebrauch.* Linz [1844].

PARET, Sur une nouvelle théorie de la chaleur, *C. R.*, XIX, 1406.

PAMBOUR (DE), *Théorie analytique des machines à vapeur*, 2e édition. Paris [1844].

SILBERMANN et FAVRE. (Voir plus haut.)

WEBER, Ueber das Maass der Wirksamkeit magnetoelektrischer Maschinen, *Pogg. Ann.*, LXI.

1845.

BREDA (VAN), Expériences relatives à l'échauffement d'un conducteur métallique qui unit les deux pôles d'une pile, *C. R.*, XXI, 289.

CAHOURS, Recherches sur les densités de vapeur, 2e et 3e mémoire, *C. R.*, XX, 51; XXI, 625.

FAVRE et SILBERMANN, Sur la chaleur produite par les combinaisons chimiques (suite), *C. R.*, XX, 1565, 1734; XXI, 944.

HESS, Nouvelle méthode générale pour déterminer les quantités de chaleur dégagées dans les combinaisons chimiques, *C. R.*, XX, 190.

HOLTZMANN, *Ueber die Wärme und Elasticität der Gase und Dämpfe.* Mannheim, 1845. Voir aussi *Pogg. Ann.*, LXXII.

JOULE, On the changes of temperature produced by the rarefaction and condensation of air, *Phil. Mag.*, (3), XXVI, 369.

JOULE, On the existence of an equivalent relation between heat and the ordinary forms of mechanical power, *Phil. Mag.*, (3), XXVII, 205.

JOULE, Chaleur absorbée dans les décompositions électro-chimiques, *Inst.* [1845], 325.

MAYER, *Die organische Bewegung in ihrem Zusammenhang mit dem Stoffwechsel.* Heilbronn, 1845. Cf. *Liebig. Ann.* [1842]. Voir aussi *C. R.*, XXVII, 385 [1847].

PALTRINIERI, *Expériences sur le fluide électro-magnétique utilisé par l'action et la réaction simultanément, dans son application comme force motrice au mouvement des machines.* Paris, 1845.

PIERRE (I.), Recherches sur la dilatation des liquides, *Ann. de chim. et de phys.*, (3), XV, 325.

POUILLET, Sur l'électro-chimie, *C. R.*, XX.

SILBERMANN et FAVRE. (Voir plus haut.)

ZANTEDESCHI, Mémoire sur la théorie physique des machines magnéto-électriques et électro-magnétiques. *C. R.*, XX, 572.

1846.

FAVRE et SILBERMANN, Sur la chaleur produite par les combinaisons chimiques (suite), *C. R.*, XXII et XXIII, *passim*.

JOULE, On the heat evolved during the electrolysis, *Mem. of Manchester Soc.*, (2), VII.

JOULE, On a new theory of heat, *Mem. of Manchester Soc.*, (2), VII.

JOULE, On a new method for ascertaining the specific heat of bodies, *Mem. of Manchester Soc.*, (2), VII.

JOULE, On the mechanical powers of electro-magnetism, steam and horses, *Phil. Mag.*, (3), XXVIII.

JOULE, On the existence of an equivalent relation between heat and the ordinary forms of mechanical power, *Phil. Mag.*, (3). XXVIII, 205.

JOULE, Sur la chaleur dégagée dans les combinaisons chimiques, *C. R.*, XXII, 256.

JOULE et SCORESBY, Experiments and observations on the mechanical power of electro-magnetism, steam and horses, *Phil. Mag.*, XXVIII, 448.

MAYER, Considérations sur la production de la chaleur du soleil, *C. R.*, XXXIII, 220, 544. Cf. *Beiträge zur Dynamik des Himmels* [1843].

PAGE, Neue elektromagnetische Maschine, *Polyt. Journ.*, CII, 112.

SCORESBY et JOULE. (Voir plus haut.)

SILBERMANN et FAVRE. (Voir plus haut.)

1847.

BOTTO, Expériences sur les rapports entre l'induction électro-magnétique et l'action électro-chimique, *Raccolta fisico-chimica italiana*, I, 481.

DONDERS, *Der Stoffwechsel als die Quelle der Eigenwärme bei Pflanzen und Thieren.* Wiesbaden [1847].

FAVRE et SILBERMANN, Sur la chaleur produite par les combinaisons chimiques (suite), *C. R.*, XXIV, 1081.

HELMHOLTZ, *Ueber die Erhaltung der Kraft.* Berlin [1847].

JOULE, On the mechanical equivalent of heat as determined by the heat evolved by the friction of fluids, *Phil. Mag.*, (3), XXXI, 173. Voir aussi *C. R.*, XXV, 309.

JOULE, On the theoretical velocity of sound, *Phil. Mag.*, XXXI.

LENZ, Ueber den Einfluss der Geschwindigkeit des Drehens auf den durch magneto-elektrischen Maschinen erzeugten Inductionsstrom, *Bull. de la cl. phys.-math. de l'Acad. de Saint-Pétersbourg*, VII, 257.

Matteucci, De la relation qui existe entre la quantité d'action chimique et la quantité de chaleur, d'électricité et de lumière qu'elle produit, *Archives de Genève*, IV. 375.

Person, Recherches sur la chaleur latente de fusion, *Ann. de chim. et de phys.*, (3), XXI, 295. Cf. *C. R.* [1843 et 1844].

Pierre (I.), Recherches sur la dilatation des liquides, *Ann. de chim. et de phys.*, (3), XIX, XX.

Pitter, On the production of heat by friction, *Mech. Mag.*, XLVI, 492.

Pouillet, Mémoire sur la théorie des fluides élastiques et sur la chaleur latente des vapeurs, *C. R.*, XXIV.

Regnault, *Relation des expériences entreprises par ordre de M. le Ministre, etc., pour déterminer les principales lois et données numériques qui entrent dans le calcul des machines à vapeur.*

1° Sur la dilatation des fluides élastiques.
2° Sur la détermination de la densité des gaz.
3° Détermination du poids du litre d'air et de la densité du mercure.
4° De la mesure des températures.
5° De la dilatation absolue du mercure.
6° Sur la loi de compressibilité des fluides élastiques.
7° De la compressibilité des liquides et en particulier de celle du mercure.
8° Des forces élastiques de la vapeur d'eau aux diverses températures.
9° Sur la chaleur latente de la vapeur aqueuse à saturation sous diverses pressions.
10° Sur la chaleur spécifique de l'eau liquide aux diverses températures.

Ces mémoires forment le tome XXI des *Mémoires de l'Académie des sciences*. Cf. les *Comptes rendus* de 1840 à 1847, *passim*.

Regnault, Études sur l'hygrométrie, *Ann. de chim. et de phys.*, (3), XV. 141.

Séguin, Note à l'appui de l'opinion émise par M. Joule, *C. R.*, XXV, 420.

Stöhrer, Construction magnetoelektrischer Maschinen, *Pogg. Ann.*, LXI, 417.

Silbermann et Favre. (Voir plus haut.)

1848.

Andrews, On the heat disengaged during the combination of bodies with oxygen and chlorine, *Phil. Mag.*, (3), XXXII.

Bain, Electromagnetic engines, *Mech. Mag.*, XLVIII et XLIX.

Favre et Silbermann, Sur la chaleur produite par les combinaisons chimiques (suite), *C. R.*, XXVI et XXVII, *passim*.

Grove, *Corrélation des forces physiques, ou résumé d'un cours donné à l'Institution de Londres en 1843.* Traduit librement par M. Louyet de Bruxelles, Paris [1848].

Helmholtz, Ueber die Wärmeentwickelung bei der Muskelaction, *Müller's Archiv* [1848].

Joule, On the employment of electrical currents for ascertaining the specific heat of bodies, *Mem. of Manchester Soc.*, VIII.

Mayer, *Beiträge zur Dynamik des Himmels.* Heilbronn [1848].

Mayer, Réclamation de priorité contre M. Joule, relativement à la loi de l'équivalence du calorique, *C. R.*, XXVII, 385.

Person, Recherches sur la chaleur latente de fusion (suite), *Ann. de chim. et de phys.*, (3), XXIV, 129, 257, 265. Cf. *C. R.* [1846 et 1847].

Silbermann et Favre. (Voir plus haut.)

1849.

Favre et Silbermann, Sur la chaleur produite par les combinaisons chimiques (suite), *C. R.*, XXVIII, 627; XXIX, 440.

Groshans, Bemerkungen über die entsprechenden Temperaturen, die Sied- und Gefrierpunkte der Körper, *Pogg. Ann.*, LXXVIII, 112.

Hjorth's, Electromagnetic motive engine, *Mech. Mag.*, L, 410, 433, 496.

Joule, On the mechanical equivalent of heat, *Phil. Mag.*, XXXV, 335. Voir aussi *C. R.*, XXVIII, 132.

Joule, Sur la chaleur de vaporisation de l'eau, *Inst.* [1849], 368.

Kirchhoff, Ableitung der Ohm'schen Gesetze die sich an die Theorie der Elektrostatik anschliesst, *Pogg. Ann.*, LXXVIII, 506.

Mayer, Réclamation de priorité contre M. Joule relativement à la loi de l'équivalence du calorique (suite), *C. R.*, XXVIII, 132; XXIX, 534.

Person, Recherches sur la chaleur latente de fusion, *Ann. de chim. et de phys.*, (3), XXVII, 250. Cf. *C. R.* [1849].

Silbermann et Favre. (Voir plus haut.)

Stöhrer, Beiträge zur Vervollkommnung des elektromagnetischen Rotationsapparats, *Pogg. Ann.*, LXXVII, 467.

Thomson (J.), Theoretical considerations on the effect of pressure in lowering the freezing point of water, *Trans. of the R. Soc. of Edinburgh*, XVI, 5, 575. Voir aussi *Ann. de chim. et de phys.*, (3), XXXV, 376 [1852].

Thomson (W.), An account of Carnot's theory of the motive power of heat, with numerical results deduced from Regnault's experiments on steam, *Trans. of the R. Soc. of Edinburgh*, XVI, 5, 541. Voir aussi *Ann. de chim. et de phys.*, (3), XXXV, 376 [1852].

1850.

Beaumont, Description d'un appareil destiné à utiliser la chaleur dégagée par le frottement, *C. R.*, XXXI, 314.

Bruckner, Notice sur une formule pour calculer l'élasticité de la vapeur d'eau, *Bull. de l'Acad. des sciences de Bruxelles*, XVII, 347.

Bunsen, Einfluss des Druckes auf die chemische Natur der plutonien Gesteine,

Pogg. Ann., LXXXI, 562. Voir aussi *Ann. de chim. et de phys.*, (2), XXXV, 383 [1852].

Clausius, Ueber die bewegende Kraft der Wärme und die Gesetze, welche sich daraus für die Wärmelehre selbst ableiten lassen, *Pogg. Ann.*, LXXIX, 368, 500. Voir aussi Clausius, *Abhandl. über die mechan. Wärmetheor.* [1], 16, et *Ann. de chim. et de phys.*, (3), XXXV, 482 [1852].

Clausius, Ueber den Einfluss des Druckes auf das Gefrieren der Flüssigkeiten, *Pogg. Ann.*, LXXXI, 168. Voir aussi *Abhandl.*, I, 91, et *Ann. de chim. et de phys.*, (3), XXXV, 504 [1852].

Fairbairn, Ueber die expansive Wirkung des Dampfes, *Dingler's Journ.*, CXV, I.

Goodman, Researches into the identity of light, heat, electricity, magnetism and gravitation, *Mem. of Manchester Soc.*, IX, 80.

Gorrie, On the quantity of heat evolved from atmospheric air by mechanical compression, *Silliman's Journ.*, (2), X, 39, 214.

Groshans, Bemerkungen über die entsprechenden Temperaturen, die Sied- und Gefrierpunkte der Körper (suite), *Pogg. Ann.*, LXXIX, 290.

Haycraft, On anhydrous steam and the prevention of boiles explosion, *Mech. Mag.*, LIII, 288.

Joule, On the mechanical equivalent of heat, *Phil. Trans.* [1850], I, 61. Voir aussi *Ann. de chim. et de phys.*, (3), XXXV, 121 [1852].

Melloni, *La thermochrose ou la coloration calorifique*. Naples [1850].

Page, Upon electromagnetism as a motive power, *Franklin's Journal*, (3), XX, 267.

Rankine, On the centrifugal theory of elasticity, as applied to gases and vapours, *Rep. of Brit. Assoc. in 1850*, et *Phil. Mag.*, (4), II, 509 [1851].

Soret, Sur de nouvelles expériences de M. Regnault relatives aux tensions des vapeurs, *Arch. de Genève*, XIV, 27.

Thomson (W.), Experiments on the effect of pressure in lowering the freezing point of water, *Proceed. of Edinburgh*, fév. 1850, et *Phil. Mag.*, (3), XXXVII, 123. Voir aussi *Ann. de chim. et de phys.*, (3), XXXV, 381 [1852].

Thomson (W.), On a remarkable property of steam connected with the theory of air-engines, *Phil. Mag.*, (3), XXXVII, 387.

1851.

Clausius, Ueber das Verhalten des Dampfes bei der Ausdehnung unter verschiedenen Umständen, *Pogg. Ann.*, LXXXII, 263. Voir aussi *Abhandl.*, I, 103, et *Ann. de chim. et de phys.*, (3), XXXVII, 368 [1853].

Clausius, Ueber den theoretischen Zusammenhang zweier empirisch aufgestellter Gesetze über die Spannung und die latente Wärme verschiedener Dämpfe, *Pogg. Ann.*, LXXXII, 274. Voir aussi *Abhandl.*, I, 119.

[1] Ces mémoires, publiés en 1864 et 1867, ont été traduits en français par M. Folie. Paris, 1868 et 1869.

Clausius, Reply to a note from M. W. Thomson, *Phil. Mag.*, (4), II, 139.

Colding, *An examination of steam engines and the power of steam.* Copenhagen, 1851.

Colding, Recherches sur les rapports des forces de la nature, *Vidensk. Selsk. Skrift. Kjöbenhavn*, II, 121, 167.

Curr, On the temperature of steam and its corresponding pressure, *Proceed. Roy. Soc.*, V, 941.

Holtzmann, Ueber die bewegende Kraft der Wärme, *Pogg. Ann.*, LXXXII.

Jacobi, Mémoire sur la théorie des machines électro-magnétiques, *Bull. de la cl. phys.-math. de l'Acad. de Saint-Pétersbourg*, IX, 289. Voir aussi *Ann. de chim. et de phys.*, (3), XXXIV, 451 [1852].

Joule, Some remarks on heat and on the constitution of elastic fluids, *Mem. of Manchester Soc.*, (2), IX. Voir aussi *Ann. de chim. et de phys.*, (3), L, 381 [1857].

Joule, On some experiments demonstrating a limit to the magnetizability of iron, *Phil. Mag.*, (4), II.

Joule, On air-engine, *Phil. Mag.*, (4), II, 150. Voir aussi *Inst.* [1852], 15.

Maxwell, On the equilibrium of elastic fluids, *Trans. of R. Soc. of Edinburgh*, II, 87.

Mayer, Sur la transformation du calorique en force vive, *C. R.*, XXXII, 652.

Mayer, *Bemerkungen über das mechanische Aequivalent der Wärme.* Heilbronn, 1851.

Morin, Note sur la machine locomotive de Cugnot, *C. R.*, XXXII, 524.

Page, On electromagnetism as a moving power, *Silliman's Journ.*, (2), X, 343, 473; XII, 139.

Person, Recherches sur la chaleur spécifique des dissolutions salines, *Ann. de chim. et de phys.*, (3), XXXIII, 437. Cf. *C. R.* [1850].

Person, Recherches sur la chaleur latente de dissolution, *Ann. de chim. et de phys.*, (3), XXXIII, 448. Cf. *C. R.* [1850].

Petrie, On the relation between the changes of temperature and volum of gases, *Edinburgh Journ.*, LI, 120.

Petrie, On a spontaneous re-heating of air cooled by issuing, in a jet, from a more compressed state. On the possibile determination thereby of the mutual distances of the ultimate atoms of matter, *Edinburgh Journ.*, II, 125.

Pouillet, Observations sur la note de M. Morin relative à la machine Cugnot, *C. R.*, XXXIII, 532.

Rankine, Letter on the re-heating of jets of air and on the relation between temperature and compression of the same, *Edinburgh Journ.*, LI, 128.

Rankine, On the mechanical action of heat, especially in gases and vapours, *Edinburgh Trans.*, XX, 147, et *Phil. Mag.*, (4), VII, 1, 111 [1854].

Rankine, Note as to the dynamical equivalent of temperature in liquid water, and the specific heat of atmospheric air and steam, *Edinburgh Trans.*, XX, 191.

RANKINE, On the power and œconomy of single acting expansive steam-engine. *Edinburgh Trans.*, XX, 205.

RANKINE, On the œconomy of heat in expansive machine. *Edinburgh Trans.*, XX, 235.

RANKINE, On the mechanical theory of heat, *Phil. Mag.*, (4), II, 61.

REECH, Notice sur un mémoire intitulé : Théorie de la force motrice du calorique, *C. R.*, XXXIII, 367.

REECH, Note sur les effets dynamiques de la chaleur, *C. R.*, XXXIII, 602.

SINSTEDEN, Eine wesentliche Verstärkung des magnetoelektrischen Rotationsapparats, *Pogg. Ann.*, LXXXIV, 181.

SMYTH, Experiments on the thermometric effect of the compression and expansion of air, *Edinburgh Journ.*, LI, 114.

SMYTH, Some remarks on the theories of cometary physics, *Trans. of R. Soc. of Edinburgh*, XX, 131.

SMYTH, On the mechanical action of heat, especially in gases and vapours, *Trans. of R. Soc. of Edinburgh*, XX, 147.

THOMSON (W.), On the dynamical theory of heat, with numerical results deduced from Joule's equivalent and Regnault's observations on steam, *Edinburgh Trans.*, XX, 261. Voir aussi *Ann. de chim. et de phys.*, (3), XXXVI [1852].

THOMSON (W.), On a method of discovering experimentally the relation between the mechanical work spent and the heat produced by the compression of a gas, *Edinburgh Trans.*, XX, 289. Voir aussi *Journ. de Liouville* [1852], 241.

THOMSON (W.), Note on the effect of fluid friction, *Phil. Mag.*, (4), I, 474.

THOMSON (W.), Second note on the effect of fluid friction, *Phil. Mag.*, (4), II, 273.

THOMSON (W.), On the mechanical theory of electrolysis, *Phil. Mag.*, (4), II, 429.

THOMSON (W.), Application of the principle of mechanical effect to the measurement of electro-motive forces and of galvanic resistances in absolute units, *Phil. Mag.*, (4), II, 551.

WATERSTON, On the theory of gases, *Report of Brit. Assoc.* [1851], 6.

WATERSTON, On a general law of density in saturated vapours, *Phil. Mag.*, (4), II, 565.

WILHELMY, *Versuch einer mathematisch-physikalischen Wärmetheorie*. Heidelberg, 1851.

1852.

ANDREWS, Note on the heat of chemical combination, *Phil. Mag.*, (4), IV, 497.

APJOHN, Is mechanical power capable of being obtained by a given amount of caloric employed in the production of vapour, independent of the nature of the liquid? *Francis's chemical Gazette* [1852], 396.

ASSMANN, Ueber Erwärmung und Erkaltung von Gasen durch plötzliche Volumänderung, *Pogg. Ann.*, LXXXV, 1.

Bizio, Ricerche sperimentali intorno al calorico di diluzione, *Atti dell' Istituto Veneto*, (2), III, 88, 116.

Clausius, Ueber das mechanische Aequivalent einer elektrischen Entladung und die dabei stattfindende Erwärmung des Seitungsdrathes, *Pogg. Ann.*, LXXXVI, 337. Voir aussi *Abhandl.*, II, 98, et *Ann. de chim. et de phys.*, (3), XXXVIII, 200 [1853].

Clausius, Ueber die bei einem stationären elektrischen Strome in dem Leiter gethane Arbeit und erzeugte Wärme, *Pogg. Ann.*, LXXXVII, 415. Voir aussi *Abhandl.*, II, 164, et *Ann. de chim. et de phys.*, (3), XLII, 122 [1854].

Deville (H. Sainte-Claire), Note sur la température produite par la combustion du charbon dans l'air, *C. R.*, XXXV, 796.

Dunn, Maschine zur Erzeugung von Triebkraft vermittelst der Ausdehnung atmosphärischer Luft durch die Wärme, *Dingler's Journ.*, CXXIII, 86.

Ericsson, Caloric engine, *Mech. Mag.*, LVI, 447.

Ericsson, Substitution de l'air chaud à la vapeur, *Cosmos*, 347.

Ericsson, Luftdruckmaschine, *Dingler's Journ.*, CXXVI, 153.

Favre et Silbermann, Recherches sur les quantités de chaleur dégagées dans les actions chimiques et moléculaires : 1re partie, *Ann. de chim. et de phys.*, (3), XXXIV, 357; 2e et 3e parties, *Ann. de chim. et de phys.*, (3), XXXVI, 5.

Galy-Cazalat, Nouvelle machine oscillante, sans piston ni soupape, mise en mouvement par les forces combinées de la vapeur et des gaz engendrés par la combustion, ou par la vapeur et l'air dilaté à de très-hautes températures, *C. R.*, XXXV, 382.

Gauldrée-Boilleau, Note sur la machine à air chauffé de M. Ericsson, *Ann. des mines*, (5), II, 453.

Joule, On the heat disengaged in chemical combinations, *Phil. Mag.*, (4), III, 481.

Joule, On the œconomical production of mechanical effect from chemical forces, *Phil. Mag.*, (4), V.

Joule and Thomson (W.), On the thermal effects of air rushing through small apertures, *Phil. Mag.*, (4), IV, 481, et *Phil. Trans.* [1853], 357.

Kemp, New method of obtaining power by means of electromagnetism, *Mech. Mag.*, LVI, 38, 482.

Koosen, Zur Theorie der Saxton'schen Maschine, *Pogg. Ann.*, LXXXVI, 386.

Kupffer, Bemerkungen über das mechanische Aequivalent der Wärme, *Bull. de la cl. physico-math. de l'Acad. de Saint-Pétersbourg*, X, 193.

Mitscherlich, Ueber die Wärme, welche frei wird, wenn die Kristalle des Schwefels, die durch Schmelzen erhalten werden, in andere Formen übergehen. *Monatsber. der preuss. Akad. der Wiss. zu Berlin* [1852], 636.

Puschl, Ueber das Entstehen progressiver Bewegungen durch Verbrauch lebendiger Kraft oscillatorischer Bewegungen, *Sitzungsber. der Akad. der Wiss. zu Wien*, IX, 173.

Rankine, On the centrifugal theory of elasticity, and its connection with the theory of heat. *Edinburgh Trans.*, XX, 425.

Rankine, On the computation of the specific heat of liquid water at various temperatures from the experiments of M. Regnault, *Edinburgh Trans.*, XX, 441.

Rankine, On the reconcentration of the mechanical energy of the universe. *Phil. Mag.*, (4), IV, 358.

Rankine, Remarks on the mechanical process for cooling air in tropical climates proposed by prof. C. P. Smyth, *Rep. of Brit. Assoc.* [1852], II, 128.

Reech, Note sur la théorie des effets dynamiques de la chaleur. *C. R.*, XXXIV, 21.

Regnault, Tafel über die Spannung des Wasserdampfs, *Pogg. Ann.*, LXXXV. 579.

Silbermann et Favre. (Voir plus haut.)

Thomson (W.), Note on the mechanical action of heat and the specific heats of air. Additional note to the description of the air engine of Mr. J. P. Joule. *Phil. Trans.* [1852], 78.

Thomson (W.), On a mechanical theory of thermo-electric currents, *Phil. Mag.*, (4), III, 529; et *Phil. Trans.*, CXLVI, 649 [1856]. Voir aussi *Ann. de chim. et de phys.*, (3), LIV, 105 [1858], avec une *Note* de Verdet.

Thomson (W.), On the mechanical action of radiant heat or light; on the power of animated creatures over matter; on the source available to man for the production of mechanical effects, *Phil. Mag.*, (4), IV, 256.

Thomson (W.), On a universal tendency in nature to the dissipation of mechanical energy, *Phil. Mag.*, (4), IV. 304.

Thomson (W.), On the sources of heat generated by galvanic battery, *Rep. of Brit. Assoc.* [1852], II, 16.

Thomson (W.) and Joule. (Voir plus haut.)

Vaux (De), Notice concernant l'emploi de l'air échauffé, au lieu de vapeur d'eau, comme moteur dans les machines, *Bull. de l'Acad. des sciences, lettres et beaux-arts de Belgique*, XIX, III, 296.

Ward, On the production of cold by mechanichal means, *Rep. of Brit. Assoc.* [1852], II, 131.

Waterston. On the gradient of density in saturated vapours and its developments as a physical relations between bodies of definite chemical constitution. *Rep. of Brit. Assoc.* [1852], II, 2.

Woods. On the heat of chemical combination, *Phil. Mag.*, (4), III, 43.

Woods, On chemical combination, and on the amount of heat produced by the combination of several metals with oxygen, *Phil. Mag.*, (4), IV. 370.

1853.

Aitkin, Sur l'air chauffé considéré comme pouvoir moteur, *Cosmos*, II, 393.

Andrand, Machine à air. *Inst.* [1853], 75.

Barnard, Theoretic determination of the expenditure of heat in the hot air engine, *Silliman's Journ.*, (2), XVI, 218, 292.

Barnard, Theoretic determination of the expenditure of heat in the hot air engine: supplementary article, *Silliman's Journ.*, (2), XVI, 351, 431.

Barnard, Proposed modification on the construction of the Ericsson engine, with a view to increase its available power, *Silliman's Journ.*, (2), XVI, 232.

Belleville, Machine à vapeur surchauffée sans chaudière, *Cosmos*, II, 268.

Cazavan, La machine calorique Ericsson, *Cosmos*, III, 342.

Cheverton, On the use of heated air as a motive power, *Mech. Mag.*, LVIII, 148, 170.

Clausius, Ueber die Anwendung der mechanischen Wärmetheorie auf die thermoelektrischen Erscheinungen, *Pogg. Ann.*, XC, 513. Voir aussi *Abhandl.*, II, 175.

Clausius, Note sur les observations de M. Grove relatives à l'influence du milieu ambiant sur l'incandescence voltaïque, *Ann. de chim. et de phys.*, (3), XXXIX, 498.

Combes, Rapport sur des documents relatifs à la machine à air chaud du capitaine Ericsson, *Ann. des mines*, (5), III, 775.

Combes, Rapport sur la machine à air chaud envoyée au Havre par le capitaine Ericsson, *Ann. des mines*, (5), IV, 451.

Dallas, Hot air engine, *Athen.* [1853], 266.

Ericsson, Caloric engine, *Silliman's Journ.*, (2), XV, 284, et *Instit.* [1853], 86.

Ericsson, Angaben über die Leistung des calorischen Schiffs, *Dingler's Journ.*, CXXVIII, 74.

Ericsson, Maschineneinrichtung des Caloricschiffs, *Dingler's Journ.*, CXXVIII, 174.

Ericsson, Caloric engine, *Athen.* [1853], 231.

Estocquois (D'), Note sur les équations d'équilibre des liquides, *Comptes rendus*, XXXVII, 244.

Fairbairn, Hopkins et Joule, Effect of pressure on the temperature of fusion, *Proceed. of Roy. Soc.*, VI, 345.

Favre, Recherches thermo-chimiques sur les combinaisons formées en proportions multiples, *Journ. de pharm.*, (3), XXIV, 241, 311, 412. (Thèse inaugurale.)

Favre, Note sur les effets calorifiques développés dans le circuit voltaïque, dans leurs rapports avec l'action chimique qui donne naissance au courant, *C. R.*, XXXVI, 342.

Favre et Silbermann, Recherches sur les quantités de chaleur dégagées dans les actions chimiques et moléculaires. 3e, 4e et 5e parties, *Ann. de chim. et de phys.*, (3), XXXVII, 406.

Franchot, Note additionnelle à un mémoire précédent présenté sur un moteur à air, *C. R.*, XXXVI, 223.

Franchot, Moteurs à air chaud. Remarques à l'occasion d'une communication récente de M. Galy-Cazalat, *C. R.*, XXXVI, 393.

Fréchin, Calcul des effets des machines à air, *Instit.* [1853], 248.

Galy-Cazalat, Note sur le régénérateur d'Ericsson, *C. R.*, XXXVI, 298.

Galy-Cazalat, Machine calorique d'Ericsson, *Bullet. de la Soc. d'encourag.* [1853], 44.

Gebauer, Ueber die Einrichtung der calorischen Maschine von Ericsson, *Jahresbericht der schles. Ges. zu Breslau* [1853], 310.

Grove, De l'influence du milieu ambiant sur l'échauffement produit par les courants voltaïques, *Ann. de chim. et de phys.*, (3), XXXIX, 497. (Cf. 1849.)

Heintz, Zur Theorie der Wärme, *Zeitschrift für Naturwiss. zu Halle*, I, 417.

Helmholtz, Ueber einige Gesetze der Vertheilung elektrischer Ströme in körperlichen Leitern, mit Anwendung auf die thierisch-elektrischen Versuche, *Pogg. Ann.*, LXXXIX, 211.

Hopkins, Dynamical theory of heat, *Rep. of Brit. Assoc.* [1853], p. XLV.

Hopkins, Fairbairn et Joule. (Voir plus haut.)

Joule, On the specific heat of air under constant pressure, *Proceed. of Roy. Soc.*, VI, 307.

Joule et Thomson, On the thermal effects of fluids in motion. *Phil. Trans.* [1853], 357.

Joule, Fairbairn et Hopkins. (Voir plus haut.)

Kohlmann, Ueber Papinius Dampfapparat. *Zeitschrift für Naturwiss. zu Halle*, II, 325.

Kohlmann, Ueber Savary's Dampfmaschine, die Verbesserungen derselben und über Clegg's Gasuhr, *Zeitschrift für Naturwiss. zu Halle*, II, 336.

Koosen, Ueber die Erwärmung und Abkühlung, welche die permanenten Gase erfahren, sowohl durch Compression und Dilatation, als auch durch Berührung mit Körpern von verschiedener Temperatur, *Pogg. Ann.*, LXXXIX, 437.

Lemoine, Description d'une machine à air dilaté, *C. R.*, XXXVI, 263.

Lemoine, Remarques à l'occasion d'une communication de M. Galy-Cazalat, *C. R.*, XXXVI, 394.

Lemoine, Extrait d'une lettre sur les machines à air. *Inst.* [1853], 88, 107.

Lenz, Ueber den Einfluss der Geschwindigkeit des Drehens auf den durch magneto-elektrischen Maschinen erzeugten Inductionsstrom (2ᵉ partie), *Bull. de la cl. phys.-math. de l'Acad. de Saint-Pétersbourg*, XII, 46.

Liais, De l'emploi de l'air chauffé comme force motrice, *C. R.*, XXXVI, 260; XXXVII, 999.

Lissignol, Étude sur les machines à air chaud de M. Ericsson, *Arch. des sc. phys.*, XXIV, 209.

Möser, Ueber die Ericsson'sche Luftexpansionsmaschine (sogenannte calorische Maschine). *Polyt. Centralbl.* [1853], 1220.

Micklès, Caloric engines, *Silliman's Journ.*, (2), XV, 418.

NORTON, On Ericsson's hot air, or caloric engine, *Silliman's Journ.*, (2), XV, 393.

POPPE, Ericsson's Luftexpansionsmaschine (caloric engine) und das ihr zu Grunde liegende Princip, *Dingler's Journ.*, CXXVII, 401.

POTTER, On the fourth law of the relations of the elastic force, density and temperature of gases $\left[t_1 - t = c\left(\frac{v_1 - v}{v}\right)^3\right]$, *Phil. Mag.*, (4), VI, 161.

QUINTUS-ICILIUS (VON), Sur l'échauffement d'un circuit formé de deux métaux différents, traversé par un courant électrique, *Pogg. Ann.*, LXXXIX, 377.

RANKINE, On the mechanical effect of heat and of chemical forces, *Phil. Mag.*, (4), V, 6.

RANKINE, On the general law of the transformation of energy, *Phil. Mag.*, (4), V, 106.

RANKINE, Mechanical theory of heat. Specific heat of air, *Phil. Mag.*, (4), V, 437.

RANKINE, Mechanical theory of heat. Velocity of sound in gases, *Phil. Mag.*, (4), V, 483.

RANKINE, On the absolute zero of the perfect gas thermometer, *Edinburgh Trans.*, XX, 561.

RANKINE, On the mechanical action of heat. Section VI. A review of the fundamental principles of the mechanical theory of heat, with remarks on the thermic phenomena of currents of elastic fluids, as illustrating those principles, *Edinburgh Trans.*, XX, 565.

RANKINE, On the means of cooling air in tropical climates, *Athen.* [1853], 1106.

REDTENBACHER, *Die Luftexpansionsmaschine*, Mannheim. Voir aussi *Dingler's Journ.*, CXXVIII, 86.

REECH, Théorie générale des effets dynamiques de la chaleur, *Journ. de Liouville* [1853], 357.

REECH, Note sur les machines à vapeur et à air chaud, *C. R.*, XXXVI, 526.

REECH, Extrait d'un mémoire sur les machines à vapeur et à air chaud, *Bull. de la Soc. d'enc.* [1853], 204.

REGNAULT, Recherches sur les chaleurs spécifiques des fluides élastiques, *C. R.*, XXXVI, 676.

SÉGUIN, Note à l'appui de l'opinion émise par M. Joule sur l'identité du mouvement et du calorique, *Cosmos*, II, 568.

SEHLEN, Constructionsversuch einer sogenannten Ericsson'schen Luftdruckmaschine nach einzelnen darüber bekannt gewordenen Notizen, *Dingler's Journ.*, CXXVII, 245.

SIEMENS, Ueber die Expansion des isolirten (trockenen) Dampfes und die Gesammtwärme des Dampfes, *Dingler's Journ.*, CXXVII, 81.

SILBERMANN et FAVRE. (Voir plus haut.)

THOMSEN, Die Grundzüge eines thermochemischen Systems, *Pogg. Ann.*, LXXXVIII, 349; XC, 261.

Thomson (W.), On the dynamical theory of heat, with numerical results deduced from M. Joule's equivalent of a thermal unit, and M. Regnault's observations on steam, *Trans. of the R. Soc. of Edinb.*, XX, 261.

Thomson (W.), On a method of discovering experimentally the relation between the mechanical work spent, and the heat produced by the compression of a gaseous fluid, *Trans. of the R. Soc. of Edinb.*, XX, 289.

Thomson (W.), On the dynamical theory of heat, part V. On the quantities of mechanical energy contained in a fluid in different states as to temperature and density, *Trans. of the R. Soc. of Edinb.*, XX, 475.

Thomson (W.), On the restoration of mechanical energy from an unequally heated space. *Phil. Mag.*, (4), V, 102.

Thomson (W.), On the œconomy of the heating or cooling of buildings by means of currents of air, *Phil. Mag.*, (4), VII, 138.

Thomson (W.) et Joule. (Voir plus haut.)

Tournaire, Note des appareils à turbines multiples et à réactions successives, pouvant utiliser le travail moteur que développent les fluides élastiques, *C. R.*, XXXVI, 588.

Tremblay (Du), Machines à vapeur à cylindres accouplés. Vapeurs combinées d'eau et d'éther, d'eau et de chloroforme, *Ann. des mines*, (5), IV, 203, 281.

Tremblay (Du), Application du chloroforme aux machines binaires, *Ann. des mines*, (5), IV, 219.

Waterston, Proof of a sensible difference between the mercurial and air thermometers from 0° to 100° c., *Phil. Mag.*, (4), V, 63.

Waterston, On dynamical sequenses in Kosmos, *Athen.* [1853], 1099.

Waterston, Observations on the density of saturated vapours and their liquids at the point of transition, *Rep. of Brit. Assoc.* [1853], II, 11.

Waterston, On a law of mutual dependence between temperature and mechanical force, *Rep. of. Brit. Assoc.* [1853], II, 11.

Wilson, The caloric engine, *Mech. Mag.*, LVIII, 364.

Woods, On the heat of chemical combination, *Phil. Mag.*, (4). V, 10.

X....... R. Stirling's air engine, *Athen.* [1853], 294.

X....... Découverte de la machine calorique, *Cosmos*, II, 337.

X....... Perfectionnements apportés à la machine calorique Ericsson, *Cosmos*, III, 705.

X......, The Ericsson again, *Mech. Mag.*, LIX, 470.

1854.

Angström, *Försök till en mathematisk theorie för det thermometriska wärmet. Första häftet.* Upsala, 1854.

Barnard, On the elastic force of heated air, considered as a motive power, *Silliman's Journ.*, (2), XVII, 153.

Barnard, On the comparative expenditure of heat in different forms of the air engine, *Silliman's Journ.*, (2), XVIII, 161.

Barnard, Mechanical action of heat, *Silliman's Journ.*, (2), XVIII, 300.

Beetz, *Ueber die Wärme.* Berlin [1854] (leçon populaire).

Behr, *Bemerkungen über die neuere Theorie der Wärme.* Königsberg [1854] (programme de l'École supérieure).

Benedix, Versuche die elastiche Kraft des Quecksilberdampfes bei verschiedenen Temperaturen zu messen, *Pogg. Ann.*, XCII, 632.

Clausius, Ueber einige Stellen in der Schrift von Helmholtz : «Ueber die Erhaltung der Kraft,» zweite Notiz, *Pogg. Ann.*, XCI, 601.

Clausius, Ueber eine veränderte Form des zweiten Hauptsatzes der mechanischen Wärmetheorie, *Pogg. Ann.*, XCIII, 481 ; voir aussi *Abhandl.*, I, 127, et *Journ. de Liouville* [1855], 63.

Ericsson, Calorische Maschine, *Polyt. Centralb.* [1854], 183.

Ewbank, Thoughts on the caloric engine, *Mech. Mag.*, LXI, 411 ; LXII, 78.

Favre, Sur la condensation des gaz par les corps solides et sur la chaleur dégagée dans l'acte de cette absorption. Sur les relations de ces effets avec les chaleurs de liquéfaction ou de solidification des gaz, *C. R.*, XXXIX, 729.

Favre, Recherches sur les courants hydro-électriques, 2e partie, *C. R.*, XXXIX, 1212.

Fick, Versuch einer Erklärung der Ausdehnung der Körper durch die Wärme. *Pogg. Ann.*, XCI, 287.

Fick, Ueber thierische Wärme, *Henle und Pfeuffer*, (2), V, 148.

Franchot, Machines à air chaud, *C. R.*, XXXVIII, 131.

Gassiot, On the heating effects of secondary currents, *Athen.* [1854], 1177.

Geissler, Ueber ein Vaporimeter, *Polyt. Centralbl.* [1854], 1438.

Helmholtz, Erwiederung auf die Bemerkungen von Herrn Clausius, *Pogg. Ann.*, XCI, 241.

Helmholtz, *Ueber die Wechselwirkung der Naturkräfte. Ein populär wissenschaftlicher Vortrag.* Königsberg, 1854.

Hopkins, On the effect of pressure on the temperature of fusion of different substances, *Silliman's Journ.*, (2), XIX, 140.

Joule, Ueber das mechanische Wärmeäquivalent, *Pogg. Ann.* [1854], Erg. IV, 601.

Joule et Thomson, On the thermal effects of fluids in motion, n° 11, *Phil. Trans.* [1854], 321.

Liais, De l'air chauffé comme force motrice, *Mém. de la Soc. de Cherbourg*, II, 113.

Magnus, Réclamation de priorité relativement au mémoire de M. Regnault sur les forces élastiques des vapeurs, *C. R.*, XXXIX, 977.

Martens, Sur l'origine ou la nature du calorique, *Bull. de l'Acad. des sciences, lettres et beaux-arts de Belgique*, XXI, 1, 149.

Masson, Note sur l'action calorifique et lumineuse de deux courants électriques simultanés, *C. R.*, XXXVIII, 15.

Matteucci, Observations sur un passage du mémoire de M. Favre sur les effets thermiques des courants hydro-électriques. *Arch. des sciences phys.*, XXVI, 55.

MONTGOLFIER et SÉGUIN, Réclamation de priorité. *Cosmos*, V, 693.

MORITZ, Rectification d'une erreur découverte dans la table de M. Regnault relative à la force expansive de la vapeur d'eau, *Bull. de la cl. physico-math. de l'Acad. de Saint-Pétersbourg*, XIII, 41.

NAPIER et RANKINE, Improvements in engines for developing mechanical power by the action of heat on air and other elastic fluids, *Repert. of patent invent.*, (2), XXIII, 385.

PERSON, Note sur l'équivalent mécanique de la chaleur, *C. R.*, XXXIX, 1131.

PLÜCKER, Untersuchungen über Dämpfe und Dämpfgemenge. *Pogg. Ann.*, XCII, 193.

POOLE, Improvements in obtaining power when air is employed, *Repert. of patent invent.*, (2), XXIV, 506.

RANKINE, On the expansion of certain substances by cold, *Phil. Mag.*, (4), VIII, 357.

RANKINE, On formulæ for the maximum pressure and latent heat of vapours. *Phil. Mag.*, (4), VIII, 530.

RANKINE, On the geometrical representation of the expansive action of heat, and the theory of thermodynamic engines, *Phil. Trans.* [1854], 115.

RANKINE, On the mechanical action of heat. Section VI, subsection IV. On the thermic phenomenon of currents of elastic fluids. Supplement: Of a correction applicable to the results of the previous reduction of the experiments of Messrs. Thomson and Joule, *Proceed. of Edinburgh*, III, 223.

RANKINE, Mechanical action of heat, *Silliman's Journ.*, (2), XVIII, 64.

RANKINE, On the means of realizing the advantages of the air-engine, *Edinb. Journ.*, (2), I, 1.

RANKINE et NAPIER. (Voir plus haut).

REECH, *Machine à air d'un nouveau système déduit de la comparaison des systèmes Ericsson et Lemoine*. Paris, 1851.

REECH, *Théorie générale des effets dynamiques de la chaleur*. Paris, 1854, 4.

REGNAULT, Mémoire sur la chaleur spécifique des gaz sous volume constant, sur la chaleur dégagée par la compression des fluides élastiques et sur les effets calorifiques qui se produisent par la détente et le mouvement des gaz. *C. R.*, XXXVIII, 853.

REGNAULT, Sur les forces élastiques des vapeurs dans le vide et dans les gaz aux différentes températures, et sur les tensions des vapeurs fournies par les liquides mélangés ou superposés, *C. R.*, XXXIX, 301, 345, 397.

ROBINSON, On the relation between the temperature of metallic conductors and their resistance to electric currents, *Irish Trans.*, XXII, I, 1.

SÉGUIN et MONTGOLFIER. (Voir plus haut.)

SHAW. American hot air-engine, *Mech. Mag.*, LXI, 97.

SINSTEDEN, Versuche über den Grad der Continuität und die Stärke des Stroms eines grösseren magneto-elektrischen Rotationsapparats und über die eigenthümliche Wirkung der Eisendrathbündel in den Inductionsrollen dieser Apparate, *Pogg. Ann.*, , XCII, 1, 120.

Soret, Sur l'équivalence du travail mécanique et de la chaleur, *Arch. des sciences phys.*, XXVI, 33.

Thomsen, Die Grundzüge eines thermochemischen Systems. Fortsetzung, *Pogg. Ann.*, XCI, 83; XCII, 34.

Thomson (W.), Note sur la densité possible du milieu lumineux et sur la puissance mécanique d'un mille cube de lumière solaire, *C. R.* XXXIX, 529. (Cf. *Edinburgh Trans.*, XXI, 57.)

Thomson (W.), Mémoire sur l'énergie mécanique du système solaire, *C. R*, XXXIX, 682. (Cf. *Edinburgh Trans.*, XXI, 63.)

Thomson et Joule. (Voir plus haut.)

Viard, Mémoire sur la chaleur que développe l'électricité dans son passage à travers les fils métalliques, *C. R.*, XXXIX, 904.

Wrede, Improvements in gas and air-engines, *Mech. Mag.*, LX, 65.

X..... Die calorische oder Luftmaschine, *Arch. der Pharm.*, (2), LXXIX, 365.

X..... The Ericsson transformed to a steamer, *Mech. Mag.*, LXI, 179.

X..... Solution of a problem. *Thomson Journ.* [1854], 12. (Chaleur développée dans la chute d'un corps.)

X..... Solution of a problem, *Thomson Journ.* [1854], 14. (Travail correspondant à l'établissement de l'équilibre de température entre deux corps donnés.)

1855.

Allan, Improvements in applying electricity, *Rep. of patent inv.*, (2), XXVI, 297.

Arago, Notice historique sur les machines à vapeur, *Œuvres de F. Arago, Notices scientifiques*, II, 1.

Arago, Explosions des machines à vapeur, *Œuvres de F. Arago, Notices scientifiques*, II, 117.

Beaumont et Mayer, Description d'un appareil producteur de la chaleur due au frottement et obtenue au moyen d'une force perdue ou non employée, *C. R.*, XL, 983.

Caspary, Ueber Wärmeentwickelung in der Blüthe der Victoria regia, *Monatsbericht der preuss. Akad. der Wiss. zu Berlin* [1855] 711.

Decher, Ueber die Versuche des Hrn. Hirn die mittelbare Reibung betreffend und über das mechanische Aequivalent der Wärme, *Dingler's Journ.*, CXXXVI, 415.

Exter, Heintz (Von) et Steinheil, Beschreibung eines Verfahrens zur Steigerung des pyrometrischen Wärmeeffects jedes Brennstoffs, *Polyt. Centralbl.* [1855], 1368.

FOUCAULT, De la chaleur produite par l'influence de l'aimant sur les corps en mouvement, *C. R.*, XLI, 450.

GAVARRET, *De la chaleur produite par les êtres vivants.* Paris, 1855.

GORRIE, Künstliches Eis, *N. Jahrb. für Pharm.*, III, 168.

HEINTZ (VON), EXTER et STEINHEIL. (Voir plus haut.)

HIRN, Ueber die hauptsächlichsten Erscheinungen der mittelbaren Reibung, *Polyt. Centralbl.* [1855], 577.

HIRN et SÉGUIN, Transformation du calorique en force mécanique; nouveau mode d'application de la vapeur; machine pulmonaire, *Cosmos*, VI, 679; VII, 455.

JOULE, Note sur l'équivalent mécanique de la chaleur, *C. R.*, XL, 310.

LABOULAYE, Du travail mécanique que peut théoriquement engendrer l'unité de chaleur, *Inst.* [1855], 160.

LÖWIG, Ueber die Anwendung des Wassers als Nutzmaterial, indem man dasselbe durch glühende Kohle zersetzt, *Jahresber. der schles. Ges. zu Breslau* [1855], 20.

LUBBOCK, On the heat of vapours, *Phil. Mag.*, (4), IX, 25.

MAHISTRE, Note sur la théorie des machines à vapeur; du travail de la vapeur dans les machines en tenant compte de la vapeur qui reste, après chaque coup de piston, dans les espaces libres des cylindres; machines à deux cylindres, *C. R.*, XLI, 312, 416.

MARIÉ-DAVY, Théorie des machines électro-magnétiques, *C. R.*, XL, passim.

MAYER et BEAUMONT. (Voir plus haut.)

MONCEL (DU), *Coup d'œil sur l'état des applications mécaniques et physiques de l'électricité.* Paris, 1855.

NEWTON (A), Improvements in the construction of hot air engines, *Repert. of patent. inv.*, (2), XXVI, 120.

PARSEY, Patent compressed air engine, *Mech. Mag.*, LXII, 193.

PUSCHL, Ueber die Einwirkung von Licht und Wärmewellen auf bewegliche Massentheilchen, *Sitzungsberichte der math.-naturwiss. Klasse der Akad. der Wiss. in Wien*, XV, 279.

RANKINE, On pressures of saturated vapours, *Phil. Mag.*, (4), X, 255, 334.

RANKINE, On the hypothesis of molecular vortices or centrifugal theory of elasticity, and its connexion with the theory of heat, *Phil. Mag.*, (4), X, 354, 411. Cf. *Edinb. Trans.* [1852].

RANKINE, On the mechanical action of heat. Supplement to the first six sections, and section VII, *Proceed. of Edinburgh Soc.*, III, 287.

RANKINE, Outlines of the science of energetics, *Edinburgh Journ.*, (2), II, 120.

RANKINE, On practical tables of the pressure and latent heat of vapours, *Athen.* [1855], 1099.

SÉGUIN, Sur un nouveau mode d'emploi de la vapeur, par la restitution, après chaque expansion périodique, de la chaleur convertie en effet mécanique, et sur une nouvelle machine à vapeur pulmonaire, *C. R.*, XL, 5.

Séguin et Hirn. (Voir plus haut.)

Siemens, Réclamation de priorité à l'occasion d'une communication récente de M. Séguin sur un nouveau mode d'emploi de la vapeur, *C. R.*, XL, 309.

Siemens, Machine à vapeur régénérée, *Cosmos*, VII, 311, 437.

Smyth, Note on solar refraction, *Proceed. of Edinburgh Soc.*, III, 302.

Steinheil, Heintz (Von) et Exter. (Voir plus haut.)

Thomson (W.), On the dynamical theory of heat. Part V. On the quantities of mechanical energy contained in a fluid in different states, as to temperature and density, *Phil. Mag.*, (4), IX, 523. Cf. *Edinburgh Trans.* [1852.]

Thomson (W.), On the thermo-elastic and thermo-magnetic properties of matter, *Quarterly Journ. of math.*, I, 57.

Thomson (W.), On mechanical antecedents of motion, heat and light, *Edinburgh Journ.*, (2), I, 90. Voir aussi *C. R.*, XL, 1197.

Viard, Note sur une circonstance où il y a production de chaleur, *C. R.*, XLI, 1171.

X....., Exposition universelle. Machines à vapeur et à gaz, *Cosmos*, VII, passim.

Zantedeschi, Sur les variations de température qui accompagnent les phénomènes électriques. *C. R.*, XLI, 481.

1856.

Avery, Elektromagnetische Maschine, *Polyt. Centralbl.* [1856] 794.

Babo (Von), Ueber die Spannkraft des über Salzlösungen befindlichen Wasserdampfes, *Bericht der Freiburg. Ges.*, I, 18.

Baumgartner (Von), Von der Umwandlung der Wärme in Elektricität, *Sitzungsberichte der mathem.-naturwiss. Klasse der Akad. der Wiss. in Wien*, XXII, 513.

Baumgartner (Von), Ueber den Einfluss, den die neueren Arbeiten über Wärme auf unsere Grundbegriffe üben müssen, *Tagebl. der Naturf. in Wien* [1856], 78.

Baumgartner (Von), *Das mechanische Aequivalent der Wärme und seine Bedeutung in den Naturwissenschaften.* Wien, 1856. (Lu à la séance solennelle de l'Académie des sciences de Vienne, le 30 mai 1856.)

Cheverton, On the caloric engine, and on the nature of motive power, *Mech. Mag.*, LXIV, 82.

Clausius, Ueber die Anwendung der mechanischen Wärmetheorie auf die Dampfmaschine, *Pogg. Ann.*, XCVII, 441, 513. Voir aussi *Abhandl.*, I, 155.

Clausius, Notiz über den Zusammenhang zwischen dem Satze von der Aequivalenz von Wärme und Arbeit und dem Verhalten der permanenten Gase. *Pogg. Ann.*, XCVIII, 173.

CLAUSIUS, On the discovery of the true form of Carnot's function, *Phil. Mag.*, (4), XI, 388.

CLAUSIUS, On a modified form of the second fundamental theorem in the mechanical theory of heat, *Phil. Mag.*, (4), XII, 81. Cf. *Pogg. Ann.* [1854].

CLAUSIUS, Reply to a note of Joule, *Phil. Mag.*, (4), XII, 463.

COSTE, Mémoire sur la relation entre la température de la vapeur et sa tension. *C R.*, XLIII, 90.

DUBRUNFAUT, Note sur la chaleur et le travail mécanique produits par la fermentation vineuse, *C. R.*, XLII, 945.

DUHAMEL, Sur le mouvement de la chaleur dans un système quelconque de points, *C. R*, XLIII, 1.

ERICSSON, New air-engine, *Mech. Mag.*, LXIV, 1, 487.

FRICK, Ueber einen neuen Apparat für die Spannung des Wasserdampfes im lufterfüllten Raume, *Bericht der Freiburg. Ges.*, I, 105.

GROVE, *Corrélation des forces physiques*, 3e édition, traduite en français par l'abbé Moigno, avec des notes de M. Séguin aîné. Paris, 1856. (La 1re édition de l'ouvrage de Grove parut à Londres en 1843 et fut traduite en français par M. Longet en 1848.)

GROVE, Some experiments showing the apparent conversion of electricity into mechanical force, *Phil. Mag.*, (4), XI, 225.

GROVE, Inferences from the negation of perpetual motion, *Phil. Mag.*, (4), XI, 315.

HELMHOLTZ, On the interaction of natural forces, *Phil. Mag.*, (4), XI, 489. Cf. l'exposé populaire publié à Kœnigsberg en 1854.

HOPPE, Ueber die Wärme als Aequivalent der Arbeit, *Pogg. Ann.*, XCVII, 30.

JOULE, On the heat absorbed in chemical decomposition, *Phil. Mag.*, (4), XII, 155, 321.

JOULE, Note on Clausius's application of the mechanical theory of heat to the steam engine, *Phil. Mag.*, (4), XII, 385.

JOULE et THOMSON, Ueber die Wärmewirkungen bewegter Flüssigkeiten, *Pogg. Ann.*, XCVII, 576. Cf. *Phil. Trans.* [1853].

JOULE et THOMSON, On the thermal effects of fluids in motion. *Proceed. of Roy. Soc.*, VIII, 41, 178.

KRÖNIG, *Grundzüge einer Theorie der Gase.* Berlin, 1856. Voir aussi *Chem. Centralbl.* [1856], 725, et *Ann. de chim. et de phys.*, (3), LI, 491 [1857].

LEGRAND, Note sur la chaleur latente des vapeurs, *C. R.*, XLII, 213.

MITSCHERLICH, Note sur la chaleur qui se développe lorsque les cristaux de soufre fondu changent de forme cristalline, *Ann. de chim. et de phys.*, (3), XLVI, 124.

MORIN, Rapport sur les appareils proposés pour le chauffage sans combustible, au moyen d'une force perdue ou non employée, *C. R.*, XLII, 719. Cf. Beaumont et Mayer, *C. R.* [1855].

Pascal, Mixed vapour engines, *Mech. Mag.*, LXIV, 241.

Pitter, On the origin of the central heat of the globe, *Mech. Mag.*, LXV, 130.

Pitter, On the origin of solar, planetary and stellar heat and light, *Mech. Mag.*, LXV, 156.

Plaar, Mémoire sur le calcul de la chaleur solaire reçue en un point quelconque de la surface de la terre, dans l'hypothèse d'une absorption de la chaleur par l'atmosphère, *C. R.*, XLIII, 1095.

Pouillet, Actinographe, *C. R.*, XLII.

Ramsbottom, The caloric engine, *Mech. Mag.*, LXIV, 110.

Rankine, On heat as the equivalent of work, *Phil. Mag.*, (4), XI, 388.

Reech, Récapitulation très-succincte des recherches algébriques faites sur la théorie mécanique de la chaleur par différents auteurs, *Journ. de Liouville* [1856], 58.

Rennie, On the quantity of heat developed by water when violently agitated, *Rep. of Brit. Assoc.* [1856], II, 165.

Seydlitz (Von), Relation zwischen der Wärmecapacität, Temperatur und Dichtigkeit der Gase, insoweit sie in dem Mariotte'schen Gesetze unterworfen sind; Anwendung dieser Relation auf die Schichten der atmosphärischen Luft und auf barometrische Höhenmessung, sowie Bestimmung der mittleren Höhe der Atmosphäre, *Pogg. Ann.*, XCVIII, 77.

Seydlitz (Von), Ueber die Temperaturabnahme in den Luftschichten, *Pogg. Ann.*, XCIX, 154.

Seydlitz (Von), Die Hypothese : Die Wärme ein Product aus Temperatur und mechanischer Kraft, und die Theorie der Aequivalenz von Wärme und Arbeit, *Pogg. Ann.*, XCIX, 562.

Siemens, The regenerative steam engine, *Mech. Mag.*, LXV, 55, 79.

Siemens, Improvements in cooling and in freezing water and other bodies, *Repert. of patent invent.*, (2), XXVII, 296.

Thomson (W.), On the discovery of the true form of Carnot's function, *Phil. Mag.*, (4), XI, 447.

Thomson et Joule. (Voir plus haut.)

Thomson et Joule. (Voir plus haut.)

Woods, On the existence of multiple proportion in the quantities of heat, or equivalent alteration of internal space of bodies, caused by definite changes of state as produced by chemical combination or otherwise, *Proceed. of Roy. Soc.*, VIII, 4.

Woods, The absorption of heat by decomposition, *Phil. Mag.*, (4), XII, 74, 233.

Wüllner, *Ueber den Einfluss des Procentgehaltes auf die Spannkraft der Dämpfe aus wässerigen Salzauflösungen*, München, 1856. (Thèse inaugurale.)

1857.

Bertram, Condensationsdampfmaschinen ohne Luftpumpen, *Pract. mech. Journ.* [1857], 134.

Bosscha, Sur la théorie mécanique de l'électrolyse, *Pogg. Ann.*, CI, 517; CII, 487. Voir aussi *Ann. de chim. et de phys.*, (3), LXV, 367 [1862].

Bourget et Burdin, Théorie mathématique des machines à air chaud, *C. R.*, XLV, 742, 1069.

Burdin et Bourget. (Voir plus haut.)

Clausius, Ueber die Art der Bewegung, welche wir Wärme nennen, *Pogg. Ann.*, C, 353. Voir aussi *Abhandl.*, II, 229, et *Ann. de chim. et de phys.*, (3), L, 497 [1857.]

Clausius, *Ueber das Wesen der Wärme, verglichen mit Licht und Schall. Ein populärer Vortrag.* Zurich [1857].

Clausius, Ueber die Electricitätsleitung in Electrolyten, *Pogg. Ann.*, CI, 338. Voir aussi *Abhand.*, II, 202 et *Ann. de chim. et de phys.*, (3), LIII, 252 [1858].

Clausius, Notice sur la relation entre l'action chimique qui a lieu dans une pile voltaïque et l'énergie mécanique du courant, *Arch. de Genève*, XXXVI, 119. Voir aussi *Abhandl.*, II, 222.

Gader, Ueber die Wärme- und Lichterscheinungen in der Pflanzenwelt, *Verhandlungen des Presburg. Ver.* [1857], II, 48.

Faraday, *On the conservation of force.* London [1857]. (Leçon faite à l'Institut royal de Londres, le 27 février 1857.)

Froment, Moteurs magnéto-électriques, *Cosmos*, X, 495.

Fuchs, Ueber das Wesen der Wärme und ihre Beziehung zur bewegenden Kraft, *Verhandlungen des Presburg. Ver.* [1857], I, 3.

Hennessy, On the solidification of fluids by pressure, *Athen.* [1857], 1120.

Henry et Pellis, Mémoire sur un nouveau moteur électrique, *C. R.*, XLV, 367.

Hirn, Ueber den Betrieb der Dampfmaschinen mit überhitztem Dampfe, *Dingler's Journ.*, CXLV, 321.

Hirn, Zur Theorie der Maschinen mit überhitztem Dampfe, *Polyt. Centralbl.* [1857], 1063.

Hoppe, Bemerkung zu den Aufsätzen des Hrn. von Seydlitz, und Erwiederung auf die Notiz des Hrn. Clausius betreffend die Wärmetheorie, *Pogg. Ann.*, CI, 143.

Joule, Some remarks on heat and constitution of elastic fluids, *Phil. Mag.*, (4), XIV, 211. Voir aussi *Ann. de chim. et de phys.*, (3), L, 381.

Joule, On the thermo-electricity of ferrugineous metals and on the thermal effects of streching solid bodies, *Proceed. of Roy. Soc.*, VIII, 355.

Joule, On the thermal effects of longitudinal compression of solids, *Proceed. of Roy. Soc.*, VIII, 564. Voir aussi *Ann. de chim. et de phys.*, (3), LII, 120.

JOULE, On the expansion of wood by heat, *Proceed. of Roy. Soc.*, IX, 3.

JOULE, Die Oberflächencondensation oder der Röhrencondensator für Dampfmaschinen, *Dingler's Journ.*, CXLVI, 8.

JOULE et THOMSON, On the thermal effects of fluids in motion. Temperature of a body moving slowly through air, *Proceed. of Roy. Soc.*, VIII, 556.

LENZ, Ueber den Einfluss der Geschwindigkeit des Drehens auf den durch magneto-elektrischen Maschinen erzeugten Inductionsstrom (3e partie), *Bull. de la cl. phys.-math. de l'Acad. de Saint-Pétersbourg*, XVI, 177.

LEROUX, Études sur les machines magnéto-électriques, *Ann. de chim. et de phys.*, (3), L, 463.

LEROUX, Température du caoutchouc dilaté, *Cosmos*, XI, 675.

MAHISTRE, Mémoire sur le travail de la vapeur dans les cylindres des machines, en tenant compte de tous les espaces libres du système distributeur, *C. R.*, XLIV, 1267; XLV, 287.

MAHISTRE, Mémoire descriptif d'une roue destinée à produire la détente de la vapeur et à faire varier la course d'admission par degrés aussi petits qu'on voudra entre toutes les limites possibles, la course des leviers des manœuvres restant constante, *C. R.*, XLV, 6.

MAHISTRE, Note sur le calcul de la vaporisation dans une machine travaillant à la détente du maximum d'effet, *C. R.*, XLV, 418.

MAHISTRE, Mémoire sur les limites de la pression dans les machines travaillant à la détente du maximum d'effet, *C. R.*, XLV, 539.

MANN, Kleine Beiträge zur Undulationstheorie der Wärme, *Zeitschrift für Math. und Phys.* [1857], 1, 280.

NAPOLI (DE), Sur la corrélation des forces physiques, *Cosmos*, XI, 301, 324.

PELLIS et HENRY. (Voir plus haut.)

QUINTUS-ICILIUS (VON), Mémoire sur les valeurs numériques des constantes qui entrent dans l'expression de la chaleur dégagée par les courants, *Pogg. Ann.*, CI, 69. Voir aussi *Ann. de chim. et de phys.*, (3), LI, 495.

RENNIE, On the quantity of heat in agitated water, *Athen.* [1857], 1159. Cf. *Rep. of Brit. Assoc.* [1856].

SCH......, Neue, sehr einfache Art rotirender Dampfmaschinen, *Dingler's Journ.*, CXLVI, 163.

SCHLIPHAKE, Ueber Hubgeschwindigkeit der Dampfhämmer und die Vergrösserung derselben durch die Anwendung der Expansion auf den Oberdampf, *Dingler's Journ.*, CXLV, 326.

SÉGUIN, Mémoire sur un nouveau système de moteur fonctionnant toujours avec la même vapeur, à laquelle on restitue à chaque coup de piston la chaleur qu'elle a perdue en produisant l'effet mécanique, *C. R.*, XLIV, 6.

SÉGUIN, Réponse à M. de Napoli, *Cosmos*, XI, 411.

SOREL, Réclamation de priorité pour l'emploi de la vapeur sèche dans les machines, *C. R.*, XLV, 1109.

Thomson (J.), On the plasticity of ice, as manifested in glaicers. *Proceed. of Roy. Soc.*, VIII, 455.

Thomson (W.), On the alteration of temperature accompanying changes of pressure in fluids, *Proceed. of Roy. Soc.*, VIII, 566.

Thomson (W.) et Joule. (Voir plus haut.)

Tissot, Mémoire sur une nouvelle machine à vapeur d'éther, *C. R.*, XLV, 525.

Tyndall, Remarks on foam and hail, *Phil. Mag.*, (4), XIII, 352.

Waterston, On the derivation from the primary laws of elastic fluids indicated by the experiments of Regnault and of Thomson and Joule, *Phil. Mag.*, (4), XIV, 279.

Witt, On the temperature of foam, *Phil. Mag.*, (4), XIII, 467.

Zöllner, Ueber ein neues Princip zur Construction elektromagnetischer Kraftmaschinen, *Pogg. Ann.*, CL, 139.

1858.

Bosscha, Sur la théorie mécanique de l'électrolyse, *Pogg. Ann.*, CV, 396. Cf. *Pogg. Ann.* [1857]. Voir aussi *Ann. de chim. et de phys.*, (3), LXV [1860].

Buys-Ballot, Ueber die Art der Bewegung, welche wir Wärme und Elektricität nennen, *Pogg. Ann.*, CIII, 240.

Clausius, Ueber die mechanische Wärmetheorie, *Dingler's Journ.*, CL, 29. Voir aussi *Abhandl.*, I, 1.

Clausius, Ueber die Natur des Ozon, *Pogg. Ann.*, CIII, 644. Voir aussi *Abhandl.*, II, 327.

Clausius, Ueber die mittlere Länge der Wege, welche bei der Molecularbewegung gasförmiger Körper von den einzelnen Molecülen zurückgelegt werden, nebst einigen andern Bemerkungen über die mechanische Wärmetheorie, *Pogg. Ann.*, CV, 239. Voir aussi *Abhandl.*, II, 260.

Clausius, Théorie mécanique de la chaleur appliquée aux effets thermiques de l'électricité, *Arch. des sc. phys.*, (2), II, 289. (Extrait de deux mémoires publiés en 1852 dans les *Pogg. Ann.*, LXXXVI et LXXXVII.)

Decher, Ueber das Wesen der Wärme, *Dingler's Journ.*, CXLVIII (passim).

Estocquois (D'), Note sur l'équivalent mécanique de la chaleur, *C. R.*, XLVI, 461.

Favre, Recherches sur l'équivalent mécanique de la chaleur, *C. R.*, XLVI, 337. (Suite de la troisième partie des Recherches sur les courants hydro-électriques.)

Favre, Recherches sur les courants hydro-électriques, *C. R.*, XLVI, 658.

Groshans, Ueber die Verhältnisse zwischen den Spannungen und Temperaturen der Dämpfe, *Pogg. Ann.*, CIV, 651.

Hirn, *Recherches sur l'équivalent mécanique de la chaleur, présentées à la Société de physique de Berlin.* Colmar, 1858.

Hoppe, Ueber die Bewegung und Beschaffenheit der Atome, *Pogg. Ann.*, CIV, 279.

Joule, On some thermo-dynamic properties of solids, *Proceed. of Roy. Soc.*, IX, 254.

Joule, On the thermal effects of compressing fluids, *Proceed. of Roy. Soc.*, IX, 496.

Kirchhoff, Ueber einen Satz der mechanischen Wärmetheorie und einige Anwendungen derselben, *Pogg. Ann.*, CIII, 177.

Kirchhoff, Bemerkung über die Spannung des Wasserdampfes bei Temperaturen, die dem Eispunkt nahe sind, *Pogg. Ann.*, CIII, 206.

Kirchhoff, Ueber die Spannung des Dampfes von Mischungen aus Wasser und Schwefelsäure, *Pogg. Ann.*, CIV, 612.

Laboulaye, Sur l'équivalent mécanique de la chaleur, *C. R.*, XLVI, 773.

Laboulaye, Mémoire sur la production de la chaleur par les affinités chimiques, et sur les équivalents mécaniques des corps, *C. R.*, XLVII, 824.

Leroux, Détermination de l'équivalent dynamique de la chaleur, *Cosmos*, XII, 314.

Mann, Kleine Beiträge zur Undulationstheorie der Wärme (Fortsetzung), *Zeitschrift für Math. und Phys.* [1858], 57.

Marié-Davy et Troost, Mémoire sur l'emploi de la pile comme moyen de mesurer des quantités de chaleur développées dans l'acte des combinaisons chimiques, *Ann. de chim. et de phys.*, (3), LIII.

Masson, Sur la corrélation des propriétés physiques des corps, *Ann. de chim. et de phys.*, (3), LIII, 257.

Matteucci, Recherches sur les relations des courants induits et du pouvoir mécanique de l'électricité, *C. R.*, XLVI, 1021.

Mousson, Abaissement du point de fusion de la glace comprimée énergiquement, *Pogg. Ann.*, CV, 161. Voir aussi *Ann. de chim. et de phys.*, (3), LVI, 252 [1859].

Nordenskiöld, Wärmeentveckling vid förbränning af flytande org. föreningar. *Öfversigt af Vetensk. Akad. förhandlingar in Stockholm* [1858], 103. Voir aussi *Pogg. Ann.* [1860].

Rankine, On the elasticity of carbonic acid gas, *Phil. Mag.*, (4), XV, 303.

Reech, Note sur un mémoire intitulé : Théorie des propriétés calorifiques et expansives des fluides élastiques, *C. R.*, XLVI, 84.

Séguin, Identité du calorique et du mouvement, *Cosmos*, XII, 371.

Société de physique de Berlin, Tableau des valeurs trouvées par les différents expérimentateurs pour l'équivalent mécanique de la chaleur, jusqu'en 1858, *Fortschritte der Physik im Jahre 1858*, 351.

Thomson (W.), On the thermal effect of drawing out a film of liquid, *Proceed. of Roy. Soc.*, IX, 255.

Troost et Marié-Davy. (Voir plus haut.)

Waterston, On the evidence of a graduated difference between the thermometers of air and mercury below 100° c. derived from M. Regnault's observations on the tension of aqueous vapour, *Phil. Mag.*, (4), XV, 212.

Waterston, On the integral of gravitation and its consequents with reference to the measure and transfer, or communication of force, *Phil. Mag.*, (4), XV, 329.

Wüllner, Versuche über die Spannkraft des Wasserdampfes aus wässerigen Salzlösungen, *Pogg. Ann.*, CIII, 529.

Wüllner, *Versuche über die Spannkraft der Dämpfe aus Lösungen von Salzgemischen.* Marburg, 1858. Voir aussi *Pogg. Ann.*, CV, 85.

Wüllner, Einige Bemerkungen zum Aufsatz des Hrn. Kirchhoff über die Spannungen des Dampfes von Mischungen aus Wasser und Schwefelsäure, *Pogg. Ann.*, CV, 478.

1859.

Baumgartner (Von), Ueber den Grund der scheinbaren Abweichung des Wärmeäquivalents bei verschiedenen Gasen, *Sitzungsberichte der math.-naturwiss. Klasse der Akad. der Wiss. in Wien*, XXXVIII, 379.

Belli, Densità dell' etere negli spazi planetari, *Atti dell' Ist. Lombardo*, I, 229.

Bourget, Théorie mécanique des effets dynamiques de la chaleur donnée à un gaz permanent, *Ann. de chim. et de phys.*, (3), LVI, 257.

Carvallo, Essai sur la théorie de l'injecteur Giffard. *C. R.*, XLIX, 938.

Challis, A mathematical theory of heat, *Phil. Mag.*, (4), XVII, 202.

Clausius, *Die Potentialfunction und das Potential.* Leipzig, 1859.

Combes, Sur l'injecteur Giffard, *Bull. de la Soc. d'enc.* [1859], 337.

Deville (H. Sainte-Claire) et Troost, Sur la vapeur de soufre, *C. R.*

Drion, Transformation des liquides en vapeurs à hautes pressions, *Ann. de chim. et de phys.*, (3), LVI, 5.

Espy, Joule's unit verified, *Edinb. Journ.*, (2), X, 252.

Giffard, Einspritzen zum Speisen der Dampfkessel, *Dingler's Journ.*, CLIII, 323.

Jochmann, *Beiträge zur Theorie der Gase. Osterprogramm des Cölln. Gymnas. zu Berlin* [1859]. Voir aussi *Zeitschrift für Math. und Phys.* [1860], 24, 96.

Jochmann, Ueber die Molecularconstitution der Gase, *Pogg. Ann.*, CVIII, 153.

Joule, On some thermo-dynamic properties of solids, *Phil. Trans.* [1859], 91.

Joule, On the thermal effects of compressing fluids, *Phil. Trans.* [1859], 133.

Joule, Notice on experiments on the heat developed by friction in air, *Rep. of British Assoc.* [1859], II, 12.

Kirchhoff, Erwiederung auf die Bemerkungen des Herrn Wüllner, *Pogg. Ann.*, CVI, 322. Cf. *Pogg. Ann.* [1858].

Kirchhoff, Égalité des pouvoirs émissif et absorbant, conséquence nécessaire de la deuxième loi de la thermo-dynamique, *Acad. des sc. de Berlin* [oct.-nov. 1859].

Leverrier, Étude des perturbations de la planète Mercure, *Ann. de l'Observ.*, V.

Maxwell, Illustrations of the dynamical theory of gases. Part I : On the motions and collisions of perfectly elastic spheres, *Phil. Mag.*, (4), XIX, 19.

Playfair et Wanklyn, On a mode of taking the density of vapour of volatil liquids at temperatures below the boiling point, *Edinburgh Trans.*, XXII, 441.

Rankine, On the conservation of energy, *Phil. Mag.*, (4), XVII, 250.

Rankine, On the thermodynamic theory of steam-engines with dry saturated steam and its application to practice, *Proceed. of Roy. Soc.*, IX, 626; X, 183.

Soret, Recherches sur la corrélation de l'électricité dynamique et des autres forces physiques. Troisième mémoire : Sur la chaleur dégagée par le courant dans la portion du circuit qui exerce une action extérieure, et sur les relations entre le travail extérieur et l'intensité du courant, *Arch. de Genève*, (2), IV, 66.

Stephan, Ueber das Dulong-Petit'sche Gesetz, *Sitzungsberichte der math.-naturwiss. Klasse der Akad. der Wiss. in Wien*, XXXVI, 85.

Thomson (J.), Note sur quelques théories et expériences nouvelles relatives à la glace considérée au voisinage de son point de fusion, *Phil. Mag.*, (4), XIX, 391. Voir aussi *Ann. de chim. et de phys.*, (3), LX, 247 [1860].

Troost et Deville (H. Sainte-Claire). (Voir plus haut.)

Tschermak, *Untersuchungen über das Volumsgesetz flüssiger chemischer Verbindungen.* Wien, 1859.

Turazza, *Teoria dinamica del calorico.* Venezia, 1859. Voir aussi *Memorie dell' Ist. Stesso* [1859].

Wanklyn et Playfair. (Voir plus haut.)

Weisbach, Eine neue Bestimmung des Verhältnisses der specifischen Wärme der Luft bei constantem Drucke zur specifischen Wärme bei gleichem Volumen, sowie des mechanischen Aequivalents der Wärme, *Zeitschrift für Math. und Phys.* [1859], 370.

Wüllner, Entgegnung auf die Erwiederung des Herrn Kirchhoff, *Pogg. Ann.*, CVII, 632.

X. . . . , Bernouilli's Ansicht über die Constitution der Gase, *Pogg. Ann.*, CVII, 490.

1860.

Baudrimont, Réclamation de priorité à l'occasion d'une note de M. H. Sainte-Claire Deville, *C. R.*, L, 723.

BEAUMONT, Expérience industrielle avec le thermo-générateur. *Cosmos*, XVI, 454.

BEAUREGARD (DE), Générateur à vapeur surchauffée ou sphéroïdale, *Cosmos*, XVI, 253.

BÉCLARD, De la chaleur produite pendant le travail de la contraction musculaire, *C. R.*, L, 471.

BIZIO, Mémoire sur les rapports des équivalents des corps avec la chaleur qui entre dans leur constitution intime, *Cosmos*, XVI, 436.

BUFF, Ueber die specifische Wärme der Gase unter gleichem Druck und bei gleichem Volumen, *Liebig's Ann.*, CXV, 301.

CLAUSIUS, On the dynamical theory of gases, *Phil. Mag.*, (4), XIX, 434.

DESPRETZ, Note relative à une expression analytique de l'équivalent mécanique de la chaleur, *C. R.*, LI, 496.

DEVILLE (H. SAINTE-CLAIRE), De la chaleur dégagée dans les combinaisons chimiques, *C. R.*, L, 534, 584.

DEVILLE (H. SAINTE-CLAIRE), Recherches sur la décomposition des corps par la chaleur et la dissociation, *Arch. des sciences phys.*, (2), IX, 51.

DRONKE, Beitrag zur mechanischen Wärmetheorie, *Pogg. Ann.*, CXI, 343.

DUPRÉ, Sur le travail mécanique et ses transformations, premier mémoire, *C. R.*, L, 588.

FAIRBAIRN et TATE, Experimental researches to determine the density of steam at all temperatures and to determine the law of expansion of superheated steam, *Proceed. of Roy. Soc.*, X, 469. Voir aussi *Ann. de chim. et de phys.*, (3), LXII, 249.

FAVRE, Recherches sur l'affinité chimique. Phénomènes calorifiques produits par la réaction de l'eau et de l'alcool sur diverses substances, *C. R.*, LI, 316.

FAVRE et LAURENT, Recherches sur les courants hydro-électriques, *Arch. de Genève*, (2), III, 313.

FAVRE et QUAILLARD (DU), Recherches sur l'affinité chimique, *C. R.*, LI, 1150.

HERAPATH, On the dynamical theory of airs, *Athen.* [1860], 1, 722.

HIRN, Équivalent mécanique de la chaleur, *Cosmos*, XVI, 313.

HIRN, Théorie approximative de la machine à gaz dilaté, *Cosmos*, XVII, 617.

HOPPE, Erwiederung auf einen Artikel von Clausius, nebst einer Bemerkung zur Theorie der Erdwärme, *Pogg. Ann.*, CX, 598.

JOULE, Experiments on the total heat of steam, *Proceed. of Manchester Soc.* [1859-1860], 175.

JOULE et THOMSON (W.), On the thermal effects of fluids in motion, *Proceed. of Roy. Soc.*, X, 502.

LABOULAYE, *Essai sur l'équivalent mécanique de la chaleur*. Paris, 1860.

LABOULAYE, Lettre sur l'équivalent mécanique de la chaleur. *Cosmos*, XVI, 369.

LAURENT et FAVRE. (Voir plus haut.)

Lenoir. Machine ou moteur de gaz d'éclairage, *Cosmos*, XVI, 255, 618.

Leroux, Sur des phénomènes de chaleur qui accompagnent dans certaines circonstances le mouvement vibratoire des corps, *C. R.*, L, 656, 729.

Liebermeister, Physiologische Untersuchungen über die quantitativen Veränderungen der Wärmeproduction. *Arch. für Anatom.* [1860], 520, 589.

Maxwell, Illustrations of the dynamical theory of gases. Part II : On the process of diffusion of two or more kinds of moving particles among one another. Part III : On the collision of perfectly elastic bodies of any form, *Phil. Mag.*, (4), XX, 21.

Moigno, Réponse à une lettre de M. Laboulaye, *Cosmos*, XVI, 371.

Moigno, Moteur à air dilaté ou machine à gaz de M. Lenoir, *Cosmos*, XVII, 610.

Piazzi Smyth, Suggestions connected with the Carrington and Hodgson solar phenomenon of 1st sept. 1859, *Monthly Not.*, XX, 88.

Quaillard (Du) et Favre. (Voir plus haut.)

Regnault, Sur les forces élastiques des vapeurs, *C. R.*, L, 1063.

Resal, Recherches sur les effets mécaniques produits dans les corps par la chaleur, *C. R.*, LI, 449.

Robin, Chaleur latente et chaleur de combinaison, *Cosmos*, XVI, 377.

Rogers, A new and unlimited motive power, *Mech. Mag.* [1860], 197.

Schmidt, Ein Beitrag zur Mechanik der Gase, *Sitzungsberichte der math.-naturwiss. Klasse der Akad. der Wiss. in Wien*, XXXIX, 41.

Schwarz (Von), Ueber die Lenoir'sche Gasmaschine, *Würtemberg. Gewerbebl.* [1860], nos 24, 49.

Schwarz (Von), Die Lenoir'sche Gasmaschine, ein Humbug, *Breslauer Gewerbebl.* [1860], numéro du 20 octobre.

Stefan, Ueber die specifische Wärme des Wasserdampfes, *Pogg. Ann.*, CX, 593.

Tate et Fairbairn. (Voir plus haut.)

Tessan (De), Sur la loi de dilatation des corps, *C. R.*, L, 21.

Thomson (W.) et Joule. (Voir plus haut.)

Turazza, Della formola proposte de W. J. M. Rankine per rappresentare numericamente la relazione fra la tensione, la temperature e il volume del gas acido carbonico, *Cimento*, XI, 358.

Turazza, Teoria dinamica del calorico, *Cimento*, XI, 376; XII, passim.

Turazza, Intorno alla ipotesi della metamorfosi delle potenze naturali e della conservazione delle forze, *Memor. dell' Istit. Stesso*, X.

Waterston, On certain inductions with respect to the heat engendered by the possible fall of a meteor into the sun, and on a mode of deducing the absolute temperature of the solar surface from thermometric observations, *Phil. Mag.*, (4), XIX, 338.

Wüllner, Ueber die Temperatur der Dämpfe, welche aus siedenden Salzlösungen aufsteigen, *Pogg. Ann.*, CX, 387.

WÜLLNER, Versuche über die Spannkraft des Wasserdampfes aus Lösungen wasserhaltiger Salze, *Pogg. Ann.*, CX, 564.

X. . . . , Beschreibung der neuen calorischen Maschine von Ericsson, *Dingler's Journ.*, CLVII, 321.

X. . . . . , Die Lenoir'sche Gasmachine, *Breslauer Gewerbebl.* [1860], n° 15.

ZEUNER, *Grundzüge der mechanischen Wärmetheorie.* Freiberg, 1860.

ZEUNER, Beiträge zur Theorie der Dämpfe, *Pogg. Ann.*, CX, 371.

1861.

ABBE, *Erfahrungsmässige Begründung des Satzes von der Aequivalenz zwischen Wärme und mechanischer Arbeit.* Göttingen, 1861. (Thèse inaugurale.)

BEGHIN, Machine propre à tirer avantageusement parti de la force expansive de la vapeur d'éther sulfurique, *C. R.*, LII, 1025.

BELON, Machine à air chaud ou aéro-moteur, *Cosmos*, XVIII, 53.

BLUM, Ueber die Wirkung der Luft in der calorischen Maschine, *Dingler's Journ.*, CLIX, 404.

BUFF, Bemerkungen zu der vorhergehenden Abhandlung über die specifische Wärme der Gase, *Liebig's Ann.*, CXVIII, 120.

BUIGNET, Force élastique des mélanges de vapeur, *C. R.*, LII, 1082.

CARVALLO, Mémoire sur les lois mathématiques de l'écoulement et de la détente de la vapeur (à propos de l'injecteur Giffard), *C. R.*, LII, 683, 801.

CLAUSIUS, Ueber die specifische Wärme der Gase, *Liebig's Ann.*, CXVIII, 106.

CLAUSIUS, Sur la densité de la vapeur saturée, *C. R.*, LII, 706.

CODAZZA, Sopra alcuni punti della teoria della teoria della construzione de generatori di vapore, *Memor. dell' Istit. Lombardo*, VIII, 267.

DEBRAY, Sur la combustion des mélanges détonants, *Leçons de chim. et de phys. de la Soc. chim. de Paris.* [1861], 62.

DEGRAND, Sur les moteurs à gaz, *Press. scient.* [1861], I, 113, 289.

DUB, Der Elektromagnetismus, Berlin [1861].

DUFOUR, Sur la surfusion et les retards de l'ébullition, *Arch. de Genève*, X, 346; XI, 22. Voir aussi *Ann. de chim. et de phys.*, LXVIII, 370 [1863].

DUPRÉ, Sur le travail mécanique et ses transformations, deuxième mémoire et nouvelle rédaction du premier, *C. R.*, LII, 1185.

EDLUND, Untersuchung über die bei Volumenveränderung fester Körper entstehenden Wärmephänomene, so wie deren Verhältniss zu der dabei geleisteten mechanischen Arbeit, *Pogg. Ann.*, CXIV, 1. (Traduit des *Öfvers. af Vetensk. Akad. förhandl.* Stockholm [1861], 119.) Voir aussi *Ann. de chim. et de phys.*, (3), LXIV [1862].

ERICSSON, Hochdruck-Luftmaschine, *Dingler's Journ.*, CLIX, 161.

GIFFARD, Notice théorique et pratique sur l'injecteur automoteur, *Ann. des mines* [1860].

HIRN, Expériences sur la pression que font naître en brûlant des mélanges d'air et de gaz combustibles, *Cosmos*, XVIII, 12.

JENKIN, On permanent thermo-electric currents in circuits of one metal, *Rep. of Brit. Assoc.* [1861], II, 34.

JOULE, Note sur les effets thermiques de la compression des liquides, *Ann. de chim. et de phys.*, (3), LXIII, 238. Cf. *Phil. Trans.* [1859].

JOULE et THOMSON (W.), On the thermal effects of elastic fluids, *Rep. of Brit. Assoc.* [1861], II, 83.

KESSLER, *Ueber die Beziehungen zwischen Spannkraft und Temperatur des gesättigten Wasserdampfs.* Danzig [1861].

LEROUX, Sur un nouveau principe de thermoscopie. Variations de la température de l'intérieur et de l'extérieur d'un ressort en hélice pendant son allongement, *Inst.* [1861], 6.

MAGNUS, Leitung der Wärme durch die Gase, *Pogg. Ann.*, CXII, 351, 497. Voir aussi *Ann. de chim. et de phys.*, (3), LXI, 380; LXII, 499.

MANN, Zur mechanischen Wärmelehre : Berechnung derjenigen mechanischen Arbeit, welche zur Zerlegung einer chemischen Verbindung erforderlich ist, *Zeitschrift für Math. und Phys.* [1861], 72.

MARIÉ-DAVY, Recherches théoriques et expérimentales sur l'électricité considérée comme puissance mécanique. *C. R.*, LII, 732, 832.

MARIÉ-DAVY, Note sur la théorie mécanique de la chaleur, *C. R.*, LIII, 904.

MEIDINGER, Bemerkungen zu der von C. W. Williams aufgestellten neuen Theorie der Erwärmung des Wassers, *Dingler's Journ.*, CLXI, 1.

POGGENDORFF, Ueber die Wärmewirkung elektrischer Funken, *Monatsbericht der preuss. Akad. der Wissenschaften zu Berlin* [1861], 349.

PUSCHL, Ueber den Ursprung und die Gesetze der Molecularkräfte nach dem Princip der Krafterhaltung, *Jahresbericht des Ober-Gymnasium zu Melk.* Wien [1861], 1.

RANKINE, *A manual of steam-engine* (2e édit.). London [1861].

REDTENBACHER, *Die anfänglichen und die gegenwärtigen Erwärmungszustände der Weltkörper.* Mannheim, 1861. Voir aussi *Wochenschrift für Astron., Meteor. und Geogr. von Heis* [1862], 173.

RESAL, Commentaire aux travaux publiés sur la chaleur considérée au point de vue mécanique, *Ann. des mines*, (5), XX, 323.

RESAL, Recherches théoriques sur les effets mécaniques de l'injecteur automoteur de M. Giffard, *C. R.*, LIII, 632.

REYE, *Die mechanische Wärmetheorie und das Spannungsgesetz der Gase.* Göttingen [1861]. (Thèse inaugurale.) Voir aussi *Pogg. Ann.*, CXVI, 424.

SCHEERER, Ueber die Temperatur, welche in den nach dem Siemens'schen Princip construirten Schmelzöfen erreicht werden kann, *Polyt. Centralbl.* [1861], 241.

SCHMIDT (C. H.), Versuche über Arbeitsstärke und Brennstoffverbrauch der calorischen Maschine, *Dingler's Journ.*, CLIX, 407.

SCHMIDT (G.), *Theorie der Dampfmaschinen.* Freiberg, 1861.

SCHMIDT (G.), Ueber die Dichte des Wasserdampfes, *Dingler's Journ.*, CLX, 262.

SCHMIDT (G.), Theorie der Lenoir'schen Gasmaschinen, *Dingler's Journ.*, CLX, 321.

SCHMIDT (G.), Theorie der geschlossenen calorischen Maschine von Laubroy und Schwarzkopf in Berlin, *Dingler's Journ.*, CLX, 401.

SCHWARZ, Ueber die Lenoir'sche Gasmaschine, *Breslauer Gewerbebl.* [26 janvier 1861].

SCHWARZENBACH, Zur Bestimmung der bei chemischen Processen entwickelten Wärmemengen, *Würzburg. Zeitschr.*, II, 209.

THOMSON (J.), On crystallisation and liquefaction, as influenced by stresses tending to change of form in crystals, *Proceed. of Roy. Soc.*, XI, 473. Voir aussi *Ann. de chim. et de phys.*, (3), LXV, 254.

THOMSON (W.), Physical considerations regarding the possible age of the suns heat, *Phil. Mag.*, (4), XXIII, 158.

THOMSON (W.) et JOULE. (Voir plus haut.)

TRAUBE, Ueber die Verbrennungswärme der Nahrungsstoffe, *Virchow's Archiv.*, XXI, 414.

TRESCA, Procès-verbaux des expériences faites au Conservatoire impérial des arts et métiers, sur une machine à air chaud d'Ericsson, *Ann. des mines*, (5), XIX, 413.

TRESCA, Procès-verbal des expériences faites sur les machines à gaz de M. Lenoir, *Ann. des mines*, (5), XIX, 433.

TSCHERMAK, Die specifische Wärme bei constantem Volumen, *Sitzungsberichte der math.-naturwiss. Klasse der Akad. der Wiss. in Wien*, XLIII, II, 594.

TSCHERMAK, Die Wärmeentwickelung durch Compression, *Sitzungsberichte der math.-naturwiss. Klasse der Akad. der Wiss. in Wien*, XLIV, II, 141.

TSCHERMAK, Sur les relations mutuelles de la chaleur de combustion et du volume relatif des combinaisons chimiques, *Cosmos*, XVIII, 453.

VOLTA, Manoscritti inediti sopra il calorico, la dilatazione dei gas, la pressione dei vapori, la combustione e la arie inflammabile, *Atti dell' Ist. Lomb.*, II, 235.

WATERSTON, On a law of liquid expansion that connects the volume of a liquid with its temperature and with the density of its saturated vâpour, *Phil. Mag.*, (4), XXI, 401.

WEYDE (VAN DER), New magneto-electric machines. *Franklin's Journal*, (3), XLII. 418.

WILLIAMS, Die Beziehungen der Wärme zu Wasser und Dampf, bearbeitet von F. Kohn, *Dingler's Journ.*, CLX, 161.

X....., La machine calorique de Pascal, fabricant de machines à Lyon, *Génie indust.*, janvier 1861, 37.

X......, Die Lenoir-Marinoni'sche Gasmaschine, *Polyt. Centralbl.* [1861], 1127.

ZERNIKOW, *Grundzüge der atomischen Wärmetheorie mit besonderer Rücksicht auf die specifische Wärme der Körper.* Erfurt, 1862. Voir aussi *Zeitschrift für Math. und Phys.* [1862], 35.

1862.

BEAUREGARD (TESTUD DE), Applications diverses de la vapeur-gaz désaturée d'eau ou sursaturée de chaleur, engendrée à une température très-élevée, *Cosmos*, XX, 109.

BIANCHI, Recherches sur la combustion des poudres à feu dans le vide et dans différents milieux gazeux, *C. R.*, LV, 97.

BIANCONNI, *Del calore prodotto per l'attrito fra fluidi e solidi in rapporto colle sorgenti termali e cogli aeroliti.* Bologna, 1862.

CANTONI, Delle relazioni tra alcune proprietà termiche ed altre proprietà fisiche dei corpi, *Cimento*, XV et XVI, passim.

CAZIN, Essai sur la détente et la compression des gaz sans variation de chaleur, *Ann. de chim. et de phys.*, (3), LXVI, 206.

CLAUSIUS, Ueber die Wärmeleitung gasförmiger Körper, *Pogg. Ann.*, CXV, 1. Voir aussi *Abhandl.*, II, 277.

CLAUSIUS, Ueber die Anwendung des Satzes von der Aequivalenz der Verwandlungen auf die innere Arbeit, *Pogg. Ann.*, CXVI, 73. Voir aussi *Abhandl.*, I, 242. (Communiqué le 27 janvier 1862 à la Société de Zurich.)

CLAUSIUS, Ueber die Molecularbewegungen in gasförmigen Körpern, *Sitzungsberichte der math.-naturwiss. Klasse der Akad. des Wiss. in Wien*, XLVI, II, 402.

CODAZZA, Sopra alcuni punti della teoria della forza motrice del calore, *Cimento*, XV, 61.

DRONKE, *Ueber die Spannkraft der Dämpfe aus Flüssigkeitsgemischen.* Marburg [1862]. (Thèse inaugurale.)

DUFOUR, De la durée de combustion des fustes sous diverses pressions atmosphériques, *Archives de Genève*, (2), XV, 185.

DUPRÉ, Troisième Mémoire sur le travail mécanique et ses transformations, *C. R.*, LIV, 907.

DUPRÉ, Supplément relatif à la mesure de la densité des vapeurs saturées, *C. R.*, LIV, 972.

DUPRÉ, Supplément relatif à la définition et à la mesure des températures. *C. R.*, LIV, 1065.

DYER, Note on calorific phenomena, *Proceed. of Manchester Soc.*, II, 231.

FAIRBAIRN et TATE, On the law of expansion of superheated steam, *Phil. Trans.*, CLII, 591.

FARADAY, On gas furnaces, *Phil. Mag.*, (4), XXIV, 162.

FAYE, Sur la lumière zodiacale et sur le rôle qu'elle joue dans la théorie dynamique de la chaleur solaire, *C. R.*, LV, 564.

FRANKLAND, Versuche über den Gang der Verbrennung der Zündruthen bei verschiedenem Luftdruck, *Dingler's Journ.*, CLXIV, 275.

Frankland, Sur la température à laquelle s'enflamme le gaz d'éclairage, *Bull. de la Soc. d'enc.* [1862], 501.

Furazza, *Di alcuni problemi spettanti alla teoria dinamica del calorico.* Venezia, 1862.

Gaugain, Mémoire sur les courants thermo-électriques, *Ann. de chim. et de phys.*, (3), LXV, 5.

Girard, Note sur la chaleur propre des insectes adressée à l'occasion d'une communication récente de M. Lecoq, *C. R.*, LV, 290.

Girard, Des méthodes expérimentales pouvant servir à rechercher la chaleur propre des animaux articulés et spécialement des insectes, *Cosmos*, XXI. passim.

Hirn, *Exposition analytique et expérimentale de la théorie mécanique de la chaleur*, contenant la traduction du livre de M. G. Zeuner : *Grundzüge der mechanischen Wärmetheorie.* Paris et Colmar [1862].

Hirn, Remarques sur le rôle réel que joue le frottement des muscles dans le phénomène de la calorification des êtres vivants à sang chaud ou à sang froid, *Cosmos*, XXI, 257.

Joule, Note on the history of the dynamical theory of heat, *Phil. Mag.*, (4), XXIV, 173.

Joule, Experiments in the total heat of steam, *Mem. of Manchester Soc.*, (3), I, 99.

Joule et Thomson (W.), Recherches sur les effets thermiques des fluides en mouvement, *Ann. de chim. et de phys.*, (3), LXV, 244. Cf. *Phil. Trans.* [1853 et 1854.]

Kahl, Bedenken A. von Baumgartner's gegen das Wärmeäquivalent A = 423,5 Kilogrammeter von Joule, *Zeitschrift für Math. und Phys.* [1862], 127.

Lecoq, De la transformation du mouvement en chaleur chez les animaux, *C. R.*, LV, 191.

Mayer, Remarks on the forces of inorganic nature, *Phil. Mag.*, (4), XXIV, 371. Cf. *Liebig's Ann.*, XLII, 233 [1842].

Mondésir (De) et Schloesing, Note sur l'inflammation de divers mélanges de gaz en vase clos, *Cosmos*, XX, 649.

Potter, On the fourth law of the retations of the elastic force, density and temperature in gases, *Phil. Mag.*, (4), XXIV, 52.

Puschl, Ueber den Wärmezustand der Gase, *Sitzungsberichte der math.-naturwiss. Klasse der Akad. der Wiss. in Wien*, XLV, II, 357.

Rankine, On the density of steam, *Edinburgh Trans.*, XXIII, 147.

Regnault, Relation des expériences entreprises par ordre de M. le Ministre, etc., pour déterminer les principales lois et données numériques qui entrent dans le calcul des machines à vapeur :

1° Mémoire sur la chaleur spécifique des fluides élastiques (lu le 18 avril 1852).

2° Deuxième Mémoire sur les forces élastiques des vapeurs (lu le 14 août 1854).

3° Mémoire sur les chaleurs latentes des vapeurs sous diverses pressions. Ces trois mémoires forment le tome XXVI des *Mémoires de l'Académie des sciences.*

Rodwell, On the history of the dynamic theory of heat, *Phil. Mag.*, (4), XXIV, 327.

Schloesing et Mondésir (De). (Voir plus haut.)

Schröder van der Kolk, Ueber die Abweichungen der wirklichen Gase vom Mariotte'schen Gesetze, *Pogg. Ann.*, CXVI, 429.

Siemens, Regenerativ Gasmaschine, *Polyt. Centralbl.* [1862], 1457.

Siemens et C. W., Fours régénérateurs à gaz, *Bull. de la Soc. d'enc.* [1862], 726.

Subic, *Grundzüge einer Molecularphysik und einer mechanischen Theorie der Elektricität und des Magnetismus.* Wien [1862].

Tate et Fairbairn. (Voir plus haut.)

Thomsen, Om de chemiske processers almindelige character on en paa denne bygget affinitetslaere, *Oversigt over det danske Forhandlinger.* Kjöbenhavn [1861], 100.

Thomson (W.), Sur une méthode propre à établir expérimentalement la relation qui existe entre le travail mécanique dépensé et la chaleur dégagée dans la compression d'un gaz, *Ann. de chim. et de phys.*, (3), LXIV, 504. Cf. *Edinburgh Trans.*, XX.

Thomson (W.), On the convective equilibrium of temperature in the atmosphere, *Proceed. of Manchester Soc.*, II, 170.

Thomson (W.) et Joule. (Voir plus haut.)

Turazza, Di alcuni problemi spettanti alla teoria dinamica del calorico, *Mem. dell' Ist. Stesso*, X [présenté le 15 décembre 1861.]

Tyndall, On force, *Proceed. of Roy. Instit.* [6 juin 1862].

Tyndall, Mayer and the mechanical theory of heat, *Phil. Mag.*, (4), XXIV, 173.

Verdet, Leçons sur la théorie mécanique de la chaleur, faites devant la Société chimique de Paris, *Leçons de la Soc. chim. de Paris* [1862], 1.

W..... et Siemens. (Voir plus haut.)

Waterston, On account of observations on solar radiation, *Phil. Mag.*, (4), XXIII, 497.

Zernikow, *Grundzüge der atomischen Wärmetheorie mit besonderer Rücksicht auf die specifische Wärme der Körper.* Erfurt [1862].

1863.

Airy, On the numerical expression of the destructive energy in the explosions steam boilers and on its comparison with the destructive energy of gunpowder, *Phil. Mag.*, (4), XXVI, 329.

Barral et Bontemps, La nouvelle machine à gaz de M. Hugon, *Presse scient.* [1863], I, p. 587, 739; II, p. 199.

Barranti et Matteucci, Nuovo motore a gas, *Atti dell' Ist. Lomb.*, III, 403.

Bauschinger, Theorie des Ausströmens vollkommener Gase aus einem Gefässe und ihres Einströmens in ein solches, *Zeitschrift für Math. und Phys.* [1863], 81, 153.

Bauschinger, Ueber das Ausströmen des Wasserdampfes aus einem Gefässe und sein Einströmen in ein solches, *Zeitschrift für Math. und Phys.* [1863], 429.

Billroth und Fick, Versuche über die Temperaturen bei Tetanus, *Vierteljahrsschrift der natur. Ges. in Zürich*, von R. Wolf [1863], 427.

Bontemps et Barral. (Voir plus haut.)

Bourget et Burdin, Machine à air chaud d'un nouveau système, *C. R.*, LVI, 611.

Buff, Ueber die Beziehung zwischen Temperatur und Spannkraft der Dämpfe, *Liebig's Ann. Supplementbd.*, II, 137.

Burdin et Bourget. (Voir plus haut.)

Caligny (De), Considérations sur l'application de la théorie de la chaleur aux effets des compresseurs à colonnes d'eau oscillantes qui fonctionnent avec succès depuis plusieurs années au tunnel des Alpes, *Inst.* [1863], 348.

Cosa (Della), Sull' equivalente meccanico del calore, *Rendic. di Bologna*, 1861-1862, p. 101.

Cazin, *Application de la théorie mécanique de la chaleur au compresseur hydraulique du tunnel des Alpes.* Paris [1864]. (Extrait des *Mondes*, II.)

Cazin, *Exposé de la théorie mécanique de la chaleur.* Versailles, 1863. (Extrait des *Mémoires de la Soc. des scienc. natur. de Seine-et-Oise.*)

Cazin, Note sur le rendement de la machine Lenoir, *Cosmos*, XXII, 203.

Challis, On the source and maintenance of the suns heat, *Phil. Mag.*, (4), XXV, 460.

Clausius, Ueber einen Grundsatz der mechanischen Wärmetheorie, *Pogg. Ann.*, CXX, 426. Voir aussi *Abhandl.*, I, 297.

Clausius, Lettre au sujet des objections émises par M. Hirn dans un précédent numéro du Cosmos, *Cosmos*, XXII, 560.

Clausius, Sur la condensation des vapeurs pendant la détente ou la compression, *C. R.*, LVI, 1115.

Clausius, Sur quelques équations qui dérivent de la théorie mécanique de la chaleur, *C. R.*, LVII, 339.

Cohen Stuart, Ueber das gegenseitige Verhältniss des Gay-Lussac'schen Gesetzes zu dem Mariotte'schen und Mayer'schen Gesetze, *Pogg. Ann.*, CXIX, 327.

Colnet d'Huart (De), Détermination de la loi qui existe entre la chaleur rayonnante, la chaleur de conductibilité et la chaleur latente, *Mém. de la Soc. des sc. nat. du grand-duché de Luxembourg* [1863], VI, 1.

Colnet d'Huart (De), *Nouvelle théorie mathématique de la chaleur et de l'élec-*

tricité. 1re partie : *Détermination de la relation qui existe entre la chaleur rayonnante, la chaleur de conductibilité et l'électricité.* Luxembourg [1864].

Combes, Exposé des principes de la théorie mécanique de la chaleur et de ses applications principales, *Bull. de la Soc. d'enc.* [1863], passim.

Combes, Théorie de la machine à gaz de M. Franchot, *Bull. de la Soc. d'enc.* [1863], 88.

Croll, On the cohesion of gases and its relations to Carnot's function and to recente experiments on the thermal effect of elastic fluids in motion, *Rep. of the Brit. Assoc.* [1862], II, 21.

Dronke, Zur mechanischen Wärmetheorie, *Pogg. Ann.*, CXIX, 388, 583.

Dupré, Sur la condensation des vapeurs pendant la détente ou la compression. *C. R.*, LVI, 960.

Dupré, Réponse aux remarques de M. Reech (sur les propriétés calorifiques et expansives des fluides élastiques), *C. R.*, LVII, 108.

Dupré, Remarques à l'occasion d'une note récente de M. Reech (sur le même sujet), *C. R.*, LVII, 589.

Dupré, Application de la théorie mécanique de la chaleur à la discussion des expériences de M. Regnault sur la compressibilité des gaz. *C. R.*, LVII, 774.

Dupré, Expériences sur les variations de température produites dans une masse d'air par un changement de volume, *Ann. de chim. et de phys.*, (3), LXVII, 359.

F. H...., Une question de priorité, *Cosmos*, XXII, 643.

Fick und Billroth. (Voir plus haut.)

Gill, On the dynamical theory of heat (Letter to M. Tyndall), *Phil. Mag.*, (4), XXVI, 109.

Grolous, Recherches théoriqnes sur la dilatation des corps, *Inst.* [1863], 404.

Heat, Observations on a passage in prof. Tyndall's lectures on force and on heat. *Phil. Mag.*, (4), XXV, 531.

Hirn, Théorie mécanique de la chaleur, *Cosmos*, XXII, 283, 734.

Hirn, *Confirmation expérimentale de la seconde proposition de la théorie mécanique de la chaleur et des équations qui en découlent; Démonstration analytique de cette proposition et conséquences principales auxquelles elle conduit.* Paris [1861].

Jacobi et Zinine, Rapport sur la machine de M. Chandor (machine très-semblable au moteur Lenoir), *Bull. de la classe physico-math. de l'Acad. de Saint-Pétersbourg*, V, 313.

Joule, On the dynamical theory of heat, *Phil. Mag.*, (4), XXVI, 145.

Joule and Thomson, On the thermal effects of fluids in motion, part IV, *Phil. Trans.*, CLII, 579.

Kelland, On the conservation of energy, *Phil. Mag.*, (4), XXVI, 326.

Laboulaye, De la constitution moléculaire des corps compatible avec la théorie mécanique de la chaleur. Paris [1863]. (Extrait des *Ann. du Conserv. des arts et métiers.*)

Matteucci e Barranti. (Voir plus haut.)

Mayer, On celestial dynamics, *Phil. Mag.*, (4), XXV, 241, 387, 417. (C'est l'ouvrage de Mayer : *Beiträge zur Dynamik des Himmels, in populärer Darstellung*, Heilbronn [1848], traduit en anglais par M. Debus.)

Mayer, Remarks on the mechanical equivalent of heat, *Phil. Mag.*, (4), XXV, 493-522. (C'est l'ouvrage de Mayer : *Bemerkungen über das mechanische Aequivalent der Wärme*, Heilbronn und Leipzig [1851], traduit en anglais par M. Foster.)

Menabrea, Nota sopra un nuovo sistema di macchine motrici ad aria calda, *Memor. dell' Accad. di Torino*, XIX, p. xcii.

Meyerstein und Thiry, Ueber die Wärmeentwickelung bei der Muskelcontraction, *Nachrichten von der Georg-August's Universität zu Göttingen* [1863], 18.

Pacinotti, Correnti elettriche generate dall' azione del calorico e della luce, *Nuovo Ciment.*, XVIII [novembre et décembre 1863].

Puschl, Notiz über die Molecularbewegungen in Gasen, *Sitzungsberichte der math.-natur. Klasse der Akad. der Wiss. zu Wien*, XLVIII, ii, p. 35.

Rankine, On the expansive energy of heated water, *Phil. Mag.*, (4), XXVI, 388, 436.

Reech, Sur les propriétés calorifiques et expansives des fluides électriques, *C. R.*, LVI, 1240.

Reech, Note sur les propriétés calorifiques et expansives des gaz, *C. R.*, LVII, 505.

Saint-Robert (De), Lettre concernant la théorie mécanique de la chaleur, *Cosmos*, XXII, 200.

Saint-Robert (De), Théorie du compresseur à colonne d'eau de MM. Sommeiller, Grattoni et Grandis, et application au compresseur qui fonctionne au percement des Alpes Cottiennes, *Ann. des mines*, (6), III, 281.

Schmidt, Ueber die mechanische Wärmetheorie, *Civil Ing.*, IX, v, p. 1. (Extrait du programme de l'École polytechnique de Riga pour 1863-1864.)

Stephan, Bermerkung zur Theorie der Gase, *Sitzungsberichte der math.-natur. Klasse der Akad. der Wiss. zu Wien*, XLVII, ii, p. 81.

Stephan, Ueber die Fortpflanzung der Wärme, *Sitzungsberichte der math.-natur. Klasse der Akad. de Wiss. zu Wien*, XLVII, ii, p. 326.

Šubic, Ueber die absolute Grösse der innern Arbeit, des Aequivalentes der Temperatur, und über den molecularen Sinn der specifischen Wärme, *Sitzungsberichte der math.-natur. Klasse der Akad. der Wiss. zu Wien*, XLVIII, ii, p. 62.

Tait, Reply to prof. Tyndall's Remarks on a paper on «energy in good words»; *Phil. Mag.*, (4), XXV, 263.

Tait, On the conservation of energy, *Phil. Mag.*, (4), XXV, 429; XXVI, 144.

Tate, Experimental researches on the laws of evaporation and absorption with a description of a new evaporameter and absorbometer, *Phil. Mag.*, (4), XXIII, 126, 283; XXV, 331.

TATE, On the elasticity of the vapour of sulphuric acid, *Phil. Mag.*, (4), XXVI. 502.

THIRY und MEYERSTEIN. (Voir plus haut.)

THOMSON (W.), Note of prof. Tyndall's «Remarks on the dynamical theory of heat», *Phil. Mag.*, (4), XXV, 429.

THOMSON and JOULE. (Voir plus haut.)

TYNDALL, Remarks on an article entitled : «Energy in good words», *Phil. Mag.*, (4), XXV, 220.

TYNDALL, Remarks on the dynamical theory of heat, *Phil. Mag.*, (4), XXV, 365.

TYNDALL, Remarks on prof. Tait's last letter to sir Brewster, *Phil. Mag.*, XXVI, 65.

TYNDALL, Note on Laplace's correction for the velocity of sound, *Phil. Mag.*, (4), XXVI, 384.

TYNDALL, *Heat considered as a mode of motion, being a course of twelve lectures delivered at the Royal Institution of Great Britain in the season of 1862*. London [1863]. Traduit en français par l'abbé Moigno. Paris [1864].

VALENTIN, Ueber Wärmeentwickelung während der Nerventhätigkeit, *Virchow's Arch.*, XXVIII, 1.

VERDET, Historic notice of the mechanical theory of heat, *Phil. Mag.*, (4), XXV, 467. (Traduction en anglais d'une partie de l'exposé de la théorie mécanique de la chaleur.)

WATERSTON, On chemical notation in conformity with the dynamical theory of heat and gases, *Phil. Mag.*, (4), XXVI, 248.

WEISBACH, Vorlaüfige Mittheilungen über die Ergebnisse vergleichender Versuche über den Ausfluss der Luft und des Wassers unter hohem Drucke, *Ingenieur- und Maschinenmechanik*. Braunschweig [1863], t. I, p. 911. Voir aussi *Civil Ingenieur*, V, 1.

ZEUNER, Das Verhalten verschiedener Dämpfe bei der Expansion und Compression, *Vierteljahrsschrift der natur. Ges. in Zürich*, von R. Wolf [1863], 68.

ZEUNER, Neue Tabelle für gesättigte Wasserdämpfe, *Schweiz. polyt. Zeitschr.*, VIII, 1.

ZEUNER, Tabelle für gesättigte Aetherdämpfe, *Vierteljahrsschrift der natur. Ges. in Zürich*, von R. Wolf [1863], 160.

ZEUNER, *Das Locomotiven-Blasrohr. Experimentelle und theoretische Untersuchungen über die Zugerzeugung durch Dampfstrahlen und über die saugende Wirkung der Flüssigkeitsstrahlen überhaupt*. Zurich [1863]. (Voir les *Ann. des mines*, (6), V. 265.)

ZEUNER, Ueber den Ausfluss von Dämpfen und hocherhitzten Flüssigkeiten aus Gefässmündungen. Zurich [1863]. Extrait du *Civil Ingenieur*, X, II, p. 1.

ZININE et JACOBI. (Voir plus haut.)

1864.

Abel, On some phenomena exhibited by guncotton and gunpowder under special conditions of exposure to heat, *Proceed. Roy. Soc.*, XIII, 204.

Akin, On an new method for the direct determination of the specific heat of gases under constant volume, *Phil. Mag.*, (4), XXVII, 341.

Baumgartner, Die mechanische Theorie der Wärme, *Grünert's Arch.*, XLII, 211. (Lu à la séance solennelle de l'Académie des sciences de Vienne, le 30 mai 1864.)

Bentham, Influence of the heat force on vegetable life, *Phil. Mag.*, (4), XXVIII, 400. (Lu à la séance annuelle de la Société Linnéenne, le 24 mai 1864.)

Berthelot, Sur la synthèse de l'acide formique, *C. R.*, LIX, 616.

Berthelot, Sur l'acide formique, *C. R.*, LIX, 817.

Berthelot, Sur la décomposition de l'acide formique, *C. R.*, LIX, 861.

Berthelot, Sur la décomposition de l'acide formique; effets calorifiques de cette décomposition, *C. R.*, LIX, 901.

Bohn, Historic notes on the conservation of energy, *Phil. Mag.*, (4), XXVIII, 311.

Brettes (Martin de), Comparaison des rendements dynamiques des bouches à feu et des machines à vapeur, *C. R.*, LVIII, 465.

Buff, Bemerkung bezüglich der specifischen Wärme zusammengesetzter Gase. *Liebig's Ann.*, CXXX, 375.

Buignet et Bussy, Recherches sur l'acide cyanhydrique, *C. R.*, LVIII, 790.

Buignet et Bussy, Recherches sur les changements de température produits par le mélange des liquides de nature différente, *C. R.*, LIX, 673.

Burdin, Locomotives mues par l'air chaud, *C. R.*, LVIII, 32.

Burdin, De la vapeur et de l'air chaud comparés sous le rapport du combustible brûlé, *C. R.*, LVIII, 490.

Burdin, De l'équivalent mécanique, *C. R.*, LVIII, 885.

Bussy et Buignet. (Voir plus haut.)

Bussy et Buignet, Réponse aux remarques faites par M. Deville sur une communication de MM. Bussy et Buignet, *C. R.*, LIX, 688.

Bussy et Buignet, Observations sur la note précédente (de M. Favre, relativement à une communication de M. Bussy), *C. R.*, LIX, 785.

Caligny (De), Sur un moyen simple de résoudre par l'expérience une question délicate de la théorie mécanique de la chaleur. *Inst.* [1864], 30. (Il s'agit de l'effet thermique du compresseur servant au percement du mont Cenis et déjà étudié par l'auteur en 1863.)

Caligny (De), Observations sur les effets de la chaleur dans les compresseurs hydrauliques à colonnes liquides oscillantes, *Inst.* [1864], 396.

Cantoni, Sulle variazioni di temperatura promosse nei liquidi da alcuni movimenti, *Rendic. Lomb.*, I, 144.

Carpentier, On the application of the principle of conservation of force to physiology, *Quarterly Journ. of sc.*, I.

Cazin, Machine à air chaud projetée par M. Mouline, *Mondes*, V, 18.

Cazin, Méthode élémentaire pour calculer les effets mécaniques de la chaleur et application à la théorie des machines à air chaud, *Mondes*, V, 220.

Clausius, *Abhandlungen über die mechanische Wärmetheorie, I Abtheilung*. Braunschweig, 1864. (C'est la réunion en un même ouvrage des mémoires antérieurs de M. Clausius sur la théorie de la chaleur, avec des suppléments importants à plusieurs d'entre eux.)

Clausius, Ueber die Concentration der Wärme- und Lichtstrahlen und die Gränzen ihrer Wirkung, *Pogg. Ann.*, CXXI, 1. Voir aussi *Abhandl.*, I, 322. (Mémoire présenté à la Société de Zurich le 22 juin 1863.)

Clausius, Ueber den Unterschied zwischen activem und gewöhnlichem Sauerstoff, *Pogg. Ann.*, CXXI, 250. Voir aussi *Abhandl.*, II, 335. (Mémoire présenté à la Société de Zurich le 19 octobre 1863.)

Clausius, Sur une détermination de l'équivalent mécanique de la chaleur. *Mondes*, VI, 423. (Remarques sur une note de M. Dupré.)

Clausius, Sur les équations fondamentales de la théorie mécanique de la chaleur, *Mondes*, VI, 687. (En réponse à M. Dupré.)

Clausius, Ueber den Einfluss der Schwere auf die Bewegungen der Gasmolecüle, *Zeitschrift für Math. und Phys.* [1864], 376.

Colding, On the history of the principle of the conservation of energy, *Phil. Mag.*, (4), XXVII, 56. (Le même mémoire a également été publié en français la même année dans les *Ann. de chim. et de phys.*, (4), I, 466.)

Combes, Observation à propos de la note de M. W. Thomson insérée dans le Compte rendu de la séance du 24 octobre 1864, *C. R.*, LIX, 717.

Combes, Exposé des principes de la théorie mécanique de la chaleur, *Bull. de la Soc. d'enc.* [1864], passim. (Suite de la publication commencée en 1863.)

Croll, On supposed objections to the dynamical theory of heat, *Phil. Mag.*, (4), XXVII, 194.

Croll, On the nature of heat vibrations, *Phil. Mag.*, (4), XXVII, 346. Voir aussi *Ann. de chim. et de phys.*, (4), II.

Croll, On the cause of cooling effect produced on solids by tension, *Phil. Mag.*, (4), XXVII, 380. Voir aussi *Ann. de chim. et de phys.*, (4), II.

Croll, De l'influence des marées sur la rotation de la terre et sur le mouvement moyen de la lune, *Ann. de chim. et de phys.*, (4), II.

Dahlander, Om en bestämmning af värmeenhetens mekaniska equivalent, *Œfversigt af förhandl.* Stockholm [1864].

Deville (H. Sainte-Claire), Remarques à l'occasion d'une communication de M. Bussy, *C. R.*, LIX, 688.

Donkin, Note on certain statements in elementary works concerning the specific heat of gases, *Phil. Mag.*, (4), XXVIII, 458.

Dupré, Premier mémoire sur la théorie mécanique de la chaleur : Application de la théorie mécanique de la chaleur à la discussion des expériences de

M. Regnault sur la compression des gaz, *Ann. de chim. et de phys.*, (4), I, 168.

Dupré, Suite du premier mémoire sur le travail mécanique et ses transformations, *Ann. de chim. et de phys.*, (4), I, 175.

Dupré, Deuxième mémoire sur la théorie mécanique de la chaleur, *Ann. de chim. et de phys.*, (4), II, 185; III, 76.

Dupré, Sur l'attraction au contact dans les vapeurs et sur l'équivalent mécanique de la chaleur, *Mondes*, VI, 315.

Dupré, Réponse à la lettre de M. Clausius (relative à la note précédente), *Mondes*, VI, 477.

Dupré, Rectification de la formule donnée par M. W. Thomson pour calculer les changements de température que produit une compression ou une expansion avec travail complet, *C. R.*, LVIII, 539.

Dupré, Mémoire sur la valeur de l'attraction au contact, la valeur du travail chimique dû à une élévation de température, la loi des chaleurs spécifiques des corps simples ou composés et la seconde vaporisation des corps, *C. R.*, LVIII, 163.

Dupré, Sur la loi de M. Regnault relative aux tensions maxima des vapeurs. *C. R.*, LVIII, 806.

Dupré, Sur la vitesse d'écoulement des gaz par des orifices en minces parois, *C. R.*, LVIII, 1004.

Dupré, Mémoire sur la résistance que les fluides opposent au mouvement, *C. R.*, LVIII, 1061.

Dupré, Sur les lois de compressibilité et de dilatation des corps, *C. R.*, LIX, 490.

Dupré, Réponses à deux notes de M. W. Thomson insérées dans les Comptes rendus des séances des 17 et 24 octobre 1864 (et relatives aux deux notes précédentes de M. Dupré), *C. R.*, LIX, 768.

Dupré, Réflexions sur les formules pour l'écoulement des fluides données par M. Zeuner, et réclamation de priorité relative à l'une d'elles; Nouveau théorème sur les capacités, *C. R.*, LIX, 596.

Dupré, Théorie des gaz et comparaison des expériences de M. Regnault avec les lois qu'elle renferme, *C. R.*, LIX, 905.

Edlund, Untersuchung über die Wärmeentwickelung galvanischer Inductionsströme und das Verhältniss dieser Entwickelung zu der dabei verbrauchten Arbeit, *Pogg. Ann.*, CXXIII, 193. (Traduction du mémoire original publié dans les *Œfversigt af förhandl.* Stockholm [1864], 77.)

Favre, Remarques à l'occasion d'une communication de M. Bussy, *C. R.*, LIX, 783.

Fleury, Sur la chaleur de combustion de l'acide formique, *C. R.*, LIX, 901.

Gill, On the dynamical theory of heat, *Phil. Mag.*, (4), XXVII, 84, 478; XXVIII, 367.

Heidenhain, *Mechanische Leistung, Wärmeentwickelung und Stoffumsatz bei der Muskelthätigkeit.* Leipzig [1864].

HIRN, *Esquisse élémentaire de la théorie mécanique de la chaleur et de ses conséquences philosophiques.* Paris [1864].

HIRN, Théorie de la chaleur, *Mondes,* IV, 353.

JAMESON, On air engines and air compressing apparatus, *Rep. of the Brit. Assoc.* [1863], II, 173.

JOULE, Note on the history of the dynamical theory of heat, *Phil. Mag.,* (4), XXVIII, 150.

KERNIG, *Experimentelle Beiträge zur Kenntniss der Wärmeregulirung beim Menschen.* Dorpat [1864]. (Thèse inaugurale.)

KIRCHHOFF, Sur la théorie de la décharge d'une bouteille de Leyde, *Pogg. Ann.,* XXXI, 551.

LABOULAYE et TRESCA, Recherches expérimentales sur la théorie de l'équivalent mécanique de la chaleur, *C. R.,* LVIII, 358.

MATTEUCCI, *Cinque lezioni sulla teoria dinamica del calore e sulle sue applicazione alla pila, ai motori elettromagnetici ed all' organismo vivente.* Torino [1864].

MEYERSTEIN und THIRY, Ueber das Verhältniss der bei der Muskelthätigkeit auftretenden Wärmeproduction zu der geleisteten Arbeit, *Zeitschrift für rat. Med.,* (3), XX, 45.

MORIN, Rapport sur le mémoire de MM. Tresca et Laboulaye (publié en 1864), *C. R.,* LX, 326 [1865].

OPPENHEIM, Sur la chaleur de combustion de l'acide formique, *C. R.,* LIX, 814.

PACINOTTI, Sulle correnti elettriche generate dall' azione del calorico e della luce, *Nuovo Cimento,* avril et mai 1864.

PASTEUR, Remarques à l'occasion d'une communication de M. Bussy, *C. R.,* LIX, 783.

PROUHET, Théories diverses de la chaleur, *Mondes,* IV, 762.

RANKINE, On the dynamical theory of heat, *Phil. Mag.,* (4), XXVII, 194. Voir aussi *Ann. de chim. et de phys.,* (4), II.

RANKINE, On the hypothesis of molecular vortices, *Phil. Mag.,* (4), XXVII, 313.

RANKINE, On the history of energetics, *Phil. Mag.,* (4), XXVIII, 404.

RAOULT, Recherches sur les forces électro-motrices et les quantités de chaleur dégagées dans les combinaisons chimiques, 1re partie, *Ann. de chim. et de phys.,* (4), II, 317.

REGNAULD (Jules), Observations relatives à la dilution des dissolutions salines, *Inst.* [1864], 158.

RÉSAL, Recherches sur le mouvement des projectiles dans les armes à feu basées sur la théorie mécanique de la chaleur, *C. R.,* LVIII, 500.

ROBIDA, Zur Theorie der Gase, *Zeitschrift für Math. und Phys.* [1864], 218.

SCHROEDER VAN DER KOLK, Ueber die mechanische Energie der chemischen Wirkungen, *Pogg. Ann.,* CXXII, 439, 658. Voir aussi *Ann. de chim. et de phys.,* (4), IV [1865].

SECCHI, Unité des forces physiques, *Mondes,* V, 435. (Annonce d'un traité ayant pour titre : *L'Unità delle forze fisiche.*)

SÉGUIN, De l'identité du calorique et du mouvement, *Cosmos*, XXVI, 296. (Réclamation de priorité.)

SORET, Vérification de la loi électrolytique lorsque le courant exerce une action extérieure, *Arch. de Genève* [août 1864].

ŠUBIC, Ueber die innere Arbeit und specifische Wärme. *Sitzungsberichte der math.-natur. Klasse der Akad. der Wiss. zu Wien*, XLIX, II, 155.

TAIT, On the history of thermodynamics, *Phil. Mag.*, (4), XXVIII, 288.

THIRY und MEYERSTEIN. (Voir plus haut.)

THOMSON (W.), Sur une communication de M. Dupré, *C. R.*, LIX, 665.

THOMSON (W.), Réponse aux deux notes de M. Dupré sur la thermo-dynamique, insérées dans les Comptes rendus du 21 mars et du 12 septembre 1864. *C. R.*, LIX, 705.

TRESCA et LABOULAYE. (Voir plus haut.)

TYNDALL, Notes on scientific history, *Phil Mag.*, (4), XXVIII, 25.

WOODS, On the relative amounts of heat produced by the chemical combination of ordinary and ozonized oxygen, *Phil. Mag.*, (4), XXVIII, 106.

W....R, Höhere Temperatur des Meeres nach vorhergegangenem Sturme, *Zeitschrift für allg. Erdkunde, von Koner*, (2), XVI.

1865.

ACHARD, Exposé du second principe de la théorie mécanique de la chaleur, *Arch. des sc. phys.*, (2), XXII, 214.

ACHARD, Réponse à une communication de M. Dupré, *C. R.*, LX, 1216.

BAUSCHINGER, Entwickelung eines Satzes der mechanischen Wärmetheorie für beliebige Processe, in welchem der Clausius'sche Satz der Aequivalenz der Verwandlungen für Kreisprocesse als besonderer Fall enthalten ist, *Zeitschrift für Math. und Phys.* [1865], X, II, 109.

BERTHELOT, Recherches de thermo-chimie, *Ann. de chim. et de phys.*, (4), VI, 290.

BETTI, *Teorica delle forze che agiscono secondo la legge di Newton*. Pisa [1865].

BOHN, Notions sur la théorie mécanique de la chaleur, *Ann. de chim. et de phys.*, (4), IV, 274.

BOURGET et BURDIN, Machine à air chaud à maximum de travail, *C. R.*, LX, 710.

BURDIN et BOURGET. (Voir plus haut.)

CANTONI, Sull' opuscolo del professore R. Ferrini : Saggio di esposizione elementare della teoria dinamica del calore, *Reale Istituto Lombardo di scienze, Rendiconti*. Milano [1865], 78.

CAZIN, *Théorie élémentaire des machines à air chaud*. Versailles [1865].

CLAUSIUS, Sur la disgrégation et la chaleur spécifique vraie, *Arch. des sc. phys.*, (2), XXIV, 117.

CLAUSIUS, Ueber die Berechnung der Dichtigkeit des gesättigten Wasserdampfes. *Pogg. Ann.*, CXXIV, 345.

CLAUSIUS, Ueber verschiedene für die Anwendung bequeme Formen der Hauptgleichungen der mechanischen Wärmetheorie, *Pogg. Ann.*, CXXV, 353. Voir aussi *Abhandl.*, II, 1, et *Journ. de Liouville*, (2), X, 361.

Clausius, Sur le second théorème principal de la théorie mécanique de la chaleur, *C. R.*, LX, 1025.

Clausius, Remarques sur une loi générale relative à la force agissante de la chaleur, *C. R.*, LXI, 621.

Colnet d'Huart (De), *Nouvelle théorie mathématique de la chaleur et de l'électricité*, 2e partie. Luxembourg [1865].

Colnet d'Huart (De), Théorème relatif aux rotations moléculaires, *C. R.*, LXI, 431.

Dahlander, Sur une détermination de l'équivalent mécanique de la chaleur. *Ann. de chim. et de phys.*, (4), IV, 474.

Dupré, Deuxième mémoire sur la théorie mécanique de la chaleur, 3e partie, *Ann. de chim. et de phys.*, (4), IV, 209.

Dupré, Troisième mémoire sur la théorie mécanique de la chaleur : Théorie des gaz, *Ann. de chim. et de phys.*, (4), IV, 426.

Dupré, Quatrième mémoire sur la théorie mécanique de la chaleur : Chaleurs latentes, *Ann. de chim. et de phys.*, (4), V, 488. Voir *C. R.*, LV, 339.

Dupré, Cinquième mémoire sur la théorie mécanique de la chaleur, *C. R.*, LXI, 582.

Dupré, Réponse à la lettre de M. Clausius insérée dans le numéro du 22 décembre, *Mondes*, VII, 389.

Dupré, Sur les chaleurs latentes, *C. R.*, LX, 339.

Dupré, Sur les principes fondamentaux de la théorie mécanique de la chaleur, *C. R.*, LX, 718.

Dupré, Lettre en réponse à des observations de M. Hirn sur la note précédente, *C. R.*, LX, 864.

Dupré, Réponse à la note de M. Clausius du 15 mai, relativement à la même note, *C. R.*, LX, 1156.

Dupré, Réponse à une nouvelle note de M. Clausius, *C. R.*, LXI, 738.

Dupré, Sur l'emploi des températures absolues dans la théorie mécanique de la chaleur, *C. R.*, LX, 1024.

Edlund, Détermination quantitative des phénomènes calorifiques qui se produisent pendant le changement de volume des métaux, *Pogg. Ann.*, CXXVI. Voir aussi *Ann. de chim. et de phys.*, (4), VIII, 257 [1866].

Fick, Historische Notiz betreffend die Verzögerung der Rotationsgeschwindigkeit der Erde, *Pogg. Ann.*, CXXVI, 660.

Hirn, *Théorie mécanique de la chaleur*, 1re partie : *Exposition analytique et expérimentale*, 2e édition. Paris [1865].

Kékulé, Sur la théorie atomique et la théorie de l'atomicité, *C. R.*, LX, 174.

Kuez, Ueber das mechanische Aequivalent der Wärme und der Elasticität fester Körper, *Zeitschrift für Math. und Phys.* [1865], 428.

Leroux, Sur les lois du dégagement de la chaleur par le passage d'un courant électrique dans les conducteurs métalliques et dans les voltamètres, *Ann. de chim. et de phys.*, (4), VI.

Loschmidt, Zur Grösse der Luftmolecüle, *Zeitschrift für Math. und Phys.* [1865], 511.

Meyer, Kritik einer Abhandlung von Kékulé über die Bedeutung der specifischen Wärme, *Zeitschrift für Chemie und Pharmacie* [1865], 250.

Morin, Sur un mode de transformation des figures employé dans la théorie de la chaleur, *C. R.*, LXI, 477.

Rankine, On the second law of the thermodynamics, *Phil. Mag.*, (4), XXX, 241.

Rankine, On thermodynamic and metamorphic functions, disgregation and real specific heat, *Phil. Mag.*, (4), XXX, 407.

Rankine, On saturated vapours, *Proc. Edinburgh. Soc.*, V, 449. Voir aussi *Ann. de chim. et de phys.*, (4), VIII, 378.

Raoult, Recherches sur les forces électro-motrices et les quantités de chaleur dégagées dans les combinaisons chimiques, 2e partie, *Ann. de chim. et de phys.*, (4), IV, 392.

Rein, *Das Wesen der Wärme. Versuch einer neuen Stoffanschauung der Wärme mit vergleichender Betrachtung der übrigen jetzt gebräuchlichen Wärmetheorien*, zweite Auflage. Leipzig [1865].

Rhodius, *Ein neuer Lehrsatz der Aërodynamik.* Bonn [1865].

Saint-Robert (De), *Principes de thermo-dynamique.* Turin [1865].

Schroeder van der Kolk, Studien über die Gase, *Pogg. Ann.*, CXXVI, 333.

Tellier, Sur une nouvelle application du gaz ammoniac à la mécanique, *Mém. scient.*, VII, 124.

Valérius, Note sur la constitution intérieure des corps, *Bull. de Bruxelles*, (2), XIX, 11, 79.

Zeuner, *Grundzüge der mechanischen Wärmetheorie, mit Anwendungen auf die der Wärmelehre angehörigen Theile der Messiennenlehre, ins besondere auf die Theorie der calorischen Maschinen und Dampfmaschinen*, 2e édition, très-augmentée; 1re partie. Leipzig [1865].

1866.

Babinet, Théorie de la chaleur dans l'hypothèse des vibrations, *C. R.*, LXIII, 581, 662, 756.

Bauschinger, Ueber das Integral $\int \frac{dQ}{T}$, *Zeitschrift für Math. und Phys.* [1866], 152.

Bauschinger, Ueber den Zusammenhang einiger physikalischen Eigenschaften der Gase, *Zeitschrift für Math. und Phys.* [1866], 208.

Boltzmann, Ueber die mechanische Bedeutung des zweiten Hauptsatzes der Wärmetheorie, *Sitzungsberichte der math.-natur. Klasse der Akad. der Wiss. zu Wien*, LIII, 195.

Cazin, La théorie mécanique de la chaleur, *Mondes*, XII et XIII, passim.

Cazin, Sur la détente des vapeurs saturées, *C. R.*, LXI, 56.

Cazin et Hirn, Expériences sur la détente de la vapeur d'eau surchauffée, *C. R.*, LXIII, 144.

Chevreul, Remarques sur l'explication de la combustion donnée par M. Stahl, *C. R.*, LXIII, 588.

Clausius, Einleitung in die mathematische Behandlung der Elektricität, *Abhandl.* [1867], II, 39.

Clausius, Ueber die Bestimmung der Disgregation eines Körpers und die wahre Wärmecapacität, *Pogg. Ann.*, CXXVII, 477. Cf. *Archiv. de Genève* [1865].

Clausius, Ueber die Bestimmung der Energie und Entropie eines Körpers, *Zeitschrift für Math. und Phys.* [1866], 31.

Clausius, Ueber das Integral $\int \frac{dQ}{T}$, *Zeitschrift für Math. und Phys.*, XI, 455. (Réponse à M. Bauschinger.)

Cornelius, *Grundzüge einer Molecularphysik.* Halle [1866].

Delabar, Ueber die weiteren Verbesserungen an Heissluftmaschinen, *Dingler's Journ.*, CLXXIX, 249.

Delabar, Die Heissluft und Gasmaschine von S. Million, Laubereau's neue calorische Maschine, *Dingler's Journ.*, CLXXIX, 329.

Delaunay, Note sur la question du ralentissement de la rotation de la terre, *C. R.*, LXII, 1107.

Dinse, Ueber die Verwendung des überhitzten Dampfes in den Dampfmaschinen, *Dingler's Journ.*, CLXXX, 2.

Dupré, Supplément à la première partie du mémoire sur le travail et les forces moléculaires : Lois des chaleurs latentes de fusion, *Ann. de chim. et de phys.*, (4), VII, 189.

Dupré, Sur le nombre des molécules contenues dans l'unité de volume, *C. R.*, LXII, 39.

Dupré, Théorie mécanique de la chaleur, *C. R.*, LXII, 622.

Dupré, Sur la loi qui régit le travail de réunion des corps simples et sur les attractions à petite distance, *C. R.*, LXII, 791.

Dupré, Sur la théorie de la diffusion, *C. R.*, LXII, 1072.

Dupré, Sixième mémoire sur la théorie mécanique de la chaleur, *C. R.*, LXIII, 268, 952.

Dupré, Note sur la tendance d'un système matériel quelconque au repos absolu ou relatif, *C. R.*, LIII, 548.

Dupré, Cinquième et sixième mémoires sur la théorie mécanique de la chaleur, *Ann. de chim. et de phys.*, VII, passim; IX, 328.

Dyer, Notes on the action of heat and force upon matter, *Proceed. Manchester Soc.*, III, 77.

Dyer, Note on some recent discoveries in elementar physics, *Proceed. Manchester Soc.*, III, 207.

Favre, Sur les réactions chimiques observées à l'aide de la chaleur empruntée à la pile, *Mondes*, (2), XII, 42.

Gallo, *Théorie mécanique de la chaleur notablement perfectionnée*. Turin [1866].

Gill, Note on change of state as affecting communication of heat. *Phil. Mag.*, (4), XXXII, 420.

Hirn, *Exposition analytique et expérimentale de la théorie mécanique de la chaleur*. Paris [1866].

Hirn et Cazin. (Voir plus haut.)

Koehler, *Die mechanische Wärmetheorie in ihrer Anwendung auf permanente Gase*. Bielefeld [1866]. (Programme d'études.)

Maxwell, On the dynamical theory of gases, *Phil. Mag.*, (4), XXXII, 390.

Rankine, On the expansion of saturated vapours, *Phil. Mag.*, (4), XXXI, 199. Voir aussi *Ann. de chim. et de phys.*, (4), VIII, 374.

Rankine, Reply to Mr. Dyer's paper, *Proceed. Manchester Soc.*, III, 93.

Rankine, Ueber den Einfluss der Kolbenreibung auf die mechanische Arbeit des Dampfes, *Polyt. Centralblatt*. Leipsig [1866], 1297.

Rankine, Graphische Darstellung des mittleren Druckes von expandirendem Dampfe, *Engineer* [april 1866], 261.

Rennie, Sur le dégagement de la chaleur par l'agitation de l'eau, *Mondes*, (2), X, 469.

Saint-Robert (De), Remarques à l'occasion d'une note de M. Clausius, *Arch. des sc. phys.*, (2), XXV, 34.

Séguin, History of the dynamical theory of heat. *Proceed. Manchester Soc.*, III, 21.

Tait, On the heating of a disk by rapid rotation in vacuo, *Proceed. Roy. Soc.* [décembre 1866].

Zeuner, *Grundzüge der mechanischen Wärmetheorie*, 2e édition, très-augmentée. Leipsig [1866].

Zoeppritz, *Die neueren Anschauungen vom Wesen der Wärme*. Tubingen [1866].

1867.

Bauschinger, Entgegnung auf die Antwort des Herrn Clausius, *Zeitschrift für Math. und Phys.*, XII, 180. Cf. Clausius [1866].

Bertin, *Rapport sur les progrès de la thermo-dynamique en France*. Paris [1867].

Boguslawski (Von), Notiz über die kosmische Theorie der Feuermeteore. *Pogg. Ann.*, CXXX, 165.

Boussinesq, Sur un nouvel ellipsoïde qui joue un grand rôle dans la théorie de la chaleur, *C. R.*, LXV, 358.

Bunsen, Sur la température de la flamme de l'oxyde de carbone et de la flamme de l'hydrogène, *Pogg. Ann.*, CXXXI, 161.

Burdin, De l'air chaud substitué à la vapeur sans danger d'explosion, *C. R.*, LXV, 392.

Cazin et Hirn, Mémoire sur la détente de la vapeur d'eau surchauffée. *Ann. de chim. et de phys.*, X, 349. Cf. *C. R.* [1866].

Chmoulewitch, Recherches touchant l'action de la chaleur sur la puissance mécanique des muscles de la grenouille, *C. R.*, LXV.

Clausius, Erklärung in Betreff einer Bemerkung des Herrn Bauschinger, *Zeitschrift für Math. und Phys.*, XII, 185.

Combes, *Exposé des principes de la théorie mécanique de la chaleur et de ses applications principales*. Paris [1867].

Dupré, Sixième mémoire sur la théorie mécanique de la chaleur, *Ann. de chim. et de phys.*, (4), XI, 194.

Dupré, Sur la vitesse du son, *C. R.*, LXIV, 350.

Dupré, Discussion avec M. Lamarle, *C. R.*, LXIV, 593, 902.

Dupré, Septième mémoire sur la théorie mécanique de la chaleur, *C. R.*, LXIV, 593.

Edlund, Ueber das Vermögen des galvanischen Stroms, das Volumen fester Körper unabhängig von der entwickelten Wärme zu verändern, *Pogg. Ann.*, CXXXI, 337.

Gerlach, Beitrag zur mechanischen Theorie des elektrischen Stroms, *Pogg. Ann.*, CXXXI, 480.

Hankel, Neue Theorie der elektrischen Erscheinungen, *Pogg. Ann.*, CXXXI, 607. (Suite du mémoire publié dans les mêmes *Annales*, CXXVI, 466.)

Harbord, The conic theory of heat, in connexion chiefly with the metamorphosis of water, *Phil. Mag.*, (4), XXXIV, 106.

Harbord, The conic theory of heat, considered in connexion with general sensation and the three senses of touch, taste and smell, *Phil. Mag.*, (4), XXXIV, 185.

Heath, On the dynamical theory of deep-sea tides and the effect of tidal friction, *Phil. Mag.*, (4), XXXIII, 165.

Heath, Note on the theory of tidal friction, *Phil. Mag.*, (4), XXXIII, 400.

Hirn, Mémoire sur la thermo-dynamique. 1re partie. *Ann. de chim. et de phys.*, (4), X, 32.

Hirn, Mémoire sur la thermo-dynamique. 2e partie. *Ann. de chim. et de phys.*, (4), XI, 5.

Hirn et Cazin. (Voir plus haut.)

Kundt, Sur la vitesse du son dans les tuyaux. *Monatsber. der Akad. der Wiss. zu Berlin* [1867].

Ladd, sur une nouvelle machine magnéto-électrique, *Phil. Mag.*, XXXIII, 544.

Laughton, On the natural forces that produce the permanent and periodic winds, *Phil. Mag.*, (4), XXXIV, 443.

Leroux, Recherches sur les courants thermo-électriques. *Ann. de chim. et de phys.*, (4), X, 201.

Leroux, Détermination expérimentale de la vitesse de propagation d'un ébranlement sonore dans un tuyau cylindrique, *Ann. de chim. et de phys.*, (4), XII, 258.

LORENZ, Sur l'identité des vibrations lumineuses et des courants électriques, *Pogg. Ann.*, CXXXI.

MAXWELL, On the theory of the maintenance of electric currents by mechanical work without the use of permanent magnets, *Proceed. of the Roy. Soc.* [1867].

MELSENS, Sur le mouvement des projectiles dans des milieux résistants, *C. R.*, LXV.

MOUTIER, Sur un point de la théorie mécanique de la chaleur, *C. R.*, LXIV, 653.

NAUMANN, Sur la chaleur spécifique des gaz sous pression constante, *Ann. der Chem. und Pharm.*, CXLII, 265.

NAUMANN, Sur la vitesse des atomes, *Ann. der Chem. und Pharm.*, CXLII, 284.

NAUMANN, Sur les dimensions relatives des molécules, *Liebig's Annalen* (*Supp.*), V, 253.

POGGENDORFF, Ueber die Wärme-Entwickelung in der Luftstrecke elektrischer Entladungen, *Pogg. Ann.*, CXXXII, 107.

RANKINE, On the phrase «potential energy» and on the definition of physical quantities, *Phil. Mag.*, (4), XXXIII, 88.

RANKINE, De la nécessité de vulgariser la seconde loi de la thermo-dynamique, *Ann. de chim. et de phys.*, (4), XII, 258.

RIEMANN, Remarques sur l'électro-dynamique, *Pogg. Ann.*, CXXXI. (Publication posthume d'un mémoire présenté par l'auteur à la Société royale des sciences de Göttingen, le 10 février 1858.)

ROSENTHAL, Note sur la force que peut développer un muscle de grenouille en se contractant, *C. R.*, LXIV.

SCHRÖDER VAN DER KOLK, Ueber die mechanische Energie der chemischen Verbindungen, *Pogg. Ann.*, CXXXI, 277, 408.

SCHRÖDER VAN DER KOLK, Ueber die Dissociationstheorie, *Pogg. Ann.*, CXXXI, 425.

SIEMENS (WERNER), Sur les nouvelles machines d'induction, *Pogg. Ann.*, CXXX, 332.

SIEMENS (WILLIAM), On the conversion of dynamical into electrical force without the aid of permanent magnetism, *Proceed. of the Roy. Soc.* [1867] et *Phil. Mag.*, (4), XXXIII, 469.

SORET, Sur l'intensité de la radiation solaire, *C. R.*, LXV, 526.

STONEY, On the physical constitution of the sun and stars, *Proceed. of the Roy. Soc.* [1867].

THOMSON (W.), On vortex atoms, *Phil. Mag.*, (4), XXXIV, 15.

WHEATSTONE, Sur les nouvelles machines d'induction, *Phil. Mag.*, (4), XXXIII.

1868.

BERTIN, Sur les nouvelles machines d'induction, *Ann. de chim. et de phys.*, (4), XV, 169.

BURDIN, L'équivalent mécanique de la chaleur expliqué à l'aide de l'éther et tendant par suite à confirmer l'existence de ce fluide universellement répandu, *C. R.*, LXVII, 1117.

CAZIN, Mémoire sur le travail intérieur dans les gaz, *C. R.*, LXVI, 483.

CAZIN, Mémoire sur la détente et la compression des vapeurs, *Ann. de chim. et de phys.*, (4), XIV, 374.

CHACORNAC, Recherches sur la constitution physique du soleil, *C. R.*, LXVII, 1110.

CLAUSIUS, Ueber die von Gauss angeregte neue Auffassung der elektro-dynamischen Erscheinungen, *Pogg. Ann.*, CXXXV, 606.

CLAUSIUS, On the second fundamental theorem of the mechanical theory of heat, *Phil. Mag.*, (4), XXXV, 405. (Lecture faite à la réunion de l'Association scientifique allemande à Francfort-sur-le-Mein, le 23 septembre 1867.)

CLAUSIUS, Note accompagnant l'envoi à l'Académie de la première partie de la traduction française de sa «Théorie mécanique de la chaleur», *C. R.*, LXVI, 184. Cf. CLAUSIUS [1869].

DEVILLE (H. SAINTE-CLAIRE), Remarques sur une communication de M. Favre, *C. R.*, LXVI, 791.

DUPRÉ, Septième mémoire sur la théorie mécanique de la chaleur, *Ann. de chim. et de phys.*, (4), XIV, 64.

DUPRÉ, Sur les attractions moléculaires et le travail chimique, *C. R.*, LXIV, 141.

DUPRÉ, Réclamation de priorité relativement à un mémoire de M. Jamin sur la compressibilité des liquides, *C. R.*, LXVII, 392.

EIBEL, Beitrag zur mechanischen Theorie der Wärme, *Zeitschrift für Math. und Phys.*, XIII, 491.

FAVRE, Recherches sur l'électrolyse, *C. R.*, LXVI, 200.

FAVRE, Description d'un nouveau calorimètre à combustions vives, *C. R.*, LXVI, 788.

FAYE, Note accompagnant la présentation de la «Théorie mécanique de la chaleur» de M. Hirn, *C. R.*, LXVII, 880.

GILL, On the dynamical theory of heat, *Phil. Mag.*, (4), XXXV, 439, XXXVI, 1.

HELMHOLTZ, Sur les mouvements discontinus des fluides, *Monatsber. der Akad. der Wiss. zu Berlin* [1868], 215.

JAMIN et ROGER, Sur les machines magnéto-électriques, *C. R.*, LXVI, 1100.

KIRCHHOFF, Ueber den Einfluss der Wärmeleitung in einem Gase auf die Schallbewegung, *Pogg. Ann.*, CXXXIV, 177.

KNOCHENHAUER, Versuche über die Theilung des Batteriestromes mit Rücksicht auf die Theorie derselben, *Pogg. Ann.*, CXXXIII, 447, 655.

Maxwell, On the dynamical theory of gases, *Phil. Trans.* [1867] et *Phil. Mag.*, (4), XXXV, 129, 185. (Suite du mémoire publié dans le *Phil. Mag.*, (4), XXXII, 390 [1866].)

Maxwell, On a method of making a direct comparison of electrostatic with electromagnetic force; with a Note on the electromagnetic theory of light. *Proceed. of the Roy. Soc.* [1868].

Meyer, Zur Erklärung der Versuche von Stewart und Tait über die Erwärmung rotirender Scheiben im Vacuum, *Pogg. Ann.*, CXXXV, 285.

Mouchot, Possibilité d'employer dans certaines contrées la chaleur solaire pour remplacer le combustible, *C. R.*, LXVII, 1182.

Moutier, Sur la théorie des gaz. *C. R.*, LXVI, 344.

Moutier, Sur la relation qui existe entre la cohésion d'un corps composé et les cohésions de ses éléments. *C. R.*, LXVI, 606.

Moutier, Mémoire sur la théorie mécanique de la chaleur, *Ann. de chim. et de phys.*, (4), XIV, 247.

Norton, Fundamental principles of molecular physics. *Silliman's Journ.* [1868].

Rankine, On the thermal energy of molecular vortices. *Trans. of Edinburgh*, XXV, 557.

Regnault, *Mémoire sur la vitesse de la propagation des ondes dans les milieux gazeux.* (Ce mémoire, dont les conclusions seulement ont paru dans les *C. R.*, février 1868, forme la 1re partie du tome XXVII des *Mém. de l'Acad. des sciences.* La 2e partie de ce tome, consacrée aussi exclusivement à un mémoire de M. Regnault, n'a paru qu'en 1870.)

Roger et Jamin. (Voir plus haut.)

Schellen, Notice sur les nouvelles machines d'induction, *Repertorium für experimental Physik, von Carl*, IV, 65.

Stoney, The internal motions of gases compared with the motions of wawes of light, *Phil. Mag.*, (4), XXXVI, 132.

Stoney, Sur la constitution physique du soleil. *C. R.*, LXVII, 85.

Thomson (W.), On vortex motion, *Trans. of Edinburgh*, XXV, 217.

Villari, Ueber einige eigenthümliche elektromagnetische Erscheinungen und über die Weber'sche Hypothese vom Elektromagnetismus. *Pogg. Ann.*, CXXXIII, 322.

Waltenhofen, Ueber die elektromotrische Kraft der Daniell'schen Kette nach absolutem Maasse, *Pog. Ann.*, CXXXIII, 462.

Warburg, Beobachtungen über den Einfluss der Temperatur auf die Elektrolyse, *Pogg. Ann.*, CXXXV, 114.

Waterston, On certain thermomolecular relations of liquids and theis saturated vapours, *Phil. Mag.*, (4), XXXV, 81.

1869.

Abel, Sur les propriétés mécaniques des corps détonants. *C. R.*, LXIX, 105, 121.

ALDIS, On the nebular hypothesis, *Phil. Mag.*, (4), XXXVIII, 308.

ANDREWS, On the continuity of the gaseous and liquid states of matter, *Proceed. of Roy. Soc.* [1869] (Bakerian lecture).

BAYMA, Fundamental principles of molecular physics, *Phil. Mag.*, (4), XXXVII, 182, 275, 348, 431.

BERTHELOT, Nouvelles recherches de thermo-chimie, *Ann. de chim. et de phys.*, (4), XVIII, 5.

BLASERNA, Sur la vitesse moyenne du mouvement de translation des molécules dans les gaz non parfaits, *C. R.*, LXVIII.

BOLTZMANN, Bemerkung zur Abhandlung des Hrn. R. Most : Ein neuer Beweis des zweiten Wärmegesetzes, *Pogg. Ann.*, CXXXVII, 495.

BRIOT, *Théorie mécanique de la chaleur*. Paris [1869].

CARPMAEL, On Tyndall's cometary theory, *Phil. Mag.*, (4), XXXVII, 404.

CAZIN, Sur la détente des gaz, *C. R.*, LXIX.

CLAUSIUS, *Théorie mécanique de la chaleur*, traduite par Folie sur l'édition allemande de 1867. Paris [1869]. (La 1re partie parut en 1868.)

CLAUSIUS, Note accompagnant l'envoi à l'Académie de cette 2e partie de la traduction, *C. R.*, LXVIII, 1142.

COMBES, Études sur la machine à vapeur, *C. R.*, LXVIII, 1165.

DUFOUR, Sur le dégagement de chaleur qui accompagne l'explosion des larmes bataviques, *C. R.*, LXVIII, 200.

DUPRÉ et PAGE, On the specific heat and other physical properties of aqueous mixtures and solutions, *Proceed. of Roy. Soc.* [1869].

EDLUND, Ueber die Ursache der von Peltier entdeckten galvanischen Abkühlungs- und Erwärmungs-Phänomene, *Pogg. Ann.*, CXXXVII, 474. (Lu devant l'Académie suédoise des sciences à Stockholm, le 14 avril 1869.)

FAVRE, Recherches sur la chaleur mise en jeu dans la pile, *C. R.*, LXVIII, 1300, 1306, 1520.

FAYE, Sur les résultats concernant la constitution physique du soleil, obtenus soit par l'analyse spectrale, soit par l'étude mécanique de la rotation, *C. R.*, LXVIII, 1139.

FAYE, Note accompagnant la présentation de la traduction française du traité de thermo-dynamique de Zeuner, *C. R.*, LXIX, 101.

GIBBS, On Tyndall's cometary theory, *Phil. Mag.*, (4), XXXVII, 405.

GORE, On the development of electric currents by magnetism and heat, *Proceed. of the Roy. Soc.* [1869].

GUÉRINEAU-AUBRY, Appareil imaginé pour utiliser la chaleur produite par le frottement, *C. R.*, LXVIII, 1459.

GUTHRIE, *The elements of heat and of non metallic chemistry* (especially designed for candidates for the matriculation pass examination of the university of London). London [1868].

HERWIG, Untersuchungen über das Verhalten der Dämpfe gegen das Mariotte'sche und Gay-Lussac'sche Gesetz, *Pogg. Ann.*, CXXXVII, 19, 592.

Jamin et Roger, Sur les machines magnéto-électriques. *Ann. de chim. et de phys.*, (4), XVII, 276.

Jamin et Roger. Sur la chaleur développée par les courants discontinus, *C. R.*, LXVIII.

Janssen, Résumé des notions acquises sur la constitution du soleil. *C. R.*, LXVIII, 312.

Kohlrausch, Eine Bestimmung der specifischen Wärme der Luft bei constantem Volumen mit dem Metallthermometer, *Pogg. Ann.*, CXXXVI, 618.

Kohlrausch et Nippoldt, Sur l'extension des lois de Ohm aux électrolytes et sur l'emploi des courants alternés pour la mesure des résistances. *Pogg. Ann.*, CXXXVIII.

Kurz, Notiz zu dem Aufsatz : Eine Bestimmung der specifischen Wärme der Luft u. s. w., von Kohlrausch. *Pogg. Ann.*, CXXXVIII, 335.

Lockyer, Sur la constitution physique du soleil, *C. R.*, LXIX, 121, 452.

Lortet, Troubles dans la respiration, la circulation et la production de chaleur aux grandes hauteurs des sommets du mont Blanc, *C. R.*, LXIX.

Marcet. Observations sur la température du corps humain à différentes altitudes comparée au travail mécanique de l'ascension, *Arch. de Genève* [1869].

Massieu, Sur les fonctions caractéristiques des divers fluides. *C. R.*, LXIX, 858, 1057.

Meyer, Weitere Bemerkungen zur Erklärung der Versuche von Stewart und Tait über die Erwärmung rotirender Scheiben im Vacuum. *Pogg. Ann.*, CXXXVI, 330. Cf. *Phil. Mag.*, (4), XXXVII, 287.

Mills, On statical and dynamical ideas in chemistry, part I, *Phil. Mag.*, (4), XXXVII. 461.

Most, Ein einfacher Beweis des zweiten Wärmegesetzes. *Pogg. Ann.*, CXXXVI, 140.

Most, Entgegnung auf die kritische Bemerkung des Hrn. L. Boltzmann, *Pogg. Ann.*, CXXXVIII, 566.

Mouchot, *La chaleur solaire et ses applications industrielles.* Paris et Tours [1869].

Moutier, Sur la chaleur consommée en travail interne lorsqu'un gaz se dilate sous la pression de l'atmosphère, *C. R.*, LXVIII, 95.

Moutier, Sur la détente des gaz, *C. R.*, LXIX, 1137.

Naumann, La loi d'Avogadro (loi d'Ampère) déduite de la conception fondamentale de la théorie mécanique des gaz, *Berichte der Deutsche chemisch. Gesellsch.* [1869].

Nippoldt et Kohlrausch. (Voir plus haut.)

Norton, Fundamental principles of molecular physics. Reply to Prof. Bayma, *Phil. Mag.*, (4), XXXVIII, 34, 208.

Page et Dupré. (Voir plus haut.)

Patau, Théorie de la chaleur et de la lumière, *C. R.*, LXVIII, 599.

Rankine. On the thermal energy of molecular vortices, *Phil. Mag.*, (4),

XXXVIII, 247. (Lu devant la Société royale d'Édimbourg, le 31 mai 1869.)

Rankine, On the thermodynamic theory of waves of finite longitudinal disturbance, *Proceed. of Roy. Soc.* [1869].

Reech, Équations fondamentales de la théorie mathématique de la chaleur, *C. R.*, LXIX, 913.

Regnault, Mémoire sur la détente des gaz. *C. R.*, LXIX, 127. Cf. *Mém. de l'Acad. des sc.* [1870].

Roger et Jamin. (Voir plus haut.).

Saint-Robert (De), Sadi Carnot (Notice bibliographique). *Ann. de chim. et de phys.*, (4), XVI, 407.

Schnebeli, Ueber die Schallgeschwindigkeit der Luft in Röhren, *Pogg. Ann.*, CXXXVI, 296.

Schröder, Untersuchungen über die Bedingungen, von welchen die Entwickelung von Gas- und Dampfblasen abhängig ist, und über die bei ihrer Bildung wirksamen Kräfte, *Pogg. Ann.*, CXXXVII, 76.

Schultz, Ueber den Gefrierpunkt des Wassers aus wässrigen Gasauflösungen, und die Regelation, *Pogg. Ann.*, CXXXVII, 252.

Sinsteden, Wie werden in dem elektromagnetischen Motor die bei der Rotation des beweglichen Magnet auftretenden, den Batteriestrom schwächenden, die volle Wirkung der Maschine hindernden Inductionsströme beseitigt? *Pogg. Ann.*, CXXXVII, 483.

Stewart et Tait, On the heating of a disk by rapid rotation in vacuo, *Phil. Mag.*, (4), XXXVII, 97, et *Pogg. Ann.*, CXXXVI, 165.

Strutt, On some electromagnetic phenomena considered in connexion with the dynamical theory, *Phil. Mag.*, (4), XXXVIII, 1.

Tait et Stewart. (Voir plus haut.).

Thomsen, Thermochemische Untersuchungen (1re, 2e et 3e parties), *Pogg. Ann.* CXXXVIII, 65, 205, 497.

Tomlinson, Historical notes on some phenomena connected with the boiling of liquids, *Phil. Mag.*, (4), XXXVII, 161.

Tomlinson, On the formation of bubbles of gaz and vapour in liquids, *Phil. Mag.*, (4), XXXVIII, 204.

Tyndall, On cometary theory, *Phil. Mag.*, (4), XXXVII, 241.

Vaughan, The secular effects of tidal action, *Phil. Mag.*, (4), XXXVII, 216.

Warburg (Von), Ueber die Erwärmung fester Körper durch das Tönen, *Monatsber. der königl. Akad. der Wiss. zu Berlin* [1869].

Weber, Ueber einen einfachen Ausspruch des allgemeinen Grundgesetzes der elektrischen Wirkung, *Pogg. Ann.*, CXXXVI, 485.

Witte (Von), Ueber die specifische Wärme der Luft bei constantem Volumen, *Pogg. Ann.*, CXXXVIII, 155.

Witwer, Entwurf einer Theorie der Gase, *Zeitschrift für Math. und Phys.*, XIV, 81.

WITWER, Anwendung der Lehre vom Stosse elastischer Körper auf einige Wärmeerscheinungen, *Zeitschrift für Math. und Phys.*, XIV, 478.

ZEUNER, *Théorie mécanique de la chaleur, avec ses applications aux machines*, traduite sur la 2e édition allemande [1866] par Arnthal et Cazin. Paris [1869].

1870.

ABBOTT, Note on some propositions in the theory of tides. *Phil. Mag.*, (4), XXXIX, 49.

ABEL, Sur les propriétés dynamiques des composés détonants, *Ann. de chim. et de phys.*, (4), XXI, 97.

ANDREWS, Sur la continuité de l'état gazeux et de l'état liquide de la matière, *Ann. de chim. et de phys.*, (4), XXI, 208. Cf. *Proceed. of Roy. Soc.* [1869].

BEZOLD (VON), Untersuchungen über die elektrische Entladung, *Pogg. Ann.*, CXL, 541.

BOLTZMANN, Ueber die von bewegten Gasmassen geleistete Arbeit, *Pogg. Ann.*, CXL, 254.

BOLTZMANN, Erwiederung an Hrn. Most, *Pogg. Ann.*, CXL, 635.

BOLTZMANN, Noch einiges über Kohlrausch's Versuch zur Bestimmung des Verhältnisses der Wärmecapacitäten, *Pogg. Ann.*, CXLI, 473.

BUDDE, Ueber die Disgregation und den wahren Wärme-Inhalt der Körper, *Pogg. Ann.*, CXLI, 426.

BUNSEN, Calorimetrische Untersuchungen, *Pogg. Ann.*, CXLI, 1.

CAZIN, Mémoire sur le travail intérieur des gaz, *Ann. de chim. et de phys.*, (4), XIX, 5. Cf. *C. R.* [1868].

CAZIN, Mémoire sur la détente des gaz, *Ann. de chim. et de phys.*, (4), XX, 251. Cf. *C. R.* [1869].

CHALLIS, A mathematical theory of tides, *Phil. Mag.*, (4), XXXIX, 18, 260, 435.

CLAUSIUS, Bemerkungen zu zwei Aufsätzen von V. Bezold und Edlund über elektrische Erscheinungen, *Pogg. Ann.*, CXXXIX, 276. Cf. *Pogg. Ann.* [1869].

CLAUSIUS, Ueber einen auf die Wärme anwendbaren mechanischen Satz, *Pogg. Ann.*, CXLI, 124.

DUPRÉ, Du choc, *Ann. de chim. et de phys.*, (4), XX, 5.

FEDDERSEN, Ueber Knochenhauer's Vergleichung der Theorie mit der Erfahrung für die oscillatorische elektrische Entladung in einem verzweigten Schliessungsbogen, *Pogg. Ann.*, CXXXIX, 639.

GARBETT, Popular difficulties in tide theory, *Phil. Mag.*, (4), XXXIX, 174.

HAGENBACH, Sur la fusion des projectiles en plomb par leur choc contre une plaque de fonte, *Pogg. Ann.*, CXL.

HEATH, On the circumstances wich determine the variation of temperature in a perfect gaz during expansion and condensation, *Phil. Mag.*, (4), XXXIX, 288.

HEATH, On the theory of the variation of temperature in gases in consequence of changes in their density and pressure, *Phil. Mag.*, (4), XXXIX, 347.

HEATH, On thermodynamics, *Phil. Mag.*, (4), XXXIX, 421.

HEATH, On the interchangeability of heat and mechanical action, *Phil. Mag.*, (4), XL, 51.

HEATH, On the principles of thermodynamics, *Phil. Mag.*, (4), XL, 218, 429.

HERWIG, Nachtrag zu den Untersuchungen über das Verhalten der Dämpfe gegen das Mariotte'sche und Gay-Lussac'sche Gesetz, *Pogg. Ann.*, CXLI, 83.

JAMIN, Sur la chaleur latente de la glace, *C. R.*, LXX, 715.

KURZ, Ueber die von bewegten Gasmassen geleistete Arbeit; respective Bemerkungen zum Aufsatze des Hrn. Boltzmann, *Pogg. Ann.*, CXLI, 159.

LORENZ, Zur Moleculartheorie und Elektricitätslehre, *Pogg. Ann.*, CXL, 644.

MILLS, On statical and dynamical ideas in chemistry, part II, *Phil. Mag.*, (4), XL, 259.

MOSELEY, On the mechanical properties of ice, *Phil. Mag.*, (4), XXXIX, 1.

MOST, Ueber die durch Muskelcontractionen geleistete Beugungsarbeit, *Pogg. Ann.*, CXXXIX, 672.

MOUTIER, Sur la chaleur spécifique des gaz sous volume constant, *C. R.*, LXXI, 807.

MOUTIER, Sur la formule de la vitesse du son, *C. R.*, LXXI, 846.

MOUTIER, Recherches sur l'état solide, *C. R.*, LXXI, 934.

MULDER, Geschwindigkeit der Molecularbewegung und des Schalls in Gasen, *Pogg. Ann.*, CXL, 288.

NORTON, Fundamental principles of molecular physics, *Phil. Mag.*, (4), XXXIX, 126. Cf. *Phil. Mag.* [1869].

PHILLIPS, Sur les changements d'état d'un mélange d'une vapeur saturée et de son liquide suivant une ligne adiabatique, *C. R.*, LXX, 588.

RANKINE, On the thermal energy of molecular vortices, *Phil. Mag.*, (4), XXXIX, 211. (Suite du Mémoire dont la 1re partie a paru dans le *Phil. Mag.* [1869].) Cf. *Trans. of the Roy. Soc. of Edinburgh*, XXV.

RANKINE, On the mathematical theory of stream-lines, especially those with four foci and upwards, *Proceed. of Roy. Soc.* [1870].

RANKINE, On thermodynamics, *Phil. Mag.*, (4), XL, 103.

RANKINE, On the thermodynamic acceleration and retardation of streams, *Phil. Mag.*, (4), XL, 288. (Lu à la réunion de l'Association britannique à Liverpool, septembre 1870.)

REGNAULT, Mémoire sur la détente des gaz. (Ce mémoire forme la 2e partie du tome XXVII des *Mém. de l'Acad. des sc.*, dont la 1re partie a paru en 1868.)

Renou, Sur la chaleur latente de la glace, *C. R.*, LXX, 1043.

Röntgen, Ueber die Bestimmung der specifischen Wärme von Gasen bei constantem Volum, *Pogg. Ann.*, CXLI, 552.

Schultz-Sellack, Ueber die galvanische Wärmewirkung und die Gränzfläche von Elektrolyten, *Pogg. Ann.*, CXLI, 467.

Seebeck, Ueber Fortpflanzungsgeschwindigkeit des Schalls in Röhren, *Pogg. Ann.*, CXXXIX, 104.

Tait, *Essai historique de la théorie dynamique de la chaleur*, traduit par Moigno et Cyre. Paris [1870].

Thomsen, Thermochemische Untersuchungen (4e, 5e et 6e parties), *Pogg. Ann.*, CXXXIX, 193; CXL, 88, 497. Cf. *Pogg. Ann.* [1869].

Toselli, Abaissement de température produit par la rotation d'un tube métallique courbé en spirale au milieu d'une masse d'eau, *C. R.*, LXX, 1308, 1373.

Verdeil, Sur la faiblesse du rendement des machines à vapeur, *C. R.*, LXXI, 522.

Violle, Sur l'équivalent mécanique de la chaleur, *Ann. de chim. et de phys.*, (4), XXI, 64. Cf. *C. R.*, LXX, 1283; LXXI, 522.

Warburg, Ueber die Dämpfung der Töne fester Körper durch innere Widerstände, *Pogg. Ann.*, CXXXIX, 89.

Witte (Von), Ueber das Verhältniss der specifischen Wärme der Luft bei constantem Volum zu der unter constantem Druck, *Pogg. Ann.*, CXL, 657. Cf. *Pogg. Ann.* [1869].

Witte (Von), Versuch eines Gesetzes über die Meerströmungen, und Zusatz zu meiner Notiz über die specifische Wärme der Luft bei constantem Volum, *Pogg. Ann.*, CXLI, 317.

Zöllner, Ueber die Temperatur und physische Beschaffenheit der Sonne, *Pogg Ann.*, CXLI, 353.

FIN DE LA BIBLIOGRAPHIE.

TABLE DES MATIÈRES.

THÉORIE DE LA CONSTITUTION DES GAZ.

APPLICATION
DE LA THÉORIE MÉCANIQUE DE LA CHALEUR
AUX PHÉNOMÈNES ÉLECTRIQUES.

CHALEUR DÉGAGÉE PAR LA DÉCHARGE D'UNE BATTERIE.

III. — Machines magnéto-électriques.

IV. — Courants thermo-électriques. Théorie de William Thomson.

V. — Phénomènes électro-chimiques.

APPLICATION

DE LA THÉORIE MÉCANIQUE DE LA CHALEUR

À LA CHIMIE.

I. — Thermo-chimie.

II. — MACHINES À MÉLANGE GAZEUX DÉTONANT.

APPLICATION DE LA THÉORIE MÉCANIQUE DE LA CHALEUR À LA PHYSIOLOGIE.

APPLICATION DE LA THÉORIE MÉCANIQUE DE LA CHALEUR À L'ASTRONOMIE.

BIBLIOGRAPHIE DE LA THÉORIE MÉCANIQUE DE LA CHALEUR ET DE SES APPLICATIONS, PAR M. J. VIOLLE.

FIN DE LA TABLE DES MATIÈRES.

TABLE GÉNÉRALE ET ANALYTIQUE

DES MATIÈRES

CONTENUES

DANS LES ŒUVRES DE É. VERDET.

TABLE GÉNÉRALE ET ANALYTIQUE

DES MATIÈRES

CONTENUES

DANS LES ŒUVRES DE É. VERDET.

Les chiffres romains qui suivent un titre indiquent le tome de l'ouvrage; les chiffres arabes qui viennent ensuite, la page : ainsi, IV, 256 signifie tome IV, page 256; II, 209; IV, 325 signifie que le sujet désigné par le titre est traité à la fois dans le tome II, page 209, et dans le tome IV, page 325.

Cependant les *Leçons sur la théorie mécanique de la chaleur professées à la Société chimique*, qui se trouvent dans le tome VII, ayant été paginées en caractères romains, lorsqu'après l'indication du tome VII on trouvera un nombre en caractères romains de plus petites dimensions, ce nombre indiquera la page : ainsi VII, XLIII veut dire tome VII, page XLIII.

Lorsqu'après l'indication du tome se trouvent deux nombres écrits en chiffres arabes et séparés par un trait, le premier de ces nombres indique la page où commence la division de l'ouvrage dont il s'agit et le second la page où elle finit. Ainsi, IV, 325-359 signifie que la division indiquée par le titre est traitée dans le tome IV, de la page 325 à la page 359.

Le tome I de l'ouvrage est celui qui contient les *Notes et Mémoires originaux de Verdet*.

Les tomes II et III sont les tomes I et II du *Cours de physique professé à l'École Polytechnique*.

Le tome IV contient les *Conférences sur la physique faites à l'École Normale*.

Les tomes V et VI sont les tomes I et II des *Leçons d'optique physique*.

Les tomes VII et VIII sont les tomes I et II de la *Théorie mécanique de la chaleur*.

Les bibliographies sont indiquées à la fin de la division à laquelle elles se rapportent.

INTRODUCTIONS, PRÉFACES ET AVERTISSEMENTS.

CHALEUR[1].

II, 1-234; VII, X-LXIX, LXXXIV-CXXX, CXLIV-CXLVIII, 1-327; VIII, 1-52, 221-338.

LOIS EXPÉRIMENTALES DE LA CHALEUR,

II, 1-207.

NOTIONS PRÉLIMINAIRES,

II, 1-8.

Chaleur, II, 1-3. — Définition et mesure des températures, II, 3-5. — Conventions relatives à la fixation de la valeur numérique des températures, II, 6-7. — Définition précise du degré centigrade, II, 7-8.

ÉTUDE DES DILATATIONS,

II, 9-57.

NOTIONS GÉNÉRALES SUR LES DILATATIONS,

II, 9-12.

Coefficient moyen de dilatation, II, 9-10. — Coefficient vrai de dilatation, II, 11. — Densités d'un même corps à diverses températures, II, 11-12. — Ordre à suivre dans l'étude des dilatations des divers corps, II, 12.

DILATATION DES LIQUIDES,

II, 12-33.

Difficulté apparente de la question, II, 12. — Détermination de la dilatation d'un liquide indépendamment de la dilatation de l'enveloppe, II, 12-13. — Expériences de Dulong et Petit sur la dilatation du mercure, II, 13-14. — Expériences de M. Regnault, II, 14-17. — Autre forme de l'expérience de M. Regnault, II, 17-18. — Digression sur le cathétomètre, II, 18-22. — Résultats des expériences de M. Regnault sur la dilatation du mercure, II, 22-23. — Détermination de la dilatation des liquides autres que le mercure, II, 23-25. — Thermomètre à poids, II, 25-26. — Opérations à effectuer pour déterminer la dilatation d'un liquide quelconque, II, 26-27. — Résultats relatifs à la dilatation des enveloppes de verre et à la dilatation des différents liquides, II, 27-29. — Des formules empiriques en général, II, 30-31. — Maximum de densité de l'eau, II, 31-32. — Détermination de la température précise du maximum de densité, II, 32-33. — Maximum de densité des dissolutions salines, II, 33.

[1] Ce qui est relatif à la propagation de la chaleur se trouve à la fin de la table, après l'Optique.

DILATATION DES SOLIDES,

II, 33-42.

DILATATION DES GAZ,

II, 42-57.

THERMOMÉTRIE,

II, 58-76.

CHANGEMENTS D'ÉTAT PRODUITS PAR LA CHALEUR,

II, 77-115.

FUSION ET SOLIDIFICATION,

II, 77-83.

THÉORIE MÉCANIQUE DE LA CHALEUR [1],

[1] Pour ce qui regarde les applications de la théorie mécanique de la chaleur aux phénomènes électriques, voir à la fin de l'Électricité.

désigne, VII, 2. — Exposé trop général de cette théorie par M. Macquorn Rankine, VII, 2-3. — Marche qu'on suivra dans cet exposé, VII, 3.

PRINCIPES DE MÉCANIQUE,

II, 207-209; VII, XII-XV, XCIX-CII, 4-19.

Travail d'une force, VII, XII, 4. — Principe des forces vives : la somme des travaux des forces appliquées à un système de points matériels pendant un temps fini quelconque est égale à la moitié de la variation que subit dans le même temps la somme des forces vives de ces points, II, 207; VII, XIII, 4-5. — Conséquences générales : dans une machine à l'état de mouvement uniforme la somme des travaux des forces pendant un temps quelconque est nulle; dans une machine à mouvement périodiquement uniforme, la somme des travaux des forces est nulle pendant une période; égalité du travail moteur et du travail résistant dans les machines arrivées à l'état de mouvement uniforme ou périodique, II, 207-208; VII, XIV, 5-6. — Principe de Newton; les seules forces qui peuvent s'exercer entre les points matériels agissent suivant les droites qui joignent ces points et ne dépendent que de la distance des points entre lesquels elles s'exercent; forces centrales, VII, XIV, 6-7. — Lorsqu'un système de points matériels n'est soumis qu'à l'action de forces centrales, il résulte du principe des forces vives que si, à deux époques différentes, les points du système se trouvent dans les mêmes positions, la somme des forces vives est la même à ces deux époques, et la somme des travaux est nulle pour l'intervalle qui les sépare, II, 208; VII, XIV, 7-8. — Impossibilité du mouvement perpétuel, II, 209; VII, XV, 8-9. — Fonction des forces : propriétés de cette fonction, VII, 9. — De l'impossibilité du mouvement perpétuel, admise comme axiome, il résulte que les forces naturelles doivent toujours être des forces centrales, VII, XCIX-CII (note A). — Forme remarquable de l'équation des forces vives, VII, 9. — Propriété de la fonction F (fonction des coordonnées telle, qu'en l'ajoutant à la demi-somme des forces vives on a une quantité constante), VII, 9-10. — Énergie d'un système, VII, 10-11. — Énergie actuelle, énergie potentielle, énergie totale, VII, 12. — Théorème de la conservation de l'énergie, VII, 12. — L'énergie totale d'un système fini est une quantité finie, VII, 12. — Difficultés apparentes, VII, 12-14. — Énergie potentielle relative, VII, 14-15. — Décomposition de l'énergie actuelle d'un système en deux termes, VII, 15. — Cas d'un mouvement vibratoire très-rapide par rapport au reste du mouvement, VII, 15-17. — Cas de mouvements irréguliers superposés à un mouvement qui varie d'une manière continue, VII, 17-19.

PRINCIPES DE L'ÉTUDE DE LA CHALEUR,

II, 1-8, 139-142; VII, 20-37.

Sensations de froid et de chaleur, II, 1; VII, 20. — Températures égales et inégales, II, 3; VII, 20-21. — Lois de l'équilibre de température, II, 4; VII, 21. — Échelle des températures, II, 4-5; VII, 21-22. — Conventions relatives à la fixation de la valeur numérique des températures, II, 6-7; VII, 22-23. — Définition précise du degré centigrade, II, 7-8; VII, 23-25. — Considérations sur l'étude des dilatations et des changements d'état, VII, 25. — Problème général de l'étude des propriétés thermiques des corps, VII, 25-26. — Cas particuliers que l'on considère dans l'étude de la chaleur, VII, 26-27. — Gaz parfaits, VII, 27-28. — Phénomènes par lesquels l'équilibre de température s'établit, II, 139; VII, 28. — Phénomènes calorifiques équivalents : unités de chaleur, II, 140-142; VII, 28-31. — Équivalents calorifiques; quantités de chaleur, II, 141; VII, 31-32. — Plan d'une étude calorimétrique complète, VII, 32-37.

PRINCIPE DE L'ÉQUIVALENCE DE LA CHALEUR ET DU TRAVAIL,

II, 209-219, 222-225; VII, XV-XXXVI, XLV-XLIX, CII-CIII, CIII-CVII, CVII-CVIII, CXIV-CXV, 38-74.

Considérations générales sur la théorie de la chaleur, VII, 38-39.

TRANSFORMATION DU TRAVAIL EN CHALEUR,

II, 209-213; VII, XVI-XXIII, 39-49.

La loi de l'égalité du travail moteur et du travail résistant n'est pas vérifiée dans les machines, VII, XVI, 39. — Du frottement; insuffisance de la théorie qui explique par le travail du frottement l'excès du travail moteur sur le travail utile, II, 209; VII, XVII-XVIII, 39-40. — Chaleur produite par le frottement, II, 209; VII, XVIII, 40. — Considérations sur la chaleur rayonnante et sur la nature de la chaleur, II, 210; VII, XVIII-XIX. — Identité fondamentale de la chaleur et de la force vive, II, 210; VII, XIX-XXI, 40. — La chaleur dégagée par le frottement est l'équivalent de l'excès du travail moteur sur le travail utile, VII, XXI-XXII. — Expériences de M. Joule, II, 210-213; VII, XXII-XXIII, 40-41. — Expériences sur l'eau, VII, 41-44. — Expériences sur le mercure, VII, 44. — Expériences sur la fonte de fer, VII, 44-45. — Résultats de ces expériences, VII, 45. — Première notion de l'équivalent mécanique de la chaleur : une calorie équivaut à 425 kilogrammètres, II, 210-213; VII, XXIII, 46-47. — Expériences de M. Joule, de M. Favre et de M. Hirn, VII, 47. — Théorie du frottement dans l'hypothèse de la matérialité du calorique; expériences de Black, de Wilke, de Rumford; hypothèse de Lamé, VII, 47-49.

TRANSFORMATION DE LA CHALEUR EN TRAVAIL,

II, 213-215, 222-225; VII, XXIV-XXIX, XLV-XLIX, CII-CIII, CIII-CVII, 49-62.

Phénomènes dont une machine à vapeur est le siége; le travail des forces moléculaires est nul dans cette machine, II, 213-214; VII, XXIV-XXV, 49-50. — Origine de la puissance motrice de la machine à vapeur; destruction d'une quantité de chaleur équivalente au travail produit, II, 214-215; VII, XXV-XXVI, 50. — Expériences de M. Hirn; nouvelle détermination de l'équivalent mécanique de la chaleur, II, 215; VII, XXVI-XXIX, 51-53. — Résultats de ces expériences, VII, 53-54. — Explication donnée par Sadi Carnot des phénomènes de la machine à vapeur dans l'hypothèse de la matérialité du calorique, VII, CII-CIII (note B). — Réponse de M. Clausius aux objections de M. Hirn fondées sur des mesures de la chaleur consommée dans une machine à vapeur sans détente et sur une étude des phénomènes calorifiques qui accompagnent l'écoulement d'une vapeur à haute pression dans un espace vide ou presque vide, VII, CIII-CVII (note C). — Transformation de la chaleur en travail au moyen des gaz, VII, 54-57. — Relation entre l'équivalent mécanique de la chaleur et les données numériques caractéristiques des gaz qui sont : les deux chaleurs spécifiques, le coefficient de dilatation, et le volume de l'unité de poids sous une pression donnée et à zéro, II, 222-225; VII, XLV-XLVI, 57-59. — Usage de cette formule pour la détermination de l'équivalent mécanique de la chaleur; restriction aux gaz parfaits, II, 223-225; VII, XLVI-XLIX, 59-62.

ÉQUIVALENCE DE LA CHALEUR ET DE L'ÉNERGIE,

II, 215-219; VII, XXIX-XXXVI, CVII-CVIII, CXIV-CXV, 62-74.

Démonstration générale et énoncé du principe de l'équivalence de la chaleur et du travail mécanique ou de la force vive; impossibilité de l'existence de valeurs différentes pour l'équivalent mécanique de la chaleur dans des phénomènes d'ordres différents, II, 215-217; VII, XXIX-XXXII, 62-64. — Nécessité d'une révision complète de la science impliquée dans ce principe; caractère et portée de cette révision, VII, XXXII-XXXIII. — Théorème de Coriolis sur les forces vives, VII, CVII-CVIII (note D). — Considérations théoriques sur la chaleur rayonnante, VII, 64-65. — Évaluation de la quantité de chaleur correspondant à une modification quelconque de l'état d'un corps, II, 217-219; VII, XXXIII-XXXVI, 65-66. — Expériences de M. Hirn sur les quantités de chaleur apportées dans un vase métallique par un jet de vapeur animé d'une grande vitesse, VII, 66-68. — Expériences de M. Endlung sur le dégagement ou l'absorption de chaleur qui accompagne la contraction ou l'allongement d'un fil métallique, VII, 69-73. — Sur les expériences calorimétriques où l'on n'a pas égard au travail extérieur, VII, CXIV-CXV (note I), 73-74.

APPLICATION DU PRINCIPE DE L'ÉQUIVALENCE DE LA CHALEUR ET DU TRAVAIL À L'ÉTUDE DES GAZ,

II, 219-222, 225; VII, XL-XLV, XLVI-XLIX, LVIII-LXVIII, CXVII-CXVIII, CXX-CXXI, CXXI-CXXII, CXXIII-CXXV, CXXV-CXXVIII, CXXVIII-CXXIX, CXXIX-CXXX, 75-144.

GAZ PARFAITS,

II, 219-222; VII, XL-XLV, 75-90.

Faits qui tendent à prouver que, pour les gaz parfaits, l'influence des forces moléculaires est insensible, II, 219, VII, XL-XLI, 75-76. — Absence de tout travail intérieur dans les changements de volume des gaz parfaits; ces changements de volume ne sont accompagnés d'aucune variation de température lorsqu'ils ont lieu sans travail extérieur, II, 219; VII, XLI, 76-77. — Vérification expérimentale de cette conséquence de la théorie, par M. Joule, II, 219; VII, XLI, 77. — Première série d'expériences de M. Joule démontrant que le dégagement de chaleur qui accompagne la compression de l'air est proportionnel au travail extérieur, VII, 77-81. — Deuxième série d'expériences démontrant que l'absorption de chaleur qui accompagne la dilatation de l'air est proportionnelle au travail extérieur, II, 220; VII, XLIII, 81-85. — Troisième série d'expériences démontrant que, lorsqu'un gaz parfait éprouve un changement de volume sans qu'il y ait de travail extérieur, il n'y a ni dégagement ni absorption de chaleur, II, 220-222; VII, XLI-XLII, 85-86. — Discussion de la contradiction qui semble exister entre les expériences de M. Joule et les propriétés connues des gaz qui se refroidissent en se dilatant; quatrième série d'expériences de M. Joule, II, 220-221, VII, XLIII-XLV, 86-87. — L'énergie intérieure d'un gaz est indépendante du volume, VII, 87-88. — Degré d'exactitude des expériences précédentes, VII, 89-90.

GAZ RÉELS,

II, 225; VII, XLVI-XLIX, CXX-CXXII, 91-104.

Dans les gaz réels, le travail intérieur est sensible, quoique très-faible, II, 225; VII,

pérature descendrait jusqu'au zéro absolu de chaleur; son coefficient économique serait égal à l'unité, VII, CXXVIII-CXXIX (note R). — La valeur du coefficient économique maximum montre que, dans une machine thermique parfaite, il y a un rapport constant entre la quantité de chaleur convertie en travail et la quantité de chaleur inutile, c'est-à-dire transportée d'un corps plus chaud sur un corps plus froid; ce rapport est égal à la différence des températures absolues extrêmes de la machine divisée par la plus petite, VII, LXIV-LXV. — Sur l'inégalité de la température et la tendance nécessaire de la chaleur à passer d'un corps chaud sur un corps froid, VII, LXVI-LXVII, CXXIX-CXXX (note S). — Vraie supériorité des machines à gaz, VII, LXVIII. — Inconvénients pratiques, VII, LXVIII.

PRINCIPE DE CARNOT,

VII, LXIV-LXVII, 145-194.

DÉMONSTRATION DU PRINCIPE, D'APRÈS M. CLAUSIUS,

VII, LXIV-LXVI, 145-151.

Rapport entre la quantité de chaleur transportée d'une ligne isotherme à l'autre et le travail extérieur correspondant, VII, 145-146. — Cycle de Carnot dans le cas d'un corps quelconque, VII, 146-147. — Constance du rapport entre la chaleur transportée et le travail produit, VII, LXIV-LXVI, 148-150. — Énoncé du principe de Carnot : dans toute machine thermique où l'agent employé pour la conversion de la chaleur en travail parcourt un cycle de transformations telles qu'il n'emprunte de chaleur qu'à un corps d'une température déterminée et n'en abandonne qu'à un autre d'une température également déterminée, mais plus basse, il existe un rapport constant entre la quantité de chaleur transformée en travail et la quantité de chaleur transportée du corps le plus chaud sur le corps le plus froid, et ce rapport, indépendant de la nature de l'agent employé, est égal au rapport des différences des températures absolues entre lesquelles la machine fonctionne à la plus basse de ces températures, VII, LXV, 150-151.

DISCUSSION DE LA DÉMONSTRATION QUE M. CLAUSIUS A DONNÉE DU PRINCIPE DE CARNOT,

VII, LXVI-LXVII, 151-173.

Découverte du principe par Sadi Carnot, VII, 151-152. — Démonstration donnée par Sadi Carnot dans l'hypothèse de la matérialité du calorique, VII, 152-153. — Modification apportée par M. Clausius à la démonstration de Carnot, en s'appuyant sur le principe qu'il est impossible que la chaleur passe d'un corps plus froid dans un corps plus chaud sans qu'il se produise en même temps quelque autre phénomène, VII, LXVI-LXVII, 154-155. — Objections de M. Hirn; première disposition expérimentale, par laquelle il veut prouver qu'un corps s'échauffe en empruntant de la chaleur à un corps dont la température est plus basse que la sienne; réfutation des conclusions tirées de ces expériences, VII, 156-159. — Deuxième disposition des expériences de M. Hirn, VII, 159-164. — Tendance de l'énergie sensible à se transformer en énergie calorifique; théorie de M. William Thomson et de M. Helmholtz, qui amène à cette conclusion que les corps de la nature tendent à modifier leur état réciproque en marchant vers un état d'équilibre définitif de température qui serait le point de départ d'une ère de repos absolu, VII, 164-166. — Hypothèse de M. Rankine consistant à admettre que les rayons calorifiques se réfléchissent aux limites de l'univers et forment en convergeant des foyers d'une grande intensité, VII, 166. — Réfutation de l'hypothèse de M. Rankine par la théorie du rayonnement, VII, 166-172. — Justification de la marche suivie pour établir le principe de Carnot, VII, 172-173.

GÉNÉRALISATION DU PRINCIPE DE CARNOT,

VII, 173-194.

Extension du principe de Carnot au cas où la chaleur transformée en travail n'est pas empruntée aux corps entre lesquels a lieu la transmission de chaleur; démonstration de M. Claudius, VII, 173-177. — Expression analytique du principe de Carnot dans le cas considéré, VII, 177-181. — Équivalence des transformations : théorie de M. Clausius, VII, 181-183. — Propriétés générales des courbes de nulle transmission, VII, 183-185. — Expression générale du principe de Carnot dans le cas d'un cycle réversible : $\int \frac{dQ}{T} = 0$, VII, 185-188. — Cas d'un cycle non réversible : $\int \frac{dQ}{T} < 0$, VII, 188-191. — L'expression générale du principe de Carnot pour un cycle fermé quelconque est : $\int \frac{dQ}{T} \overset{=}{<} 0$, dQ étant la quantité de chaleur reçue ou communiquée par le corps à la température absolue T, VII, 191-193. — Coefficient économique des machines quelconques, VII, 193-194.

APPLICATION DES DEUX PRINCIPES FONDAMENTAUX DE LA THÉORIE MÉCANIQUE DE LA CHALEUR AUX CHANGEMENTS DE VOLUME ET D'ÉTAT DES CORPS,

II, 217-219; VII, XXXIII-XL, LIV-LVIII, LXVIII-LXIX, CIX-CXIV, CXXIII, 195-301.

CONSIDÉRATIONS GÉNÉRALES.

II, 217-219; VII, XXXIII-XL, CIX-CXIV, 195.

Expression générale des deux principes fondamentaux de la théorie, VII, 195. — Étude de l'action de la chaleur sur le volume ou l'état des corps, VII, XXXIII-XXXV. — Travail intérieur et travail extérieur dans les changements d'état ou de volume, II, 217; VII, XXXV-XXXVI. — Nouvelle théorie de la chaleur latente, VII, XXXV. — De l'erreur qui consiste à comparer la chaleur latente au travail extérieur ou à une expression incomplète du travail intérieur, VII, XXXVI-XXXVII, CX-CXII (note G). — Sur le travail intérieur dans les cristaux et dans quelques liquides, VII, CIX-CX (note F). — Dans l'état actuel de la science le travail intérieur échappe à toute détermination, VII, XXXVI-XXXVII. — Moyen de tourner cette difficulté et d'établir des relations théoriques entre les propriétés mécaniques et les propriétés calorifiques des corps, II, 218; VII, XXXVII-XL. — Sur les corps qui se contractent par l'action de la chaleur, VII, CXII-CXIV (note H).

CHANGEMENTS DE VOLUME,

VII, 196-229.

Application du principe de l'équivalence aux changements de volume sous l'influence de la chaleur; relations entre la chaleur latente de dilatation, la chaleur spécifique sous volume constant et la pression, VII, 196-197. — Première méthode de M. Claudius pour trouver cette relation, VII, 197-201. — Réfutation des objections faites contre cette méthode, VII, 201. — Importance de la relation précédente; son application aux gaz, VII, 202. — Application du principe de Carnot aux changements de volume des corps, VII, 202-203. — Fonction de Carnot; cette fonction est égale à $\frac{1}{T}$, T étant la température absolue, et la variable est la température définie expérimentalement à l'aide du thermomètre à air; expériences de MM. Thomson et Joule pour déterminer cette fonction; définition théorique de l'échelle des températures, VII, 203-204. — Comparaison de la théorie avec l'expérience; relation entre l'accroissement de pression et l'accroissement de température d'un corps, VII, 204-208. — Expériences de M. Joule sur le dégagement de chaleur qui accompagne la compression des liquides pour vérifier la formule précédente, VII, 208-212. — Détermination de la chaleur spécifique à volume constant des liquides; la chaleur spécifique est toujours plus petite à volume constant qu'à pression constante, et cela aussi bien pour les corps qui se contractent par l'échauffement que pour ceux qui se dilatent, VII, 212-214. — Application des résultats précédents aux corps solides; difficultés pratiques, VII, 214-215. — Effets thermiques qui accompagnent dans les corps solides les phénomènes d'élasticité de traction, VII, 216-220. — Expériences de M. Joule sur les effets thermiques de la traction, VII, 220-221. — Propriété remarquable du caoutchouc; une lame de caoutchouc subitement étirée s'échauffe, et elle se contracte par une élévation de température quand elle est tendue par un poids, VII, CXIII-CXIV (note H), 221-224. — Application aux gaz réels de l'équation générale déduite du principe de Carnot; relation entre le poids, le volume et la température d'un gaz réel déduite du principe de Carnot et des expériences de MM. Joule et Thomson sur l'écoulement du gaz, VII, 224-229.

CHANGEMENTS D'ÉTAT,

VII, LVI-LVIII, CXXIII, 229-280.

Discontinuité apparente de la loi de dilatation au voisinage de certains points; expériences de Cagniard-Latour et de Drion, VII, 229-232. — Vaporisation : chaleur latente de vaporisation; retard du point d'ébullition; expériences de Marcet, de M. Donny et de M. Dufour, VII, 232-235. — Notion exacte du phénomène de l'ébullition et de la chaleur latente normale de vaporisation, VII, 235-239. — Application du principe de l'équivalence au phénomène de la vaporisation; méthode de M. Clausius, VII, 239-244. — Chaleur spécifique de la vapeur saturée, déterminée au moyen des chaleurs totales de vaporisation mesurées par M. Regnault et des tensions maxima de la vapeur d'eau, VII, 244-248. — Recherches de MM. Fairbairn et Tate sur la densité de la vapeur d'eau saturée de 58 à 144 degrés, VII, 248-250. — Chaleur spécifique de la vapeur d'eau saturée calculée d'après les recherches précédentes; il faut soustraire de la chaleur à la vapeur qui s'échauffe et qui se comprime à la fois si elle doit rester saturée; si on diminue la pression de la vapeur saturée, il faut lui fournir de la chaleur pour qu'elle reste saturée, et, si on ne la lui fournit pas, une partie de la vapeur se condense pour fournir cette chaleur, VII, 250. — Condensation accompagnant la détente de la vapeur d'eau; expérience de M. Hirn, VII, LVI-LVIII, CXXIII (note N), 251-252. — La condensation pendant la détente de la vapeur augmente considérablement le coefficient économique de la machine à vapeur, VII, LVIII, 252-254. — Fusion, VII, 254. — Application du principe de l'équivalence au phénomène de la fusion; corps qui se dilatent en fondant; pour ces corps la pression avance le point de fusion, VII, 254-255. — Surfusion; expériences de Blagden, de Faraday, de

M. Dufour; variation de la chaleur latente de fusion, VII, 255-256. — Application du principe de Carnot au passage de l'état liquide à l'état gazeux, VII, 257-258. — Tentative de M. Athanase Dupré pour déterminer l'équivalent mécanique de la chaleur à l'aide de l'équation déduite de l'application du principe de Carnot à la vaporisation, VII, 258-259. — Calcul de la chaleur spécifique de la vapeur saturée pour différents liquides à l'aide de cette équation; parmi les vapeurs, les unes se comportent comme la vapeur d'eau; d'autres, comme celle d'éther, d'une manière opposée, c'est-à-dire se surchauffent dans la détente et se condensent partiellement par la compression; d'autres encore, comme le chloroforme, se comportent comme l'eau à une basse température, et d'une manière opposée à une température élevée, VII, 259-262. — Expériences de M. Hirn sur l'effet d'une compression de la vapeur d'éther, VII, 262-263. — Détente des vapeurs saturées; inversion à la température où la chaleur spécifique de la vapeur saturée est nulle, VII, 263. — Densité de la vapeur saturée calculée au moyen de l'équation que fournit le principe de Carnot, VII, 263-264. — Écoulement de la vapeur sortant d'une chaudière par un orifice étroit; la vapeur sort surchauffée, VII, 264-271. — Application du principe de Carnot au passage de l'état solide à l'état liquide; équation qui en résulte, VII, 271. — Influence de la pression sur la température de fusion : expériences de M. Bunsen, VII, 271-274. — Influence de la pression sur le point de fusion de la glace; expériences de M. William Thomson, de M. Mousson; la pression abaisse le point de fusion de la glace; explication de l'apparente plasticité des glaciers; regel, expériences de Faraday, VII, 274-280.

MACHINES À VAPEUR.

VII, LIV-LVIII, LXVIII-LXIX, 280-301.

Expansion d'un mélange de liquide et de vapeur dans une enceinte imperméable à la chaleur; calcul du travail extérieur, du volume de mélange et du poids de la vapeur, VII, 280-286. — Considérations générales sur la machine à vapeur, VII, LIV, 287. — Coefficient économique d'une machine à détente complète, VII, 287-291. — Coefficient économique de la machine réelle à détente incomplète, VII, 291-293. — Rôle de la chemise à vapeur de Watt, VII, 293-296. — Moyens d'augmenter le coefficient économique de la machine à vapeur, VII, 296. — Machine à deux liquides, VII, LXVIII-LXIX, 296-297. — Machine à vapeur surchauffée, VII, LXVIII, 297-300. — Machines à gaz fonctionnant avec la vapeur surchauffée, VII, 300-301.

NOUVEAU MODE D'APPLICATION DES DEUX PRINCIPES FONDAMENTAUX PAR M. KIRCHHOFF,

VII, 302-327.

RECHERCHE DE L'ÉNERGIE INTÉRIEURE D'UN CORPS.

VII, 302-312.

Méthode de M. Kirchhoff pour la détermination de l'énergie intérieure, VII, 302-307. —Application aux gaz parfaits, VII, 307-308. — Application aux divers états d'un même corps, VII, 308-312. — Les variations de l'énergie interne ne dépendent que de l'état initial et de l'état final du corps; et, s'il passe d'un état à l'autre par deux séries de transformations, en égalant les deux valeurs de la variation de l'énergie intérieure, on a une relation entre les divers éléments du phénomène, VII, 312.

PHÉNOMÈNES DE DISSOLUTION,

VII, 312-327.

Dissolution des gaz dans les liquides; application de la remarque précédente; détermination de la quantité de chaleur qui se dégage quand un poids donné de gaz se dissout dans l'unité de poids d'eau, VII, 312-320. — Dissolution des corps solides et liquides; détermination de la quantité de chaleur dégagée ou absorbée; expériences de M. Kirchhoff et de MM. Favre et Silbermann, VII, 320-327.

THÉORIE DE LA CONSTITUTION DES GAZ [1],

II, 226-229; VII, XLI, CXV-CXX; VIII, 1-52.

THÉORIE DE DANIEL BERNOULLI, DE M. JOULE ET DE M. KROENIG,

II, 226-229; VII, XLI, CXV-CXX; VIII, 1-19.

Tentatives pour appliquer les idées nouvelles sur la nature de la chaleur à la théorie de la constitution des corps, VIII, 1. — Théorie de Daniel Bernoulli, II, 226-228; VII, CXV-CXVII; VIII, 1-4. — La loi de Mariotte déduite de cette théorie, VIII, 4. — Analogie des idées de Daniel Bernoulli avec les conséquences de la théorie mécanique de la chaleur, VIII, 5-6. — Développement de la théorie de Bernoulli par MM. Joule et Krœnig, VIII, 6. — Théorie de M. Krœnig, II, 226-228; VII, XLI, CXV-CXX (note J); VIII, 6-9. — Les lois générales des gaz parfaits : loi de Mariotte, loi de l'identité du coefficient de dilatation sous volume constant et du coefficient de dilatation sous pression constante, loi de l'égalité de ce coefficient unique pour tous les gaz parfaits, loi de l'égalité du nombre des molécules à volume égal dans les gaz simples sous la même pression et à la même température, loi de l'identité des chaleurs spécifiques rapportées au volume des gaz simples, se déduisent de cette théorie, II, 228-229; VII, CXVII-CXIX (note J); VIII, 10-13. — Mécanisme de la transformation du travail en chaleur, et *vice versa*, dans un gaz parfait, VII, CXIX-CXX (note K); VIII, 13-14. — Interprétation théorique des expériences de M. Joule, VIII, 14. — Explication de la pression atmosphérique, VIII, 15-16. — Pressions sur les deux bases d'un vase cylindrique vertical, VIII, 16-17. — Perturbations des lois simples déduites de la théorie, VII, CXVIII-CXIX (note J); VIII, 18-19.

THÉORIE DE M. CLAUSIUS,

VII, CXIX; VIII, 19-52.

Insuffisance de la théorie de M. Krœnig, VII, CXIX; VIII, 19-20. — Théorie plus complète de M. Clausius, VIII, 20-26. — De cette théorie on déduit la loi de Mariotte, et aussi avec une certaine probabilité celle de l'identité des deux coefficients de dilatation pour un même gaz et de ce coefficient unique pour des gaz différents, ainsi que la loi de l'égalité du nombre des molécules à volume égal dans les gaz simples à la même température et à la même pression, VIII, 26-28. — Calcul des vitesses moyennes des molécules gazeuses, VIII, 28-30. — La force vive totale ou l'énergie actuelle des molécules gazeuses

[1] Pour ce qui concerne l'application de la théorie mécanique de la chaleur à la conductibilité des gaz, voir à la fin de la table le chapitre de la Propagation de la chaleur.

se compose dans la théorie de Clausius de quatre parties : la force vive du mouvement de translation, celle du mouvement de rotation, celle du mouvement vibratoire et celle du mouvement de l'éther, VIII, 20-21. — Hypothèse sur l'existence d'un rapport constant entre la force vive totale et la force vive du mouvement de translation, VIII, 30. — Il résulte de cette hypothèse que les deux chaleurs spécifiques des gaz doivent être indépendantes de la température et de la pression ; conséquence vérifiée par les expériences de M. Regnault, VIII, 30-31. — Calcul du rapport entre la force vive du mouvement de translation et la force vive totale ; ce rapport est égal à 0,62 pour les gaz simples et varie d'un gaz à l'autre pour les gaz composés, VIII, 31-33. — Objections faites à la théorie de M. Clausius par MM. Buys-Ballot et Jochmann, VIII, 33-34. — Réfutation des trois objections fondées sur la limitation de l'atmosphère, sur l'impossibilité qu'auraient les gaz constitués suivant la théorie à rayonner de la chaleur et sur ce que le mélange de deux gaz devrait s'opérer instantanément dans cette théorie, VIII, 34-36. — Réfutation plus détaillée de la troisième objection par M. Clausius ; détermination de la probabilité pour qu'une molécule gazeuse parcoure une longueur donnée sans éprouver soit un choc, soit une perturbation dans son mouvement par le passage au voisinage d'une autre molécule, VIII, 36-51. — Réfutation de l'objection de M. Jochmann montrant qu'il peut résulter de l'inégalité de pression sur les faces d'une petite masse parallélipipédique de gaz un mouvement de translation de cette masse, VIII, 51-52.

APPLICATIONS DE LA THÉORIE MÉCANIQUE DE LA CHALEUR AUX SCIENCES AUTRES QUE LA PHYSIQUE (1),

II, 230-234, VII, LXXX-LXXXI, LXXXIV-XC, CXLIV-CXLVII ; VIII, 221-265.

APPLICATIONS DE LA THÉORIE MÉCANIQUE DE LA CHALEUR À LA CHIMIE,

II, 230-232 ; VII, LXXX-LXXXI ; VIII, 221-243.

THERMO-CHIMIE,

II, 230-232 ; VII, LXXX-LXXXI ; VIII, 221-233.

Origine mécanique de la chaleur dégagée dans les phénomènes chimiques ; mesure du travail des forces par la chaleur dégagée ou absorbée, II, 230-231 ; VII, LXXX-LXXXI ; VIII, 221-222. — Loi de Volta sur les forces électro-motrices des piles à courant constant déduite du principe mécanique de la thermo-chimie, VIII, 222-223. — Remarques sur le sens à attacher aux nombres fournis par les mesures thermo-chimiques, VIII, 223. — Application des principes précédents à l'étude de l'acide formique, VIII, 223-225. — Application à l'étude des composés oxygénés de l'azote, VIII, 225-226. — Application à la mesure des propriétés explosives du chlorure d'azote ; expériences de MM. H. Sainte-Claire Deville et Hautefeuille, VIII, 226-232. — Expériences de M. Abel sur la décomposition du chlorure d'azote, VIII, 232-233.

(1) Pour l'application de la théorie mécanique aux phénomènes électriques, voir à la fin de l'Électricité, et, pour l'application de cette théorie à la conductibilité des gaz, voir au chapitre de la Propagation de la chaleur.

MACHINES À MÉLANGE GAZEUX DÉTONANT,
VIII, 233-243.

Considérations générales, VIII, 233. — Type général des machines à mélange gazeux détonant, VIII, 233-234. — Machines à oxyde de carbone et à air, VIII, 234-240. — Machine à hydrogène et à air; moteur Lenoir, VIII, 240-243.

APPLICATIONS DE LA THÉORIE MÉCANIQUE DE LA CHALEUR À LA PHYSIOLOGIE,
II, 232-233; VII, LXXXIV-LXXXVIII. CXLIV-CXLVI; VIII, 244-257.

Source de la puissance motrice des animaux, II, 232; VII, LXXXIV-LXXXV; VIII, 244. — Idées théoriques de M. Joule, VIII, 244. — Développement des idées de M. Joule par Mayer, II, 232; VII, LXXXV; VIII, 245. — De l'influence prétendue du frottement sur la chaleur animale, VII, CXLIV (note CC); VIII, 245. — Expériences de M. Hirn, II, 232-233; VII, LXXXV-LXXXVI; VIII, 246-250. — Coefficient économique de la machine humaine, VIII, 250-251. — Expériences de M. Béclard, II, 232; VII, LXXXVI; VIII, 251-253. — Expériences de M. Heidenhain, VIII, 253-255. — Recherches restant à faire sur ce sujet, VIII, 255. — Applications à la physiologie végétale; nécessité de la radiation solaire pour la végétation, II, 233; VII, LXXXVII-LXXXVIII; VIII, 256-257. — Sur la végétation qui s'accomplit en dehors de la lumière, VII, CXLV-CXLVI (note DD).

APPLICATIONS DE LA THÉORIE MÉCANIQUE DE LA CHALEUR À L'ASTRONOMIE,
II, 233-234; VII, LXXXVIII-XC, CXLVI-CXLVII; VIII, 256-265.

La chaleur solaire est la source de tout mouvement à la surface de la terre, VII, LXXXVIII; VIII, 257. — Mesure de la chaleur solaire par M. Pouillet, VIII, 257-258. — Expériences de M. Waterston sur la température du soleil, VIII, 258-259. — Entretien de la chaleur solaire, II, 234; VII, LXXXIX; VIII, 259-260. — Hypothèse de M. Mayer et de M. Waterston : la chaleur solaire provient de la chute à la surface de cet astre d'une certaine quantité de matière (comètes, aérolithes, lumière zodiacale), II, 234; VII, LXXXIX-XC; VIII, 260-261. — Objections contre cette théorie, VIII, 261. — Résultats des calculs de M. W. Thomson, II, 234; VII, LXXXIX-XC; VIII, 261-262. — Idées de M. Thomson sur l'origine de la matière cosmique qui tombe sur le soleil; cette matière provient de la lumière zodiacale, VIII, 262. — L'accroissement de la masse du soleil doit se traduire par un accroissement de son diamètre apparent ou par une augmentation dans la durée de sa révolution; aucun de ces phénomènes n'a pu être constaté, II, 234; VII, LXXXIX-XC; VIII, 262-263. — Travail de M. Leverrier sur la lumière zodiacale, VIII, 263. — Idées de M. Helmholtz; compensation de la perte de chaleur subie par le soleil au moyen de la chaleur dégagée par la concentration de sa masse, VIII, 263-265. — Remarque de Mayer sur les phénomènes des marées, VII, CXLVI-CXLVII (note EE).

HISTORIQUE DE LA THÉORIE MÉCANIQUE DE LA CHALEUR,
VII, XCI-XCVIII.

Deux périodes dans l'histoire de la théorie, VII, XCI-XCII. — Précurseurs de la théorie :

ÉLECTRICITÉ ET MAGNÉTISME,

MAGNÉTISME,

CONSTITUTION DES AIMANTS,

MAGNÉTISME TERRESTRE,

INSTRUMENTS SERVANT À LA DÉTERMINATION DES ÉLÉMENTS DU MAGNÉTISME TERRESTRE,

BOUSSOLES,

INSTRUMENTS DE GAUSS ET WEBER,

II, 249-251, 255-257; IV, 495-498.

MESURE DE LA DÉCLINAISON ABSOLUE,

IV, 499-518.

MESURE DE L'INTENSITÉ DU MAGNÉTISME TERRESTRE,

IV, 519-556.

VARIATION DE L'INTENSITÉ,

IV, 556-571.

tique, IV, 556-558. — Positions diverses qu'on peut assigner au magnétomètre bifilaire, IV, 558-561. — Description du magnétomètre bifilaire, IV, 562-565. — Application du magnétomètre bifilaire à la mesure des variations de l'intensité horizontale; manière de régler l'instrument, IV, 565-568. — Marche des observations; manière d'en déduire les variations d'intensité, IV, 568-571.

MESURE DE L'INCLINAISON,

IV, 572-577.

Inconvénient de la méthode ordinaire, IV, 572. — Méthode de Gauss, IV, 572-573. — Appareil simplifié donnant les rapports des inclinaisons en différents lieux, IV, 573-577.

THÉORIE DU MAGNÉTISME TERRESTRE,

IV, 578-611.

Ancienne théorie du magnétisme terrestre fondée sur l'hypothèse d'un aimant dont l'axe est un diamètre terrestre, IV, 578. — Calculs de Biot; détermination de l'angle de la résultante magnétique avec l'axe magnétique du globe, IV, 578-582. — Détermination de la constante h, IV, 582-583. — Conséquences du calcul de h, IV, 583-584. — Calcul de l'intensité en supposant h très-petit, IV, 585-586. — Hypothèse d'Hansteen, IV, 586. — Idée générale de la théorie de Gauss et de son objet, IV, 586-587. — Définition de l'unité de fluide magnétique, IV, 587. — Définition du potentiel, IV, 587-588. — Formule $V_1 - V_0 = \int_{s_0}^{s_1} \varphi \cos\theta\, ds$; conséquences, IV, 588-589. — Surfaces de niveau $V = V_0$ et leurs propriétés, IV, 589-590. — Formule $V_1 - V_0 = \int \omega \cos\tau\, ds$; conséquences, IV, 590. — Vérification des conséquences précédentes, IV, 590-593. — Parallèles magnétiques $V = V_0$; leurs propriétés, IV, 593. — Considérations sur la possibilité de l'existence de deux pôles magnétiques de même nom à la surface de la terre, IV, 593-596. — Inexactitude d'une méthode fréquemment employée pour déterminer les pôles magnétiques, IV, 596-597. — Relations entre les trois éléments magnétiques d'un lieu, IV, 597-602. — Comparaison avec l'expérience, IV, 602. — Valeur du moment magnétique de la terre, IV, 602. — Distribution fictive du magnétisme libre à la surface de la terre équivalente au magnétisme intérieur, IV, 603. — Vérifications ultérieures, IV, 603-604. — Variations des éléments du magnétisme terrestre; variations régulières, diurnes et annuelles, IV, 604-609. — Hypothèse sur la cause des variations diurnes du magnétisme terrestre, IV, 609-610. — Perturbations magnétiques accidentelles, IV, 610-611.

Bibliographie du magnétisme terrestre, IV, 611-650.

ÉLECTRICITÉ DYNAMIQUE,

I, 1-32, 33-37, 39-42, 43-71; II, 259-447; IV, 73-478.

NOTIONS GÉNÉRALES SUR L'ÉLECTRICITÉ DYNAMIQUE,

II, 259-265.

Électricité en mouvement, II, 259-261. — Faits fondamentaux de l'électricité vol-

ÉLECTRO-MAGNÉTISME

(Action des courants sur les aimants),

II, 266-293; IV, 73-103.

ACTION DE LA TERRE SUR LES COURANTS,

II, 305-314.

L'action exercée par la terre sur les courants peut se représenter par celle d'un pôle boréal, II, 305-306. — Rotation continue d'un courant horizontal mobile autour d'un axe vertical passant par une de ses extrémités sous l'action de la terre, II, 306-308. — Action de la terre sur un courant vertical mobile autour d'un axe vertical, II, 308-309. — Action de la terre sur un courant fermé, II, 309-311. — Positions d'équilibre de courants fermés soumis à l'action de la terre dans quelques cas particuliers : 1° courant rectangulaire mobile autour d'un axe vertical passant par les milieux des côtés horizontaux; 2° courant rectangulaire, mobile autour d'un axe horizontal dirigé perpendiculairement au méridien magnétique et passant par les milieux des côtés parallèles à ce méridien; 3° courant plan fermé de forme quelconque, entièrement libre, II, 311-314. — Conducteurs astatiques, II, 314.

ÉLECTRO-DYNAMIQUE

(Action des courants sur les courants),

II, 315-335; IV, 144-179.

Idées émises par Ampère; découverte des actions électro-dynamiques, II, 315-316. — Principes élémentaires établis par l'expérience : 1° deux courants parallèles s'attirent ou se repoussent suivant qu'ils sont dirigés dans le même sens ou en sens contraire; 2° deux courants qui font un angle s'attirent s'ils s'approchent ou s'éloignent à la fois du pied de la perpendiculaire commune et se repoussent si l'un s'en rapproche tandis que l'autre s'en éloigne; 3° deux éléments consécutifs d'un même courant se repoussent, II, 316-318. — L'action d'un courant rectiligne est égale à celle d'un courant sinueux qui s'en écarte infiniment peu et qui est terminé aux mêmes extrémités; décomposition d'un élément de courant en trois éléments rectangulaires, II, 319-320. — Explication élémentaire de quelques phénomènes déduite des principes précédents : 1° Rotation d'un courant horizontal, mobile autour d'un axe vertical mené par son extrémité sous l'influence d'un courant circulaire horizontal ayant son centre sur l'axe, II, 320. — 2° Rotation d'un courant vertical mobile autour d'un axe vertical sous l'influence d'un courant circulaire situé comme dans l'expérience précédente, II, 320-321. — Ces rotations vont en s'accélérant, II, 321. — Action réciproque de deux éléments de courants; formule fondamentale; II, 321-324; IV, 144-145. — Détermination des fonctions F (r) et $f(r)$ par la considération de deux cas d'équilibre : 1° un courant rectangulaire qui ne peut que tourner autour d'un de ses côtés demeure immobile sous l'action d'un courant circulaire qui a son centre sur l'axe de rotation et son plan perpendiculaire à cet axe; 2° l'action d'un solénoïde fermé sur un élément de courant est nulle, II, 325-327; IV, 145. — Détermination de la fonction $f(r)$ au moyen du premier cas d'équilibre, IV, 145-150. — Détermination de la fonction F(r) au moyen du second cas d'équilibre : action d'un courant fermé sur un élément de courant, IV, 150-155. — Simplification des résultats du calcul lorsque le courant fermé est infiniment petit, IV, 155-156. — Calcul de l'action d'un solénoïde sur un élément de courant, IV, 156-158. — Valeurs des fonctions $f(r)$ et F (r); expression de l'action élémentaire électro-dynamique, II, 327; IV, 158-159. — Méthode d'Ampère pour arriver à l'expression de cette action, IV, 159-161. — Méthode de M. Lamé pour arriver à la même expression, IV, 161-163. — Vérifications expérimentales de la formule : expériences d'Ampère : oscillation d'un courant demi-circulaire sous l'influence d'un courant en forme de secteur circulaire, IV, 163-170.—Expériences de M. Wilhelm Weber sur l'action réciproque de deux systèmes de courants circulaires, II, 330; IV, 170-171.—Expériences de M. Weber destinées à démontrer que l'action électro-dynamique varie proportionnellement au produit des intensités des courants; description de l'électro-dynamomètre, II, 330-334; IV, 171-174.—Expériences faites avec l'électro-dynamomètre pour la vérification générale de la loi d'Ampère, IV, 174-175. — L'intensité électro-dynamique d'un courant est proportionnelle à son intensité électro-magnétique, II, 334-335. — Action d'un courant rectiligne indéfini sur un élément de courant : 1° Cas où l'élément de courant est parallèle au courant indéfini, II, 327-329; IV, 175-176. — 2° Cas où l'élément de courant est perpendiculaire au courant indéfini, IV, 176-177. — 3° Cas où l'élément de courant a une direction quelconque dans le plan du courant indéfini, IV, 177-178. — 4° Cas où l'élément de courant n'est pas dans le plan du courant indéfini, IV, 178. — Rotation continue d'une portion de courant rectiligne autour d'un axe sous l'influence d'un courant rectiligne indéfini, IV, 178-179.

THÉORIE ÉLECTRO-DYNAMIQUE DU MAGNÉTISME,

II, 335-339; IV, 180-203.

Théorème sur l'action mutuelle de deux courants fermés; cette action est la même que l'action exercée par deux systèmes de surfaces magnétiques l'un sur l'autre, II, 335; IV, 180-189. — Importance de ce théorème, IV, 189-190. — Théorie des solénoïdes; 1° Action d'un solénoïde fini sur un élément de courant; elle est la même en direction et en intensité que celle des deux pôles d'un aimant, II, 336-337; IV, 190-194.—2° Action d'un solénoïde indéfini sur un courant fermé; elle se réduit à une force unique qui passe par l'extrémité du solénoïde, II, 335-336; IV, 195-196. — 3° Action d'un solénoïde indéfini sur un système de courants fermés formant un autre solénoïde indéfini, IV, 197-198. — 4° Action mutuelle de deux solénoïdes limités, II, 337-338; IV, 198-200. — Théorie électro-dynamique du magnétisme ou théorie d'Ampère, II, 338-339; IV, 200-201.

Bibliographie de l'électro-dynamique et de la théorie électro-dynamique du magnétisme, IV, 201-203.

AIMANTATION PAR L'ÉLECTRICITÉ,

I, 2-5; II, 339-343; IV, 204-234.

AIMANTATION PAR LES COURANTS,

II, 339-343; IV, 204-222.

Découverte d'Arago; expériences d'Ampère; aimantation temporaire du fer doux et permanente de l'acier, II, 339-342; IV, 204-206. — Explication de l'aimantation dans la théorie d'Ampère, IV, 206-207. — Loi de la proportionnalité entre l'aimantation et l'intensité du courant; expériences de MM. Lenz et Jacobi, II, 342; IV, 207-209. — Le magnétisme développé dans le fer doux est proportionnel à l'intensité du courant, IV, 209. — Le magnétisme développé est indépendant de la nature et de la section du fil conducteur, IV, 209-210. — Le magnétisme développé est sensiblement indépendant du diamètre

AIMANTATION PAR LES DÉCHARGES ÉLECTRIQUES,

I, 2-5; IV, 222-229.

MACHINES ÉLECTRO-MAGNÉTIQUES,

IV, 235-246.

DIAMAGNÉTISME,

II, 344-348.

ACTIONS CHIMIQUES DES COURANTS (ÉLECTRO-CHIMIE), II, 349-361.

Caractères généraux des actions chimiques produites par les courants, II, 349-350. — Électrolyse des sels binaires, II, 350-351. — Lois de Faraday : 1° identité de l'action chimique dans tous les points d'un même circuit; 2° proportionnalité de la quantité d'électrolyte décomposée en un temps donné et de l'intensité du courant; 3° loi des équivalents électro-chimiques, II, 351-352. — Les éléments séparés de l'électrolyte n'apparaissent que sur les électrodes, II, 352-354. — Actions secondaires des produits de l'électrode sur la matière des électrodes, sur l'électrolyte lui-même ou sur le dissolvant, II, 354-355. — Électrolyse des sels ternaires, II, 355. — Extension des lois de Faraday à l'électrolyse des sels ternaires, II, 356. — Influence des actions secondaires dans l'électrolyse de certains sels ternaires, II, 356-358. — Préparation des métaux alcalins ou terreux par l'électrolyse, II, 358-359. — Électrolyse de l'eau, II, 359. — Mesure de l'intensité des courants par les actions électrolytiques : voltamètres, II, 359-360. — Remarque générale sur l'électrolyse des divers sels, II, 360-361.

COURANTS THERMO-ÉLECTRIQUES ET LOIS DE LEURS INTENSITÉS OU LOIS DE OHM, II, 362-380.

PRODUCTION DES COURANTS THERMO-ÉLECTRIQUES, II, 362-367.

Découverte de Seebeck, II, 362-363. — Production des courants thermo-électriques dans les circuits métalliques complexes, II, 363-364. — Influence de la température sur l'intensité des courants thermo-électriques, II, 364-365. — Influence de l'état physique sur la direction et l'intensité des courants thermo-électriques, II, 365-366. — Applications thermométriques; pile du thermo-multiplicateur de Nobili, II, 366-367.

LOIS DE L'INTENSITÉ DES COURANTS THERMO-ÉLECTRIQUES OU LOIS DE OHM (THÉORIE ÉLÉMENTAIRE), II, 368-380.

Des conditions qui influent sur l'intensité des courants en général, II, 368-369. — Cas d'un circuit homogène; l'intensité est : 1° en raison inverse de la longueur du fil; 2° proportionnelle à la section du fil; 3° proportionnelle à un coefficient spécifique ou coefficient de conductibilité, II, 369-370. — Longueur réduite ou résistance d'un fil déterminé, II, 371. — Force électromotrice d'un élément déterminé, II, 371. — Principes généraux applicables aux courants thermo-électriques transmis par des circuits quelconques, II, 371-372. — Cas d'un élément unique et d'un circuit homogène formé de fils différents par leurs natures et leurs dimensions, II, 372. — Influence de la résistance de l'élément thermo-électrique lui-même sur l'intensité du courant, II, 373. — Cas d'un circuit renfermant plusieurs éléments thermo-électriques, II, 373-374. — Cas d'un courant partagé entre deux fils; courants dérivés, II, 374-376. — Mesure des coefficients

COURANTS PRODUITS PAR LES ACTIONS CHIMIQUES OU COURANTS HYDRO-ÉLECTRIQUES ET EXTENSION À CES COURANTS DES LOIS DE OHM,

II, 381-412.

PRODUCTION DES COURANTS PAR LES ACTIONS CHIMIQUES,

II, 381-403.

EXTENSION DES LOIS DE OHM AUX COURANTS HYDRO-ÉLECTRIQUES (THÉORIE ÉLÉMENTAIRE),

II, 404-412.

THÉORIE MATHÉMATIQUE DE LA PILE,

IV, 247-354.

THÉORIE DE OHM ET VÉRIFICATIONS EXPÉRIMENTALES,

IV, 247-279.

Principes de la théorie de Ohm, IV, 247-249. — Propagation de l'électricité dans les conducteurs linéaires, IV, 249-251. — Intensité du courant dans un circuit formé de deux fils, IV, 251-253. — Intensité du courant dans un circuit formé de trois fils, IV, 254-255. — Courants dérivés, IV, 255-256. — Vérifications expérimentales des formules précédentes par Ohm, IV, 256-258. — Application de la théorie de Ohm à la recherche de la distribution de l'électricité libre dans un circuit ouvert ou fermé, IV, 258-259. — Vérification expérimentale par M. Kohlrausch, IV, 259-260. — Électromètre de Dellmann employé dans les expériences de M. Kohlrausch, IV, 260-263. — Condensateur employé dans ces mêmes expériences, IV, 263-265. — Comparaison des tensions aux forces électromotrices, IV, 265-267. — Recherches théoriques de Ohm sur la distribution des tensions dans les conducteurs, IV, 267-268. — Vérifications expérimentales de M. Kohlrausch, IV, 268-274. — Application des principes de Ohm à divers cas de dérivation, par MM. Kirchhoff et Poggendorff, IV, 275. — Méthode de M. Kirchhoff, IV, 275-277. — Méthode de M. Poggendorff, IV, 277-279.

APPLICATION DES PRINCIPES DE OHM AUX CONDUCTEURS À DEUX DIMENSIONS PAR M. KIRCHHOFF,

IV, 279-306.

Propagation de l'électricité dans un conducteur à deux dimensions, IV, 279-280. — Expression du flux d'électricité qui passe d'un point à un autre à travers un élément plan, IV, 280-282. — Direction de l'élément pour lequel le flux est maximum; valeur du flux maximum, IV, 282-283. — Expression du flux qui traverse un élément quelconque en fonction du flux maximum, IV, 283-284. — Définition de la direction et de l'intensité du courant, IV, 284-285. — Représentation analytique du courant électrique; surfaces d'égale tension, IV, 285-286. — Équation de l'équilibre dynamique de l'électricité, IV, 286-287. — Méthode de M. Kirchhoff pour l'étude de l'électricité dans un conducteur à deux dimensions, IV, 287-290. — Application au cas d'une plaque indéfinie, IV, 290-291. — Cas d'une plaque d'une étendue finie, IV, 291-293. — Influence des surfaces par lesquelles l'électricité arrive sur la plaque, IV, 293-295. — Vérifications expérimentales par M. Kirchhoff des conclusions de sa théorie, IV, 296-300. — Expériences de M. Quincke sur des plaques carrées et sur un système de deux demi-plaques semi-circulaires de métaux différents, IV, 300-303. — Détermination de la résistance d'un conducteur; méthode de M. Kirchhoff, IV, 303-306.

APPLICATION DES PRINCIPES DE OHM AUX CONDUCTEURS À TROIS DIMENSIONS PAR M. SMAASEN,

IV, 306-324.

Recherches de M. Smaasen; théorème sur l'influence réciproque de plusieurs électrodes.

TENTATIVES FAITES PAR M. KIRCHHOFF POUR RATTACHER LES PRINCIPES DE OHM À LA THÉORIE DE L'ÉLECTRICITÉ STATIQUE,

IV, 324-351.

SOURCES DIVERSES D'ÉLECTRICITÉ,

II, 413-415.

INDUCTION,

I, 1-32, 33-37, 39-42, 43-71; II, 425-447; IV, 355-458.

NOTIONS GÉNÉRALES,

II, 425-426; IV, 355-359.

COURANTS INDUITS VOLTA-ÉLECTRIQUES,

I, 33-37; II, 426-430, 433-435; IV, 359-394.

COURANTS DUS À UNE VARIATION D'INTENSITÉ,

II, 429-430; IV, 359-372.

Loi de Faraday : quand on établit le courant inducteur ou qu'on augmente son intensité, il se produit un courant induit de sens contraire au courant inducteur; quand on rompt le courant inducteur ou qu'on diminue son intensité, il se produit un courant induit de même sens, II, 429; IV, 359-360. — Loi élémentaire : formules de M. Weber et de M. Neumann; fonction potentielle électro-dynamique, II, 429-430; IV, 360-361. — Identité des courants induits et des courants produits par les actions chimiques, IV, 362-364. — Quantité du courant induit, IV, 364-365. — Détermination de l'intensité et de la durée des courants induits à l'aide du galvanomètre et de l'électro-dynamomètre, IV, 365-368. — Autres procédés employés pour déterminer l'intensité des courants induits, IV, 368-370. — Comparaison du courant direct et du courant inverse; identité des quantités d'électricité des deux courants, IV, 370-371. — Différence des intensités des deux courants, IV, 371-372.

COURANTS DUS À UN CHANGEMENT DE POSITION,

II, 426-429; IV, 372-376.

Loi de Lenz : lorsqu'on déplace l'un par rapport à l'autre deux conducteurs dont l'un est traversé par un courant constant, le courant induit dans l'autre est tel que l'action de ces deux courants tend à produire le mouvement inverse, II, 426-429; IV, 372-373. — Théorie de M. Neumann, IV, 373-376. — Vérification de la loi de Lenz, IV, 376.

INDUCTION DU COURANT SUR LUI-MÊME OU EXTRA-COURANT,

II, 434-435; IV, 377-387.

Induction d'un courant sur lui-même ou extra-courant, II, 434; IV, 377. — Expériences de Faraday, II, 434-435; IV, 377-380. — Expériences de M. Endlung sur l'extra-courant, IV, 380-381. — Expression de l'action de l'extra-courant sur le galvanomètre; mesure de cette action, IV, 381-382. — Résultats, IV, 383-384. — Comparaison des intensités des deux extra-courants direct et inverse; expériences de M. Rijke, IV, 384-387.

COURANTS INDUITS D'ORDRE SUPÉRIEUR,

I, 32-37; II, 433-434; IV, 388-394.

Découverte des courants induits d'ordre supérieur par M. Henry (de Philadelphie), I, 33. — Hypothèse de M. Henry consistant à admettre que le courant induit du second ordre est composé de deux courants de direction opposée, mais différant en durée et par suite en intensité, I, 34; IV, 388-389. — Confirmation de cette hypothèse par les expériences de M. Abria sur les déviations de l'aiguille du galvanomètre par les courants induits du second ordre, I, 34; IV, 389-390. — Démonstration de l'exactitude des idées théoriques de M. Henry, par Verdet, au moyen des actions électro-chimiques des courants induits de second ordre, I, 35; II, 433-434; IV, 390. — Un voltamètre étant placé dans le circuit induit de second ordre, il se produit dans chaque éprouvette un mélange explosif d'oxygène et d'hydrogène, I, 35-36; II, 434; IV, 390. — Description de l'appareil employé dans les expériences de Verdet, I, 36-37. — Succession des courants induits de divers ordres, IV, 390-392. — Influence des diaphragmes, IV, 392-394.

COURANTS INDUITS MAGNÉTO-ÉLECTRIQUES,

II, 430-431; IV, 394-397.

Production de courants magnéto-électriques par les déplacements ou les variations d'intensité des aimants, II, 430-431; IV, 394-395. — Rôle d'un axe de fer doux dans une bobine d'induction, II, 431; IV, 395-397.

COURANTS INDUITS TELLURIQUES,

II, 432: IV, 397-400.

Expériences de Faraday, IV, 397-398. — Cerceau de Delezenne, II, 432; IV, 398-400.

INDUCTION PAR LES DÉCHARGES ÉLECTRIQUES,

I, 1-32; IV, 400-415.

Expériences diverses d'Aimé, de Henry, de M. Riess, de Masson et de M. Marianini, I, 1, 3-5; IV, 400-401. — Action magnétique des courants induits par les décharges électriques; expériences de Savary montrant que, dans l'aimantation par la décharge induite, le sens et l'intensité de l'aimantation n'ont pas de relation simple avec le sens et l'intensité de la décharge induite, I, 2; IV, 401-402. — Expérience de Verdet où des aiguilles d'acier placées dans des hélices magnétisantes et soumises à l'action d'une décharge induite furent aimantées en sens inverse les unes des autres, I, 2-3.—Expériences de M. Henry : l'aiguille soumise dans une hélice magnétisante à l'action d'une décharge induite s'aimante dans un sens ou dans l'autre suivant l'intensité de la décharge inductrice et la distance de la spirale induite à la spirale inductrice, I, 3-4; IV, 402.—Expériences de M. Marianini; substitution du fer doux à l'acier; rhéélectromètre, I, 4-5; IV, 402-403. — Expériences de Colladon et de Faraday prouvant qu'une aiguille déjà aimantée est déviée par la décharge d'une bouteille de Leyde dans le même sens que par un courant voltaïque, I, 5. — Application par M. Matteucci de la déviation des aiguilles aimantées à l'étude des décharges induites, I, 6; IV, 403. — Loi énoncée par M. Matteucci et d'après laquelle la direction de la décharge induite serait toujours la même que celle de la décharge inductrice; causes d'erreur, I, 6-7. — Expériences de M. Riess montrant que, ni l'intensité de la décharge inductrice, ni la distance du fil inducteur au fil induit, ni la conductibilité de l'un ou de l'autre n'ont d'influence sur la direction de la décharge induite, I, 7-8; IV, 404-405. — Expériences de M. Riess prouvant que la décharge induite est probablement complexe, mais que le plus souvent elle produit le même effet qu'une décharge unique dirigée dans le même sens que la décharge inductrice, I, 8; IV, 405-406. — Expériences de M. Knochenhauer sur les effets calorifiques de la décharge induite; il en conclut que cette décharge est de sens contraire à celle de la décharge inductrice, I, 9;

MAGNÉTISME DE ROTATION,

un disque en mouvement, IV, 423-426. — Expériences de M. Matteucci, IV, 426-427. — Remarques de M. Jochmann, IV, 427-428. — Expériences de Weber tendant à prouver que l'action inductrice des métaux diamagnétiques, comme le bismuth, doit être opposée à celle des métaux magnétiques et du fer doux, I, 39, 45-46. — Généralisation de ces expériences par Faraday en 1850; métaux bons conducteurs donnant seuls des résultats; explication des phénomènes, non par le diamagnétisme, mais par les courants induits, développés dans les métaux, I, 39-40, 46-47. — Expériences de Verdet faites avec la machine de Page et destinées à démontrer l'influence du temps sur l'induction, I, 47; IV, 428-430. — Description de la machine de Page, I, 40, 47-49; IV, 428-429. — Addition à la machine d'un commutateur qui ne laisse arriver le courant au galvanomètre que pendant la douzième partie de la révolution d'une plaque, I, 40-49. — Substitution dans la machine d'un puissant solénoïde à l'aimant, I, 41, 50; IV, 430. — Expériences avec le fer doux; les changements de direction des courants induits n'ont pas lieu aux moments où la plaque commence à s'éloigner ou à se rapprocher de la ligne des pôles, mais quelque temps après, I, 50-53. — Explication de ces phénomènes en admettant que l'aimantation n'est pas instantanée, I, 53-54. — Lorsqu'on substitue un aimant au solénoïde dans la machine, les variations d'intensité de cet aimant résultant du mouvement de la plaque jouent le rôle principal dans le développement des courants induits, I, 54-55. — Expériences sur le sulfure et l'oxyde de fer; courants induits appréciables avec la machine de Page, I, 55-57. — Expériences sur les métaux non magnétiques, I, 40, 58. — Expériences sur le cuivre rouge et l'argent, I, 40, 58. — Pour ces métaux les courants induits paraissent suivre les lois de l'induction diamagnétique de Weber, I, 40, 58. — La comparaison de ces expériences avec celles qui ont été faites sur d'autres métaux montre que les phénomènes dépendent de la conductibilité des métaux et non de leur pouvoir diamagnétique, I, 40, 59. — Contradiction entre les lois générales de l'induction, qui montrent qu'il doit se produire dans la plaque métallique des courants de signe variable mais symétriquement distribués pendant la période où la plaque métallique s'approche de la ligne des pôles et pendant celle où elle s'en éloigne, et l'expérience qui indique entre ces deux périodes une dissymétrie d'autant plus grande que la vitesse de rotation est plus grande, I, 41, 59-60. — Explication de cette contradiction en admettant que les actions inductrices ont une durée sensible, comme le prouvent les expériences sur l'argent, le cuivre rouge, l'étain, le zinc et le plomb, I, 41, 60-62. — Explication de la marche des phénomènes et des changements de signe des courants induits déduite du principe sur le potentiel d'un courant fermé par rapport à un conducteur fermé, I, 62-68. — Expériences sur l'antimoine et le bismuth; les effets produits peuvent s'expliquer par les lois de l'induction ordinaire, I, 41-42, 68-70. — Conclusions des expériences de Verdet : 1° impossibilité d'une induction diamagnétique; 2° possibilité de rendre compte des faits par les lois de l'induction ordinaire en tenant compte du temps, I, 70-71. — Expériences de M. Plücker, II, 438; IV, 430-431. — Expérience de Foucault, II, 438-440; IV, 430-431.

APPAREILS D'INDUCTION ET EFFETS PRODUITS PAR LES COURANTS DE CES APPAREILS,

II, 440-447; IV, 431-458.

Machine de Clarke, II, 440-442. — Machine de Ruhmkorff, II, 442-443; IV, 431-433. — Perfectionnements divers, IV, 433-434. — Condensateur de M. Fizeau, IV, 434. — Interrupteur de Foucault, II, 443-444; IV, 434-436. — Disposition de

M. Grove pour la production des effets lumineux intenses, IV, 436-437. — Constitution de l'étincelle d'induction, IV, 437. — Étincelle d'induction dans les gaz raréfiés; stratification de la lumière; tubes de Geissler, II, 444-445; IV, 437-439. — Action des aimants sur les courants transmis par les gaz raréfiés : expériences de M. de la Rive, II, 445-447; IV, 439-441. — Expériences de Plücker, IV, 441-444.

Bibliographie de l'induction, IV, 445-458.

VITESSE DE PROPAGATION DE L'ÉLECTRICITÉ,

IV, 459-478.

L'expression *vitesse de l'électricité* a deux significations possibles, IV, 459-460. — 1° Période des mesures grossières : expériences de Watson, IV, 460. — 2° Période des mesures directes : expériences de M. Wheatstone, IV, 460-461. — Résultats généraux : 1° durée sensible de la décharge; 2° elle commence à la fois aux deux extrémités et se propage vers le milieu, IV, 461-462. — Expériences de M. Fizeau, IV, 463-464. — Procédé de M. Siemens, IV, 464. — 3° Mesures indirectes. Durée de la propagation de l'électricité rendue sensible par le télégraphe de Bain, IV, 464-465. — Principe de la détermination télégraphique des longitudes et de la vitesse de l'électricité, IV, 465-466. — Expériences de M. Walker, IV, 466. — Expériences de M. Gould, IV, 466-470. — Expériences de Faraday sur les fils plongés dans l'eau ou ensevelis en terre, IV, 470-472. — Transmission du courant dans un fil souterrain, IV, 472-474. — Expériences de M. Wheatstone, IV, 474-476. — Conséquences relatives à la difficulté de la question et à l'insuffisance des expériences précédentes, IV, 476.

Bibliographie de la vitesse de propagation de l'électricité, IV, 476-478.

APPLICATION DE LA THÉORIE MÉCANIQUE DE LA CHALEUR AUX PHÉNOMÈNES ÉLECTRIQUES,

II, 416-424; IV, 348-351; VII, LXIX-LXXVIII, LXXXI-LXXXIV, CXXX, CXXX-CXXXI, CXXXI-CXXXIV, CXXXIV-CXXXV, CXXXVI, CXXXVI-CXLII, CXLII-CXLIV; VIII, 91-220.

CHALEUR DÉGAGÉE PAR LA DÉCHARGE D'UNE BATTERIE,

VIII, 91-118.

Application du théorème des forces vives aux décharges électriques, VIII, 91-92. — Fonction potentielle et potentiel, VIII, 92-95. — La somme des effets d'une décharge électrique est égale à l'accroissement du potentiel de l'électricité par rapport à elle-même, VIII, 95. — Théorèmes généraux sur la fonction potentielle et le potentiel, VIII, 97-100. — Application de ces théorèmes à la bouteille de Leyde, VIII, 100-101. — Batterie électrique, VIII, 101-102. — Expériences de M. Riess, VIII, 107-108. — Chaleur dégagée en un point du circuit d'une batterie : elle est en raison directe du carré de la charge de la batterie et en raison inverse du nombre des bouteilles, VIII, 108-110. — Décharge incomplète, VIII, 110-114. — Batterie chargée par cascade, VIII, 114-116. — Calcul de la fonction potentielle et du potentiel pour une bouteille sphérique, VIII, 116-118.

CHALEUR DÉGAGÉE PAR LES COURANTS ÉLECTRIQUES,

II, 416-424; IV, 348-351; VII, LXIX-LXXVIII, LXXXI-LXXXIV, CXXX-CXXXI, CXXXI-CXXXIV, CXXXIV-CXXXV, CXXXVI, CXXXVI-CXLII, CXLII-CXLIV; VIII, 118-220.

LOI DE JOULE DÉDUITE DE LA THÉORIE DES COURANTS DE KIRCHHOFF,

II, 416-418; IV, 348-351; VIII, 119-150.

Manière dont on peut concevoir la propagation de l'électricité dans le circuit d'une pile, VIII, 119-120. — Le mouvement d'une particule électrique dans un conducteur ne dépend que de la valeur actuelle de la résultante des forces qui agissent sur elle et de la nature du corps, VIII, 120-122. — Expression du flux stationnaire; formule de Ohm, VIII, 122-123. — Équation aux différences partielles qui détermine l'état de l'électricité dans le conducteur, VIII, 124. — Relation entre la variation de la fonction potentielle et la densité de l'électricité, VIII, 124-127. — Application de l'équation aux différences partielles au cas d'un conducteur cylindrique de petites dimensions transversales, VIII, 127-128. — Travail des forces agissant sur l'électricité qui se meut dans un conducteur donné, IV, 348-350; VIII, 128-132. — Loi de Joule, II, 417-418; IV, 350-351; VIII, 132-133. — Expériences de Wollaston et de Joule, II, 416-417; VIII, 133-135. — Expériences de Lenz, II, 416; VIII, 135-137. — Méthode calorimétrique de Poggendorff, VIII, 137-138. — Méthode calorimétrique de Favre, VIII, 138-140. — Applications de la loi de Joule, VIII, 140-142. — Détermination de la constante entrant dans la loi de Joule, VIII, 142-143. — Détermination de la valeur numérique de l'intensité, VIII, 143-146. — Détermination de la valeur numérique de la résistance, VIII, 146-148. — Expériences de M. de Quintus-Icilius pour la détermination de la constante de la formule de Joule, VIII, 148-150. — Équivalent mécanique de la chaleur déterminé par la valeur de cette constante, VIII, 150.

RELATION ENTRE LE TRAVAIL DES FORCES PRODUCTRICES DU COURANT ET LA CHALEUR DÉGAGÉE,

II, 418-422; VII, LXX-LXXVIII, CXXX, CXXXI-CXXXIV, CXXXVI; VIII, 150-173.

Variation d'énergie correspondant à la chaleur dégagée, VIII, 150-151. — Lois de l'induction déduites du dégagement de chaleur que produisent les courants induits; loi de Lenz; lois de Neumann sur la force électromotrice du courant induit, VII, CXXXI-CXXXIV (note V); VIII, 151-156. — Expérience de M. Joule établissant l'équivalence de la chaleur dégagée par un courant d'induction et du travail dépensé pour produire ce courant; détermination de l'équivalent mécanique de la chaleur, VII, LXXVI-LXXVII, CXXXVI (note X); VIII, 156-159. — Expérience de Foucault, VII, LXXVII-LXXVIII; VIII, 159-160. — Chaleur développée dans un circuit hétérogène; expérience de Peltier, II, 418-419; VIII, 160-163. — Équivalence entre la chaleur totale dégagée par un courant voltaïque et le travail des actions chimiques productrices du courant, II, 419-420; VII, LXX-LXXI; VIII, 163-164. — Expériences de M. Favre, II, 420-421; VII, LXXI-LXXII; VIII, 164-167. — Rôle du frottement dans les expériences de M. Favre, VII, CXXX (note T). — La machine électro-magnétique est une machine thermique et l'étude de cette machine montre la nécessité des phénomènes d'induction, VII, LXXII-LXXIII; VIII, 167-168. — Nécessité des phénomènes d'induction; lois de ces phénomènes, VII, LXXIII-LXXV; VIII, 168-172. —

Proportionnalité du courant induit à la vitesse du déplacement d'où résulte l'induction, VII, LXXV, CXXXI-CXXXIII (note V); VIII, 172. — Si une portion du circuit se déplace, l'autre restant fixe, la force électromotrice du courant induit est proportionnelle à l'intensité du courant en même temps qu'à la vitesse, VII, CXXXIII-CXXXIV (note V); VIII, 172-173.

MACHINES ÉLECTRO-MAGNÉTIQUES,

VII, LXIX-LXX, LXXV-LXXVI, CXXXIV-CXXXVI; VIII, 173-183.

Considérations générales sur les machines électro-magnétiques, VII, LXIX-LXX. — Coefficient économique d'une machine électro-magnétique, VIII, 173-174. — Supériorité théorique de la machine électro-magnétique; le coefficient économique augmente avec la vitesse, VII, LXXV, CXXXIV-CXXXVI (note W); VIII, 174-179. — Infériorité pratique de la machine électro-magnétique, VII, LXXV-LXXVI; VIII, 179-183.

COURANTS THERMO-ÉLECTRIQUES. THÉORIE DE M. WILLIAM THOMSON,

VIII, 183-203.

Origine des courants thermo-électriques, VIII, 183. — Possibilité d'appliquer le principe de Carnot aux phénomènes thermo-électriques, VIII, 183-184. — Expériences de M. de Quintus-Icilius, VIII, 184-187. — Conséquences du principe de Carnot appliqué aux phénomènes thermo-électriques; de la contradiction entre la théorie et l'expérience M. William Thomson déduit l'existence d'un phénomène nouveau, VIII, 187-189. — Expériences de Cumming, VIII, 189-190. — Théorie de M. William Thomson, VIII, 190-193. — Expériences de M. William Thomson; transport électrique de la chaleur, VIII, 193-197. — Distribution des températures dans un conducteur traversé par un courant, VIII, 197-203.

PHÉNOMÈNES ÉLECTRO-CHIMIQUES,

II, 421-422; VII, LXXXI-LXXXIV, CXLII, CXLIII, CXLIII-CXLIV; VIII, 203-220.

Proportionnalité entre la somme des forces électromotrices et la chaleur totale dégagée dans le circuit, VIII, 203. — Substitution des mesures galvanométriques aux mesures calorimétriques dans les recherches thermo-chimiques, VII, LXXXIII, CXLIII-CXLIV (note BB); VIII, 203-204. — Force électromotrice de polarisation, II, 421-422; VII, CXLII (note Z); VIII, 204. — Mesure de la chaleur absorbée dans les décompositions chimiques, VIII, 204-206. — Impossibilité de décomposer l'eau avec un seul élément de Daniell, VII, LXXXI-LXXXII; VIII, 206-207. — Influence de la substitution du zinc amalgamé au zinc ordinaire dans les piles : expériences de M. Jules Regnauld, VII, LXXXIII-LXXXIV; VIII, 207-208. — Dissolution du zinc dans les acides étendus, VII, CXLIII (note AA). — Mesure indirecte de la chaleur dégagée dans un élément de Daniell, VIII, 208-212. — Recherches de M. Bosscha, VIII, 212-213. — Électrolyse de l'eau; influence de la nature des électrodes sur la polarisation, VIII, 213-217. — Lois de la chaleur dégagée dans les électrolytes par les courants, d'après M. Bosscha, VIII, 217-220.

ÉLASTICITÉ ET ACOUSTIQUE,

III, 1-123.

NOTIONS GÉNÉRALES,

III, 1-19.

DE L'ÉLASTICITÉ,

III, 1-3.

De l'élasticité en général, III, 1-2. — Des méthodes employées dans l'étude de l'élasticité, III, 2-3. — Du but spécial qu'on se proposera dans l'étude de l'acoustique, III, 3.

DU SON ET DE SES CARACTÈRES,

III, 3-15.

Définitions : son et bruit; intensité, hauteur et timbre des sons, III, 3-4. — Un son est toujours produit par un mouvement vibratoire, III, 4-5. — Le son ne peut être perçu par l'oreille qu'autant qu'il lui est transmis par une suite continue de milieux pondérables, III, 5. — L'intensité des sons dépend de l'amplitude des vibrations, III, 5. — La hauteur des sons dépend du nombre de vibrations exécutées dans un temps déterminé, III, 5-7. — Vibrations complètes ou oscillations doubles, III, 7-8. — Roues dentées de Savart, III, 8. — Sirène de Cagniard de Latour, III, 8-9. — La périodicité du mouvement est le seul élément nécessaire à la perception de la hauteur, III, 10-11. — Détermination du nombre absolu de vibrations effectuées en un temps déterminé au moyen de la sirène, des roues dentées de Savart et des compteurs graphiques, III, 11-14. — Détermination du rapport des nombres de vibrations de deux sons; sonomètre, III, 14. — Limites des sons perceptibles, III, 14-15.

VALEURS NUMÉRIQUES DES PRINCIPAUX INTERVALLES MUSICAUX,

III, 15-19.

Intervalles musicaux; consonnances et dissonances; valeurs numériques des intervalles principaux, III, 15-16. — Accords parfaits, III, 16-17. — Gammes : gamme majeure et gamme mineure; dièses et bémols, III, 18-19.

PROPAGATION ET PRODUCTION DU SON DANS LES GAZ,

III, 20-54.

PROPAGATION DU MOUVEMENT VIBRATOIRE DANS LES GAZ,

III, 20-34.

L'étude de la propagation du mouvement vibratoire doit précéder celle de la production du son, III, 20. — Propagation d'un ébranlement unique dans un tuyau cylindrique

RÉFLEXION ET RÉFRACTION DU SON,

III, 34-43.

PRODUCTION DU SON PAR LES GAZ; TUYAUX SONORES.

III, 43-54, 109-114.

COMPRESSIBILITÉ DES LIQUIDES,

III, 55-62, 114-115.

PROPAGATION ET PRODUCTION DU MOUVEMENT VIBRATOIRE DANS LES LIQUIDES,

III, 63-66.

ÉLASTICITÉ DES CORPS SOLIDES,

III, 67-81.

PROPAGATION ET PRODUCTION DU SON DANS LES CORPS SOLIDES,

III, 82-97, 115-116.

PROPAGATION DU SON DANS LES CORPS SOLIDES,

III, 82-84.

PRODUCTION DU SON DANS LES CORPS SOLIDES,

III, 84-97, 115-116.

(verges ou cordes); lois de Chladni, III, 84-85. — Mesure de la vitesse du son dans les solides et du coefficient d'élasticité au moyen des vibrations longitudinales, III, 85-87. — Vibrations tournantes des verges et des cordes, III, 87. — Vibrations transversales, III, 87-88. — Vibrations transversales des cordes, III, 88-90. — Relation entre les vibrations transversales et les vibrations longitudinales d'une même corde, III, 90-91. — Vibrations transversales des verges; lois établies théoriquement par Euler et vérifiées expérimentalement par Chladni, Strehlke et M. Lissajous, III, 91-95. — Vibrations transversales des plaques, III, 95. — Sur une loi générale des mouvements vibratoires, III, 115-116 (note C). — Vibrations des membranes, III, 95-96. — Vibrations des corps cristallisés, III, 96-97.

PHÉNOMÈNES PRODUITS PAR LA SUPERPOSITION DES MOUVEMENTS VIBRATOIRES,

III, 98-108, 117-123.

Du renforcement des sons en général; expériences de M. Helmholtz, III, 98-99. — Sur le renforcement des sons, III, 117-119 (note D). — Des battements et du son résultant, III, 99-102. — Sur l'évaluation numérique des sons par les battements, III, 120-121 (note E). — Représentation graphique du phénomène des battements au moyen du phonautographe de Scott, III, 103-104. — Coexistence de plusieurs mouvements dans un corps sonore, III, 104. — Coexistence de deux mouvements perpendiculaires entre eux dans une verge de section rectangulaire, III, 104-107. — Sur la composition des mouvements vibratoires rectangulaires, III, 121-123 (note F). — Étude optique des mouvements vibratoires; expériences de M. Lissajous, III, 107-108.

OPTIQUE.

I, 73-79, 81-83, 84-95, 97-106, 107-111, 112-154, 155-162, 163-167, 168-172, 173-175, 176-204, 205-208, 209-213, 214-279, 281-312, 313-387; III, 125-437; IV, 653-1016; V, 1-576; VI, 1-648.

OPTIQUE GÉOMÉTRIQUE,

III, 125-305; IV, 829-959.

PROPAGATION RECTILIGNE DE LA LUMIÈRE,

III, 125-127.

Définitions, III, 125. — Propagation rectiligne de la lumière, III, 125-126. — Chambre obscure, III, 126. — Vitesse de la lumière, III, 127. — Conclusions générales, III, 127.

DE LA MESURE DES INDICES DE RÉFRACTION,

III, 286-294.

DE L'ARC-EN-CIEL ET DES HALOS,

III, 295-305.

INSTRUMENTS D'OPTIQUE,

III, 306-348; IV, 829-959.

MIROIRS,

IV, 830-865.

LENTILLES,

IV, 865-894.

THÉORIE DE GAUSS,

IV, 894-952.

INSTRUMENTS SANS OCULAIRE,

III, 206-212.

INSTRUMENTS À OCULAIRES,

III, 212-248.

HISTOIRE DES TRAVAUX DE FRESNEL.

I, 328-387.

THÉORIE DES PHÉNOMÈNES OPTIQUES CONSIDÉRÉS INDÉPENDAMMENT DE LA FORME ET DE L'ORIENTATION DES VIBRATIONS LUMINEUSES,

I, 81-95, 97-106; III, 295-304, 307-369; V, 69-432.

INTERFÉRENCES.

III, 307-328; V, 72-124.

V, 83-86. — Influence de la couleur; franges dans la lumière blanche, III, 312; V, 86-88. — Détermination des longueurs d'ondulation au moyen des interférences, III, 321-322; V, 88-90. — Limitation du nombre des franges, V, 90-91. — Déplacement des franges par l'interposition d'une lame transparente, III, 325-326; V, 92-94. — Effet produit par une lame transparente épaisse, III, 327-328; V, 92. — Application du déplacement des franges d'interférence à la mesure de la vitesse de la lumière dans les corps transparents; réfractomètres interférentiels de M. Jamin, III, 326-327; V, 93-94. — Tautochronisme des trajectoires lumineuses aboutissant au même foyer, V, 94-97. — Franges obtenues avec le biprisme, III, 308-309; V, 97-99. — Expérience avec un seul miroir, III, 316. — Généralité du phénomène des interférences, III, 316; V, 99-100. — Nécessité d'employer comme sources lumineuses les deux images d'une même source, III, 324-325; V, 100-104. — Formation des ondes avec une source lumineuse d'étendue finie, V, 104-107. — Définition et mesure de l'intensité lumineuse, V, 107-108. — Influence du diamètre apparent de la source sur le phénomène des interférences, V, 108-111. — Interférences avec de grandes différences de marche; expériences de MM. Fizeau et Foucault, V, 111-117. — Explication de la scintillation par les interférences, V, 117-119.

Bibliographie des interférences, V, 119-124.

Interférences en général, V, 119-122. — *Applications des interférences; réfractomètres interférentiels*, V, 122-123. — *Explication de la scintillation par les interférences*, V, 123-124.

COULEURS DES LAMES MINCES NON CRISTALLISÉES,

III, 329-339; V, 125-164.

Historique: expériences de Boyle, de Hooke; explications d'Euler, de Young, de Fresnel; colorations produites par les lames minces en général, III, 330-331; V, 125-127. — Description des anneaux colorés réfléchis et transmis par une lame d'air comprise entre une lentille de verre et un plan en verre, III, 329-330; V, 127-129. — Mesure expérimentale du diamètre des anneaux; proportionnalité de l'épaisseur de la lame au carré du diamètre de l'anneau; méthode de MM. de la Provostaye et P. Desains, III, 331-333; V, 129-131. — Lois expérimentales des anneaux colorés, III, 333; V, 131-134. — Théorie des accès, V, 134-135. — Explication dans la théorie des ondulations des anneaux réfléchis et transmis sous l'incidence normale ou presque normale, III, 334-335; V, 135-139. — Confirmations diverses de l'hypothèse de Young sur la perte d'une demi-longueur d'ondulation dans la réflexion, III, 335-336; V, 137-138. — Explication des anneaux réfléchis et transmis sous l'incidence oblique, III, 337-339; V, 139-143. — Influence des réflexions multiples, V, 143-148. — Conséquences de la théorie des anneaux colorés relatives à l'expression de la vitesse dans le mouvement ondulatoire, V, 148-149. — Couleurs propres des corps, V, 149-151. — Interférences des lames épaisses; expériences de Brewster; réfractomètre interférentiel de M. Jamin, V, 151-155. — Couleurs des lames mixtes, V, 155-159.

Bibliographie des couleurs des lames minces non cristallisées, V, 159-164.

Couleurs des lames minces, V, 159-163. — *Anneaux produits à la surface des métaux par l'échauffement et les décharges électriques*, V, 163. — *Interférences des lames épaisses*, V, 163-164. — *Couleurs des lames mixtes*, V, 164.

REPRÉSENTATION ANALYTIQUE ET COMBINAISON DES MOUVEMENTS VIBRATOIRES LUMINEUX,

III, 319-320, 322-324; V, 165-177.

Expressions des déplacements et des vitesses dans le mouvement vibratoire, V, 165-169. — Évaluation de l'intensité lumineuse, V, 169-171. — Composition des mouvements vibratoires, V, 171-173. — Application des formules précédentes aux phénomènes d'interférence, III, 319-320, 322-324; V, 173-177.

Bibliographie de la représentation analytique et de la combinaison des mouvements vibratoires lumineux, V, 177.

PROPAGATION DE LA LUMIÈRE DANS UN MILIEU HOMOGÈNE,

III, 340-355; V, 178-212.

Considérations générales sur les lois de l'optique géométrique, III, 340-341. — Combinaison du principe de Huyghens avec celui des interférences, III, 341-342; V, 178-180. — Effet d'une onde rectiligne sur un point extérieur, V, 180-184. — Effet d'une onde plane indéfinie sur un point extérieur, V, 184-191. — Effet d'une onde circulaire sur un point extérieur situé dans son plan, III, 342-346; V, 191-194. — Effet d'une onde circulaire sur un point extérieur situé en dehors de son plan, V, 194-196. — Effet d'une onde sphérique sur un point extérieur, III, 346-347; V, 196-199. — Propagation rectiligne de la lumière dans le cas où l'onde est sphérique, III, 347; V, 199-200. — Effet d'une onde de forme quelconque sur un point extérieur, III, 347-349; V, 200-204. — Cas particulier dans la propagation des ondes, V, 204-205. — Mode de propagation d'une onde de forme quelconque dans un milieu homogène indéfini et isotrope, III, 348-349; V, 205-206. — Théorie élémentaire des ombres; cas d'une large ouverture pratiquée dans un écran opaque indéfini, III, 349-352; V, 206-209. — Cas où l'ouverture pratiquée dans l'écran est très-étroite, III, 353-354; V, 209-210. — Cas d'un large écran opaque, III, 352; V, 211. — Cas d'un écran opaque très-étroit, III, 354-355; V, 211. — La cause qui empêche la formation d'ombres sonores est la longueur considérable des ondulations du son, III, 354; V, 211-212.

LOIS GÉOMÉTRIQUES DE LA RÉFLEXION ET DE LA RÉFRACTION,

III, 357-365; V, 213-227.

Considérations générales sur la théorie de la réflexion et de la réfraction, III, 357; V, 213-214. — Action d'une surface réfléchissante plane sur un point extérieur, III, 357-360; V, 215-220. — Réflexion par une surface courbe, III, 360-361; V, 220-222. — Construction de l'onde réfléchie, III, 361-362, V, 222-223. — Théorie géométrique de la réfraction, III, 362-364; V, 223-224. — Construction de l'onde réfractée, III, 364; V, 224-225. — Influence des dimensions de la surface réfléchissante ou réfringente, III, 364-365; V, 225-226.

Bibliographie des lois géométriques de la réflexion et de la réfraction, V, 226-227.

DIFFUSION. INTERFÉRENCES DES RAYONS DIFFUSÉS. ANNEAUX COLORÉS DES PLAQUES ÉPAISSES,

III, 367; V, 228-248.

Influence du degré de poli de la surface réfléchissante ou réfringente, III, 367; V, 228-232. — Couleurs des lames épaisses; description et lois des phénomènes, V, 232-236. — Théorie des couleurs des lames épaisses; travaux de Young, de J. Herschel, de M. Stokes et de M. Schäfli, V, 236-243. — Cas de l'incidence oblique, V, 243-246. — Anneaux du duc de Chaulnes, V, 246. — Anneaux de Pouillet, V, 246-247. — Bandes colorées de M. Quetelet, V, 247.

Bibliographie de la diffusion, V, 247-248.
Diffusion, V, 247-248. — *Anneaux colorés des plaques épaisses*, V, 248.

DIFFRACTION.

HISTORIQUE,

I, 330-341; V, 249-254.

Grimaldi, V, 249. — Newton, V, 249-250. — Delisle, V, 250-251. — Mairan, V, 251. — Young, V, 251-252. — Fresnel; expérience de De Haldat, I, 330-341; V, 252-254. — Travaux de Knochenhauer, de Cauchy, de M. Gilbert, de Frauenhofer et de Schwerd, V, 254. — Division de la théorie de la diffraction en trois parties, V, 254-255.

DIFFRACTION.

ACTION D'UNE ONDE SPHÉRIQUE CONCAVE SUR LES POINTS D'UN PLAN PASSANT PAR SON CENTRE. — PHÉNOMÈNES DE DIFFRACTION OBSERVÉS AU MOYEN DE LENTILLES CONVEXES OU À UNE GRANDE DISTANCE DES CORPS DIFFRINGENTS,

I, 97-106; V, 255-321.

Expression générale de l'intensité du mouvement vibratoire envoyé par une onde sphérique en un point d'un plan passant par son centre, V, 255-257. — Conditions expérimentales dans lesquelles peuvent être observés des phénomènes de diffraction identiques à ceux que produit une onde sphérique concave, V, 257-263. — Diffraction par une ouverture rectangulaire, V, 263-268. — Diffraction par une fente étroite à bords parallèles, V, 268-274. — Diffraction par deux fentes étroites à bords parallèles, égales et très-rapprochées l'une de l'autre, V, 274-277. — Diffraction par un grand nombre de fentes étroites, égales, équidistantes et à bords parallèles; réseaux, V, 278-289. — Détermination des longueurs d'ondulation au moyen des réseaux; travaux de Frauenhofer et de M. Mascart, V, 290-293. — Réseaux par réflexion; irisation de la nacre de perle; boutons Barthon, V, 293-294. — Diffraction par un grand nombre de fentes étroites à bords parallèles, égales, mais non équidistantes, V, 295-298. — Diffraction par un grand nombre de fils égaux, parallèles et non équidistants; ériomètre, V, 298-301. — Diffraction par une ouverture circulaire; méthode de M. Knochenhauer, V, 301-307. — Application de la théorie des phénomènes produits par une ouverture circulaire à la formation

DIFFRACTION.

EFFETS D'UNE ONDE SPHÉRIQUE AYANT POUR CENTRE LE POINT LUMINEUX SUR DES POINTS SITUÉS À UNE DISTANCE FINIE,

DIFFRACTION.

EFFETS PRODUITS PAR DES ONDES DE FORME QUELCONQUE. THÉORIE COMPLÈTE DE L'ARC-EN-CIEL,

III, 295-304; V. 402-423.

Ancienne théorie de l'arc-en-ciel, III, 295; V, 402-403. — Notion des rayons efficaces, III, 295-296; V, 403-404. — Calcul de la direction des rayons efficaces, III, 296-299; V, 404-407. — Premier arc, III, 300-301; V, 407-409. — Deuxième arc, III, 302-303; V, 409-410. — Arcs d'ordres supérieurs, III, 303-304; V, 410-411. — Arcs surnuméraires; théorie de Young, V, 411-414. — Explication complète de l'arc-en-ciel; théorie d'Airy, V, 414-422. — Arc-en-ciel blanc, V, 422-423.

Bibliographie de la diffraction, V, 423-432.

Diffraction en général, V, 423-429. — *Détermination des longueurs d'ondulation au moyen des réseaux ou d'autres phénomènes de diffraction*, V, 429-430. — *Couronnes*, V, 431. — *Arcs-en-ciel surnuméraires; théorie complète de l'arc-en-ciel, arc-en-ciel blanc*, V, 431-432.

LOIS EXPÉRIMENTALES DE LA DOUBLE RÉFRACTION ET DE LA POLARISATION,

III, 370-403.

LOIS EXPÉRIMENTALES DE LA DOUBLE RÉFRACTION,

III, 370-385.

Historique, III, 370. — Réfraction au travers d'une lame de spath d'Islande à faces parallèles, III, 370-371. — Axe du spath d'Islande; sections principales, III, 371-372. — Réfraction au travers de prismes taillés dans le spath; rayon ordinaire; rayon extraordinaire; lois expérimentales, III, 372-373. — Expériences de Wollaston, III, 373. — Expériences de Malus, III, 374-375. — Construction géométrique des rayons passant d'un milieu isotrope dans un autre milieu isotrope, III, 375-376. — Construction de Huyghens pour le rayon ordinaire et le rayon extraordinaire donnés par un cristal de spath, III, 376-377. — Cas particuliers dans lesquels les deux rayons peuvent être obtenus par une construction plane : 1° lorsque le plan d'incidence est une section principale; 2° quand l'axe du cristal est parallèle à la face réfringente et perpendiculaire au plan d'incidence, III, 377-379. — L'axe du spath se comporte par rapport au rayon extraordinaire comme répulsif, III, 379-380. — Passage de la lumière du spath dans un milieu uniréfringent, III, 380-382. — Les rayons qui suivent la direction de l'axe dans l'intérieur du prisme biréfringent ne se divisent pas à la sortie, III, 382. — Vision des objets au travers d'un parallélipipède de spath, III, 382-383. — Extension des lois de Huyghens aux divers cristaux; lois de Fresnel; cristaux à un axe répulsifs et attractifs; cristaux à deux axes; relations entre la forme cristallographique et les propriétés optiques, III, 383-385 [1].

[1] Pour la Bibliographie des lois expérimentales de la double réfraction, voir la Bibliographie de la double réfraction, V, 564-576.

LOIS EXPÉRIMENTALES DE LA POLARISATION DE LA LUMIÈRE,

III, 386-403.

POLARISATION PAR LES CRISTAUX BIRÉFRINGENTS,

III, 386-396.

Polarisation des rayons transmis par un cristal biréfringent à un axe sous l'incidence normale, III, 386-387. — Loi de Malus, III, 387. — Rayon polarisé; plan de polarisation, III, 388. — Polarisation par les cristaux biréfringents en général, III, 388. — Lumière naturelle, III, 389. — Lumière partiellement polarisée, III, 389. — Analyse d'un faisceau partiellement polarisé au moyen des cristaux biréfringents, III, 389-390. — Prismes biréfringents : analyseurs et polariseurs, III, 390-391. — Prisme de Nicol; modification de Foucault, III, 391-392. — Propriété de la tourmaline et des cristaux analogues, III, 392. — Prisme de Rochon, III, 392-394. — Lunette de Rochon, III, 395-396.

POLARISATION PAR RÉFLEXION ET PAR RÉFRACTION SIMPLE,

III, 396-403.

Polarisation par réflexion; expériences de Malus; distinction de la réflexion par les corps transparents et de la réflexion par les métaux, III, 396. — Loi de Brewster; angle de polarisation, III, 396-397. — Polarisation par réfraction simple, III, 397-398. — Polarisation par réflexion intérieure, III, 398-399. — Indication sommaire des lois de la réflexion et de la réfraction de la lumière polarisée, III, 400-401. — Polariseurs et analyseurs fondés sur la réflexion ou sur la réfraction simple; piles de glaces, III, 401-403 (1).

CONSTITUTION DES VIBRATIONS LUMINEUSES,

I, 73-79, 341-354; III, 403-408; V, 433-452.

INTERFÉRENCES DES RAYONS POLARISÉS,

I, 341-350; III, 403-404; V, 433-443.

Historique, I, 341-350; V, 433-434. — Premières expériences de Fresnel : expérience des rhomboèdres croisés, V, 435-437. — Expériences de Fresnel et d'Arago; non-interférence des rayons polarisés à angle droit, III, 403; V, 437-440. — Les interférences de deux rayons polarisés à angle droit et ramenés ensuite au même plan de polarisation ne peuvent avoir lieu que si ces rayons étaient polarisés primitivement dans le même plan et non pas lorsqu'ils proviennent d'un rayon de lumière naturelle, III, 404; V, 440-442. — Énoncé des lois des interférences des rayons polarisés, V, 442-443.

PRINCIPE DES VIBRATIONS TRANSVERSALES,

, 73-79, 350-354; III, 405-408; V, 444-451.

Historique, I, 350-354; V, 444-446. — Démonstration analytique de la transversa-

(1) Pour la Bibliographie des lois expérimentales de la polarisation, voir la Bibliographie des lois de la réflexion et de la réfraction de la lumière polarisée, VI, 618-634.

lité des vibrations dans la lumière polarisée donnée par Fresnel et rectifiée par Verdet, I, 73-79; III, 405-407; V, 446-449. — Les lois des interférences des rayons polarisés ne peuvent indiquer si les vibrations sont parallèles ou perpendiculaires au plan de polarisation, III, 406-407; V, 449. — Constitution de l'éther, III, 407-408; V, 449-451. — Généralisation du principe des vibrations transversales; extension de ce principe aux milieux biréfringents, V, 451.

Bibliographie des interférences de la lumière polarisée et du principe des vibrations transversales, V, 452.

THÉORIE DE LA DOUBLE RÉFRACTION,

I, 360-376; III, 408-411; V, 453-576.

HISTORIQUE DE LA DOUBLE RÉFRACTION,

I, 360-376; V, 453-458.

Érasme Bartholin, V, 453. — Huyghens, I, 360-361; V, 453-454. — Newton, V, 454. — Wollaston, Malus, I, 360; V, 454. — Biot; distinction des cristaux attractifs et répulsifs, I, 360-361; V, 454-455. — Dufay, Haüy et Brewster : rapport entre la forme cristallographique et les propriétés optiques, I, 360; V, 455. — Laplace, I, 361; V, 455. — Young, I, 361-363; V, 455-456. — Travaux de Fresnel sur la théorie de la double réfraction, I, 363-376; V, 456-457. — Perfectionnement de la théorie de Fresnel par Ampère et par De Senarmont, V, 457. — Théorie de Cauchy, V, 457. — Green, Lamé, Plücker, Beer, V, 457-458.

THÉORIE DE FRESNEL,

I, 375-376; III, 408-411; V, 459-489.

Principes de la théorie de Fresnel : inégalité de l'élasticité suivant la direction dans les milieux biréfringents; expérience de Fresnel sur la propriété biréfringente du verre comprimé, III, 408-411; V, 459-460. — La détermination de la surface de l'onde ramenée à la recherche des vitesses de propagation des ondes planes, V, 460-461. — Hypothèses admises par Fresnel, V, 461-465. — Expression analytique de la force élastique développée par le déplacement d'une molécule unique, V, 465-468. — Principe de la superposition des élasticités, V, 468-470. — Ellipsoïde inverse des élasticités, V, 470. — Axes d'élasticité, V, 470-473. — Directions singulières, V, 473-474. — Vitesses de propagation des ondes planes; loi fondamentale de Fresnel : à une même direction de propagation normale correspondent deux systèmes d'ondes planes sur lesquelles les vibrations s'effectuent parallèlement aux axes de la section elliptique déterminée dans l'ellipsoïde inverse des élasticités par un plan passant par son centre et perpendiculaire à cette direction, et dont les vitesses de propagation normale sont inversement proportionnelles aux longueurs de ces axes, V, 474-476. — Détermination de la surface d'élasticité, V, 476-478. — Détermination de la surface de l'onde, V, 479-482. — Construction de la surface de l'onde au moyen de l'ellipsoïde $\frac{x^2}{a^2}+\frac{y^2}{b^2}+\frac{z^2}{c^2}=1$, V, 482-483. — Direction des vibrations en un point de la surface de l'onde, V, 483-485. — Relations entre les directions de propagation normale des ondes planes, les directions des rayons vecteurs de la surface de l'onde et les directions des vibrations, V, 485-488. — Critique de la théorie de Fresnel, I, 375-376; V, 488-489.

THÉORIE DE CAUCHY,

V, 490-507.

Expression analytique des forces élastiques développées dans le mouvement d'un système de molécules sollicitées par des forces d'attraction ou de répulsion mutuelle et très-peu écartées de leur position d'équilibre, V, 490-492. — Relation entre la vitesse de propagation d'une onde plane et la force élastique développée par le mouvement d'une de ses molécules; la vitesse est proportionnelle à la racine carrée de la force élastique, V, 492-493. — Expression analytique des forces élastiques développées dans la propagation d'une onde plane, V, 494-497. — Ellipsoïde de polarisation, V, 497-500. — Impossibilité des vibrations rigoureusement transversales dans les milieux non isotropes, V, 500-501. — Vibrations quasi transversales, V, 501-502. — Concordance approximative entre la théorie de Fresnel et celle de Cauchy, V, 502-507.

RELATIONS ENTRE LA SURFACE DE L'ONDE
ET LES DIRECTIONS DES RAYONS RÉFRACTÉS OU RÉFLÉCHIS.
CONSTRUCTION DE HUYGHENS,

V, 508-514.

Détermination de la direction des rayons réfléchis ou réfractés, V, 508-512. — Construction de Huyghens, V, 512-514.

DOUBLE RÉFRACTION DANS LES CRISTAUX À UN AXE,

V, 515-531.

Forme de la surface de l'onde dans les cristaux à un axe, V, 515. — Lois de la double réfraction dans les cristaux à un axe, V, 515-516. — Cas où la construction est plane, V, 516-517. — Relation entre les angles de réfraction du rayon ordinaire et du rayon extraordinaire lorsque la face d'incidence est parallèle à l'axe et que le plan d'incidence contient l'axe, V, 517-520. — Distinction des cristaux attractifs et répulsifs; relation entre les vitesses du rayon ordinaire et celles du rayon extraordinaire, V, 520-523. — Directions des vibrations sur le rayon ordinaire; le plan de polarisation du rayon ordinaire est celui qui passe par ce rayon et par l'axe, V, 523. — Relation entre les plans de polarisation des deux rayons réfractés dans les cristaux à un axe; lorsque le plan d'incidence est une section principale, les deux rayons réfractés sont polarisés à angle droit, V, 524-525. — Loi de Malus ou du carré du cosinus, V, 525. — Vérifications expérimentales des lois de la double réfraction dans les cristaux à un axe : Huyghens, Wollaston, Malus, V, 525-530. — Expériences relatives à la vitesse du rayon ordinaire; expériences de Brewster et de M. Swan, V, 530-531.

DOUBLE RÉFRACTION DANS LES CRISTAUX À DEUX AXES,

V, 532-560.

Forme de la surface de l'onde dans les cristaux à deux axes, V, 532-533. — Lois de la double réfraction dans les cristaux à deux axes, V, 534-535. — Direction des vibrations dans les cristaux à deux axes, V, 535. — Vérifications expérimentales des lois de la double réfraction dans les cristaux à deux axes : Fresnel, Rudberg, M. Heusser, de Senarmont, V, 536-537. — Propriétés des normales aux sections circulaires du premier ellipsoïde axes optiques ou de réfraction conique intérieure; plans tangents singuliers à la surface de l'onde, V, 537-540. — Réfraction conique intérieure et réfraction cylindrique; expériences de Lloyd et de Beer, V, 541-545. — Propriétés des normales aux sections circulaires du second ellipsoïde; axes de réfraction conique extérieure; points singuliers de la surface de l'onde, V, 545-551. — Réfraction conique extérieure; expériences de Lloyd, V, 551-554. — Comparaison des différents systèmes d'axes dans les cristaux à deux axes, V, 554-556. — Relation entre les vitesses de propagation d'une onde plane et la position de cette onde par rapport aux axes optiques, V, 557-559. — Relation entre les vitesses des deux rayons qui se meuvent suivant une même direction et les angles que fait cette direction avec les axes de réfraction conique extérieure, V, 559-560.

DISPERSION DANS LES MILIEUX BIRÉFRINGENTS,

V, 561-564.

Dispersion dans les cristaux à un axe; Rudberg, M. Mascart, V, 561-563. — Dispersion dans les cristaux à deux axes; expériences de Rudberg, V, 563-564.

Bibliographie de la double réfraction, V, 564-576.

THÉORIE DE LA DISPERSION,

I, 277-279, 384-385; III, 367-368; VI, 1-39.

Historique de la théorie de la dispersion : Euler, Fresnel, I, 384-385; III, 367-368; VI, 1-2. — Théorie de Cauchy, III, 368; VI, 2-4. — Équations du mouvement vibratoire dans un milieu homogène quelconque, VI, 4-5. — Équations d'un mouvement vibratoire se propageant par ondes planes dans un milieu homogène quelconque, VI, 5-7. — Ellipsoïde de polarisation, VI, 8-9. — Relation entre la vitesse de propagation et la longueur d'ondulation dans les milieux isotropes; formules de Cauchy, VI, 10-13. — Absence de dispersion dans le vide; aberration; expériences de Flamsteed, de Melville, de Courtivron et d'Arago; observation des étoiles changeantes, VI, 14-16. — Relation entre l'indice de réfraction d'un milieu par rapport au vide et la longueur d'ondulation dans le vide : formule de Cauchy, VI, 16-18. — Vérifications expérimentales des formules de dispersion; Beer, Baden-Powell; VI, 18-20. — Lois de la dispersion dans les milieux biréfringents, VI, 20-21. — Conséquences déduites par Cauchy de l'absence de dispersion dans le vide, VI, 21-26. — Équations du mouvement vibratoire se propageant par ondes planes dans un milieu isotrope, VI, 26-30. — Formule qui exprime l'indice de réfraction d'un milieu isotrope par rapport au vide en fonction de la longueur d'ondulation dans le vide, VI, 30-33. — Formules de M. Christoffel et de M. Redtenbacher, I, 277-279 (note D); VI, 34-36. — Travail de M. Briot sur la dispersion, VI, 36 (en note).

Bibliographie de la théorie de la dispersion, VI, 37-39.

POLARISATION CHROMATIQUE,

I, 281-312, 343-347; III, 412-426; VI, 41-216.

LOIS EXPÉRIMENTALES DE LA POLARISATION CHROMATIQUE ET PRINCIPES DE LA THÉORIE,

I, 343-347; VI, 41-59.

Découverte de la polarisation chromatique par Arago, I, 343; VI, 41-44. — Lois expérimentales établies par Biot, I, 343; VI, 44-49.—Polarisation et dépolarisation par les lames minces cristallisées, I, 343-344; VI, 49-52.—Théorie de la polarisation mobile, I, 344; VI, 52-54. — Idées théoriques de Young, I, 345-347; VI, 54-55. — Découverte de la véritable théorie par Fresnel, I, 347; VI, 55-56. — Expérience des rhomboèdres croisés de Fresnel, VI, 56-57. — Expériences de MM. Fizeau et Foucault montrant que les lames cristallisées épaisses se comportent vis-à-vis des rayons polarisés comme les lames cristallisées minces, VI, 57-59.

FORME DES VIBRATIONS SUR UN RAYON POLARISÉ APRÈS SON PASSAGE DANS UNE LAME BIRÉFRINGENTE. — POLARISATION CIRCULAIRE ET ELLIPTIQUE,

III, 412-419; VI, 60-77.

Combinaison de deux rayons polarisés à angle droit et présentant une différence de marche, ces deux rayons provenant d'un rayon primitivement polarisé et qui a traversé normalement une lame mince cristallisée à faces parallèles, III, 412-414; VI, 60-62. — Polarisation rectiligne du rayon émergent, III, 414-415; VI, 62-64. — Polarisation circulaire ou dépolarisation complète, III, 414-415; VI, 64-67. — Propriétés de la lumière polarisée circulairement, III, 415-416; VI, 67-69. — Polarisation elliptique ou dépolarisation partielle, III, 414-415; VI, 69-72. — Propriétés de la lumière polarisée elliptiquement, III, 416; VI, 72-76. — Complément à la description des expériences de MM. Fizeau et Foucault, VI, 76-77.

CONSTITUTION DE LA LUMIÈRE NATURELLE ET DE LA LUMIÈRE PARTIELLEMENT POLARISÉE,

I, 281-312; III, 416; VI, 78-98.

Explication des propriétés de la lumière naturelle ou partiellement polarisée au moyen de la succession rapide ou de la simultanéité de vibrations différentes, I, 281-288; III, 416; VI, 78-80. — Conditions auxquelles doit satisfaire un système de vibrations pour constituer de la lumière naturelle, I, 288-292; VI, 80-84. — Constitution des systèmes de vibrations les plus simples qui puissent former de la lumière naturelle, I, 293-296; VI, 84-88. — Imitation des propriétés de la lumière naturelle à l'aide de la rotation d'un rayon polarisé, par M. Dove, I, 296-298; VI, 88-90. — Imitation des propriétés de la lumière naturelle en faisant tourner un prisme de Nicol au devant d'un parallélipipède de Fresnel, I, 298-299. — Incompatibilité des changements continus dans les vibrations avec l'homogénéité de la lumière démontrée par M. Airy, I, 299-300; VI 90. — Critique des idées théoriques de M. Lippich, suivant lequel la lumière polarisée est toujours hétérogène, et de M. Stefan, suivant lequel la lumière naturelle ne contient que des vibrations rectilignes, I, 300-303. — Constitution de la lumière partiellement

PHÉNOMÈNES DES CRISTAUX À UN AXE,

III, 424-426; VI, 146-163.

PHÉNOMÈNES DES CRISTAUX À DEUX AXES,

III, 426; VI, 163-179.

APPLICATION DE LA POLARISATION CHROMATIQUE À L'ÉTUDE DES CRISTAUX À DEUX AXES,

VI, 180-188.

PHÉNOMÈNES DE POLARISATION CHROMATIQUE PRODUITS PAR LA LUMIÈRE POLARISÉE OU ANALYSÉE CIRCULAIREMENT OU ELLIPTIQUEMENT,

VI, 189-206.

LUMIÈRE POLARISÉE CIRCULAIREMENT OU ELLIPTIQUEMENT,

VI, 189-196.

RELATIONS ENTRE LE POUVOIR ROTATOIRE ET LA FORME CRISTALLINE, VI, 286-304.

Observations de John Herschell sur les facettes plagièdres du quartz, VI, 286-288. — Généralisation de l'observation d'Herschell, par M. Delafosse, VI, 288-289. — Liaison entre le pouvoir rotatoire et l'hémiédrie non superposable; travaux de M. Pasteur, VI, 290. — Hémiédrie non superposable dans le système cubique; observations de M. Marbach sur le chlorate de soude et quelques autres cristaux appartenant à ce système, VI, 290-293. — Hémiédrie non superposable dans le système hexagonal; observations de M. Descloiseaux sur le cinabre, VI, 293-295. — Hémiédrie non superposable dans le système tétragonal; observations de M. Descloiseaux sur le sulfate de strychnine à l'état solide et à l'état de dissolution, VI, 295-297. — Hémiédrie non superposable dans les systèmes cristallins à deux axes optiques, VI, 297-298. — Travaux de M. Pasteur sur l'acide tartrique et sur les tartrates; variété racémique et variété inactive de l'acide tartrique et des tartrates, VI, 298-301. — Phénomènes présentés par l'asparagine, l'acide aspartique, l'acide malique et l'acide camphorique, VI, 301-302. — Liste des cristaux appartenant aux systèmes cristallins à axes obliques et possédant l'hémiédrie non superposable, VI, 302-304.

ESSAIS DE THÉORIE DE LA POLARISATION ROTATOIRE, VI, 305-344.

Considérations générales, VI, 305-306.

CRISTAUX À UN AXE, VI, 306-323.

Équations différentielles du mouvement vibratoire dans un cristal à un axe doué du pouvoir rotatoire, quand l'onde incidente est perpendiculaire à l'axe; hypothèse de Mac Cullagh, VI, 306-314. — Équations différentielles du mouvement vibratoire dans un cristal à un axe doué du pouvoir rotatoire, lorsque l'onde incidente est oblique à l'axe, VI, 314-323. — Vérifications expérimentales de M. Jamin, VI, 323.

CRISTAUX À DEUX AXES, VI, 323-328.

Méthode de Mac Cullagh, VI, 323-326. — Travaux de Cauchy, VI, 327-328. — Travaux de M. Clebsch, VI, 328. — Travaux de M. Briot, VI, 328 (en note).

POUVOIR ROTATOIRE DES DISSOLUTIONS ACTIVES, VI, 328-344.

Considérations générales, VI, 328-329. — Action d'une lame mince unique douée du pouvoir rotatoire sur la lumière polarisée rectilignement, VI, 329-334. — Action d'un grand nombre de lames cristallines minces de même épaisseur et diversement orientées, VI, 334-343. — Indication de la méthode par laquelle on pourrait vérifier expérimentalement la théorie précédente, VI, 343-344.

POLARISATION ROTATOIRE MAGNÉTIQUE.

I, 107-279; IV, 960-1016.

HISTORIQUE,

I, 107, 112-116; IV, 960.

Découverte de la polarisation rotatoire magnétique par Faraday, en 1845, I, 107, 112 : IV, 960. — La polarisation magnétique se manifeste dans toute substance liquide ou solide monoréfringente et dans quelques liquides organiques doués du pouvoir rotatoire; les gaz n'acquièrent point de pouvoir rotatoire sous l'influence du magnétisme, I, 113. — Expériences de M. Pouillet, de M. Edmond Becquerel et de M. Bœttger, I, 113. — Expériences de M. Matthiessen, I, 114. — Expériences de M. Bertin; loi déduite de ces expériences et qui consiste en ce que la rotation produite par une tranche infiniment mince d'une substance transparente placée sous l'influence d'un seul pôle magnétique décroît en progression géométrique quand la distance au pôle croît en progression arithmétique, I, 114-115. — Expériences de Wiedemann sur la rotation du plan de polarisation produite par des liquides renfermés dans des hélices traversées par un courant électrique; la rotation est proportionnelle à l'intensité du courant, I, 110, 115. — Expériences de M. Matteucci, de M. Endlung et de Wertheim, I, 115. — Considérations théoriques de M. Airy, 115-116.

RAPPORT ENTRE LA ROTATION MAGNÉTIQUE DU PLAN DE POLARISATION ET L'INTENSITÉ DE LA FORCE MAGNÉTIQUE QUAND LE RAYON EST PARALLÈLE À LA FORCE MAGNÉTIQUE,

I, 116-151; IV, 960-993.

Difficultés qui se présentent pour l'étude des rapports entre les forces magnétiques et la rotation qu'elles produisent, I, 107-108, 116-117. — Champ d'égale intensité obtenu en plaçant aux deux extrémités d'un électro-aimant deux grosses armatures de fer doux présentant deux larges faces verticales en regard l'une de l'autre, I, 108, 117; IV, 970-972. — Lorsqu'une substance transparente est placée dans ce champ magnétique, la modification qu'éprouve cette substance est la même pour un point quelconque de cet espace, excepté au voisinage de ses limites, I, 108, 118-120; IV, 972. — Action magnétique en un point donné, I, 120. — Expériences entreprises par Verdet pour déterminer si la grandeur du pouvoir rotatoire développé par une substance transparente ne dépend pas uniquement de la grandeur de l'action magnétique considérée dans l'espace qu'occupe la substance; appareil employé; observations avec la lumière homogène et la lumière blanche, I, 108, 120-124. — Mesure de l'action magnétique, d'après la formule de M. Neumann qui représente la force électro-motrice développée par un pôle magnétique dans un conducteur fermé qu'on déplace d'une manière quelconque, I, 108-109, 124-130; IV, 975-980. — Mesure de l'intensité du courant induit avec le galvanomètre de Weber, I, 130-133; IV, 981-986. — Marche des expériences, I, 109, 134-135; IV, 986-987. — Ces expériences ont porté sur le verre pesant de Faraday, le flint commun et le sulfure de carbone, I, 109, 135-136. — La loi résultant de l'ensemble de ces expériences est celle de la proportionnalité entre l'action magnétique et la rotation du plan de polarisation, I, 109-110, 136; IV, 991-992. — Détails des expériences, I, 136-146.

— Loi élémentaire : le pouvoir rotatoire développé par l'action d'un centre magnétique dans une tranche infiniment mince d'une substance monoréfringente varie proportionnellement à l'action magnétique, c'est-à-dire en raison directe de la quantité de magnétisme accumulé en ce centre et en raison inverse du carré de la distance, I, 110, 146-147. — Application de cette loi aux expériences de M. Wiedemann et de M. Bertin, I, 110, 146-150. — Les rotations sont proportionnelles aux épaisseurs de la substance transparente, I, 150-151. — Appareil de M. Ruhmkorff, IV, 963-964. — Action des aimants et des courants, IV, 964-965. — Substances avec lesquelles se produit la rotation, IV, 965-966. — Loi empirique de M. Bertin, IV, 966-967. — Action magnétique, IV, 968-969. — Mesure de l'action magnétique, IV, 972-973. — Méthode fondée sur les courants d'induction, IV, 973-975. — Relation entre l'action magnétique et le courant induit dû à la rotation du courant fermé, IV, 975-980. — Mesure du courant induit, IV, 980-981. — Remarques sur l'observation optique, IV, 987-991. — Explication de la loi de M. Bertin, IV, 992-993.

PHÉNOMÈNES QUI SE PRODUISENT LORSQUE LA DIRECTION DU RAYON FAIT AVEC LA DIRECTION DE L'ACTION MAGNÉTIQUE UN ANGLE QUELCONQUE.

I, 152-154, 155-162 ; IV, 993-995.

Les expériences antérieures à celles de Verdet n'ont donné aucune loi dans le cas où le rayon est oblique par rapport à l'action magnétique, I, 155-156. — Disposition de l'appareil employé dans les expériences de Verdet sur les rayons obliques à l'action magnétique, I, 152-153, 156-158 ; IV, 993-995. — Marche des expériences, I, 153, 158-159. — Loi déduite de ces expériences : la rotation du plan de polarisation est proportionnelle au cosinus de l'angle compris entre la direction du rayon de lumière et celle de l'action magnétique, I, 153-154, 159-160 ; IV, 995. — Détail des expériences, I, 160-162.

RELATIONS ENTRE LE POUVOIR ROTATOIRE MAGNÉTIQUE DES CORPS, LA NATURE DE CES CORPS ET LEURS PROPRIÉTÉS PHYSIQUES,

I, 163-167, 168-172, 173-175, 176-204 ; IV, 996-1010.

Expériences antérieures à celles de Verdet, I, 163, 176-177. — Remarque de M. de la Rive : la rotation magnétique est, en général, d'autant plus forte que l'indice de réfraction est plus élevé, I, 163. — Appareil employé par Verdet pour les expériences, I, 177. — Corrections destinées à tenir compte des variations de l'intensité de la pile, I, 177-179. — Expériences sur les liquides ; manière de tenir compte de l'influence exercée par les parois de la cuve de verre où sont contenus les liquides, I, 164, 179-182. — Pouvoir rotatoire magnétique, I, 164, 182. — Les expériences sur les liquides, contrairement à la remarque de M. de la Rive, montrent qu'il n'y a pas de relation simple entre les indices de réfraction et les pouvoirs rotatoires magnétiques, I, 164, 182-185. — Le pouvoir rotatoire magnétique des corps ne dépend pas non plus de leurs propriétés diamagnétiques, I, 185. — Lorsqu'un sel se dissout dans l'eau, l'eau et le sel apportent dans la dissolution leur pouvoir rotatoire magnétique spécial, et la rotation produite par la dissolution est la somme des rotations individuelles dues aux molécules de l'une et l'autre substance, I, 185-187 ; IV, 996-997. — La plupart des sels donnent à leur dissolution aqueuse un pouvoir magnétique plus grand que celui de l'eau ; mais il en est quelquefois autrement, le sel contenu dans une portion déterminée de la dissolution exerçant sur la lumière polarisée une action inférieure à celle de la quantité d'eau qu'il remplace : c'est ce qui arrive pour le nitrate d'ammoniaque, I, 164, 187. — Faiblesse du pouvoir rotatoire magnétique des dissolutions des composés ferrugineux; expériences de M. Bertin et de M. Edmond Becquerel, I, 164-165, 187-188. — Expériences de Verdet sur les dissolutions des sels ferrugineux; ces substances, soumises à l'action du magnétisme, exercent sur la lumière polarisée une action contraire à celle de l'eau, du sulfure de carbone, du verre et de la généralité des substances transparentes, I, 165, 188-190. — Distinction entre le pouvoir rotatoire magnétique positif, qui est celui de l'eau et de la plupart des substances transparentes non magnétiques, et le pouvoir rotatoire magnétique négatif, qui est celui des sels de protoxyde de fer et des corps qui agissent d'une manière analogue, I, 165, 190. — Expériences, montrant le renversement du pouvoir magnétique pour certains corps, faites avec des dissolutions très-concentrées de perchlorure de fer et en remplaçant l'eau par des dissolvants dont le pouvoir magnétique est très-faible, comme l'alcool, l'éther et surtout l'esprit de bois, I, 165-166, 191-192. — La dissolution de perchlorure de fer dans l'esprit de bois est de tous les corps connus celui qui produit la plus grande déviation du plan de polarisation, I, 169-170, 192-194. — Le pouvoir rotatoire du nitrate de protoxyde de fer est négatif, I, 194. — Le pouvoir rotatoire magnétique du prussiate jaune de potasse est positif, et celui du prussiate rouge négatif, I, 170, 194. — Difficulté de préparer des composés de fer facilement fusibles et suffisamment transparents, I, 194-195. — Les sels de nickel, de cobalt, de protoxyde de manganèse ont un pouvoir rotatoire positif, I, 170-171, 195-196. — Parmi les sels de sesquioxyde de manganèse, le cyanure de manganèse et de potassium a un pouvoir négatif, I, 173, 196-197. — Les deux chromates de potasse et l'acide chromique ont un pouvoir rotatoire magnétique dont la valeur absolue augmente avec la proportion d'acide chromique, I, 171, 197-198. — Le titane est magnétique; le bichlorure de titane a un pouvoir rotatoire magnétique négatif, au contraire du bichlorure d'étain avec lequel il a la plus grande analogie chimique, I, 171-172, 199-200. — Cérium : le cérium est magnétique; les sels de cérium ont un pouvoir rotatoire magnétique négatif, I, 172, 173-174, 200-201. — Uranium : l'uranium est magnétique; le nitrate d'uranium a un pouvoir rotatoire magnétique négatif, I, 174, 201. — Lanthane : ce métal est magnétique; les sels de lanthane ont très-probablement un pouvoir rotatoire magnétique négatif, I, 174, 201-202. — Molybdène : ce métal est magnétique; les molybdates ont un pouvoir rotatoire magnétique positif, mais faible, I, 174, 202. — Aluminium : ce métal paraît être magnétique, mais ses composés sont diamagnétiques, et leurs pouvoirs rotatoires magnétiques sont positifs, I, 202. — Le zirconium, le glucinium, le lithium, le tungstène et le magnésium paraissent magnétiques, mais leurs composés sont diamagnétiques et le pouvoir rotatoire magnétique de ces composés est positif; on doit supposer que ces métaux sont en réalité diamagnétiques, I, 175, 202-203. — Résumé des expériences : il n'y a aucune relation entre le sens du pouvoir rotatoire magnétique et une propriété quelconque des métaux, I, 203-204. — Sels colorés, sels magnétiques, IV, 998-999. — État des sels dans les dissolutions, IV, 999-1000. — Essai de classification des substances, IV, 1001-1004. — Hypothèses diverses, IV, 1004.

DE LA DISPERSION DES POLARISATIONS DE DIFFÉRENTES COULEURS ET CONSIDÉRATIONS THÉORIQUES SUR LES PHÉNOMÈNES DE POLARISATION ROTATOIRE MAGNÉTIQUE,

I, 205-208, 209-213, 214-279; IV, 1005-1014.

HISTORIQUE,

I, 205, 214-219,

Action inégale des corps transparents soumis à l'action du magnétisme sur les rayons polarisés des différentes couleurs augmentant à mesure que la longueur d'ondulation diminue, I, 214-215. — Expériences de M. Edmond Becquerel paraissant indiquer que pour le verre pesant la loi des rotations diffère peu de la loi de la raison réciproque du carré des longueurs d'ondulation, I, 205, 215-216. — Expériences de M. Wiedemann sur le pouvoir rotatoire magnétique du sulfure de carbone; la dispersion des plans de polarisation, pour ce corps, ne suit pas la loi de la raison réciproque des carrés des longueurs d'ondulation, I, 205, 216-217. — Critique des expériences de M. Becquerel et de M. Wiedemann, I, 217-219.

MÉTHODES D'OBSERVATION,

I, 205-206, 219-231, 269-274; IV, 1005-1007.

Essais peu satisfaisants de Verdet sur les absorbants monochromatiques et en isolant une portion du spectre pur, I, 219-220. — Emploi de la méthode de MM. Fizeau et Foucault, I, 206, 220-222; IV, 1005-1006. — Emploi, pour rétrécir la bande noire du spectre donné par l'appareil de Fizeau et Foucault, d'une substance active (colonne d'eau sucrée ou plaque de quartz) placée sur le trajet de la lumière, I, 222-223; IV, 1006-1007. — Première série d'expériences sur les liquides, I, 223-224. — Deuxième et troisième séries d'expériences exécutées en plaçant les liquides renfermés dans des tubes à l'intérieur d'une bobine de très-grandes dimensions, I, 224-225. — Dans la troisième série, emploi d'un verre rouge placé au devant de l'œil pour observer la raie C et d'un verre bleu pour observer la raie G, I, 225-226. — Comparaison de l'action exercée par la colonne liquide des expériences et de l'action des plaques de verre terminales (note A), I, 269-273. — Détermination de chaque rotation par un grand nombre d'observations : exemple relatif au sulfure de carbone, I, 226-227. — Difficultés relatives aux raies C et G, I, 227-228. — Principales causes d'erreurs dans les expériences; moyens de les éliminer autant que possible, I, 228-230. — Quatrième série d'expériences : emploi d'un spectroscope de M. Duboscq; correction de l'influence perturbatrice des variations des courants de la bobine en la faisant agir, avant et après chaque mesure de rotation, sur un barreau aimanté très-éloigné, I, 230-231. — Sur la mesure de l'intensité des courants (note B), I, 273-274.

RÉSULTATS DES EXPÉRIENCES,

I, 206-207, 210-211, 231-245, 274-277.

Résultats des trois premières séries d'expériences, I, 206, 231-234. — Lois déduites de ces résultats : 1° la dispersion des plans de polarisation des rayons de différentes couleurs se fait approximativement suivant la loi de la raison réciproque des carrés des longueurs d'ondulation; 2° la loi exacte de dispersion est toujours telle que le produit de la rotation par le carré de la longueur d'onde soit d'autant plus grand que la substance considérée a un pouvoir dispersif plus grand, I, 207, 234-236. — Quatrième série d'expériences, portant sur le sulfure de carbone et la créosote, faites avec le concours de M. Gernez, I, 210, 236-244. — Mesure des indices de réfraction de ces deux liquides pour les différentes raies du spectre, I, 244-245. — Sur la mesure des indices de réfraction (note C), I, 275-277. — La loi relative à l'accroissement de l'écart entre la loi véritable des phénomènes et la loi du carré de la longueur d'ondulation avec le pouvoir dispersif n'est pas générale; elle n'est pas vraie pour le sulfure de carbone et la créosote, I, 210-211, 245.

DISCUSSION THÉORIQUE ET CONCLUSIONS,

I, 207-208, 211-213, 246-268.

Pour rendre compte des phénomènes de la polarisation rotatoire magnétique il suffit d'ajouter aux équations différentielles du mouvement vibratoire dans les corps isotropes certains termes proportionnels aux dérivées d'ordre impair des déplacements pris par rapport au temps : équations d'Airy, I, 207, 246. — Les seules vibrations qui peuvent se propager sont circulaires et leur vitesse de propagation dépend du sens des vibrations circulaires, I. 248-249. — Rotation des plans de polarisation, I, 249-252. — L'hypothèse simple où les équations différentielles ne contiendraient que des dérivées du premier ordre des déplacements par rapport au temps n'est pas admissible; elle est en contradiction avec la loi approximative du carré des longueurs d'onde, I, 207, 252-253. — Théorie de M. Neumann fondée sur une généralisation des idées de M. Wilhelm Weber relativement à la cause des phénomènes électro-dynamiques; cette théorie n'est pas d'accord avec la loi du carré de la longueur de l'onde, I, 207, 256-257. — Les équations qu'on peut ainsi obtenir représentent approximativement les phénomènes, mais elles ne sont pas exactes; car si on y ajoute les termes correspondant à la dispersion elles conduisent à une loi s'écartant d'autant plus de la loi approchée du carré de la longueur d'onde que la dispersion est plus énergique, conséquence contraire à l'observation, I, 257. — Calcul du pouvoir rotatoire magnétique, I, 211, 257-261. — Formules de dispersion (note D), I, 261, 277-279. — Comparaison des formules théoriques avec l'expérience, I, 212-213, 262-265. — Conclusions générales : 1° les rotations magnétiques des plans de polarisation des rayons des diverses couleurs suivent approximativement la loi de la raison réciproque du carré des longueurs d'onde; 2° les valeurs du produit de la rotation par le carré de la longueur d'onde sont toujours telles que ce produit aille en croissant à mesure que la longueur d'onde diminue; 3° les substances douées d'une forte réfraction possèdent généralement un grand pouvoir magnétique sans qu'il y ait de rapport constant entre les deux ordres de propriétés; 4° les substances d'une forte dispersion s'écartent en général très-notablement de la loi exacte du carré des longueurs d'onde, sans qu'il y ait de rapport constant entre cet écart et la dispersion; 5° les équations différentielles du mouvement de l'éther renfermé dans un corps isotrope soumis à l'action des forces magnétiques contiennent des dérivées partielles d'ordre impair des déplacements, qui sont d'ordre pair par rapport aux coordonnées et d'ordre impair par rapport au temps; 6° le système des coefficients dont sont affectées ces diverses dérivées est spécial à chaque corps isotrope; dans certains corps (sulfure de carbone) il suffit de tenir compte des dérivées qui sont à la fois de même ordre par rapport au temps, et de second ordre par rapport aux coordonnées, I, 205-207, 265-267. — Expériences sur l'acide tartrique dissous montrant que la proportionnalité supposée par M. Wiedemann entre la rotation magnétique et les rotations propres d'une substance active n'existent pas, I, 208, 267-268.

Bibliographie de la polarisation magnétique, IV, 1014-1016.

LOIS DE LA RÉFLEXION ET DE LA RÉFRACTION DE LA LUMIÈRE POLARISÉE,

I, 355-359, 380-383; III, 400-401; VI, 395-634.

THÉORIE DE FRESNEL,

I, 355-359, 380-383; III, 400-401; VI, 395-441.

Premières tentatives de Young, VI, 395-397. — Principes fondamentaux admis par Fresnel, I, 355-359, 380-383; VI, 397-400. — Réflexion de la lumière polarisée dans le plan d'incidence, VI, 400-406. — Réflexion de la lumière polarisée perpendiculairement au plan d'incidence, VI, 406-409. — Réflexion de la lumière polarisée dans un plan quelconque, VI, 409-412. — Réflexion de la lumière polarisée circulairement ou elliptiquement, VI, 412-413. — Réflexion de la lumière naturelle, VI, 413-416. — Polarisation partielle et totale de la lumière naturelle par la réflexion, VI, 416-420. — Réfraction de la lumière polarisée dans le plan d'incidence, VI, 421-423. — Réfraction de la lumière polarisée perpendiculairement au plan d'incidence, VI, 423-425. — Réfraction de la lumière polarisée dans un plan quelconque, VI, 425-427. — Réfraction de la lumière naturelle, VI, 427-430. — Réflexion totale, VI, 430-432. — Interprétation conjecturale des expressions imaginaires, VI, 432-436. — Polarisation elliptique ou circulaire produite par la réflexion totale, VI, 436-441. — Résumé des lois de la réflexion et de la réfraction de la lumière polarisée, III, 400-401.

VÉRIFICATIONS EXPÉRIMENTALES DE LA THÉORIE DE FRESNEL,

VI, 442-480.

Classification des vérifications expérimentales, VI, 442.

MODIFICATIONS DE LA POLARISATION DE LA LUMIÈRE,

VI, 443-452.

Loi de Malus, VI, 443. — Loi et expériences de Brewster, VI, 443-446. — Expériences d'Auguste Seebeck, VI, 446-448. — Mesure de la rotation du plan de polarisation; expériences de Fresnel et de Brewster, VI, 449-450. — Vérification des formules relatives à la réflexion totale; parallélipipède de Fresnel, VI, 450-452. — Vérifications portant sur les rayons calorifiques, VI, 452.

MESURES PHOTOMÉTRIQUES ET CALORIMÉTRIQUES,

VI, 452-470.

Remarques de Neumann sur l'importance de ces mesures, VI, 452-453. — Expériences de Bouguer, VI, 453-456. — Expériences d'Arago, VI, 456-462. — Discussion

---

MÉTÉOROLOGIE OPTIQUE,

COLORATION ET VISIBILITÉ DE L'ATMOSPHÈRE,

IV, 750-755.

POLARISATION ATMOSPHÉRIQUE,

IV, 755-758.

PHÉNOMÈNES PRODUITS PAR L'ACTION DE LA LUMIÈRE SUR DE NOMBREUSES VÉSICULES DE VAPEUR D'EAU ET SUR DES GOUTTELETTES D'EAU EN SUSPENSION DANS L'ATMOSPHÈRE,

I, 97-106; III, 295-304; IV, 758-792; V, 311-315, 402-423.

COURONNES,

I, 97-106; IV, 758-759; V, 311-315.

ARC-EN-CIEL,

III, 295-304; IV, 759-792; V, 402-423.

CONDUCTIBILITÉ,

CONDUCTIBILITÉ EN GÉNÉRAL,

FIN DE LA TABLE GÉNÉRALE.

G. MASSON, ÉDITEUR
LIBRAIRE DE L'ACADÉMIE DE MÉDECINE
Place de l'École-de-Médecine, à Paris

TRAITÉ
DE
CHIMIE GÉNÉRALE
ANALYTIQUE, INDUSTRIELLE ET AGRICOLE

PAR MM.

J. PELOUZE ET E. FREMY

Membres de l'Institut

TROISIÈME ÉDITION, ENTIÈREMENT REFONDUE, AVEC FIGURES DANS LE TEXTE
6 tomes publiés en 8 volumes

7,000 PAGES IN-8 RAISIN — PRIX : 100 FR.

Le TRAITÉ DE CHIMIE de MM. PELOUZE et FREMY est le livre le plus complet et le plus savant que nous ayons sur la matière. On y trouve condensés autant que possible les innombrables faits dont la connaissance est due aux efforts combinés des chimistes contemporains.

Le *Traité de chimie* de MM. Pelouze et Fremy a atteint, par des améliorations successives, la forme définitive qui satisfait à tous les besoins. Il est arrivé aujourd'hui à ce degré de perfection qu'il est difficile de dépasser.

Il s'adresse à un public nombreux, car tout le monde est plus ou moins chimiste aujourd'hui, et depuis que l'industrie et l'agriculture ne peuvent plus se passer de la science, chacun doit avoir dans sa bibliothèque un ouvrage où il soit toujours certain de rencontrer un renseignement précis et authentique.

MM. Pelouze et Fremy, pour faire de leur livre le vrai *Vade mecum* du travailleur, l'ont accompagné d'une table générale alphabétique et raisonnée, véritable *Dictionnaire de chimie* ne renfermant pas moins de douze mille mots.

Mille figures, toutes faites d'après nature, avec un grand sentiment artistique, accompagnent le texte et représentent, avec la plus parfaite exactitude, tous les appareils du laboratoire, toutes les opérations de l'industrie.

PARIS. — IMP. SIMON RAÇON ET COMP., RUE D'ERFURTH, [illegible]

www.ingramcontent.com/pod-product-compliance
Ingram Content Group UK Ltd.
Pitfield, Milton Keynes, MK11 3LW, UK
UKHW020257230726
13925UKWH00001B/100